给水工程
设计基础与计算

员　建　苑宏英　主　编
岳秀萍　李文朴　副主编

化学工业出版社

·北京·

内 容 简 介

本书介绍了给水工程设计过程中，提出方案及进行技术经济比选的方法，重点通过设计计算例题（共36道题）的形式，对给水系统工程的取水工程、水处理工程及输配水工程各部分中有关构筑物的设计要求、设计计算内容和方法进行了具体介绍。本书的内容涵盖了取水工程的地表水、地下水取水构筑物设计计算，输配水工程的给水管网、输水管及给水泵站的设计计算，水处理工程的混凝、沉淀、澄清、过滤、消毒等净水厂处理构筑物的设计计算，微污染水源的预处理、深度处理构筑物设计计算。针对给水系统各部分的关联及整体性，列举了综合性例题。

本书例题典型、实用，设计参数按《室外给水设计标准》（GB 50013—2018）要求选取，并对给水工程设计资料、建设程序和设计阶段进行介绍。本书可作为高等教育院校、大中专院校给排水科学与工程专业、环境工程专业、市政工程专业师生课程设计、毕业设计的教材或辅助教材使用，也可供相关领域的工程技术人员参考使用。

图书在版编目（CIP）数据

给水工程设计基础与计算/员建，苑宏英主编；岳秀萍，李文朴副主编. —北京：化学工业出版社，2022.1
ISBN 978-7-122-40047-5 （2024.11重印）

Ⅰ.①给… Ⅱ.①员… ②苑… ③岳… ④李… Ⅲ.①给水工程-结构设计②给水工程-工程计算 Ⅳ.①TU991

中国版本图书馆 CIP 数据核字（2021）第 206223 号

责任编辑：徐　娟　　　　　　　　　文字编辑：邹　宁
责任校对：田睿涵　　　　　　　　　装帧设计：韩　飞

出版发行：化学工业出版社（北京市东城区青年湖南街 13 号　邮政编码 100011）
印　　装：北京科印技术咨询服务有限公司数码印刷分部
787mm×1092mm　1/16　印张 16¾　字数 424 千字　2024 年 11 月北京第 1 版第 2 次印刷

购书咨询：010-64518888　　　　　　售后服务：010-64518899
网　　址：http://www.cip.com.cn
凡购买本书，如有缺损质量问题，本社销售中心负责调换。

定　　价：88.00 元

前　言

　　城镇给水工程是一项造福于民的系统工程，包括从水源取水，按照用户对水质、水量、水压的要求进行水处理，输配水等过程。为了满足和保障快速城镇化和城市现代化进程中，人们对高质量生活供水的需求，很多城镇需新建或改扩建给水系统工程，涉及水源水质的选择、取用，安全饮用水水质的处理、输送等内容。

　　本书介绍了给水工程设计过程中，提出方案及进行技术经济比选的方法，重点通过设计计算例题（共 36 道题）的形式，对给水系统工程的取水工程、水处理工程及输配水工程各部分中有关构筑物的设计要求、设计计算内容和方法进行了具体介绍，内容涵盖取水工程的地表水、地下水取水构筑物设计计算，输配水工程的给水管网、输水管及给水泵站的设计计算，水处理工程的混凝、沉淀、澄清、过滤、消毒等净水厂处理构筑物的设计计算，微污染水源的预处理、深度处理构筑物设计计算。针对给水系统各部分的关联及整体性，列举了综合性例题。

　　本书例题典型、实用，设计参数按《室外给水设计标准》（GB 50013—2018）要求选取，并对给水工程设计资料、建设程序和设计阶段进行介绍。本书可作为大中专院校给排水专业、环境工程专业课程设计、毕业设计的教材或辅助教材使用，也可供相关领域的工程技术人员参考使用。

　　本书由员建、苑宏英主编，岳秀萍、李文朴副主编，各章的编写者为：第 1 章和第 2 章张新波；第 3 章卢静芳；第 4 章田素凤；第 5 章苑宏英、员建、李文朴、卢静芳、丁艳梅、穆荣；第 6 章岳秀萍；第 7 章李文朴。在编写过程中，参考了许多相关文献及资料，在参考文献中可能因疏漏未能全部列出，对此表示深深的歉意，并表示感谢！

　　由于编者的水平有限，书中疏漏与不妥之处，恳请读者批评指正。

编　者

2021 年 8 月

目　录

第4章　输配水工程设计计算　　58

第1章

给水工程设计基本知识

1.1 给水工程设计资料

完成给水工程设计，需要收集有关设计基础资料。一般情况下，设计基础资料应由建设单位和城市规划部门提供。如果有困难，可由设计人员会同建设单位共同收集。对于设计中使用的资料或数据，设计人员必须深入实际调查了解，以保证设计基础资料的准确性。

根据设计阶段的不同，应收集以下主要资料。

1.1.1 初步设计需用资料

① 自然资料：气象资料（气温、风向风速、降水量、蒸发量、土壤冰冻深度等）、地震资料、水文及水文地质资料（地表水的河流湖泊概况、水文资料、水质分析资料，地下水的水文地质资料、水质分析资料，现有取水构筑物资料）。

② 城镇规划资料：城镇现状、地形图；城镇（或工业企业）总体规划图及给水规划图、说明书。

③ 给水设施现状资料：水源概况、取水方式、净水工艺过程、管网系统及布局；供水范围及水质、水量、水压情况；现有给水构筑物（设备）运转情况及生产能力；经营管理水平及定员编制；制水成本及水价；存在的主要问题。

④ 供电资料。

⑤ 概算费用。

⑥ 其他资料：施工单位的能力和水平，三材（钢材、木材、水泥）供应情况，地方材料和设备的特点，可能供应的管材品种等。

1.1.2 施工图设计需用资料

施工图设计阶段除应核实并修正初步设计阶段的全部设计资料外，尚需搜集补充以下各项资料。

① 初步设计审查会议纪要及初步设计批准文件。

② 与有关单位的协议文件或协议纪要。

③ 本阶段设计所需的全部勘测成果。

④ 建设单位订购的设备与材料清单。

⑤ 管道所经路线与规划、现状管线相关的管线综合设计资料。包括规划红线，道路横断面布置（包括各种管线位置），各种地上、地下交叉或平行距离很近的管线平面位置、高程及断面尺寸等。

⑥ 与设计管道相接的各街坊管道的管径、平面位置（坐标）及相接点管道高程。

⑦ 其他修正补充的资料。

1.2　给水工程制图基本要求

给水工程制图应遵循《房屋建筑制图统一标准》(GB/T 50001—2017) 及《建筑给水排水制图标准》(GB/T 50106—2010) 等相关制图标准。

1.2.1　图纸幅面

在给水工程制图中，常用的图纸幅面为 A0、A1、A2、A3、A4，设计图纸的幅面尺寸见表 1-1 和图 1-1。

表 1-1　设计图纸的幅面尺寸　　　　　　　　单位：mm

幅面代号	A0	A1	A2	A3	A4
$b \times l$	841×1189	594×841	420×594	297×420	210×297
c	10			5	
a	25				

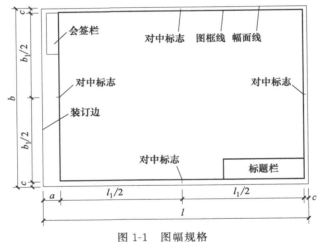

图 1-1　图幅规格

l_1—图框长；b_1—图框宽；l—图纸长度；b—图纸宽度

图纸的短边尺寸不应加长，A0～A3 幅面长边尺寸可加长，但应符合表 1-2 的规定。

表 1-2　图纸长边加长尺寸　　　　　　　　单位：mm

幅面代号	长边尺寸	长边加长后的尺寸				
A0	1189	1486 (A0+1/4l)	1783 (A0+1/2l)	2080 (A0+3/4l)	2378 (A0+l)	
A1	841	1051 (A1+1/4l)	1261 (A1+1/2l)	1471 (A1+3/4l)	1682 (A1+l)	1892 (A1+5/4l)
		2102 (A1+3/2l)				
A2	594	743 (A2+1/4l)	891 (A2+1/2l)	1041 (A2+3/4l)	1189 (A2+l)	1338 (A2+5/4l)
		1486 (A2+3/2l)	1635 (A2+7/4l)	1783 (A2+2l)	1932 (A2+9/4l)	2080 (A2+5/2l)

续表

幅面代号	长边尺寸	长边加长后的尺寸				
A3	420	630 （A3＋1/2l） 1682 （A3＋3l）	841 （A3＋l） 1892 （A3＋7/2l）	1051 （A3＋3/2l）	1261 （A3＋2l）	1471 （A3＋5/2l）

　　注：有特殊需要的图纸，可采用 b×l 为 841mm×891mm 与 1189mm×1261mm 的幅面。图纸以短边作为垂直边应为横式，以短边作为水平边应为立式。A0～A3 图纸宜横式使用；必要时，也可立式使用。

1.2.2　图面布置

　　图面编排要求布置紧凑、比例恰当、工程内容表达清楚。应选择合适的图幅，能够用 2 号图表达清楚的，就不用 1 号图。在图面编排上，应力求避免图与图之间（例如平面与剖面之间）、图与表格之间、图后表格之间空隙过大和过分拥挤的现象。

1.2.3　绘图比例

　　① 制图时所用的比例，应根据图面的大小及内容复杂程度，以图面布置适当、图形表示明显清晰为原则，一般可按表 1-3 选用。
　　② 给水管道系统图、工艺流程图，透视图及管道节点图，一般可不严格按比例绘制。
　　③ 绘制同一系统或多系统的各个视图时，应采用相同的比例。
　　④ 当整张图纸采用一种比例或无比例时，可在图标的比例栏中统一说明（如 1∶100 或"无"）。
　　⑤ 当一张图纸上画有两个以上图形，且各自采用不同的比例尺时，比例应分别标在图名下面，此时图标的比例栏中可注"见图"或空着不写。在管道纵断面图中，竖向与纵向可采用不同的组合比例。

表 1-3　给水工程制图中常用的比例

名称	比例	备注
区域规划图 区域位置图	1∶50000、1∶25000、1∶10000、1∶5000、 1∶2000	宜与总图专业一致
总平面图	1∶1000、1∶500、1∶300	宜与总图专业一致
管道纵断面图	竖向 1∶200、1∶100、1∶50 纵向 1∶1000、1∶500、1∶300	—
水处理厂（站）平面图	1∶500、1∶200、1∶100	—
水处理构筑物、设备间、卫生间、泵房平、剖面图	1∶100、1∶50、1∶40、1∶30	—
建筑给水排水平面图	1∶200、1∶150、1∶100	宜与建筑专业一致
建筑给水排水轴测图	1∶150、1∶100、1∶50	宜与相应图纸一致
详图	1∶50、1∶30、1∶20、1∶10、1∶5、1∶2、 1∶1、2∶1	—

1.2.4　基本图例及线型

　　给水工程设计图纸中，除详图外，平面图、系统图上各种管路用图线表示。各种管线及附件、管道连接、阀门、设备及仪表、常用建筑材料及其他等一般都用图例表示。一些常用图例和常用线型参见有关给水排水工程设计规范及工具书。

图线的基本线宽 b，宜按照图纸比例及图纸性质从 1.4mm、1.0mm、0.7mm、0.5mm 线宽系列中选取。按《建筑给水排水制图标准》中"图线"的规定选用，图线的宽度 b 宜为 1.0mm 或 0.7mm。

给水工程专业制图采用的各种线型应符合表 1-4 的规定。工程制图应根据复杂程度与比例大小，先选定基本线宽 b，再选用表 1-4 中相应的线宽组。

表 1-4　给水工程专业制图常用线型（GB/T 50106—2010）

名称	线型	线宽	一般用途
中粗实线	———————	$0.7b$	新设计的各种给水和其他压力流管线
中粗虚线	— — — —	$0.7b$	新设计的各种给水和其他压力流管线的不可见轮廓线
中实线	———————	$0.50b$	给水设备、零（附件）的各种轮廓线；总图中新建的建筑物和构筑物的可见轮廓线；原有的各种给水和其他压力流管线
中虚线	— — — — —	$0.50b$	给水设备、零（附件）的不可见轮廓线；总图中新建的建筑物和构筑物的不可见轮廓线；原有的各种给水和其他压力流管线的不可见轮廓线
细实线	———————	$0.25b$	建筑的可见轮廓线；总图中原有的建筑物和构筑物的可见轮廓线；制图中的各种标注线
细虚线	- - - - - - - -	$0.25b$	建筑的可见轮廓线；总图中原有的建筑物和构筑物的可见轮廓线
单点长划线	—·—·—·—	$0.25b$	中心线、定位轴线
折断线	∿	$0.25b$	断开界线
波浪线	∿∿∿	$0.25b$	平面图中水面线；局部构造层次范围线；保温范围示意线等

1.2.5　剖面的剖切线画法

剖切符号宜优先选择国际通用方法表示，也可采用常用方法表示，见图 1-2。同一套图纸应选用一种表示方法。

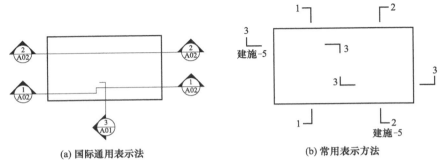

(a) 国际通用表示法　　　　　(b) 常用表示方法

图 1-2　剖视的剖切符号

（1）国际通用表示法

采用国际通用剖视表示方法时，剖面及断面的剖切符号应符合下列规定。

① 剖面剖切索引符号应由直径为 8～10mm 的圆和水平直径以及两条相互垂直且外切圆的线段组成，水平直径上方应为索引编号，下方应为图纸编号，线段与圆之间应填充黑色并形成箭头表示剖视方向，索引符号应位于剖线两端；断面及剖视详图剖切符号的索引符号应位于平面图外侧一端，另一端为剖视方向线，长度宜为 7～9mm，宽度宜为 2mm。

② 剖切线与符号线线宽应为 0.25b。

③ 需要转折的剖切位置线应连续绘制。

④ 剖号的编号宜由左至右、由下向上连续编排。

（2）常用表示法

采用常用方法表示时，剖面的剖切符号应由剖切位置线及剖视方向线组成，均应以粗实线绘制，线宽宜为 b。剖面的剖切符号应符合下列规定。

① 剖切位置线的长度宜为 6～10mm；剖视方向线应垂直于剖切位置线，长度应短于剖切位置线，宜为 4～6mm。绘制时，剖视剖切符号不应与其他图线相接触。

② 剖视剖切符号的编号宜采用粗阿拉伯数字，按剖切顺序由左至右、由下向上连续编排，并应注写在剖视方向线的端部。

③ 需要转折的剖切位置线，应在转角的外侧加注与该符号相同的编号。

④ 断面的剖切符号应仅用剖切位置线表示，其编号应注写在剖切位置线的一侧；编号所在的一侧应为该断面的剖视方向，其余同剖面的剖切符号。

⑤ 当剖面图与被剖切图样不在同一张图内，应在剖切位置线的另一侧注明其所在图纸的编号（图 1-3），也可在图上集中说明。

⑥ 索引剖视详图时，应在被剖切的部位绘制剖切位置线，并以引出线引出索引符号，引出线所在的一侧应为剖视方向。索引符号的编号应符合《房屋建筑制图统一标准》（GB 50001—2017）的规定（图 1-4）。

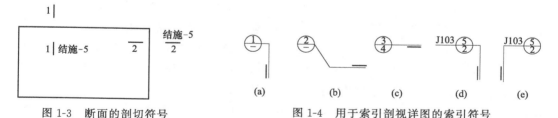

图 1-3 断面的剖切符号　　　　　　图 1-4 用于索引剖视详图的索引符号

1.2.6 绘图

1.2.6.1 总平面图管道布置

总平面图管道布置应符合下列规定。

① 建筑物和构筑物的名称、外形、编号、坐标、道路形状、比例和图样方向等，应与总图专业图纸一致。

② 给水、排水、热水、消防、雨水和中水等管道宜绘制在一张图纸内。

③ 当管道种类较多，地形复杂，在同一张图纸内无法将全部管道表示清楚时，宜按压力流管道、重力流管道等分类适当分开绘制。

④ 各类管道、阀门井、消火栓（井）、水泵接合器、洒水栓井、检查井、跌水井、雨水口、化粪池、隔油池、降温池、水表井等，应按标准规定的图例、图线等进行绘制和编号。

⑤ 坐标标注方法应符合下列规定。

　　a. 以绝对坐标定位时，应对管道起点处、转弯处和终点处的阀门井、检查井等的中心标注定位坐标。

　　b. 以相对坐标定位时，应以建筑物外墙或轴线作为定位起始基准线，标注管道与该基准线的距离。

　　c. 圆形构筑物应以圆心为基点标注坐标或距建筑物外墙（或道路中心）的距离。

　　d. 矩形构筑物应以两对角线为基点，标注坐标或距建筑物外墙的距离。

　　e. 坐标线、距离标注线均采用细实线绘制。

　　⑥ 标高标注方法应符合下列规定。

　　a. 总图中标注的标高应为绝对标高。

　　b. 建筑物标注室内±0.00处的绝对标高时，应按图1-5的方法标注。

图 1-5　室内±0.00处的绝对标高标注

　　c. 管道标高应按《建筑给水排水制图标准》中有关规定标注。

　　⑦ 管径标注方法应符合下列规定。

　　a. 管径的表达方法应符合下列规定。

水煤气输送钢管（镀锌或非镀锌）、铸铁管等管材，管径宜以公称直径 DN 表示；

无缝钢管、焊接钢管（直缝或螺旋缝）等管材，管径宜以外径 $D×$壁厚表示；

铜管、薄壁不锈钢管等管材，管径宜以公称外径 Dw 表示；

建筑给水排水塑料管材，管径宜以公称外径 dn 表示；

钢筋混凝土（或混凝土）管，管径宜以内径 d 表示；

复合管、结构壁塑料管等管材，管径应按产品标准的方法表示；

当设计中均采用公称直径 DN 表示管径时，应有公称直径 DN 与相应产品规格对照表。

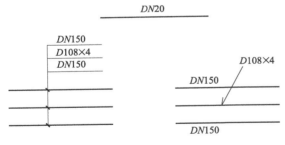

图 1-6　多管管径表示法

　　b. 管径的标注方法应符合下列规定。单根管道和多根管道时，管径应分别按图1-6的方式标注。

　　⑧ 指北针或风玫瑰图应绘制在总图管道布图图样的右上角。

1.2.6.2　给水管道节点图

　　给水管道节点图宜按下列规定绘制。

　　① 管道节点图可不按比例绘制，但节点位置、编号、接出管方向应与给水排水管道总图一致。

　　② 管道应注明管径、管长及泄水方向。

　　③ 节点阀门井的绘制应包括下列内容：

　　a. 节点平面形状和大小；

　　b. 阀门和管件的布置、管径及连接方式；

　　c. 节点阀门井中心与井内管道的定位尺寸。

④ 必要时，节点阀门井应绘制剖面示意图。
⑤ 给水管道节点图图样见图1-7所示。

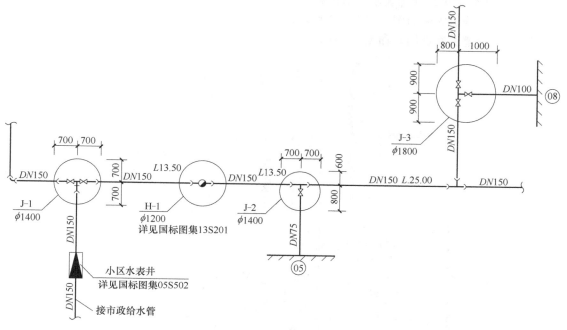

图1-7 给水管道节点图图样

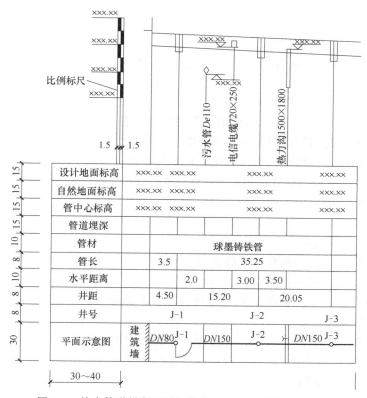

图1-8 给水管道纵断面图（纵向1：500，竖向1：50）

1.2.6.3 管道纵断面图

设计采用管道纵断面图的方式表示管道标高时，管道纵断面图宜按下列规定绘制。

（1）采用管道纵断面图表示管道标高

① 压力流管道纵断面图，如图 1-8 所示。

② 重力管道纵断面图，如图 1-9 所示。

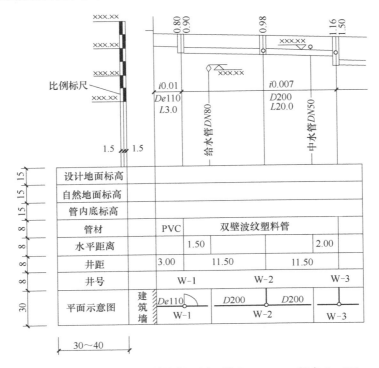

图 1-9　污水（雨水）管道纵断面图（纵向 1：500，竖向 1：50）

（2）管道纵断面图所用图线的规定

① 压力流管道管径不大于 400mm 时，管道宜用中粗实线单线表示；

② 重力流管道除建筑物排出管外，不分管径大小均宜以中粗实线双线表示；

③ 图样中平面示意图栏中的管道宜用中粗单线表示；

④ 平面示意图中宜将与该管道相交的其他管道、管沟、铁路及排水沟等按交叉位置给出；

⑤ 设计地面线、竖向定位线、栏目分隔线、检查井、标尺线等宜用细实线，自然地面线宜用细虚线。

（3）图样比例选用规定

① 在同一图样中可采用两种不同的比例；

② 纵向比例应与管道平面图一致；

③ 竖向比例宜为纵向比例的 1/10，并应在图样左端绘制比例标尺。

（4）交叉管道的标高规定

① 交叉管道位于该管道上面时，宜标注交叉管的管底标高；

② 交叉管道位于该管道下面时，宜标注交叉管的管顶或管底标高。

（5）水平距离栏标注规定

图样中的"水平距离"栏中应标出交叉管距检查井或阀门井的距离，或相互间的距离。

（6）压力流管道绘制次序

压力流管道从小区引入管经水表后，应按供水水流方向，先干管后支管的顺序绘制。

（7）排水管道绘制次序

排水管道以小区内最起端排水检查井为起点，并应按排水水流方向，按先干管后支管的顺序绘制。

1.2.6.4　给水工艺单项构筑物

选用能清楚表明工艺布置的构筑物绘制平面图，按照不敷土的情况将地下管道画成实线，对所取平面以上的部位，如清水池的检修孔、通风孔等，如确需要表示，可用虚线绘制。若构筑物比较复杂，可用几个平面图表示，但图上需标明该层平面图位置。若欲在一个平面图上表示两个不同位置的平面布置，应在剖面上用转折的剖切线注明其位置。一个平面图上也可以表示不同位置的工艺布置，但应在平面图上以剖切线表明其位置，当构筑物的平面尺寸过大，在图上难以全部绘制时，在不影响所表示的工艺部分内容的前提下，其间可用折线断开，但其总尺寸仍需注明。同时进水管、出水渠、溢流管等管道名称应在图上注明。

管道标注注意两点：

① 在平面图上直接注明；

② 如用单线表示管道时，应用带编号的图例表示，每种管道的名称最多只能注两次，避免过多地重复。

加药间中各种功能池，如溶解池、溶液池等；构筑物平面中各种功能分区，如滤池的管廊，澄清池中的一、二反应室，分离室等可直接在图中注明。

构筑物进出口井的设计均需与水厂管道布置密切配合。井的详细数据在水厂管道布置图上表示。平面图上各种地下井均按不盖井盖、井外不敷土的情况绘制，地下管道画成实线。位于剖切线上的池壁、池底、墙及井壁等，应见有关规定，分别绘出其建筑材料及土壤符号。

用双线画的管道，当管壁间净距不小于 3mm 时，应画出管道中心线。

管道横剖面图上圆的直径不小于 4mm 时，应画出十字形的管道中心线。

穿墙管预留孔洞可用阴影表示，孔洞直径用 D_0 表示。

水处理构筑物的进水、出水方向均应以箭头表示，并注明水流来源和去向。

管道的水流方向也可用箭头表明。箭头画法形式不拘，但应与图面协调和谐。

1.2.6.5　水净化处理流程图

① 初步设计宜采用方框图绘制水净化处理工艺流程图，见图 1-10。

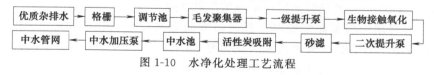

图 1-10　水净化处理工艺流程

② 施工图设计应按下列规定绘制水净化处理工艺流程断面图（图 1-11）。

a. 水净化处理工艺流程断面图应按水流方向，将水净化处理各单元的设备、设施、管道连接方式按设计数量全部对应绘出，但可不按比例绘制。

b. 水净化处理工艺流程断面图应将全部设备及相关设施按设备形状、实际数量用细实线绘出。

c. 水净化处理设备和相关设施之间的连接管道应以中粗实线绘制，设备和管道上的阀门、附件、仪器仪表应以细实线绘制，并应对设备、附件、仪器仪表进行编号。

d. 水净化处理工艺流程断面图应标注管道标高。

e. 水净化处理工艺流程断面图应绘制设备、附件等编号与名称对照表。

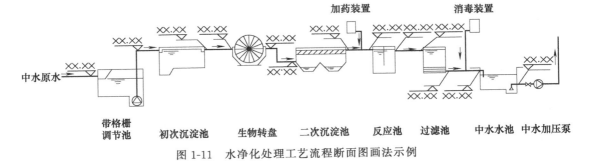

图 1-11　水净化处理工艺流程断面图画法示例

1.2.6.6　高程图

① 构筑物之间的管道以中粗实线绘制。

② 各种构筑物必要时按形状以单细实线绘制。

③ 各种构筑物的水面、管道、构筑物的底和顶应注明标高。

④ 构筑物下方应注明构筑物名称。

1.2.7　标注

1.2.7.1　尺寸界线与尺寸线

图样上的尺寸，应包括尺寸界线（图 1-12）、尺寸线、尺寸起止符号（图 1-13）和尺寸数字。尺寸界线应用细实线绘制，应与被注长度垂直，其一端应离开图样轮廓线不小于 2mm，另一端宜超出尺寸线 2～3mm。图样轮廓线可用作尺寸界线。

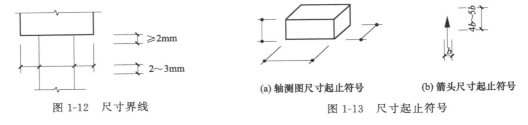

图 1-12　尺寸界线

图 1-13　尺寸起止符号

尺寸线应用细实线绘制，应与被注长度平行，两端宜以尺寸界线为边界，也可超出尺寸界线 2～3mm。图样本身的任何图线均不得用作尺寸线。

尺寸起止符号用中粗斜短线绘制，其倾斜方向应与尺寸界线成顺时针 45°，长度宜为 2～3mm。轴测图中用小圆点表示尺寸起止符号，小圆点直径 1mm。半径、直径、角度与弧长的尺寸起止符号，宜用箭头表示，箭头宽度 b 不宜小于 1mm。

图样上的尺寸单位，除标高及总平面以"m"为单位外，其他必须以"mm"为单位。

尺寸数字的方向，应按图 1-14（a）的规定注写。若尺寸数字在 30°斜线区内，也可按图 1-14（b）的形式注写。尺寸数字应依据其方向注写在靠近尺寸线的上方中部。如没有足够的注写位置，最外边的尺寸数字可注写在尺寸界线的外侧，中间相邻的尺寸数字可上下错开注写，可用引出线表示标注尺寸的位置（图 1-15）。

1.2.7.2　标高

标高符号及一般标注方法应符合《房屋建筑制图统一标准》中的规定。

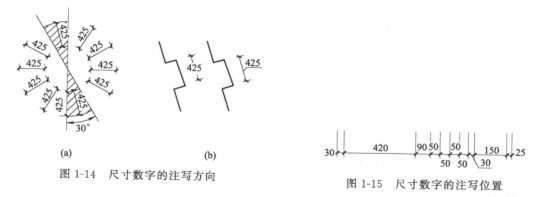

图 1-14 尺寸数字的注写方向

图 1-15 尺寸数字的注写位置

标高符号应以等腰直角三角形表示，并应按图 1-16（a）所示形式用细实线绘制，如标注位置不够，也可按图 1-16（b）所示形式绘制。标高符号的具体画法可按图 1-16（c）、（d）所示。总平面图室外地坪标高符号宜用涂黑的三角形表示，具体画法可按图 1-17 所示。

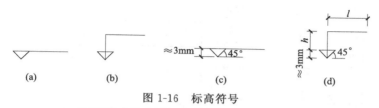

图 1-16 标高符号

l—取适当长度注写标高数字；h—根据需要取适当高度

标高数字应以"m"为单位，注写到小数点以后第三位。在总平面图中，可注写到小数点以后第二位。零点标高应注写成±0.000，正数标高不注"＋"，负数标高应注"－"，例如 3.000、－0.600。在图样的同一位置需表示几个不同标高时，标高数字可按图 1-18 的形式注写。

图 1-17 总平面图室外地坪标高符号

图 1-18 同一位置注写多个标高数字

① 室内工程应标注相对标高；室外工程宜标注绝对标高，当无绝对标高资料时，可标注相对标高，但应与总图专业一致。

② 压力管道应标注管中心标高；重力流管道和沟渠宜标注管（沟）内底标高。标高单位以 m 计时，可注写到小数点后第二位。

③ 在下列部位应标注标高：

a. 沟渠和重力流管道：建筑物内应标注起点、变径（尺寸）点、变坡点、穿外墙及剪力墙处；需控制标高处；

b. 压力流管道中的标高控制点；

c. 管道穿外墙、剪力墙和构筑物的壁及底板等处；

d. 不同水位线处；

e. 建（构）筑物中土建部分的相关标高。

④ 标高的标注方法应符合下列规定。

a. 平面图中，管道标高应按图1-19的方式标注。

b. 平面图中，沟渠标高应按图1-20标注。

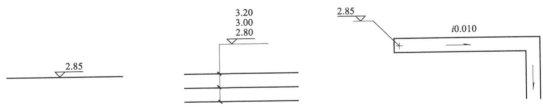

图 1-19　平面图中管道标高标注法　　　　图 1-20　平面图中沟渠标高标注法

c. 剖面图中，管道及水位的标高应按图1-21的方式标注。

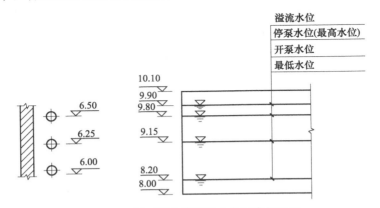

图 1-21　剖面图中管道及水位标高标注法

1.3　给水工程建设程序和设计阶段

1.3.1　给水工程建设程序

给水工程建设程序分为给水工程规划、编制给水工程计划任务书、勘察与调研、编制初步设计、进行施工图设计、施工、竣工验收和投产使用。

1.3.2　可行性研究

可行性研究是在项目投资决策之前，调查、研究与拟建项目有关的自然、社会、经济、技术资料，分析、比较可能的投资建设方案，预测、评价项目建成后的社会经济效益，并在此基础上，综合论证项目投资建设的必要性、财务上的盈利性、经济上的合理性、技术上的先进性和适用性以及建设条件上的可能性和可行性，为投资决策提供科学依据。

可行性研究的内容如下。

① 研究项目的社会需要性。

② 研究项目的技术可行性：

a. 选择既先进又适用、符合本国国情的生产技术方案；

b. 落实生产建设条件，为工程及时上马做好各项前期准备工作；

c. 分析选用方案在技术上能达到的效果和效率。

③ 研究项目的经济合理性。

a. 详细计算项目的总投资、单位产品成本等各项指标并进行分析。

b. 详细计算投资利润率、投资回收期等综合指标，分析和评价项目的经济效果。

④ 研究项目的财务可能性，包括：财政来源；资金如何申请、使用，逐年资金的流动情况；投资资金的利率，还本付息的偿还办法。

⑤ 制订项目实施计划。

⑥ 如何对资金使用和工程进度进行监督。

1.3.3　初步设计

设计工作按建设项目大小、重要性和技术复杂程度可分两个或一个阶段进行。大中型、重要或技术复杂工程一般按两阶段设计：初步设计和施工图设计。一般工程按一阶段设计：扩大初步设计（含施工图）。当工程简单、设计牵涉面较小、各方面的意见比较一致或工程进度紧迫时，在征得上级同意后，可以简化设计程序，以设计原则或设计方案代替扩大初步设计，以工程估算代替工程概算，设计方案经有关部门批准后即可进行施工图设计。必须在上一阶段设计文件（包括计划任务书）得到上级主管部门批准后方允许进行下一阶段的设计工作。

初步设计文件应根据批准的可行性研究报告和可靠的设计基础资料进行编制。

初步设计包括确定工程规模、建设目的、投资效益、设计原则和标准、工程概算、拆迁、征地范围和数量，以及施工图设计中可能涉及的问题建议和注意事项。

提出的设计文件应包括说明书、图纸、主要工程数量、主要材料设备及工程总概算。整个文件应能满足审批、控制工程投资和作为编制施工图设计、组织施工和生产（或使用）准备依据的要求。

1.3.4　施工图设计

施工图设计是根据建筑施工、设备安装和组件加工所需要的程度，将初步设计确定的设计原则和方案进一步具体化。施工图设计的深度，应能满足施工、安装、加工及施工预算编制的要求。给水工程施工图设计文件应包括说明书、图纸、材料设备表、施工图预算。

第2章

给水工程方案的
技术经济比较

2.1 给水工程方案的提出

2.1.1 给水系统方案设计的一般原则和要求

给水系统设计应符合国家建设方针政策的要求,做到具体情况具体分析,因地因时、因条件制宜,选择出适用、技术上合理、经济上合算的最佳方案,力求做到投资少、建设快、质量好、效益高。所谓适用,就是在可能的基础上,最大限度地适应生产和使用的需要;所谓技术上合理,是指在所用技术上、近远期考虑上、对现有设施利用上以及与其他事业配合关系上处理得好;所谓经济上合算,是指工程投资低、效益高和经常管理费用少。在设计中,主要方案的考虑以及各个构筑物的选定和布置,均应通过方案比较确定。

给水系统方案必须满足以下基本要求。

① 正确处理水资源综合开发和合理利用之间的关系,妥善选用水源,合理安排用水。

② 用水对象对水量、水质、水压的要求。

③ 用水对象对供水可靠性的要求。

④ 现行技术规范和标准的要求,尤其是消防、卫生防护、抗震、人防等方面的规定。

⑤ 系统的设计应从全局出发,根据规划、水源、地形、备用户用水要求及原有系统等条件,通过技术经济比较后综合考虑确定。

⑥ 工业企业生产用水系统应从全局出发考虑水资源的综合利用。

2.1.2 设计给水系统方案的要点

在选定给水系统方案时,一般考虑的要点如下。

① 选择水源时,首先应保证水量,即使水源水质较好,但水量不能保证时,也应另选水源。当水量有保证时,应选择水质好或较易处理者,以减少工程建造费用和经常处理费用。

② 符合卫生要求的地下水,应优先考虑作为生活饮用水源。

③ 地表水的取水地段根据河床淤冲的变化趋势而定。一般对冲刷考虑防护措施,对淤积则避免采用。在山溪河流或大河上游应考虑水位、水量的暴涨暴落以及流速、浮筏等因素对取水构建物形式和安全的影响。

④ 选择进水口地点时应注意上下游卫生条件和工业废水的排放情况。进水口和水厂一般不宜选在市区内或城市下方近郊处。如果各种条件合适,而由于上游有污水排出而需在远处取水时,应结合排水工程一起全面考虑,并通过技术经济分析选定。进水口越靠近用水地点越经济。如果由于建设逐步发展或远期规模一时不易确定,则考虑临时进水措施,近期避免远距离取水,否则投资显著增加。

⑤ 取水构筑物和一级泵房的形式，取决于河岸土质和施工方法等主要因素，还受施工的设备条件和施工技术力量的限制。如采用江心式，关键在于需要水下施工的力量和设备。有时水下施工的费用可能大于土建材料费用，因此选定取水构筑物方案时，应会同施工部门认真研究。

⑥ 一般水厂位置的选择应布置在用水区域或用水量较大的用户附近，以节省管道费用。给水处理的工艺流程应在满足水质要求的前提下力求简化，例如工业用水要求水质不高时，可考虑直接供应澄清水。确定工艺流程的规模系列和选用各项数据时，应考虑分期建设和留有今后挖潜及发展的余地。

⑦ 净水厂厂址不应选在崩塌、滑坡地段，也不宜选在流砂、淤泥、溶洞较严重的地方。避免设在有可能被洪水淹没的范围内。布置水厂总平面时，应考虑流程合理、平面紧凑、利用地形、节约土地、节省投资，酌留余地，以便发展。

⑧ 给水系统的主要投资在于管网，一般占工程总投资的50%～80%。因此必须进行管网布局和选线方案的技术经济比较，如果有条件，应尽量考虑分散供水或创造对置供水条件，以减小管网口径，降低工程造价。配水管网中是否采用水塔，应慎重对待，因为水塔高度一经固定，当用水量增加时常带来使用上的困难。管道材料的选择，应根据水压、外部荷载、地基条件、施工维护和供应情况等因素确定。有条件时，应采用非金属管材，以节省金属材料。

⑨ 对用水量大的工业企业，应考虑重复利用和水体保护以节约水资源。有条件时，可考虑复用或循环用水方案等。

⑩ 在山区或城市地形起伏比较大时，可考虑分压、分区给水方案，降低管网造价，节约运行电耗。

另外，在设计和选定给水系统时，应优先考虑充分利用原有水厂和发挥其潜力的可能性。一般水厂的取水能力大都有富余，但是厂内管道的口径，出厂输水管和管网输水能力不足，往往限制了扩大生产量的方法。

2.2 方案的比选及确定

2.2.1 给水工程方案比较的类型及内容

（1）给水工程的方案比较的三种类型

① 整个给水系统的比较。例如一个城市或工业区，采用地面水（或地下水）和采用地面水与地下水结合的方案进行比较；采用统一供水、分区供水和分质供水的系统比较。

② 不同构筑物在达到相同效果的条件下，对形式组合的比较。例如：在取水地点确定后，按照不同的取水和施工方法，可以有江心式、岸边式、吸水井与泵站合建式或分建式的比较。

③ 工程系统已定，对各类构筑物的形式、结构材料之间的方案比较。例如：清水池采用圆形还是矩形，采用预应力钢筋混凝土结构，还是采用一般钢筋混凝土结构的比较。

（2）整个给水系统设计方案技术经济分析的内容

上述后两种类型，由于工程范围小，考虑因素少，故方案比较简单，易于进行。而第一种整个工程系统的方案比较，则应着重考虑下列几个主要方面的内容。

① 工程投资和经常费用。应比较哪个方案经济上合算。所谓工程总投资应包括与方案有关的一切附属工程费用。例如一个水厂的工程总投资，除水厂本身造价外，还应包括占用

土地费、拆迁费、厂外排水及道路费、用电报装费、通信线路费等。经常费用应包括电费、净水药剂费以及管理费用等。

② 工程的技术水平，一般在经济合算的原则下，比较其技术是否适用和合理。

③ 运行和维护管理。运行是否安全可靠，操作管理是否方便，维修保养是否简便。

④ 供水的安全程度。在选择水源、给水系统、管网形式，净水构筑物系列规模时应比较其供水安全程度。

⑤ 土石方工程量和劳动力。

⑥ 占用土地面积。包括永久用地和施工临时用地均应进行比较。

2.2.2 方案比较的基本步骤

① 明确比选对象和范围：按照预期的目标，确定比选的具体对象和范围。比选对象可以是一个系统，也可以是一个局部系统或一个枢纽工程。在必要的情况下，也可以是一项关键性的单项构筑物。

② 确定比选准则：根据预期目标和比选对象提出比选的评价准则，这是一项十分重要的工作，因为方案的选择在很大程度上取决于此。比选准则不宜提得过多，以免使决策者无所适从。

③ 建立各种可能的技术方案：制订方案，既不应把实际可能的方案遗漏，也不应把实际上不存在或不可能实现的方案作为陪衬，而使方案比较流于形式。

④ 计算各方案的技术经济指标：根据工程项目的特点和要求，计算各方案的有关技术经济指标，以作为进一步分析对比和综合评价的基础。

⑤ 分析方案在技术经济方面的优缺点：必须全面、客观地分析各方案的优缺点、利弊关系及其影响因素，避免主观地、片面地强调某些优点或缺点。对优缺点的分析应实事求是、细致具体。

⑥ 进行财务上的比较和论证：对各方案进行财务上的比较是方案比较中极其重要的一步。

⑦ 在对各方案的综合评价计算、财务评价等工作的基础上，提出优选推荐方案：根据上述优缺点分析、技术经济指标结合方案比较评价标准，做出综合评定与决策，以确定最佳方案。

2.2.3 评价设计方案的技术经济指标

2.2.3.1 给水技术经济指标组成和内容

技术经济指标是反映整个建议项目及其各个组成部分的设备、设施、构筑物和建筑物的经济合理性的综合性计量单位，是进行设计项目投资效果评价的重要指标依据。合理可靠的技术经济指标，为项目的可行性研究方案比较与经济分析、确定项目投资等，提供了重要的价值尺度。

（1）给水综合技术经济指标的确定原则

给水综合技术经济指标，是指给水工程项目建设中各项枢纽工程的综合性投资指标，是根据全国各地一般性城市给水工程项目经济数据汇编而成的。而对于一些特殊工程，应在其综合指标的基础上，根据地区相关规定说明做相应的调查。

（2）给水枢纽工程综合技术经济指标的划分

给水技术经济指标按枢纽工程可划分为取水、净水、输配水。取水枢纽工程包括地面水及地下水的水源地总平面图，各单体取水构筑物，各井间的联络管及虹吸管，一级泵房、岸堤的保护，水源地其他的生产辅助设施。

净水枢纽工程包括净水厂内全部的生产构筑物和生产辅助建筑物及设在场外为净水厂服务的预沉池等。

输水枢纽工程应为从水源地的一级泵房或集水井至净水厂的管道工程及管网或直接送水至大用户的管道工程，其中包括管道的附属构筑物。

配水工程包括分配水的管网及配水构筑物和相配套的设施。

（3）给水工程单项构筑物技术经济指标

给水工程单项构筑物指标，一般分系列指标和单项指标两种。单项指标是按照不同类型构筑物的特点和工艺标准、结构特征及主要设备和材料确定的单体构筑物技术经济指标。工程常用的有面积指标、体积指标、长度指标及水量指标。

系列指标一般按规模大小分上、下限。由于地区差异，设计及施工标准的不同，在确定指标时应参照类似工程使用的系列指标。系列指标可弥补单项指标的局限性。

2.2.3.2 给水工程的技术经济指标

方案比较的技术经济指标，应能全面反映方案的特征，以便从不同角度去分析对比，使评价趋于完善。技术经济指标可分两大类：技术指标和经济指标。技术指标不仅是工程设计和生产运行管理的重要技术条件，也是经济指标的计算基础。因此，选择技术指标和参数时，应同时考虑技术先进和经济合理的原则。

经济指标包括主要指标（即综合指标）和辅助指标两个部分。综合指标一般是综合反映投资效果的指标，如工程建设投资指标和年经营费用指标。投资指标以货币形式概括工程建设期间的全部劳动消耗，具有综合性和可比性。年经营费用指标表明工程投产后长期的生产成本或运行费用，综合地反映工程的技术水平、工艺完善程度和投资收益情况。这些指标对方案的评价和选择具备决定意义。辅助指标是从不同角度补充说明投资的经济效果，从而更充分、更全面地论证主要指标。辅助指标包括劳动力消耗、占用土地、主要材料消耗、主要动力设备以及建设期限等，可根据工程的具体条件选择采用。

（1）基建投资指标

基建投资是指基本建设期间所付出的全部资金，包括建设项目从立项勘察、设计、施工、安装直到竣工验收的全部建设费用，通常由三部分费用组成：第一部分是工程费用，包括主要生产项目和辅助生产项目，生活、福利及服务性工程项目等；第二部分是其他工程费用，包括征地拆迁费、建设单位管理费、生产职工培训费、办公及生活用具购置费、大型临时设施费、勘察设计费等；第三部分是未预见工程和费用。近年来给水工程统计资料表明：第二、三部分的费用约为第一部分工程费用的 20%～25%。为此，节约投资和提高投资的固定资产形成率是提高投资经济效果的首要环节。

（2）年经营费指标

年经营费是工程投产后生产产品的成本费用。净水厂的年经营费由动力费、药剂费、工资福利费、折旧提成费、检修维护费以及其他费用（包括税款、行政管理费、辅助材料费等）组成。

折旧包括基本折旧和大修折旧两个部分。固定资产受自然界的侵蚀和随着使用期间的消耗，原始价值逐渐折减，逐年计入年经营费用中，称为基本折旧；固定资产经过一定时间使用后，需要进行较大范围的修理，为使成本合理负担，在年经营费中逐年提取，称为大修折旧。

折旧一般以基本折旧率（％）和大修折旧率（％）计算，其计算方法，在我国一般采用直线法，其计算公式为：

$$基本折旧率 = \frac{固定资产原值 - （残余价值 - 清理费用）}{使用年限 \times 固定资产原值} \times 100\%$$

$$大修折旧率 = \frac{使用年限内大修费用总和}{使用年限 \times 固定资产原值} \times 100\%$$

（3）占用土地指标

这是节约用地、尽量少占农田和不占良田的一项比较指标。净水厂用地指标，一般根据水厂设计的总体布置，分别算出实际占用的农田、山田、荒地等的种类和面积进行相对比较。

（4）主要动力设备指标

主要动力设备指标可按方案中所采用的主要动力设备功率综合计算，并分别列出使用功率和备用功率。

（5）基建劳动力与主要材料消耗指标

基建劳动力与主要材料消耗指标比较时，可按方案的主要工程量分析工料消耗或参考有关技术经济资料计算钢材、水泥和木材用量。

2.2.4 给水工程经济指标的计算

在进行给水系统方案比较时，主要经济指标是基建投资（K）、年经营费用（E）和制水成本（V）。

2.2.4.1 基建投资（K）值

基建投资一般由三部分费用组成。

（1）第一部分

① 主要工程基建费，即总造价 C，分直接费（如材料、设备、施工、工资等）和间接费（如管理、办公等），有时可用主要工程基建费代表固定资产总额。

② 准备工程费，如征地、拆迁、育苗赔偿等，这些一般占总造价的 $2\% \sim 5\%$。

③ 其他工程费，如勘察、测量、试验研究等，这部分费用一般占总造价的 $2.5\% \sim 3.6\%$。

④ 未预计费，一般占总造价的 $5\% \sim 8\%$。

（2）第二部分

① 建设单位管理费。

② 生产人员培训费，一般占总造价的 $1.2\% \sim 1.3\%$。

③ 其他费用。

（3）第三部分

临时设施费用，一般占总造价的 $2.5\% \sim 2.8\%$。

（4）K 值计算

在方案的比较阶段可采用近似法计算 K 值，通常由下面两部分费用组成。

① 主要工程基建费，即总造价 C。

② 其他费用，除主要工程基建费之外的全部费用，占主要工程基建费的 $15\% \sim 20\%$。

于是 $K = C + (15\% \sim 20\%)C = (1.15 \sim 1.20)C$。

2.2.4.2 年经营管理费 E 值

$$E = E_1 + E_2 + E_3 + E_4 + E_5 + E_6 + E_7$$

式中，E_1 为水资源费或原水费；E_2 为动力费用；E_3 为药剂费；E_4 为工资福利费；E_5 为固定资产基本折旧费和大修理费；E_6 为日常检修维护费；E_7 为其他费用。

（1）水资源费或原水费 E_1

水资源费按各地有关部门的规定计算，其计算式为：

$$E_1 = \frac{365Qk_1e}{k_2} \tag{2-1}$$

式中，Q 为最高日供水量，m^3/d；k_1 为考虑水厂自用水的水量增加系数；k_2 为日变化系数；e 为水资源费费率或原水单价，元$/\mathrm{m}^3$。

（2）动力费 E_2

以各级泵电动机的用电为计算基础，厂内其他用电设备按增加 5% 考虑。动力费 E_2 的计算式为：

$$E_2 = \frac{1.05QHd}{\eta k_2} \tag{2-2}$$

式中，H 为工作全扬程，包括一级泵房、一级泵房及增压泵房的全部扬程，m；d 为电费单价，元$/(\mathrm{kW \cdot h})$；η 为水泵和电机的效率，%，一般为 70%～80%。

（3）药剂费 E_3

药剂费 E_3 的计算式为：

$$E_3 = \frac{365Qk_1}{k_2 \times 10^6}(a_1b_1 + a_2b_2 + a_3b_3 + \cdots) \tag{2-3}$$

式中，a_1，a_2，a_3 分别为各种药剂（包括混凝剂、助凝剂、消毒剂等）的平均投加量，$\mathrm{mg/L}$；b_1，b_2，b_3 分别为各种药剂的相应单价，元$/\mathrm{t}$。

（4）工资福利费 E_4

工资福利费 E_4 的计算式为：

$$E_4 = AN \tag{2-4}$$

式中，E_4 为工资福利费，元/年；A 为职工每人每年的平均工资及福利费，元/(年·人)；N 为职工定员，人。

（5）固定资产基本折旧费和大修理费 E_5

固定资产基本折旧费和大修理费 E_5 的计算式为：

$$E_5 = SP \tag{2-5}$$

式中，E_5 为固定资产基本折旧费和大修理费，元/年；S 为工程总费用中形成固定资产部分的费用，元；P 为综合折旧提成率，%，包括折旧率和大修率，一般采用 6.5%（其中折旧率 4.1%，大修率 2.4%）。

（6）日常检修维护费 E_6（元/年）

$$E_6 = 0.01S \tag{2-6}$$

式中符号意义同前。

（7）其他费用 E_7

其他费用包括税款、行政管理费、辅助材料费和流动资金利息等，E_7 一般取以上费用之和的 1%。

2.2.4.3　制水成本分析

单位制水成本 V（元$/\mathrm{m}^3$）的计算公式为：

$$V = \frac{E}{\sum Q} \tag{2-7}$$

$$\sum Q = \frac{365Q}{k_2}$$

式中，$\sum Q$ 为全年制水量，m^3。

2.2.5 给水工程方案的比较方法

2.2.5.1 经济比较方法

在一定意义上，设计可以说是技术和经济相结合的产物。除了某些有特殊要求的工程外，经济效益是衡量工程设计优劣的一个重要标准。因此，必须重视设计的经济工作，力求以最少的人力、物力和财力来取得最佳的工程效果。经济效果分析方法可分为静态法和动态法。不考虑时间因素的分析方法称为静态法，考虑时间因素的分析方法称为动态法。两者又可分成许多方法。

（1）静态法

静态法分为投资回收期法、投资效果系数法、追加投资回收期法、年折算费用法、单位制水成本法、财务报表法。在给水工程的经济效果分析中，上述各种方法都有应用。

【例题 2-1】 静态法给水工程方案比较

1. 已知条件

某城市给水工程，有 A、B 两个方案，在 25 年内均能满足该城市的供水要求。A 方案总投资为 2100 万元，年总产值 420 万元，年总成本为 120 万元；B 方案总投资为 1900 万元，年总产值 420 万元，年总成本为 160 万元，试比较 A、B 两方案的经济效果。

2. 方案比较

（1）投资回收期计算

$$T_A = \frac{K_A}{G_A - C_A} = \frac{2100}{420 - 120} = 7.0 \text{（年）}$$

$$T_B = \frac{K_B}{G_B - C_B} = \frac{1900}{420 - 160} = 7.3 \text{（年）}$$

（2）投资效果系数计算

$$D_A = \frac{G_A - C_A}{K_A} = \frac{420 - 120}{2100} = 0.143 \text{（年}^{-1}\text{）}$$

$$T_B = \frac{G_B - C_B}{K_B} = \frac{420 - 160}{1900} = 0.137 \text{（年}^{-1}\text{）}$$

（3）追加投资回收期计算

$$T_A = \frac{K_A - K_B}{C_B - C_A} = \frac{2100 - 1900}{160 - 120} = 5 \text{（年）}$$

（4）年折算费用计算

假设标准投资效果系数 D_0 为 0.15，则：

$$W_A = D_0 K_A + C_A = 0.15 \times 2100 + 120 = 435 \text{（万元）}$$

$$W_B = D_0 K_B + C_B = 0.15 \times 1900 + 160 = 445 \text{（万元）}$$

将原始资料和计算结果列入表 2-1 中，可依据各种方法的判别标准得出经济效果分析的结论。

表 2-1 方案 A、B 计算结果

编号	项目	方案 A	方案 B	单位	结论
1	总投资	2100	1900	万元	
2	年总产值	420	420	万元	
3	年总成本	120	160	万元	
4	工程使用期	25	25	年	
5	投资回收期	7	7.3	年	方案 A 优于方案 B
6	投资效果系数	0.143	0.136	年$^{-1}$	方案 A 优于方案 B
7	追加投资回收期	5		年	方案 A 优于方案 B
8	年折算费用	435	445	万元	方案 A 优于方案 B

用静态法计算经济效果，方法简便，在给水工程技术经济比较中一直使用至今，但是不够完善，因为不同方案在建设期限、投资额与投资时间、投产时间以及达到设计指标的时间、近远期的计划等各不相同，静态法不能真正反映不同方案的投资与效益因时间差异所产生的影响，并因使用资金时没有计及利息，会造成资金积压、施工周期延长、使工程项目不能投产，势必使实际的投资超过原计划投资。应用动态法可以弥补静态法的不足。随着实行基建投资贷款制与基本建设管理体制的改革，动态法越来越受到人们的重视，早在一些工程中开始应用。

（2）动态法

动态法就是考虑资金的时间价值的方法。在方案比较时必须计算企业盈利，以全面反映投资与经营效果。动态分析方法有多种可以应用于给水工程技术经济评价。

① 年成本法。该法是将基建投资和年管理费一起比较，得出最优方案。方法简单，适用于设计中进行多方案比较或进行投资效果定性分析。其计算式如下：

$$C = k_1 P + O \tag{2-8}$$

$$k_1 = \frac{i(1+i)^n}{(1+i)^n - 1}$$

式中，C 为年成本，元；P 为基建投资，元；k_1 为资金回收系数；i 为利率；O 为年管理费用，元。

【例题 2-2】 年成本法给水工程方案比较

1. 已知条件

某给水工程有两方案，方案 A 的基建投资费用为 350 万元，年管理费用为 45 万元；方案 B 的基建投资 280 万元，年管理费用 60 万元。两方案的工程使用期限均为 25 年。年利率为 6%，试以年成本法衡量两方案的优劣。

2. 方案比较

方案 A 的年成本：$C_A = 350 \times \dfrac{0.06(1+0.06)^{25}}{(1+0.06)^{25}-1} + 45 = 72.38$（万元）

方案 B 的年成本：$C_B = 280 \times \dfrac{0.06(1+0.06)^{25}}{(1+0.06)^{25}-1} + 60 = 81.90$（万元）

从计算结果可见，方案 A 比方案 B 每年可节省资金 9.52 万元，方案 A 较好。

② 现值比较法。此法应用广泛，它是将使用期内的支出，用等额多次支付年金现值系数和一次支付复利现值系数折算成现值，并且同投资现值相加，然后比较各方案的现值差额，据此取舍方案，计算公式如下：

无残余价值时

$$P_{\mathrm{W}} = P + \frac{(1+i)^n - 1}{i(1+i)^n} R \qquad (2\text{-}9)$$

有残余价值时

$$P_{\mathrm{W}} = P + \frac{(1+i)^n - 1}{i(1+i)^n} R - \frac{1}{(1+i)^n} SV \qquad (2\text{-}10)$$

式中，P_{W} 为现值；P 为投资现值；R 为资金支出；SV 为使用期末资产的剩余价值；i 为利率；n 为年数。

使用年限相同的方案，用现值法比较很方便。当两方案比较时，以现值低的方案为优。

【例题 2-3】 现值比较法给水工程方案比较

1. 已知条件

某给水工程有两套设计方案。方案 A 是水处理厂和管网全部一次建成，共需投资 1200 万元，可使用 25 年，每年运行管理费用为 135 万元；方案 B 是先建一半，投资 700 万元，使用寿命 25 年，每年运行管理费用 75 万元，10 年后再建其余部分，共需投资 800 万元，也可使用 25 年，每年运行管理费用为 75 万元，15 年后残余价值为 220 万元，年利率 7%，试比较两方案。

2. 方案比较

方案 A 一次投资 1200 万元。1~25 年期间年运行管理费现值为：

$$\frac{(1+0.07)^{25} - 1}{0.07 \times (1+0.07)^{25}} \times 135 = 1573.23 \text{（万元）}$$

所以总现值为 1200+1573.23=2773.23（万元）。

方案 B 第一次投资 700 万元。1~10 年期间年运行管理费现值为：

$$\frac{(1+0.07)^{10} - 1}{0.07 \times (1+0.07)^{10}} \times 75 = 526.77 \text{（万元）}$$

10 年后第二次投资 800 万元的现值为：

$$\frac{1}{(1+0.07)^{10}} \times 800 = 406.68 \text{（万元）}$$

11~25 年期间年运行管理费现值为：

$$\frac{(1+0.07)^{15} - 1}{0.07 \times (1+0.07)^{15}} \times \frac{1}{(1+0.07)^{10}} \times (75+75) = 694.50 \text{（万元）}$$

残余价值 220 万元的现值：

$$\frac{1}{(1+0.07)^{25}} \times 220 = 40.53 \text{（万元）}$$

总现值为：700+526.77+406.68+694.50-40.53=2287.42（万元）。

通过比较，方案 B 虽比方案 A 多投资 300 万元，但将各种费用折算成现值的结果，却是方案 B 少485.81 万元，所以方案 B 较优。说明有时分期分批建设，经济效果较好。

应用现值比较不同使用年限的方案时，作为比较的使用年限必须相等，即需选所有比较方案中使用年限的最小公倍数作为资金流量的周期。例如比较使用年限分别为 2 年和 3 年的两方案时，必须用 2 年和 3 年的最小公倍数 6 年进行比较。

此外，还有净现值法、内部收益率法、益本比法、资本化成本比较法等。动态法虽然计算烦琐，可是其分析结果比较接近实际情况，各个阶段的资金使用情况可以得到正确的反映。动态法对于节省工程投资、降低运行管理费用、选择最优方案等都有明显的作用，因此是给水工程经济分析的有效工具。动态法的方法很多，各有特点，可根据具体情况选用。如果工程情况复杂，也可同时使用几种方法，以得到最优结果。

2.2.5.2　方案比选的综合评价方法

城市给水工程是城市的公用事业，涉及面广，因此，方案比选的评价标应是多方面的，包括政治、社会、技术、经济和环境生态等各个方面。方案比较不应单纯地从基建费用和经常费用着眼，而必须全面考虑，综合评定。

方案评价可以参照模糊决策的概念，采用定性和定量相结合的多目标的系统评价法，根据工程特点，确定七项评价目标，采用方案比选的综合评价旨在对每个方案进行全面审查，判别方案综合效果的好坏，并在多方案中选择综合效果最佳的方案。综合评价一般应包括政治、国防（安全）、社会、技术、经济、环境生态、自然资源等各个方面。对于不同方案可根据具体情况和要求确定评价的主要方面。

（1）给水工程方案评价中非数量化社会效益分析的内容

在给水工程方案比选中，需考虑的主要非数量化社会效益的分析内容一般包括以下各项。

① 节约及合理利用国家资源（土地、水资源等）。

② 节约能源。

③ 节约水泥、钢材和木材。

④ 节约劳动力或提供劳动就业的机会。

⑤ 原有设备的利用程度。

⑥ 管理运行的方便程度和安全程度。

⑦ 保证水源水质的卫生防护条件。

⑧ 对提高人民健康水平的影响。

⑨ 对环境保护和生态平衡的影响。

⑩ 对远景发展的影响。

⑪ 技术上的成熟可靠程度及对提高技术水平的影响

⑫ 对水利、航运、防洪等方面的影响。

⑬ 对便于上马及缩短建设期限的影响。

⑭ 公众可接受的程度。

⑮ 遭受损失的风险。

⑯ 适应变化的灵活性。

非数量化社会效益的比选项目，应根据工程特点及具体条件确定，一般不宜过多，否则使人无所适从。

（2）目标权重评分法

目前，国内外进行方案比选综合评价的方法日益增多，有主观判断法、多目标权重评分法、序数评价法、层次分析法等。这里仅就多目标权重评分法做主要介绍。

多目标权重评分法是多目标决策方法之一。多目标决策方法的实质就是对每个评价标准用评分或百分比所得到的数值，进行相加、相乘、相除，或用最小二乘法以求得综合的单目标数值，然后根据这个数值的大小作为评价依据。其具体的工作程序如下。

① 首先确定论证目标、然后把目标分解为若干比选准则。

② 对各项准则按其重要程度进行级差量化（加权）处理：级差量化处理的方法较多，一般按判别准则的相对重要性分为五等，加权数按 2^{n-1} 或 $1 \sim n$ 的次序列出，见表 2-2。

表 2-2　按重要程度的权数分等

重要程度		极重要	很重要	重要	应考虑	意义不大
加权数	2^{n-1}	16	8	4	2	1
	$1 \sim n$	5	4	3	2	1

③ 对各个方案逐项剖析。评价每个方案是否有效地满足这些准则；每个方案对各自的准则有其效果值。为提高评价效果值的精确性和可靠性，可以首先认真建立若干基准点，以便为判断每一准则的效果值提供符合逻辑的和统一的基础，效果值可按百分制或 5 分制评分。例如表 2-3 中所列就是采用的 5 分制评分法。

表 2-3　按符合准则程度评分

完善程度	完美	很好	可以通过	勉强	很差	不相干
评分	5	4	3	2	1	0

④ 加权计分，得分最高为推荐方案。权重评分法的优点是全部比选都采用定量计算，可在一定程度上避免主观判断法的主观臆断性。但是，比选准则权重的确定和各方案分数的评定，是能否得出正确抉择的关键性步骤。目前，有的是采取召开专家会议集体分析研讨、各自评分的方式；也有是采取背靠背地征询意见、多次反馈的德尔斐（Delphi）法。

【例题 2-4】 方案比选综合评价

1. 已知条件

某城市已建有几个水厂，但供水量已不能满足用水量需要，要求增加供水能力，可供考虑的方案如下。

(1) 所增水量全部通过现有水厂进行扩建来解决，其中包括：

① 扩建某一水厂；

② 几个水厂同时扩建而以不同的规模组合。

(2) 增加的水量全部由新建水厂负担，其中包括新建水厂在管网中的位置的选择。

(3) 增加的水量通过扩建老厂和增建新厂相结合来实现，其中包括：

① 扩建某一个老厂；

② 新、老水厂的规模组合。

通过列出的各种新建和扩建的规模组合，拟订了 7 个比较方案，同时根据工程特点，确定了 7 项评价指标。请做方案的经济分析。

2. 方案比选

各方案的投资费用见表 2-4。

表 2-4　各方案的基建费用、年电耗费用和成本现值

方案编号	一	二	三	四	五	六	七
基建费用/万元	2424	2764	2484	2378	2332	3183	3292
年电耗费用/万元	230.7	217.2	217.9	202.8	200.2	260.5	266.3
成本现值/万元	4862	5025	4772	4503	4431	5903	6071
相对比较/%	109.7	113.4	107.7	101.6	100	133.3	137.0

评价指标项目及加权数见表 2-5，评价指标的重要性进行差量化处理（加权），按照表 2-2 来进行。

对于评价指标，采用 5 分制评分，效益最好的为 5 分，最差的为 1 分，具体参考表 2-3。各方案得分计算结果见表 2-6。

表 2-5　评价指标项目及加权数

序号	评价项目指标	加权数
1	投资及经营费指标	16
2	土地(特别是农田)的占有	8
3	水源水质的环境条件	16
4	需投入的能源量和节能效果	8
5	原有设备的利用程度	4
6	施工量、难易程度及建设周期	4
7	管理运行的方便	2

表 2-6　各方案得分计算结果

评价指标序号		1	2	3	4	5	6	7	总得分
重要等级(加权)		16	8	16	8	4	4	2	
方案一	评价值	3	3	2	3	3	5	4	168
	得分	48	24	32	24	12	20	8	
方案二	评价值	3	4	4	4	4	4	4	216
	得分	48	32	64	32	16	16	8	
方案三	评价值	4	4	4	4	4	4	4	232
	得分	64	32	64	32	16	16	8	
方案四	评价值	5	3	3	5	4	3	3	226
	得分	80	24	48	40	16	12	6	
方案五	评价值	5	4	3	5	4	4	4	240
	得分	80	32	48	40	16	16	8	
方案六	评价值	2	5	5	2	5	3	5	210
	得分	32	40	80	16	20	12	10	
方案七	评价值	2	5	5	2	5	3	5	210
	得分	32	40	80	16	20	12	10	

注：每个方案的总得分是各项指标的评价值乘以相应的加权数的总和。

根据定量和定性综合评价的结果，由表 2-6 可以看出，方案五评价值最高，其次是方案三。

第3章

取水工程设计计算

3.1 地下取水工程设计概述

3.1.1 地下水源选择一般原则

① 所选水源水质良好，便于防护，水量充沛可靠。

② 对于工业企业生产用水而言，如水质、水量符合要求，经充分分析论证，亦优先考虑采用地下水水源，但需有关部门批准。

③ 地下水水源的取水量应不大于其允许开采量（$Q_{允许}$），严禁盲目开采。

④ 鉴于卫生、开采条件，采用地下水水源时，通常按泉水、承压水、潜水顺序考虑。

⑤ 一定取水规模地下取水工程，应综合考虑城市总体规划，结合具体条件，进行深入的技术经济分析，合理开发。

3.1.2 设计资料的收集与整理

在进行地下水源设计时，对于大中型或复杂地下水取水工程，按照不同设计阶段，首先对供水水文地质勘察报告进行详细分析研究，然后现场实际踏勘，访问有关部门，取得必要资料，作为设计依据。

① 城市总体规划和分区规划，城市供水现状及其发展规划，主要水源、用水对象等。

② 与设计阶段要求相适应的各种比例尺的地形图。

③ 现有取水构筑物的类型和各时期的供水量，已有供水设施工艺流程、净化处理、运行参数等。

④ 取水地段洪水淹没情况，水文地质、工程地质与环境地质条件等。

3.1.3 地下取水构筑物的种类与适用范围

地下水取水构筑物一般分为垂直（井）和水平（渠、管）两种类型，在某些情况下，两种类型可联合使用，如大口井与渗渠相结合的取水方式（表 3-1）。

表 3-1 地下水取水构筑物的类型及适用范围

类型	尺寸	深度	适用范围				出水量
			地下水类型	地下水埋深	含水层厚度，底板埋深	水文地质特征	
管井	井径 50～1000mm，通常150～600mm	井深 8～1000m，通常在300m 以内	潜水、承压水、裂隙水、岩溶水	200m 以内，常用在 70m 以内	含水层厚度 >4m，底板埋深 >8m	适用于砂、砾石、卵石及含水黏性土、裂隙、岩溶含水层	单井出水量 500～600m³/d，最大可达 2×10⁴～3×10⁴m³/d，最小小于 100m³/d

续表

类型	尺寸	深度	适用范围				出水量
			地下水类型	地下水埋深	含水层厚度，底板埋深	水文地质特征	
大口井	井径 2～12m，常用 4～8m	井深在 20m 以内，常用 6～15m	潜水、承压水	一般在 10m 以内	一般为 5～15m，底板埋深<15m	砂、砾石、卵石层，渗透系数最好在 20m/d 以上	单井出水量 500～10000m³/d，最大可达 2×10⁴～3×10⁴m³/d
辐射井	集水井直径 4～6m，辐射管直径 50～300mm，常用 75～150mm	集水井井深常用 3～12m	潜水	埋深 12m 以内，辐射管距含水层应大于 1m	一般 >2m，底板埋深<12m	补给良好的中粗砂、砾石层，但不含漂石、弱透水层	单井出水量 5000～5×10⁴m³/d，最大 31×10⁴m³/d
渗渠	直径为 450～1500mm，常用 600～1000mm	埋深 10m 以内，常用 4～7m	潜水	一般在 2m 以内，最大达 8m	仅适用于含水层厚度<5m，渠底埋深<6m	补给良好的中粗砂、砾石、卵石层，适宜于开采河床渗透水	一般 5～20m³/(m·d)，最大 50～100m³/(m·d)
复合井	大口井井径 4～12m，管井井径 200～300mm	井深在 40m 以内	潜水、承压水	一般在 10m 以内	一般为 5～15m，底板埋深<40m	砂、砾石、卵石层，渗透系数最好在 20m/d 以上	单井出水量 500～1.5×10⁴m³/d
泉室			泉水	小于 5m	覆盖层厚度小于 5m	有泉水露头	

3.2 管井设计基础

3.2.1 设计内容

（1）管井类型

根据含水层的埋藏条件、厚度、岩性、水力状况、施工条件，初步确定管井的类型。

（2）管井出水量（水位降深）设计计算

根据水文地质资料，考虑枯水期、丰水期地下水位动、静水位的变化，按理论公式或经验公式，进行管井出水量和水位降深值的计算。

（3）管井的构造设计

确定管井形式、构造尺寸，进行管井各部位构造设计。

（4）选择抽水设备

根据管井出水量、水位降深选择效率高、使用寿命长、耐腐蚀的抽水设备。

3.2.2 设计要求

管井由井室、井壁管（井管）、过滤器、沉淀管组成。在松散岩层中取水，应全部放置井管和过滤器；在基岩中取水，除软质岩石和基岩破碎带以外，一般可直接通过井壁进水。管井各部构造设计如下。

3.2.2.1 井室

通常抽水设备影响井室形式。常用的抽水设备有深井泵、深井潜水泵两种，取水工程中较多采用深井潜水泵。

井室形式可分为地面式、半地下式、地下式三种，通常采用半地下式井室，且井室满足防水、防潮、通风、采暖、采光的要求。

井口与地面直接接触时，为防止污水渗入井中，一般采用优质黏土球或水泥浆封闭，其深度不小于 5m，自流井周围，应铺设碎石或浇注水泥浆。

井室平面尺寸以 3.5m×4.5m 居多，井室深 2～3m，井口应高出地面 0.3～0.5m。

3.2.2.2 井壁管

① 井壁管管材，常采用钢管、铸铁管、钢筋混凝土管。钢管强度高，使用不受井深限制。井深小于 100m，可采用铸铁管。采用钢筋混凝土管，井深一般不超过 150m。

② 井管连接采用法兰、丝扣或管箍，井径应比设计过滤器的外径大 50mm，基岩地区在不下过滤器的裸眼井段，上部安泵段的井径应比抽水设备铭牌标定的井管公称内径大 50mm。对于松散层中的管井井径，应用允许入井渗透流速 v_j 复核，并满足下式要求：

$$D \geqslant \frac{Q}{\pi L v_j} \tag{3-1}$$

式中，D 为井径，m；Q 为设计取水量，m^3/s；L 为过滤器工作部分长度，m；v_j 为允许入井渗透流速/允许入井流速，m/s。

允许入井流速可用吉哈尔德（W. Sicharate）公式计算：

$$v_j = \frac{\sqrt{K}}{15} \tag{3-2}$$

式中，K 为含水层平均渗透系数，m/s。

③ 井的最终直径应比沉淀管的外径大 50mm，基岩地区下部不下井管的管井的最终直径一般不小于 150mm。

我国生产的供水管井口径一般较大，常见的管井直径有 200mm、250mm、300mm、400mm、450m、500mm、550mm、600mm、650mm 等规格。

3.2.2.3 过滤器

过滤器又称滤管、安装于含水层中用于集水和保持填砾与含水层稳定性，选择过滤器的基本要求是应具有足够的强度和抗腐蚀性，具有良好的透水性且能保持人工填砾与含水层的渗透稳定性。

（1）常用过滤器

常用的过滤器主要有填砾过滤器、骨架过滤器、缠丝过滤器、贴砾过滤器和模压过滤器等，见表 3-2。

表 3-2　不同含水层适用过滤器的类型

含水层特性	过滤器的类型
坚硬半坚硬的稳定岩石	不安装过滤器
半坚硬的不稳定岩石	圆孔或条孔过滤器
砂、砾、卵石层	圆孔或条孔外缠丝金属网或包网过滤器、钢筋骨架过滤器，填砾过滤器
粗砂	圆孔或条孔外缠丝金属网或包网过滤器、钢筋骨架过滤器，填砾过滤器
中细沙	填砾过滤器
粉沙	填砾过滤器、笼状填砾过滤器

（2）过滤器直径的选择

井壁管和过滤器直径的选择方法如下。根据出水量大小选择水泵的型号，按水泵要求确定过滤器直径。安装井泵的井段的内径，应比水泵铭牌上标定的井管内径至少大 50mm。住房和城乡建设部《管井技术规范》（GB 50296—2014）规定了过滤器直径的复核关系式，计算公式如下：

$$D_g = \frac{Q_g}{n\pi v_g L} \tag{3-3}$$

式中，D_g 为过滤管的外径，m；Q_g 为过滤管的允许进水流量，m^3/s；L 为过滤器工作部分长度，m，宜按过滤管长度的 85% 计算；v_g 为过滤管允许进水流速，m/s，供水管井不宜大于 0.03m/s，当地下水具有腐蚀性和容易结垢时，应按减少 $1/3\sim1/2$ 后确定；n 为过滤管表层进水面的有效孔隙率，%，一般按过滤管表层进水面孔隙率的 50% 考虑。

允许进水流速 v_g 值可参考表 3-3。

表 3-3 允许进水流速

含水层渗透系数 $K/(m/d)$	>122	82~122	41~82	20~41	<20
允许进水流速/(m/s)	0.030	0.025	0.020	0.015	0.010

注：填砾与非填砾过滤器均按表中数值确定。

（3）过滤器的长度

过滤管长度可根据设计出水量，含水层性质、厚度、水位降深及技术经济等因素确定。

含水层厚度小于 30m 时，对于潜水含水层，宜取设计动水位以下的含水层厚度，对于承压含水层，可取含水层的厚度。

含水层厚度大于 30m 时，可根据试验资料，并参考表 3-4 确定。

表 3-4 过滤器适宜直径、长度、规格类型及出水量

项目		粉砂层	细砂层	中砂层	粗砂、砾石层	卵石、砾石层	基岩层
渗透系数 $K/(m/d)$		一般含部分黏土，K 值约 5	10~20	30~50	100~200	200~1000	
井径/mm		井壁管和过滤器 150~200mm；上部井管安装泵，有时为 250~300mm	井壁管和过滤器 200mm；上部井管安装泵，有时为 300mm	井壁管和过滤器 200~300mm；上部井管安装泵，有时为 350~400mm	井壁管和过滤器 300~400mm；上部井管安装泵，有时为 450~500mm	井壁管和过滤器 400~1000mm；上部井管安装泵，有时为 1200mm	上部最大开口 500mm，依次缩小口径为 426mm、377mm、325mm、273mm、219mm
过滤器长度	一般范围/m	20~40	20~40	20~40	20~50	20~50	
	较大出水量的有效长度/m	40~50	40~50	40~50	50~60	50~60	
过滤器种类		双层填砾过滤器、填砾过滤器	填砾过滤器	填砾过滤器	填砾过滤器、缠丝过滤器	填砾过滤器、缠丝过滤器	带圆孔钢管填砾过滤器
井的单位出水量/[$m^3/(m\cdot d)$]		50~100	100~200	200~300	300~500	500~2000	1000~10000

（4）管井填砾规格、厚度及过滤器缠丝规格

① 填砾规格。粉、细、中、粗砂地层，按含水层标准粒径的 6~8 倍确定；砾石、卵石

层中按含水层标准粒径的 6～10 倍确定填砾规格。

② 填砾厚度。粉、细地层中，填砾厚度最好达到 150～200mm；中、粗砂层中，填砾厚度不宜小于 100mm；砾、卵石层中，填砾厚度不小于 75mm。

③ 填砾形状。以圆形、卵圆型为好，禁止使用棱角状碎石渣。

④ 填砾成分。宜采用石英岩、石灰岩卵、砾石，尽量不采用页岩、板岩成分，严禁使用泥灰岩等软质岩石成分的填砾。

3.2.2.4　沉淀管

沉淀管又称沉砂管，其直径一般与过滤管相同，沉淀管长度通常为 2～10m，可根据井深确定（表 3-5）。

表 3-5　井深与沉淀管长度的关系

井深/m	16～30	31～90	＞90
沉淀管长度/m	≥3	＞5	＞10

3.2.2.5　单井出水量（或水位降深）设计计算

计算公式通常有两类：理论公式、经验公式。理论公式多用于水文地质初勘资料基础上，考虑方案或初步设计阶段，其精度较差。经验公式多用于水文地质详勘和抽水试验基础上，适用于施工设计阶段，确定井的形式、结构、井数、井群布置方式，能较好地反映地下取水工程的实际情况。

（1）经验公式

单井出水量计算常采用的经验公式（至少有两次以上抽水试验资料），见表 3-6。

表 3-6　单井出水量计算经验公式

	经验公式	Q-S_w 曲线	转化后的公式	转化后的曲线
直线形	$Q=qS_w$			
抛物线形	$S_w=aQ+bQ^2$		$S_w/Q=a+bQ$ $S_{w0}=\dfrac{S_w}{Q}$	
幂函数曲线形	$Q=q_0S_w^{1/m}$		$\lg Q=\lg q_0+\dfrac{1}{m}\lg S_w$	
对数曲线形	$Q=a+b\lg S_w$		$Q=a+b\lg S_w$	

注：表中，Q 为单井出水量；S_w 为水位降落值；a，b，m 为系数。

表 3-6 中的四种公式适用于承压含水层，无压含水层的抽水资料符合上述条件时，可近似应用。

（2）井径对出水量的影响

在设计中，应考虑井径对出水量的影响，设计井和勘探井井径不一致时，可结合具体条件，采用井径与出水量关系的经验公式进行适当修正。

（3）出水量复核

遵照《管井技术规范》（GB 50296—2014），出水量设计需进行复核，保证管井设计出水量应小于过滤管的进水能力。

① 过滤管的进水能力应按式（3-4）进行允许过滤管进水流速复核：

$$v_g = \frac{Q_g}{\pi L n D_g} \tag{3-4}$$

式中符号意义同式（3-3）。

当地下水具有腐蚀性和容易结垢时，允许过滤管进水流速应按减少 1/3～1/2 后确定。

② 井壁进水能力应按式（3-5）进行允许井壁进水流速复核：

$$v_j = \frac{Q_j}{\pi L D_j} \tag{3-5}$$

$$Q_j \geqslant Q_g$$

式中，Q_j 为设计出水量，m^3/s；D_j 为开采段井径，m；L 为过滤器长度，m；v_j 为允许井壁进水流速，m/s。

其中允许井壁进水流速宜按吉哈尔德公式［式（3-2）］计算。

3.2.3 管井计算实例

【例题 3-1】 松散层供水管井出水量及工艺设计计算

1. 已知条件

（1）根据供水水文地质调查及钻孔电法勘察，含水层为承压含水层，厚度 16.42m，岩性为第四系松散冲积中粗砂，全分析测试表明地下水水质符合饮用水卫生规范，拟开采一眼生活用水井。钻孔地质柱状示意图见图 3-1。

地层时代	地层名称	柱状图	岩性描述	厚度/m	层底埋深/m	备注
Q_4	腐殖土	▽	富含有机质	6.00	6.00	钻孔深度124.62m;孔径400mm;承压水位埋深14.2m
	亚砂土	—	局部有粉质黏土夹层	15.90	21.9	
	粉质黏土		褐色	30.00	51.9	
	黏土		黄褐色,密实	24.00	75.9	
	细沙		粒径＞0.1mm 占75%	9.70	85.6	
	黏土		黄褐色,局部夹薄层粉质黏土	11.40	97.0	
	中粗砂		粒径＞0.5mm 含量＞50%	16.42	113.42	
	黏土		黄褐色,密实,未穿透	11.20	124.62	

图 3-1 钻孔水文地质柱状示意图

（2）钻孔稳定流完整井抽水试验资料结果：孔径 400mm，填砾过滤器，水位降深（S）与出水量（Q）关系，见表 3-7。

表 3-7　钻孔抽水试验结果

水位降深（S）/m	出水量（Q）/（L/s）	出水量（Q）/（m³/d）	单位水位下降（s）/[m/（L·s）]	单位出水量（q）/[L/（m·s）]
2.30	12.9	1114.6	0.178	5.6
4.53	26.08	2253.3	0.174	5.76
6.80	39.45	3408.5	0.172	5.8

注：单位出水量 $q=Q/S$，单位水位降深 $s=S/Q$。

2. 设计计算

（1）管井允许出水量计算

① 影响半径 R 的确定。可根据《供水水文地质手册》（第二册）提供的单位水位下降、颗粒直径、单位出水量确定影响半径 R 的经验值。

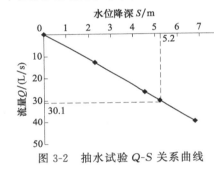
图 3-2　抽水试验 Q-S 关系曲线

由于单位出水量＞2.0L/（m·s），单位水位下降＜0.5m/（L/s），含水层为颗粒直径（中粗砂），故：影响半径 R 经验值取 400m。

② 计算含水层渗透系数 K。根据三次抽水试验资料做 Q-S 关系曲线，见图 3-2。

由于 Q-S 关系曲线呈直线形，可直接采用式（3-6）（承压完整井渗透系数计算公式）计算。

$$K=0.366\frac{Q(\lg R-\lg r_{\mathrm{w}})}{MS_{\mathrm{w}}} \tag{3-6}$$

式中，R 为影响半径，m；r_{w} 为抽水井半径，m；M 为承压含水层厚度，m；S_{w} 为抽水井水位降深，m；Q 为抽水量，m³/d；K 为含水层渗透系数，m/d。

由于 Q-S 关系曲线呈直线形，可选用抽水试验数据中任意一组 Q 与 S 计算 K 值：

$$\begin{aligned}K&=0.366\times\frac{Q(\lg R-\lg r_{\mathrm{w}})}{MS_{\mathrm{w}}}\\&=0.366\times\frac{2253.3\times(\lg400-\lg0.2)}{16.42\times4.53}=36.60\ (\mathrm{m/d})\end{aligned}$$

③ 生活用水井出水量计算。生活用水井采用与抽水钻孔结构相同的设计。生活用水井设计深度采用 124m，井径 550mm，设计水位降深 5.20m，填砾过滤器，钢制骨架，过滤器规格 D273mm×9mm。

a. 由根据三次抽水试验资料做 Q-S 关系曲线（图 3-2），图解法得知：设计水位降深（S）取 5.20m 时，钻孔出水量 $Q=30.1$L/s。

b. 考虑井径对出水量的影响：管井生产实践表明，承压含水层中，管井出水量的增加与井径的扩大略呈直线关系，采用井径与出水量关系的经验公式进行适当修正时，为安全起见，选择式（3-7）：

$$\frac{Q_2}{Q_1}=\frac{\sqrt{r_2}}{\sqrt{r_1}}-n \tag{3-7}$$

$$n=0.021\left(\frac{r_2}{r_1}-1\right)$$

式中，Q_1，Q_2 分别为小井和大井的出水量，m³/d；r_1，r_2 分别为小井和大井的半径，m；n 为系数。

即：

$$\frac{Q_{\text{生活}}}{30.1}=\sqrt{\frac{0.55}{0.4}}-0.021\times\left(\frac{0.55}{0.4}-1\right)=1.165$$

$$Q_{生活} = 35.1 \text{ (L/s)} = 3032.64 \text{ (m}^3\text{/d)}$$

④ 生活用水井出水能力复核

a. 井壁进水流速复核。允许入井流速：

$$v_j = \frac{\sqrt{K}}{15} = \frac{\sqrt{\dfrac{36.60}{86400}}}{15} = 1.37 \times 10^{-3} \text{ (m/s)}$$

井壁进水流速：$V_j = \dfrac{Q}{\pi L D} = \dfrac{35.1 \times 10^{-3}}{3.14 \times 16.42 \times 0.55} = 1.24 \times 10^{-3} \text{ (m/s)}$

得出：$V_j < v_j$，符合要求。

b. 允许过滤管进水流速复核。过滤管进水流速：

$$v_g = \frac{Q}{\pi L n D} = \frac{35.1 \times 10^{-3}}{3.14 \times 16.42 \times 0.85 \times 0.155 \times 0.273} = 0.019 \text{ (m/s)} < 0.03 \text{ (m/s)}$$

由于井壁进水流速、过滤管进水流速分别小于其允许值（0.03m/s），该生活用水井出水量 3032.64m³/d，不会造成开采超限，且抽水过程中含水层稳定。

（2）管井构造设计计算

管井造设计包括井室、井壁管（井管）、过滤器、沉淀管四部分内容。

① 井壁管（井管）、沉淀管。生活用水井终孔孔径550mm，井深124m，井壁管采用钢管，钢管规格取 D273mm×9mm；根据钻孔柱状图（图3-1），参照井深与沉淀管长度的关系，沉淀管长度为10.5m，钢管，规格同井壁管；为防止污水渗入井中，井壁管管口高出地面400mm，井口周围铺设碎石。

② 过滤器。选择填砾过滤器，钢制骨架，过滤器长度16.42m，主要技术规格：过滤器外径273mm，壁厚9mm，孔径21mm，孔心纵距50.4mm，孔心横距22.2mm，每周孔数17，孔隙率30.9%。由于含水层岩性为中粗砂，粒径＞0.5mm，占全重50%。

填砾规格按公式：

$$D_{50} = (6 \sim 8) d_{50} \tag{3-8}$$

式中，D_{50} 为填砾粒径，mm；d_{50} 为含水层颗粒粒径，mm。

填砾粒径：$D_{50} = (6 \sim 8) \times 0.5 = 3 \sim 4$mm，为椭圆形石英砾石。填砾高度：底部低于过滤器下端2.5m，上部高出过滤器上端8.5m；管外单层填砾，填砾层厚度＝(550−273)/2≈138mm。即：过滤器外填砾采用级配石英砾石，沉淀管外非级配填砾，井壁管外采用优质黏土封闭。

③ 井室。通常抽水设备影响井室形式。

a. 抽水设备的选择。地下水位埋藏较大，采用深井潜水泵（取水泵出口压力＝18.0m，泵房水头损失3.0m，安全水头2.0m），生活井设计出水量3032.64m³/d，所需扬程 H 见扬程计算草图（图3-3）。

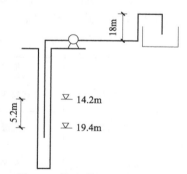

图 3-3 抽水井扬程计算草图

$$H = 水泵出口压力 + 地下水位埋深 + 井内动水位下降值 + 泵房水头损失 + 安全水头$$
$$= 18.0 + 14.2 + 5.2 + 3 + 2 = 42.6 \text{ (m)}$$

根据 Q、S，选择 8JD-130 深井泵。

经复核：该泵工作流量为 36.1L/s 时，井壁进水流速 1.27m/s、过滤管进水流速 0.019m/s，分别小于其允许值，不会造成抽水过程中含水层失稳。

b. 井室。采用半地下式井室，且井室满足防水、防潮、通风、采暖、采光的要求。平面尺寸 3.5m×4.5m，井室深 2~3m，满足井口高出地面 0.4m 的设计。

3.3 井群设计基础

3.3.1 设计内容

（1）井群的布置

井群的布置方案，应根据取水地段的水文地质条件决定。地下水流方向、补给条件和地形条件决定了井群的布置形式。

（2）井群出水量设计计算

共同工作时各井的出水量、水位下降值与单井独立工作的出水量、水位下降值均有所变化，即井群的互阻影响（井群的互相干扰）。进行井群系统互阻计算后，确定管井数目、井距、水位降深和井群布置方案。

（3）井群设计方案比较

对供水井群，一般进行两套以上设计方案的技术经济比较，以期确定最佳设计方案。

3.3.2 设计要求

3.3.2.1 井群位置设计

① 尽可能靠近用户取水点。

② 取水点位置选择含水层厚度大、渗透性能好（K 值较大），地下水补给条件良好，补给量充沛、允许开采量大、水质好的富水区域。

③ 取水井群布置尽可能垂直于地下水流向。

④ 尽可能不占耕地，选择易于施工运行管理且远离洪涝灾害影响的区域。

3.3.2.2 井群系统设计

较大规模的地下水取水工程中，根据井中取水方法、集水方式确定井群系统。常见的井群系统和集水方式见表 3-8。

表 3-8　常见的井群系统和集水方式

井群系统种类	集水方式	适用条件
自流井井群	非虹吸式管道集水	承压含水层,动水位接近或高出地表,用管道将水汇集至清水池
虹吸式井群	虹吸集水	取水量小,静水位较高,降深小,动水位埋深小于 8.0m 的含水层,用虹吸管将井水汇至集水井
水泵式井群	水泵集水	动水位大于 8.0m 或远距离输水,采用卧式泵或深井泵将水汇集至集水井
空气扬水装置井群	空气扬水装置集水	地下水位埋藏较深时,采用空气扬水装置集水,但应设备效率低,目前较少采用

3.3.2.3 井群平面布置设计

（1）直线布置

傍河取水，一般沿河布置一排或双排直线井群。远离河流，沿垂直地下水流向布置单排或多排直线井群，如图 3-4（a）所示。

（2）梅花形布置

地下水量丰富的承压水地区，井群布置一般呈梅花状，如图 3-4（b）所示。

（3）扇形布置

地下水丰富的自流水盆地或大型冲洪积扇地区，井群一般布置呈扇形，如图3-4（c）所示。

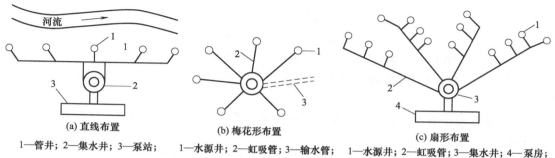

(a) 直线布置	(b) 梅花形布置	(c) 扇形布置
1—管井；2—集水井；3—泵站；	1—水源井；2—虹吸管；3—输水管；	1—水源井；2—虹吸管；3—集水井；4—泵房；

图3-4　井群平面布置图

3.3.2.4　井群出水量设计（井群互阻影响计算）

（1）井群出水量可用理论公式和经验法计算

理论公式由于各种复杂因素影响，参数不易选取，计算水量往往与实际出入较大，具有较大局限性。试验法以抽水试验为依据，计算结果接近实际情况。除一些简单情况采用理论公式初步计算外，一般采用经验法。

对于规模较小的取水工程，井群占地有限，井数少，采用较大井距，互阻影响小，可不做井群互阻影响计算。

进行设计井互阻影响的基本条件：设计井与试验井都建在同一含水层，且设计井与试验井的形式、构造尺寸基本相同。

（2）经验法计算井群互阻影响

互阻出水量减少系数 a 按式（3-9）计算：

$$a=\frac{Q-Q'}{Q}=1-\frac{Q'}{Q} \tag{3-9}$$

$$Q'=Q(1-a) \tag{3-10}$$

式中，Q 为无互阻时的出水量；Q' 为有互阻时的出水量。

可直接应用抽水试验资料进行出水量减少系数的计算，具体如下。

① 当 Q-S 呈直线关系时。当两个设计井的间距与试验井的间距相同时，出水量减少系数的计算公式为：

$$a_1=\frac{t_1}{S_2+t_1} \tag{3-11}$$

$$a_2=\frac{t_2}{S_1+t_2} \tag{3-12}$$

$$Q'_1=Q_1(1-a_1) \tag{3-13}$$

$$Q'_2=Q_2(1-a_2) \tag{3-14}$$

式中，a_1，a_2 分别为1#、2#井出水量减少系数；t_1，t_2 分别为各井单独抽水时，使另外井的水位降深，m；S_1，S_2 分别为两井同时抽水时各井的水位降深，m；Q_1，Q_2 分别为无互阻影响时的出水量，m^3/d；Q'_1，Q'_2 分别为有互阻影响时的出水量，m^3/d。

当设计井距不等于两试验井距时，出水量减少系数应按式（3-15）修正：

$$a_{1-2} = a_0 \frac{\lg \dfrac{R}{L_{1-2}}}{\lg \dfrac{R}{L_i}} \tag{3-15}$$

$$Q' = Q_i (1 - \sum a) \tag{3-16}$$

$$\sum a = a_{1-2} + a_{1-3} + \cdots + a_{1-n}$$

式中，Q_i 为单井出水量，L/s；a_{1-2} 为校正后的井的出水量减少系数；a_0 为试井的平均出水量减少系数；L_{1-2} 为两设计井间距，m；L_i 为试验井间距，m；R 为井的影响半径，m。

② 当 Q-S 呈非直线关系时，井群的互阻影响计算较为复杂，具体应用时可参考相应的设计手册。

总之，经验法的计算目标是考虑单井出水量的减少。如果单井出水量恒定，考虑水位下降值的消减，则需要在扬水试验的基础上，直接求得各井互相影响的水位消减值，然后进行叠加，使井的动水位调整至同水平，并以此作为设计动水位。

3.3.3 井群计算实例

3.3.3.1 井群出水量设计计算

【例题 3-2】 应用经验公式计算管井井群设计出水量

1. 已知条件

拟在某地区承压含水层中建造管井 3 眼，管井直径 400mm，管井间距皆为 400m，见图 3-5。已获得建于同一地层的两试井含水层抽水试验资料，见表 3-9。已知试井间距 200m，井径 400mm，含水层厚度 20m，影响半径 700m，试井投产后与拟建管井构成生产井群，管井沿河呈直线布置，且垂直于地下水流向，各设计井水位设计降深 4.0m。试计算井群设计出水量。

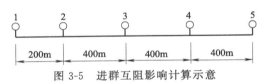

图 3-5 进群互阻影响计算示意

表 3-9 试井抽水试验资料

试井 1				试井 2			
出水量 Q_1/(L/s)	水位下降值 S_1/m	单位出水量 q /[L/(m·s)]	2 井抽水时，1 井水位消减值 t_1/m	出水量 Q_2/(L/s)	水位下降值 S_2/m	单位出水量 q /[L/(m·s)]	1 井抽水时，2 井水位消减值 t_2/m
6.0	1.15	5.22	0.18	6.35	1.2	5.29	0.17
15.2	2.87	5.30	0.46	15.65	3.0	5.22	0.44
23.8	4.52	5.27	0.70	25.1	4.75	5.28	0.67

2. 井群设计出水量计算

(1) 单井设计出水量计算

根据两试井抽水资料绘制 Q-S 关系曲线，为直线型，由 Q-S 曲线图求出设计水位降深为 4.0m 时，试井 1 设计水量为 1850m^3/d，试井 2 设计出水量为 1805m^3/d（参见【例题 3-1】）。

(2) 试井出水量减少系数的计算

由抽水资料可知，试井 Q-S 关系曲线呈直线型。

试井 2 三次抽水水位降深时，试井 1 出水量减少系数分别为：

$$a_1' = \frac{t_1}{S_2 + t_1} = \frac{0.18}{1.2 + 0.18} = 0.1304$$

同理求得：$a_1'' = 0.1330$，$a_1''' = 0.1284$。

试井 1 三次抽水水位降深时，试井 2 出水量减少系数分别为：

$$a_2' = \frac{t_2}{S_1 + t_2} = \frac{0.17}{1.15 + 0.17} = 0.1289$$

同理求得：$a_2'' = 0.1329$，$a_2''' = 0.1291$。

上述所求出水量减少系数较为接近，为安全起见，a_{200} 取其最大值 0.1330，即：

$a_{200} = a_1 = a_2 = 0.1330$。

（3）当设计井距不等于两试验井距时出水量减少系数的修正计算

井距为 400m、600m 时，出水量减少系数按式（3-15）计算，分别为：

$$a_{400} = 0.1330 \frac{\lg \dfrac{R}{400}}{\lg \dfrac{R}{200}} = 0.1330 \frac{\lg 700 - \lg 400}{\lg 700 - \lg 200} = 0.0594$$

$$a_{600} = 0.1330 \frac{\lg \dfrac{R}{600}}{\lg \dfrac{R}{200}} = 0.1330 \frac{\lg 700 - \lg 600}{\lg 700 - \lg 200} = 0.0164$$

（4）各井处于互阻影响下出水量的计算

按式 $Q' = Q(1 - \sum a) = qS(1 - \sum a)$ 计算各井处于互阻影响下的出水量，见表 3-10，表中采用的 q 值为表 3-9 中 q 值的平均值。

表 3-10　井群互阻影响计算

井号	井距 L/m	来自左侧的影响			来自右侧的影响			$\sum a$	$1 - \sum a$	q /[L/ (s·m)]	Q' /(L/s)
		a_{200}	a_{400}	a_{600}	a_{200}	a_{400}	a_{600}				
1	600	0	0	0	0.133	0	0.0164	0.1494	0.8506	5.26	17.90
2	400	0.133	0	0	0	0.0594	0	0.1924	0.8706	5.26	18.32
3	0	0	0.0594	0.0164	0	0.0594	0	0.1352	0.8648	5.26	18.20
4	400	0	0.0594	0	0	0.0594	0	0.1188	0.8812	5.26	18.54
5	800	0	0.0594	0	0	0	0	0.0594	0.9406	5.26	19.79

（5）井群不发生互阻影响总出水量的计算

井群不发生互阻影响时，总出水量 $\sum Q = qSn = 5.26 \times 4 \times 5 = 105.2$（L/s）。

（6）井群发生互阻影响总出水量的计算

井群发生互阻影响时，总出水量 $\sum Q' = 17.90 + 18.32 + 18.20 + 18.54 + 19.79 = 92.75$（L/s）。

（7）井群互阻影响下总出水量减少百分数计算

$$\frac{\sum Q - \sum Q'}{\sum Q} \times 100\% = \frac{131.5 - 115.93}{131.5} \times 100\% = 11.84\%$$

井群互阻影响下总出水量减少较小，说明井群设计方案较合理。

值得注意的是：在设计中还应结合实际条件，反复调整各种设计参数，如：水位下降值、出水量、井数、井间距、排列方式等，反复计算直至取得满意结果为止。

3.3.3.2 井群结构设计

（1）井群连接管设计

设计内容包括：确定管材类型；在给定的设计流量下，连接管管内流速；计算管径；计算各井及清水池的水头损失。

（2）抽水设备设计

确定水泵安装高度及扬程、选泵，具体计算参见【例题 3-1】。

（3）管井构造设计

具体计算参见【例题 3-1】。

3.4 大口井设计基础

3.4.1 设计内容

（1）大口井类型

根据含水层厚度、设计水位降深、地下水位变幅、单井出水量的大小、井数多少、抽水设备及施工条件等，初步确定井群（井）类型。

（2）大口井出水量设计计算

根据含水层厚度与性质（无压、有压）、大口井类型（完整井、非完整井）、进水形式（井底进水、井壁进水、井底和井壁同时进水），按理论公式或经验法，进行大口井出水量计算。经验法与管井相似。

（3）大口井构造设计

确定大口井形式、构造尺寸，进行大口井各部位构造设计。

（4）抽水（或集水）设备设计

根据地下水埋深、出水量大小、井数等确定抽水（或集水）设备。

3.4.2 设计要求

大口井是开采浅层地下水最合适的取水构筑物，应选在地下水补给丰富、含水层透水性良好、埋藏浅的地段，一般有完整井和非完整井两种形式。大口井主要由井室、井筒进水部分组成。各部分设计如下。

3.4.2.1 大口井形式

① 含水层厚度为 5～10m，多采用完整井，但条件许可时，应尽量采用非完整井，井底距隔水层不小于 1～2m，以确保井壁淤塞后，井底仍有水量进入。

② 含水层厚度大于 10m 时，均采用非完整井。

3.4.2.2 大口井构造

（1）井室

地下水位埋深较大时，采用卧式泵取水，井室一般为半地下式。

地下动水位接近地面或采用深井泵取水时，井室则为地面式。

井内不安装抽水设备时，不设井室，而建井口；井口-井筒的上缘应高出地面 0.5m 以上，周围应设 1.5m 不透水的散水坡，散水坡下面还应填厚度不小于 1.5m 的黏土层。

（2）井筒

井筒外形通常为圆筒形，深度较大时也可为阶梯圆筒形，井筒直径按设计水量、允许流速校核及安装抽水设备的要求确定。

采用沉井施工时，井筒底部做刃脚，高度为 $1.2\sim1.5\text{m}$，刃脚应比井筒壁外缘大 10cm。井筒一般采用钢筋混凝土、砖、石和钢筋无砂混凝土。

（3）进水部分

包括井壁进水（透水井壁）、井底进水、井壁与井底同时进水等。

① 井壁进水

a. 常用井壁进水孔。分水平孔、斜型孔两种。

水平孔：直径一般 $100\sim200\text{mm}$ 的圆孔或 $100\text{mm}\times150\text{mm}\sim200\text{mm}\times250\text{mm}$ 的矩形孔。

斜型孔：一般做成 $D=50\sim150\text{mm}$ 的圆孔，最大不超过 $D=200\text{mm}$；孔斜一般不超过 $45°$，孔外则设有格网。

b. 进水孔内填料。孔内滤料分 2 层，其级配按含水层颗粒组成确定，与含水层接触的第一滤料层粒径 d_1 满足：

$$d_1 \leqslant (6\sim8)d_i \tag{3-17}$$

式中，d_i 为含水层颗粒的计算粒径。

当含水层为细砂或粉砂时，$d_i=d_{40}$；为中砂时，$d_i=d_{30}$；为粗砂时，$d_i=d_{20}$；为砾石或卵石时 $d_i=d_{10}\sim d_{15}$；d_{40}、d_{30}、d_{20}、d_{10-15} 分别为含水层颗粒过筛重量累计百分数，两相邻反滤层的粒径比宜为 $2\sim4$。

c. 井壁进水孔面积计算，井壁进水孔面积 F（m^2）的计算公式为：

$$F=\frac{Q}{v} \tag{3-18}$$

式中，Q 为井壁进水量，m^3/s；v 为允许进水流速，m/s。

② 井底进水。井底进水必须在大口井底部设置反滤层。反滤层一般 $3\sim4$ 层，呈弧形。粒径自上而下逐渐变细，每层厚度宜为 $200\sim300\text{mm}$，反滤层滤料粒径满足式（3-14）。

含水层为粉、细砂时，反滤层总厚度为 $0.7\sim1.2\text{m}$；含水层颗粒较粗时，反滤层总厚度 $0.4\sim0.6\text{m}$；含水层为卵石时，可不设反滤层。

③ 进水流速校核。井壁进水、井底进水流速不宜过大，以免引起涌砂。井壁进水孔和井底反滤层允许进水流速 v（m/s）可按式（3-19）计算：

$$v=\alpha\beta K(1-\rho)(\gamma-1) \tag{3-19}$$

式中，α 为安全系数，井壁斜型孔为 0.5，水平孔由试验确定，井底反滤层为 1.0；β 为进水孔井斜变化系数，计算井底反滤层进水流速时，$\beta=1$；K 为靠近井内一层滤料的渗透系数，m/s；ρ 为含水层孔隙率，$\%$；γ 为滤料层的与水的相对密度，砂、砾石为 2.65。

上述参数均可在相应的《给水排水设计手册》中查得。

3.4.2.3　大口井出水量计算

（1）取河床渗透水

$$Q=\frac{4.29Kr_0S}{0.0625+\lg(M/T)} \tag{3-20}$$

式中，Q 为大口井出水量，m/s；K 为含水层渗透系数，m/d；r_0 为大口井半径，m；S 为水位下降值，m；M 为含水层厚度，m；T 为井底至含水层底板的距离，m。

（2）取地下水的大口井

计算公式繁多，根据含水层性质、大口井进水形式，选择合理的计算公式，参见《供水水文地质手册》和《给水排水设计手册》等。

3.4.2.4　抽水泵房（集水）设备

抽水泵房设置分为合建式和分建式两种。

① 当单井出水量较大、井数不多、含水层厚度较厚或水位下降较大时，可采用抽水泵房设在大口井之内的合建式。

② 当用水量较大、井数较多，通过虹吸管集水时，可采用与大口井分建式的抽水泵房。

3.4.3 大口井计算实例

【例题 3-3】 集取河床渗滤水的大口井出水量计算及工艺设计

1. 已知条件

湖北某地拟建水厂一座，经用水量测算为 $4 \times 10^4 m^3/d$，经勘查对比，选择河床地下水作为城市供水水源。根据水文地质勘探成果如表 3-11 所示：河床含水层共 6 层，总厚 16.9m，卵石层、砂砾石层、含砾粗砂和含砾中粗砂是主要含水层，其中卵石层厚 4.29 m，其次是中细砂层。整个含水层厚度大，分布面广，透水性好。

表 3-11 河床段水文地质勘查成果

地质时代界系（组）	序号	层底标高 /m	层底厚度 /m	岩性描述	备注
	1	72.79	0.30	灰褐色亚砂土	覆盖层
	2	72.29	0.50	黄色含砾粗砂，粒径 1~4mm	
	3	67.29	5.00	黄色含砾中粗砂，以石英颗粒为主，含微黑色矿物，颗粒直径在 0.50~2mm，其中 >2mm 约占 20%	
	4	64.99	2.30	黄色砂砾石层，成分以石英为主，颗粒直径 1~15mm，其中 1~4mm 约占 90%	
	5	62.83	2.16	灰色中细砂，成分以石英颗粒为主，含多量角闪石、长石和铁矿等，颗粒直径在 0.5~2mm	
新生界第四系	6	60.18	2.65	灰黄色砂砾石层，成分以石英颗粒为主，含角闪石等黑色矿物达 10%，颗粒直径在 0.5~8mm，其中 >2mm 约占 50%	
	7	55.89	4.29	卵石层，磨圆度较好，成分以石英和片麻岩为主，粒径在 20~15mm，空隙间有黄沙充填	
太古界包头河组	8	54.49	1.40	灰色斜长片麻岩	

2. 大口井工艺设计及水量计算

(1) 大口井类型设计

大口井设在河床上，主要是汲取河床渗透水，包括河床潜流水。由于河床含水层厚度达 15m 以上，故大口井设计为非完整式，采用井底进水。井底落在含水层的第三层，井深 $h = 8.6$m，井径 $D = 10$m，水位降深 $S = 3.0$m。

(2) 大口井出水量计算

单井出水量按汲取河床渗透水的大口井出水量公式计算。

按含水层中最细颗粒的渗透性能考虑，K 值取为 25m/d，据水文地质资料，考虑各布井点的差异，含水层厚度 M 取平均取值为 15m；井底标高 64.49m，含水层底板标高 55.89m，井底至含水层底板的距离 $T = 8.6$m；大口井的半径 r_0，设计取 5m。则单井出水量为：

$$Q = \frac{4.29 K_0 S r_0}{0.0625 + \lg(M/T)} = \frac{4.29 \times 25 \times 3 \times 5}{0.0625 + \lg(15/8.6)} = 5290 \, (m^3/d)$$

(3) 大口井构造设计

① 井底反滤层总厚度为 1.0m，共 4 层。从下至上每层的级配及厚度如下。

第 1 层：$d = 10 \sim 20$mm，$H = 300$mm。

第 2 层：$d = 30 \sim 50$mm，$H = 300$mm。

第 3 层：$d＝60\sim80\text{mm}$，$H＝200\text{mm}$。

第 4 层：$d＝100\sim150\text{mm}$，$H＝200\text{mm}$。

② 井壁为钢筋混凝土结构。井口做密封井盖，以防止地表水进入井内。为便于检修，在井盖上设钢制密封检修人孔，并设通气孔，通气孔高出最高洪水位 0.5m。

③ 井内不安装抽水设备，取水泵房建于水厂内；井口的上缘应高出地面 0.6m，周围设 1.5m 的散水坡，散水坡下黏土层填置厚度 1.5m。

④ 井群布置。供水量为 $4×10^4\text{m}^3/\text{d}$，单井出水量 5290m³/d，故近期设计 8 座井。井群布置于主河槽，井距 50m 左右，呈辐射状布置。

⑤ 引水管及集水井。每个大口井的水以虹吸方式收集至集水井，虹吸引水管管径为 $DN400\text{mm}$，流速 0.49m/s。集水井建在防洪堤外，井径 $D＝10\text{m}$，井深 7.7m，钢筋混凝土结构，做法与大口井相同，井底用钢筋混凝土封底。

（4）进水流速校核

井底进水，选取参数：$\alpha＝1.0$，$\beta＝1$，ρ 取 0.24，γ 取 2.65，k 为 300m/d，则井底反滤层允许进水流速 $v＝\alpha\beta K(1-\rho)(\gamma-1)＝300(1-0.24)(2.65-1)＝376.2(\text{m}/\text{d})$。

井底进水设计流速 $u＝\dfrac{Q}{\omega\rho}＝\dfrac{5290}{3.14×5^2×0.24}＝280.8$ （m/d） $<376.2\text{m}/\text{d}$

故井底反滤层和含水层可保持稳定。

（5）泵房工艺设计

泵房工艺设计参见【例题 3-1】。

3.5　地表水取水工程设计概述

3.5.1　地表水取水水源选择原则

① 水源水质良好。地表水水源水质应符合国家有关现行标准，作为饮用水水源，水质应满足《地表水环境质量标准》（GB 3838—2002）中有关要求，取水地段卫生条件良好。

② 可取水量充沛，便于保护。

③ 具备施工条件，取水、输水、净水设施安全经济。

④ 进行水源勘查后，通过技术经济方案比较，综合考虑确定水源、取水地点、取水量等。

3.5.2　地表水取水构筑物设计原则

① 取水构筑物位置选择，应全面掌握河流特性，根据取水河段的水文、地形、地质、卫生防护、河流综合利用等条件综合考虑。

② 对于河道复杂，或取水量占枯水流量比例较大的大型取水构筑物，应进行水工模拟。

③ 取水构筑物应保证枯水季节仍能取水，并满足在设计保证率下的设计取水量。作为城市供水水源时，其设计枯水流量年保证率为 90%～97%，即天然河流取水量不大于河流枯水流量一定保证率的可取水量。

④ 当自然河流不能满足所需设计取水量时，应修拦河坝等确保可取水量。

⑤ 洪水季节，取水构筑物不受冲刷和淹没。江河取水构筑物防洪标准不低于城市防洪标准。设计最高水位和最大流量一般按 100 年一遇的频率确定。

⑥ 取水构筑物进水口处，一般不小于 2.5～3.0m 水深；对于小型取水口，水深可适当降低到 1.5～2.0m。

⑦ 取水构筑物应根据水源情况，如泥砂、冰凌、漂浮物、洪水冲刷程度、淤积状况以及船只撞击等，采取相应的保护措施。

⑧ 确定水源、取水地点和水量等，应取得有关部门（水资源管理、卫生防疫机构等）同意。

3.5.3　地表水取水位置选择

① 地表水取水位置应位于水质较好的地段。

a. 宜选取城市和工业企业的上游，远离污水排放上游 100m 以上。

b. 尽可能避开河流中死水区、回水区。

c. 湖泊取水口，宜选择湖泊出口处，水库取水口宜选择水库淤积区以外，并远离支流汇入口，避开藻类集中区。

d. 沿海地区避免咸潮的影响，即取水口尽量选在海水潮汐倒灌影响范围之外。

② 尽量靠近主流，有足够的水深，稳定的河床、岸边，良好的工程地质条件。

a. 顺直河流：宜选取河床稳定、水深较大、流速较快的河流较窄处，水深不小于 2.5～3.0m。

b. 弯曲河流：宜选取在河流凹岸，但应避开凹岸主流顶冲点，可设于顶冲点下游 15～20m。

c. 游荡型河流：宜选择在主流线密集处，必要时可进行河道整治。

d. 有边滩、沙洲的河流：宜选取在边滩、沙洲上游约 500m 远以外。

e. 有支流汇入的顺直河流：宜选择在汇入干流口的上游河段，或远离支流流入口下游不小于 400m 处。

③ 取水点尽可能不受泥砂、漂浮物、冰凌、冰絮的影响。

a. 含砂量较大的河流，宜选择河流中泥砂较少的地段。

b. 含砂量沿水深有变化时，选择适宜的取水高程。

c. 冰冻严重地区，取水口宜选取急流、冰穴及支流入口的上游河段。

d. 流冰河道，取水口宜选取冰水分层的河段。

④ 取水点尽量靠近用水区，避开水工构筑物（桥梁、码头、拦河闸坝、丁坝等）和天然障碍物影响。

⑤ 取水构筑物应与河流综合利用相结合，如航运、水力发电、灌溉等。

3.5.4　地表水取水构筑物形式选择的一般原则

① 河流水位变幅（最高水位与最低水位之差以及水位涨落速度）不大时，可采用一般的岸边式或河床式取水构筑物；水位变幅不大但修建固定式构筑物困难时，可采用移动式取水构筑物。水位变幅很大时，可考虑湿式竖井泵房取水、淹没式泵房取水。

② 河流最低水位不能满足取水深度时，可采用底栏栅式、底坝式取水构筑物。

③ 河床岸坡陡，且主流近岸时，宜采用岸边式取水构筑物。

④ 河床岸坡平缓，且主流远离岸边时，宜采用河床式取水构筑物；河床岸坡平缓，岸边无足够水深时，或游荡型河流取水时，宜考虑桥墩合建式取水构筑物。

⑤ 河流洪水期含砂量较高，且沿水深分布差异较大时，宜考虑分层取水构筑物。

⑥ 大型取水泵房，一般采用集水井与泵房合建形式；小型取水泵房，可采用水泵直接取水；水泵启动要求不高时，可采用集水井与泵房分建形式。

长江水系、黄河水系、松花江水系等，因自身地理、水质等特点，其取水形式的选择参见相应设计手册。

3.5.5 地表水取水构筑物分类

地表水取水构筑物的分类见图 3-6。目前，采用较多的是固定式取水构筑物类型中的岸边式取水构筑物、河床式取水构筑物两种类型。两类取水构筑物的形式、特点、适用条件见表 3-12、表 3-13。

- 地表水取水构筑物
  - 固定式取水构筑物
    - 岸边式
    - 河床式
    - 斗槽式
  - 移动式取水构筑物
    - 缆车式
    - 浮船式
  - 山区浅水河流取水构筑物
    - 底栏栅式
    - 底坝式

图 3-6 地表水取水构筑物的分类

表 3-12 岸边式取水构筑物形式、特点和适用条件

形式		特点	适用条件
合建式		1. 集水井与泵房合建，设备布置紧凑，占地面积较小 2. 吸水管路短，运行安全，维护方便	1. 河岸较陡，岸边水流较深，地质条件较好及水位变幅和流速较大的河流 2. 取水量大和安全性要求较高的取水构筑物
	底板呈阶梯布置形式	1. 集水井与泵房底板呈阶梯布置 2. 可减少泵房深度，减少投资 3. 水泵启动时需采用抽真空方式，启动时间较长	工程地质条件较好或具有岩石基础时，可直接开挖施工
	底板水平布置（采用卧式泵）	1. 集水井与泵房布置在同一高程 2. 水泵可设于低水位下，启动方便 3. 泵房深，巡视检查不便，通风条件差	地质条件较差，不宜作阶梯布置以及安全性要求较高，取水水量大的情况，可采用开挖或沉井施工
	底板水平布置（采用立式泵）	1. 集水井与泵房布置在同一高程 2. 电气设备可置于最高水位之上，操作方便，通风条件好 3. 建筑面积小，检修条件差	地质条件较差，河道水位较低，不宜作阶梯布置的情况
分建式		1. 集水井与泵房分建，集水井设于岸边，泵房可离开岸边，设于地质条件较好的地段 2. 土建结构简单，易于施工 3. 避免吸水管路过长，维护管理，运行安全性较差	1. 当河岸地质条件较差，不宜合建 2. 建造合建式，对河道断面及航道影响较大 3. 水下施工困难，施工装备条件较差

表 3-13 河床式取水构筑物形式、特点和适用条件

形式	特点	适用条件
自流管取水，集水井和泵房可分建或合建	1. 集水井设于河岸上，不受河流冲刷和冰絮碰撞，亦不影响河床水流 2. 进水头不深入河床，检修清洗不便 3. 洪水期间，河流底部泥砂多、水质差，集水井泥砂清除不易	1. 河床较稳定，河岸平坦，主流距河岸较远，河岸水深较浅 2. 岸边水质较差，水中漂浮物较多

形式	特点	适用条件
自流管及集水井设进水孔取水	1. 非洪水期,利用自流管集取河心较好的水 2. 洪水期,利用集水井上层进水孔集取水质较好的水 3. 比单用自流管进水安全、可靠	1. 河岸较平坦,枯水期主流远离岸边 2. 洪水期含砂量较大
虹吸管取水	1. 减少水下施工量和自流管挖方量 2. 虹吸进水管施工质量要求较高,保证严密不漏气 3. 需设一套真空管路,虹吸管径较大时,启动时间长,运行不便	1. 河流水位变幅较大,河滩宽阔且高,自流管埋设较深 2. 枯水期时,主流离岸较远,水位低 3. 受岸边地质条件限制,自流管埋设于岩层 4. 在防洪堤内建泵房又不破坏防洪堤
水泵吸水管直接取水	1. 不设集水井,施工简单,造价低 2. 施工质量要求高,不允许吸水管漏气 3. 河流泥砂粒径较大时,易堵,水泵叶轮磨损较快 4. 吸水管不宜过长,可利用水泵吸高,减小泵房埋深	1. 水位变幅不大,漂浮物较少,水泵允许吸高较大 2. 取水量小,水泵台数少时
桥墩式取水	1. 取水构筑物建在河心,需较长引桥,基础较深,避免冲刷 2. 施工复杂,造价高,影响航运	1. 取水量较大,岸坡较缓,不宜建岸边取水时 2. 河道水位变幅大,含砂量大,河床地质条件较好
淹没式泵房取水	1. 集水井、泵房常年位于洪水位以下,洪水时期,处于淹没状态 2. 泵房深度浅,土建投资少 3. 泵房通风条件差,管理维修不便,且洪水期格栅难以起吊、冲刷	1. 河岸地基稳定 2. 河流水位变幅大,但洪水期时间较短,长时期处于平水期和枯水期 3. 河流含砂量较小
湿式竖井泵房取水	1. 泵房下部为集水井,上部为电动机操作室 2. 采用深井泵,减少泵房面积,泵房检修麻烦,井筒淤砂难以清除 3. 河水含砂量较大时,需采取防砂措施或防砂深井泵	河道水位变幅大(大于 10m),尤其是骤涨骤落(水位变幅大于 2m/h),水流流速较大时

3.6 岸边式取水构筑物设计基础

3.6.1 设计内容

岸边式取水构筑物一般包括集水井(进水间)和泵房两部分。

(1)岸边式取水构筑物或取水系统的形式

根据收集的取水设计资料、取水条件,初步确定岸边式取水构筑物的基本形式。

(2)集水井(进水间)的布置与设计

① 平面布置。根据水泵吸水方式、运行要求、施工条件等,确定集水井(进水间)外形与平面尺寸、分格数;进水室外侧进水孔布置以及吸水室布置。

② 竖向布置。综合考虑河流水位、取水构筑物的顶部高程(淹没或非淹没)、起吊设备、泵站总体布置要求,确定集水井(进水间)进水孔高程位置,进水间操作平台位置形式等。

（3）集水井（进水间）附属设备设计计算

根据进水孔数量，确定格栅、格网的形式、大小尺寸；选择排泥、启闭及起吊设备；选择防冰、除草措施。

（4）水力计算

确定水流通过格栅、格网等的水头损失，构筑物内的水位高程、设备安装高度。

（5）泵房布置与设计

① 水泵选择：考虑河水水位的变幅、构筑物埋深大小、施工条件等，确定水泵台数、调节性能，以满足水泵安全运行、取水的设计要求，要求适应河流水位、流量的变化。

② 泵房布置：确定泵站面积和尺寸，满足泵站设计要求；根据泵站总体布置功能，起吊设备的安装高度，泵房所处水体水文条件，确定泵站竖向布置（泵房进口地坪设计标高、高度、通风、起吊设备等）。

③ 进行泵房的抗浮和防渗设计。

（6）取水构筑物稳定计算及结构计算

取水构筑物的设计计算见以下章节详述。

3.6.2　设计一般要求

3.6.2.1　集水井（进水间）

集水井（进水间）由进水室和吸水室组成，进水室设进水口、格栅、格网等，进水间可以和泵房合建或分建。岸边式取水构筑物见图 3-7、图 3-8。

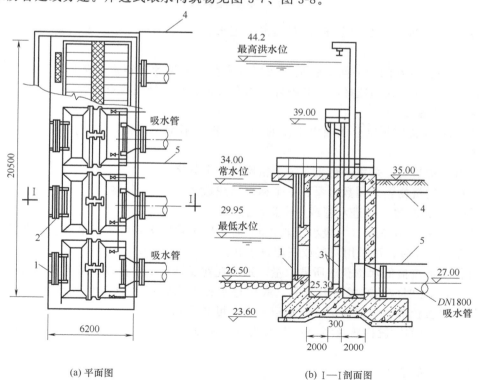

(a) 平面图　　　　　　　　　　(b) I—I 剖面图

图 3-7　岸边分建式进水间

1—格栅；2—闸板；3—格网；4—冲洗管；5—排水管

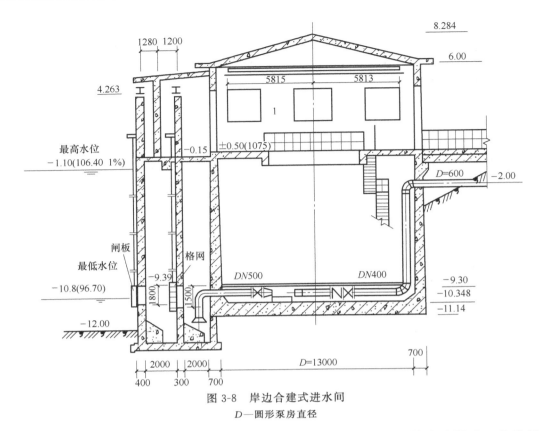

图 3-8　岸边合建式进水间

D—圆形泵房直径

① 分建时：进水间的平面形状有圆形、矩形、椭圆形等，可做成淹没式、非淹没式两种。

② 合建时：进水间的平面形状平面布置有多种，常见的有矩形、圆形、直圆形、半圆形、连拱形等，其形式的选择与工艺条件、水泵布置、结构处理等有关。

3.6.2.2　进水室设计

① 进水室通常用隔墙分成独立工作的若干分格（不少于两格）。其分格数与水泵台数、容量有关。

大型取水构筑物：采用一台泵、一个格网、一个分格。

小型取水构筑物：采用数台泵、一个格网（或数个）、一个分格。

② 每个分格布置一根进水管或一个进水孔。

③ 河流水位变幅不大（一般小于 6.0m）时，岸边式进水间可采用单层进水孔；河流水位变幅大于 6.0m 时，可采用两层或三层进水孔。

为确保在河流最低水位获取所需水量，进水孔在设计最低水位以下的淹没深度，不得小于 0.3m；有冰冻时应从冰盖下缘算起。底层进水孔下缘距河床的高度不得小于 0.5m（当水深较浅、水质较清、河床稳定、取水量不大时可减至 0.3m）。

④ 进水孔口前应设格栅及闸门；进水孔口的高宽比，尽量符合设计标准的格栅和闸门尺寸。

3.6.2.3　吸水室设计

① 吸水室长度一般与进水室长度相同。

② 吸水室宽度根据水泵吸水管的布置要求确定，参见泵房设计相关内容。

③ 进水室与吸水室之间应设置格网，吸水室进水水流要求顺畅、分布均匀，不产水漩涡。

3.6.2.4　格栅设计

① 格栅面积由式（3-21）计算：

$$F_0 = \frac{Q}{v_0 K_1 K_2}$$ 　　　　　　　　　（3-21）

$$K_2 = \frac{b}{b+S}$$

式中，F_0 为进水孔或格栅面积，m^2；Q 为设计水量，m^3/s；K_1 为堵塞系数，采用 0.75；K_2 为栅条引起的面积减少系数；b 为栅条净距，mm，常采用 $30 \sim 50mm$；S 为栅条厚度（或直径），mm，一般采用 10mm；v_0 为进水孔过栅允许流速，m/s，一般分下列两种情况选择：河流有冰絮时，取 $0.2 \sim 0.6m/s$；河流无冰絮时，取 $0.4 \sim 1.0m/s$。

当取水量较小，江河水流速度较小、泥砂和漂浮物较多时，可取较小值。反之，取较大值。

② 格栅由金属框架和栅条组成：框架与进水孔一致，多为方形、圆形、矩形；栅条断面有多种，多采用圆钢、扁钢。

③ 格栅与水平面多布置为 90°倾角，可拆卸，并有清淤措施。

④ 通过格栅的水头损失，一般采用 $0.05 \sim 0.10m$。

⑤ 也可选用标准设计规格的格栅，参见《给水排水设计手册》。

3.6.2.5　格网设计

（1）平板格网

① 平板格网的面积由式（3-22）计算：

$$F_1 = \frac{Q}{K_1 K_2 \varepsilon v_1}$$ 　　　　　　　　　（3-22）

$$K_1 = \frac{b^2}{(b+d)^2}$$

式中，F_1 为平板格网的面积，m^2；Q 为通过格网的流量，m^3/s；v_1 为通过格网的流速，m/s，一般采用 $0.3 \sim 0.5m/s$，不应大于 $0.5m/s$；K_2 为格网堵塞面积减少系数，一般为 0.5；ε 为收缩系数，采用 $0.64 \sim 0.8$；K_1 为网丝引起的面积减少系数；b 为网眼尺寸，mm，一般为 $5mm \times 5mm \sim 10mm \times 10mm$，设一层；$d$ 为网丝直径，mm，一般为 $1 \sim 2mm$。

② 通过平板格网的水头损失：一般采用 $0.10 \sim 0.15m$。

③ 格网也可选用标准设计规格（参见《给水排水设计手册》）。

（2）旋转格网设计计算

① 旋转格网面积由下式计算：

$$F_2 = \frac{Q}{v_2 \varepsilon K_1 K_2 K_3}$$ 　　　　　　　　　（3-23）

$$K_2 = \frac{b^2}{(b+d)^2}$$

式中，F_2 为格网的面积，m^2；Q 为通过格网的流量，m^3/s；K_1 为堵塞系数，采用 0.75；K_2 为网丝引起的面积减少系数；K_3 为由于框架引起的面积减少系数，采用 0.75；ε

为收缩系数，采用 0.64～0.8；v_2 为通过格网的流速，m/s。

② 格网水下设置深度 H（m）采用下式计算：

$$H = \frac{F_2}{2B} - R \qquad (3\text{-}24)$$

式中，B 为格网宽度，m；R 为格网下部弯曲半径，m，一般采用 0.73m；F_2 为格网面积，m^2。

③ 通过旋转格网的水头损失：一般采用 0.15～0.30mm。

3.6.2.6 岸边式取水泵房进口地坪的设计标高

① 当泵房在渠道边时，为设计最高水位加 0.5m。

② 当泵房在江河边时，为设计最高水位加浪高再加 0.5m，必要时应增设防止浪爬高的措施。

③ 泵房在湖泊、水库或海边时，为设计最高水位加浪高再加 0.5m，应设防止浪爬高的措施。

3.6.3 岸边式取水构筑物设计计算实例

【例题 3-4】 岸边式取水构筑物工艺设计计算

1. 已知条件

（1）河流水文资料

① 流量：历年平均 90.42m^3/s，历年最大 137.69m^3/s，历年最小（年保证率 97%）75.67m^3/s。

② 水位：历年平均 74.50m，历年最高（$P=1\%$）80.65m，历年最低（$P=90\%$）72.22m。

③ 流速：历年平均 8.22m/s，历年最大 17.40m/s，历年最小 2.55m/s。

④ 河水冰冻资料：最大冰冻厚度 5cm，有冰絮，冰冻期限 12 月到 2 月。

⑤ 浪高 0.3m。

（2）河流水质

① 符合《地表水环境质量标准》（GB 3838—2002）Ⅱ类水标准，漂浮物较少。

② 河流含砂量：平均最大含砂量 2.15kg/m^3，平均最小含砂量 0.008kg/m^3，历年平均含砂量 0.06kg/m^3；洪水期河流泥砂含量沿垂直方向变化明显。

（3）工程地质条件

地质构造稳定、无滑坡地质灾害、河岸边坡稳定等。

（4）河床资料

河床稳定，取水范围河床断面见图 3-9。

（5）取水规模

150000m^3/d，河流最低水位至水厂净水构筑物常水位高差 9.0m。

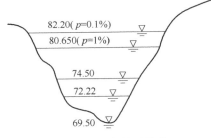

图 3-9 河床断面示意

2. 取水构筑物工艺设计计算 [本例题设计数据取自《给水排水设计手册》（第三版）第 3 册《城镇给水》]

（1）取水构筑物的形式

根据收集的取水设计资料、取水条件，可知河岸较陡，岸边水流较深，地质条件较好，河流水位变幅和流速较大，取水量大和安全性要求较高。

采用岸边式取水构筑物，其基本形式为合建式、集水井与泵房底板呈水平置（卧式泵），其平面布置为矩形，钢筋混凝土结构。

（2）集水井（进水间）的平面布置与设计

集水井（进水间）由进水室和吸水室组成，进水室外壁设进水孔，进水孔口前设置格栅及闸门。进水室和吸水室之间设置格网。

① 进水室。进水室用隔墙横向分成四格，每个分格布置一根进水管。

② 进水孔布置。河流水位变幅：$h=80.65-72.22=8.43(\text{m})>6.0\text{m}$，进水孔分上下两层，设计时，按河流最低水位计算下层进水孔面积，上下两层进水孔面积相同。配合 3 用 1 备水泵台数设置，进水孔每格 1 个，3 用 1 备，共计 4 个；进水孔口前设置平板格栅及平板闸门。取水构筑物平面布置图见图 3-10。

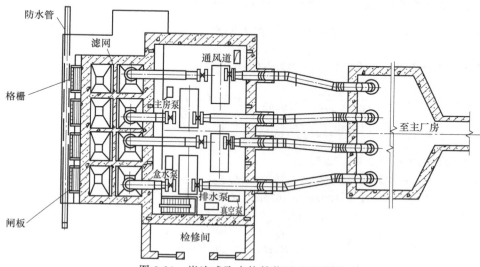

图 3-10　岸边式取水构筑物平面布置图

③ 吸水室。根据泵房布置及吸水管要求，吸水室纵向分 4 室，每室布置 1 根吸水管，进水室与吸水室之间设置 4 个平板格网，吸水室按泵房吸水井设计，吸水室与进水室尺寸相同。

（3）格栅、格网设计计算

① 格栅设计。设计流量 Q 为：

$$Q=150000\times1.05=157500(\text{m}^3/\text{d})=6562.5\text{m}^3/\text{h}=1.823\text{m}^3/\text{s}$$

（其中 5% 为水厂自用水量）

格栅面积计算公式见式（3-20），每个进水间各设置一个格栅，工作时 3 用 1 备。

根据《给水排水设计手册》第 3 册《城镇给水》中进水室的设计规定，设计中：堵塞系数 K_1 采用 0.75；本设计栅条选用扁钢，厚度 S 取 10mm，栅条净距 b 取 50mm。进水孔过栅允许流速，在河流有冰絮时取 0.2～0.6m/s，本设计中取 0.4m/s。

栅条引起的面积减少系数 $K_2=\dfrac{b}{b+S}=\dfrac{50}{50+10}=0.833$。

进水孔总面积 $F_0=\dfrac{Q}{v_0 K_1 K_2}=\dfrac{1.823}{0.40\times0.75\times0.833}=7.29$（m^2）。

每个进水孔面积 $f_0=\dfrac{F_0}{3}=\dfrac{7.29}{3}=2.43$（m^2）。

进水孔尺寸采用 $B_1\times H_1=1600\text{mm}\times1500\text{mm}$（标准尺寸），实际进水口总面积 $F_0'=3\times1.6\times1.5=7.2$（m^2）。

格栅尺寸采用 $B\times H=1760\text{mm}\times1660\text{mm}$（标准尺寸），栅条间孔数 25 孔，栅条根数 26 根，有效面积 1.98m^2。

当格栅处于 3 用 1 备时，校核进水孔实际过栅流速 v_0'：

$$v_0' = \frac{1.82}{0.75 \times 0.833 \times 7.2} = 0.411 \; (\text{m/s})$$

满足进水孔允许过栅流速的要求（0.2～0.6m/s）。

格栅与水平面最好布置成90°倾角，格栅断面为扁钢，格栅由金属框架与栅条组成，框架的外形为矩形。

② 格网设计。采用平板格网，设在进水室与吸水室之间的隔墙之间，设置4个，3用1备。

平板格网的面积按式（3-22）计算。

设计中：通过格网的流速 v_1 不应大于0.5m/s，本例取0.45m/s；收缩系数 ε 取0.8；格网堵塞面积减少系数 K_2 取0.5，网丝引起的面积减少系数为 $K_1 = \frac{b^2}{(b+d)^2}$，网眼尺寸 $b = 10\text{mm} \times 10\text{mm}$，设一层，网丝直径 d 为2mm，则 $K_1 = \frac{10^2}{(10+2)^2} = 0.694$。

平板格网面积 $F_1 = \frac{1.823}{0.694 \times 0.5 \times 0.8 \times 0.45} = 14.59 \; (\text{m}^2)$。

每个格网面积 $f_1 = \frac{F_1}{3} = \frac{14.59}{3} = 4.86 \; (\text{m}^2)$。

进水口尺寸 $B_1 \times H_1 = 2.0\text{m} \times 2.5\text{m}$。

实际进水口总面积 $F_0' = 3 \times 2.0 \times 2.5 = 15.0 \; (\text{m}^2)$。

平板格网尺寸选用 $B \times H = 2130\text{mm} \times 2630\text{mm}$（标准尺寸）。

采用标准平板格网，有效面积3.46m²。

校核通过平板格网实际流速：$v_1' = \frac{Q}{K_1 K_2 \varepsilon F_1'} = \frac{1.823}{0.694 \times 0.5 \times 0.8 \times 15} = 0.44 \; (\text{m/s})$，满足通过平板格网流速不应大于0.5m/s的设计要求。

（4）集水井（进水间）的竖向布置及设计计算

① 进水室进水孔高程布置

a. 顶层进水孔。上缘标高应在洪水位以下。由于洪水期河流含砂量沿垂直方向变化明显，考虑含砂量垂向分布及冬季河流冰冻情况，进水孔上沿淹没在洪水位下1.0m，取1.0m，则高程取76.60m（若河流含砂量垂向变化不大，进水孔上缘淹没在洪水位以下1.0m即可）。

进水孔高1.5m，则下缘标高为 76.60−1.50 = 75.10 (m)。

b. 底层进水孔。上缘标高应在设计最低水位以下0.3m，有冰盖时从冰盖下缘（冰盖厚度取0.05m）算起，故有：72.22−0.05−0.3 = 71.87 (m)；

下缘标高为 69.50+0.87 = 70.37m，应满足距河底高度不小于0.5m，设计中取0.87m（河底高程69.50m）。

② 进水间水位高程。通过格栅的水头损失，一般为0.05～0.10m，设计采用0.1m。

进水室最高水位：历年最高水位−水头损失 = 80.65−0.1 = 80.55m；进水室最低水位：考虑冰冻情况为：历年最低水位−水头损失−冰盖厚度 = 72.22−0.1−0.05 = 72.07 (m)。

通过平板格网的水头损失：一般为0.10～0.15m，设计采用0.15m。

吸水室最高水位：80.55−0.15 = 80.4 (m)。吸水室最低水位：72.07−0.15 = 71.92 (m)。

③ 进水间高程布置。进水间采用非淹没式，其操作平台标高设计如下。

进水间操作平台设计按泵房地面层设计标高计算。依据泵房在江河边时，为设计最高水位加浪高（0.3m）再加0.5m。进水间操作平台标高：82.2+0.3+0.5 = 83.30 (m)，取83.00m。

进水间底部的标高决定于吸水室的底部标高。

平板格网的净高2.63m，其上缘淹没在吸水室最低水位以下0.1m，其下缘高出底部0.3m，则吸水室底部高程为：71.92−0.1−2.63−0.3 = 68.89 (m)；取68.90m。

进水室与吸水室同深设计，进水室底部高程取68.90m。

进水间深度为：进水间操作平台标高（顶部高程）—吸水室底部高程=83.0—68.90=14.0（m）。取水构筑物高程布置见图3-11。

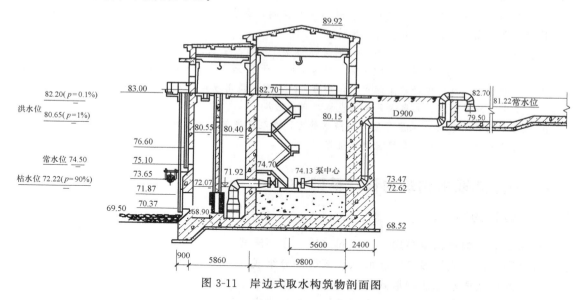

图 3-11　岸边式取水构筑物剖面图

（5）其他附属设备设计

①闸门。格栅、进水孔处设置闸板以备进水间冲洗、设备检修时使用。与格栅相对应，闸门也设计4个（3用1备），采用ZM（A）QF型含铜铸铁方形闸门，外形 $B_1 \times H_1 = 1620mm \times 1620mm$。

②起吊设备。起吊设备设于进水间操作平台上，用于起吊格栅、闸板、格网等设备。

格栅起吊采用SG型手动单轨小车起吊，起吊重量3t，起吊高度3～12m。ZM（A）QF型含铜铸铁方形平板闸门，采用QPQ/QPK型卷扬式启闭机，启闭高度8～15m，起吊重量5t，起吊速度1885mm/min。

③排泥设备。进水间淤泥（砂），采用50ZQ-21A型离心式渣浆泵抽吸，扬程17m，流量31.5m³/h，转速1470r/min，轴功率3.4kW，配套电动机型号Y132M-4，功率7.5kW。

④防冰、防草措施。采用热水加热格栅法防冰，即将热水通入空心栅条中，然后从栅条上小孔喷出。进水孔前设置挡草木排。

（6）取水泵房设计计算

① 水泵选择（初选）

a. 设计流量的确定（水泵初选）。取水泵站设计流量为：

$$Q = \frac{\alpha Q_d}{T} = \frac{1.05 \times 150000}{24} = 6562.5 \ (m^3/h)$$

拟布置4台水泵，1台备用，水泵型号相同。

设计流量 $Q' = Q_{设计}/3 = 2187.5 \ (m^3/h)$。

b. 设计扬程。河流最低水位至水厂净水构筑物水位高差9.0m，其标高为 $72.22 + 9.00 = 81.22$（m）；吸水室最低水位71.92m。

泵所需静扬程：$H = 81.22 - 71.92 = 9.3m$。

安全水头2.0m，泵房管路水头损失2.0m，输水管路水头损失2.0m（实际损失应以输水管实际长度、管径等计算所得）。

水泵设计扬程：9.3+2.0+2.0+2.0=15.3（m）。

c. 初选泵和电机。拟选24SA-18J型水泵，流量2600m³/h，扬程17.5m，转速730r/min，轴功率

134kW，效率89％，汽蚀余量4.4m，泵重3300kg；电动机型号Y355M-6，功率160kW，重1565kg。

② 泵房布置

a. 泵房布置。矩形泵房，水泵机组呈逆转双行排列，进出水管直进直出，平面尺寸18m×19m，泵房地面深度10m。详细参见泵房有关设计。

b. 泵房地面层设计标高。与进水间地面层标高设计相同，为83.0m。

c. 泵房起吊、通风、交通、自控设施。泵房深度小于20m，故采用一级起吊设备，启动设备依据起吊重量大于5.0t，选用电动单梁起重机，型号LD-A型，适用重量1～5t，地面操纵。泵房上层设置走道，上下交通设置楼梯。泵房采用自控设施，自然通风。

d. 泵的防渗和抗浮。泵房井壁采用防渗处理，在泵房底部打入锚桩与基岩锚固，并加重泵房底板，增加泵房侧壁厚度，加大泵房自重以抗浮。

3.7 河床式取水构筑物设计基础

3.7.1 设计内容

河床式取水构筑物由泵房、进水间（注：在河床式时，将进水间称为集水间或集水井）、进水管（即自流管或虹吸管）和取水头部等部分组成。

（1）河床式取水构筑物形式

根据收集的取水设计资料、取水条件，初步确定河床式取水构筑物的基本形式。

（2）取水头部

根据河床地质条件、河流水文情况、取水规模的大小以及施工条件等，确定取水头部的形式与构造，进行取水头部的设计与计算。

（3）进水管（渠）

确定进水管渠形式、并进行进水管渠水力计算，确定进水管的冲洗方法。

（4）集水间与泵房

集水间与取水泵房布置与设计。

3.7.2 设计一般要求

3.7.2.1 取水头部设计

① 取水头部形式与构造选择可参考表3-14。

表3-14 常用取水头部型式与适用条件

形式	构造	特点	适用条件
管式取水头部 （喇叭管取水头部）	1. 设有格栅的金属喇叭管，用桩架或支墩固定在河床上 2. 喇叭管的布置可以顺水流式、水平式、垂直向上和垂直向下布置	1. 构造简单，造价较低，施工方便 2. 喇叭口上设置格栅或其他拦截漂浮物装置	1. 适用于中小取水构筑物 2. 顺水流式：用于泥砂、漂浮物较多河流 3. 垂直向上式：常用于河床较河水较深，无冰凌、漂浮物较少的河流 4. 垂直向下式：用于直吸式取水泵房 5. 水平式：常用于纵坡较小的河段

续表

形式	构造	特点	适用条件
蘑菇形取水头部	设一个向上的喇叭管，其上再加一金属帽盖	1. 头部高度较大，要求设置在枯水期时仍有一定水深的河流 2. 河水由帽盖底部流入，带入的泥砂及漂浮物较少 3. 头部分几节装配，安装较困难	适用于中小型取水构筑物
鱼形罩及鱼鳞式取水头部	一个两端带有圆锥头部的圆筒，在圆筒表面和背水圆锥面上开设圆形或条形进水孔	1. 外形趋于流线形，水流阻力小，且进水面积大，进水孔流速小，漂浮物、水草难于吸附在罩上，能减轻堵塞 2. 鱼形罩为圆形进水孔；鱼鳞式为条形进水孔	适用于水泵直接从河中取水的中小型取水构筑物
箱式取水头部	由周边开设进水孔的钢筋混凝土箱和设在箱内的喇叭管组成	1. 进水孔总面积较大 2. 能减少冰凌和泥砂进入量	适用在冬季冰凌较多或含砂量不大、取水量较大、水深较小的河流
桩架式取水头部	设有起支撑作用的混凝土桩架，桩架四周设置起拦截作用的格栅	1. 用钢筋混凝土桩或木桩打入河底，支撑取水头部和管道 2. 桩架四周设置格栅，拦截漂浮物 3. 大型取水头部水平安装，也可向下	适用于河床地质条件宜打桩和河水位变化不大的河流
斜板式取水头部	在取水头部设斜板	1. 河水经过斜板，粗颗粒泥砂沉淀在斜板上，滑落至河底，被河水所冲走 2. 除砂效果较好 3. 取水头部的总高度小	适用于粗颗粒泥砂较多的河流

② 取水头部部分应分成数格（或数个），以便冲洗检修。

③ 取水头部应设在稳定河床的深槽主流中，设计时应考虑冲刷，并使取水头部的基础埋设在冲刷深度下，冲刷范围沉排抛石，加固保护。

④ 取水头部迎水面宜设计成流线形，常用的有菱形、椭圆形、尖圆形等。

3.7.2.2　进水孔设计

① 取水头部进水孔朝向：一般多朝下游或垂直于水流方向。泥砂含量大，且竖向分布不均匀时，顶部开设进水孔；有漂浮物或冰凌时，宜侧面开设进水孔；泥砂、漂浮物较少时，宜下游布设进水孔。

② 侧面进水孔下缘距河床的高度不得小于 0.5m，当水深较浅、水质较清、河床稳定、取水量不大时，其高度可减至 0.3m。

③ 顶面进水孔下缘，应高出河床不得小于 1.0m。

④ 进水孔在最低水位下的淹没深度：顶面进水时，不得小于 0.5m；侧面进水时，不得小于 0.3m；虹吸进水时，一般不宜小于 1.0m，当水体封冻时，可减至 0.5m（在水体封冻情况下应从冰层下缘起算；湖泊、水库、海边或大江河边的取水构筑物，还应考虑风浪的影响）。

⑤ 河床式取水构筑物进水孔过栅流速：有冰絮时为 0.1～0.3m/s，无冰絮时为 0.2～0.6m/s。

⑥ 进水孔面积及格栅设计同岸边式取水构筑物有关内容设计要求。

3.7.2.3 进水管设计

（1）自流管（渠）设计

① 管（渠）材料多为钢管、铸铁管、钢筋混凝土管。

② 自流管一般不得小于两根，当事故停用一根时，其余管（渠）仍能满足事故设计流量要求（一般为 70%～75% 的最大设计流量）。

管内流速应考虑不产生淤积，一般要求不小于 0.6m/s；水量较大、管路较短时，可适当增大，常采用 1.0～1.5m/s。

③ 自流管一般埋于河底以下：铺设在水流不易冲刷的河床上，管顶最小埋深在河底以下 0.5m；敷设在有水流冲刷的河床上，管顶最小埋深在冲刷深度以下 0.25～0.3m；直接敷设在河底，需用块石或支墩加固。

（2）虹吸管设计

当进水管渠埋设较深，开挖量较大时，可采用虹吸管布置形式。

① 虹吸管高度，一般不大于 4～6m，最高不应大于 7m。

② 虹吸管进水端，在设计最低水位下的深度不得小于 1.0m。

③ 虹吸管末端，应深入集水井最低动水位以下 1.0m。

④ 虹吸管正常设计流速为 1.0～1.5m/s，最小流速不宜小于 0.6m/s。

⑤ 虹吸管宜用钢管，一般不得少于两根，要求高度密闭性，能迅速形成真空抽气系统。

3.7.2.4 管道冲洗

通常采用正向冲洗或反向冲洗；及时清理管道淤积的泥砂。

3.7.2.5 集水间与泵房设计

与岸边式取水构筑物的进水间（集水井）、泵房设计基本相同。

3.7.3 河床式取水构筑物设计计算实例

【例题 3-5】 河床式取水构筑物工艺设计计算

1. 已知条件

① 取水水源为湖南省某河流，河底高程 166.5m，河水位：历年最高（$P=1\%$）183.0m，历年最低（$P=97\%$）169.5m；常水位 172.0m。

② 枯水季节，河槽深槽主流偏对岸，河床较宽且稳定，岸边地质条件较好。

③ 汛期有漂浮物，无流冰情况；河水最大含砂量 0.8kg/m³，最小含砂量 0.03kg/m³；最大流速 2.05m/s。

④ 某水厂取水规模：2600m³/h。

2. 取水构筑物工艺设计计算

（1）取水构筑物选择

由于枯水季节，主流偏对岸，初选河床式取水构筑物，采用自流管进水，加之岸边地质条件稳定，选用集水间与泵房分建（图 3-12）。

（2）取水头部设计与计算

① 取水头部形式与构造。因河床较宽，含砂量较少，故选择箱式取水头部；取水头部用隔墙分为两格，以便清洗和检修；进水孔侧向开设，每侧 2 个，共设 4 个，进水孔外置格栅。

② 取水头部位置与朝向。取水头部外形为长圆形，设在稳定主河槽中，长轴方向与洪水期水流方向一致。此时，取水头部距集水间距离 18.5m。

取水头部基础埋入河底 1.0m。底部基础高程＝166.5－1.0＝165.5（m）。

取水头部四周抛石加固，防止河流冲刷。

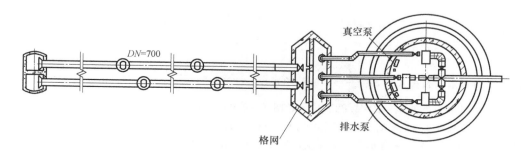

图 3-12　分建式河床取水构筑物平面布置图

③ 取水头部进水孔设计计算与岸边式取水构筑物相关内容计算方法相同。设计流量：$Q＝2600×1.1＝2860$（m³/h）$＝0.79$（m³/s）（其中 10% 为水厂自用水量）。

设计中：取堵塞系数 K_1 采用 0.75；栅条引起的面积减少系数 K_2 取 0.833。

河床式取水构筑物进水孔过栅流速 v_0，无冰絮时为 0.2～0.6m/s，取 0.4m/s。

进水孔面积 $F_0＝\dfrac{Q}{v_0 K_1 K_2}＝\dfrac{0.79}{0.4×0.75×0.833}＝3.16$（m²）。

单个进水孔面积 $f_0＝\dfrac{F_0}{3}＝\dfrac{3.16}{3}＝1.05$（m²）。

设计中进水孔面积 f_0' 采用 $B_1×H_1＝1000mm×1000mm$。格栅尺寸 $B×H＝1100mm×1100mm$。

采用标准格栅，型号为 6，栅条间孔数 15 孔，栅条根数 16 根，有效面积 0.84m²。

实际进水孔总面积 $F_0'＝3f_0'＝3×1.0＝3.0$（m²）。

校核实际进水孔过栅流速 $v_0'＝\dfrac{0.79}{0.833×0.75×3.0}＝0.42$（m/s）。

满足河床式取水构筑物进水孔过栅流速 v_0 无冰絮时为 0.2～0.6m/s 的设计要求。

通过格栅的水头损失一般为 0.05～0.1m，设计中采用 0.1m。

④ 进水孔位置布置。进水孔在最低水位下的淹没深度：侧面进水时，不得小于 0.3m，设计中采用 1.0m，进水孔上缘高程：169.5－1.0＝168.5m。

侧面进水孔下缘距河床高度不得小于 0.5m，设计中采用 1.0m；进水孔下缘高程＝167.5－1.0＝166.5（m），见图 3-13。

自流管设计计算如下。自流管正常工作时按两根进水管设计，取水头部每格布置一根，则每根输水量 $Q'＝Q/2＝1430$（m³/h），自流管选用钢管，依据流量及管内允许流速不得小于 0.6m/s 的要求，常采用 1.0～1.5m/s 的要求，查水力计算手册（或进行水力计算），选用钢管管径 $DN＝700mm$，$v＝1.04m/s$，$1000i＝1.88m$，满足管径 $D≥400mm$ 时，平均经济流速为 0.9～1.4m/s 的设计要求。

取水头部如图 3-13 所示，其局部阻力系数：喇叭口 $\xi_1＝0.2$，出口 $\xi_2＝1.0$，进口 $\xi_3＝0.5$。

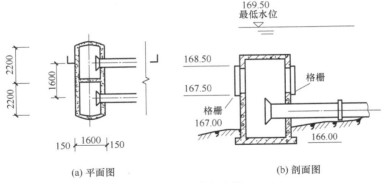

(a) 平面图　　　　　　　　　　　　(b) 剖面图

图 3-13　取水头部

自流管局部水头损失 $h_j = \sum \xi \dfrac{v^2}{2g} = (0.2 + 3 \times 1.0 + 2 \times 0.5)\dfrac{1.04^2}{18.6} = 0.24$ （m）。

自流管沿程水头损失 $h_i = il = 1.88 \times 10^{-3} \times 18.5 = 0.035$ （m）。

自流管水头损失 $h = h_i + h_j = 0.035 + 0.24 = 0.28$ （m）。

⑤ 自流管管道冲洗。采用单根正向冲洗，清理管道内淤积的泥砂。

（3）集水间设计与布置

① 平板格网。集水间分进水室和吸水室，进水室与吸水室之间设置平板格网。

通过格网的流速 v_1 不应大于 0.5m/s，取 0.4m/s；收缩系数 ε 取 0.8；格网堵塞面积减少系数 K_2 取 0.5；网丝引起的面积减少系数 K_1 取 0.694（见【例题 3-4】）。

平板格网面积 $F_1 = \dfrac{0.79}{0.694 \times 0.5 \times 0.8 \times 0.4} = 7.11$ （m²）。

每个格网面积 $f_1 = \dfrac{F_1}{3} = 2.37$ （m²）。

进水部分尺寸 $B_1 \times H_1 = 1750\text{m} \times 1500\text{m}$。平板格网尺寸选用 $B \times H = 1880\text{mm} \times 1630\text{mm}$（标准尺寸）。

② 集水间布置。集水间进水室和吸水室采用一个分格，3 个格网，3 台泵布置形式。集水间布置见图 3-14。

集水间进水室最低水位＝河流枯水位－取水头部格栅水头损失－自流管水头损失＝169.5－0.1－0.28＝169.12 （m）。

集水间吸水室最低水位＝集水间进水室最低水位－格网水头损失＝169.12－0.15＝168.97 （m）。

集水间井底标高＝吸水室最低水位－格网淹没深度－格网高度＝168.97－1.2－1.5＝166.27 （m），取 166.0m。

集水间顶部标高（同岸边分建式进水间设计）＝河流常水位＋安全高度＝172.0＋1.0＝173.0 （m）。

（4）自流管事故校核

当自流管事故或检修停用一根时，另一根自流管仍能满足事故设计流量要求（一般为 70%～75% 的最大设计流量），设计中取 75%。

① 一根自流管输水量 $Q'' = 75\%Q = 2145\text{m}^3/\text{h}$；查水力计算表（或进行水力计算）：$DN = 700\text{mm}$ 时，管内流速 $v = 1.56\text{m/s}$，$1000i = 4.14\text{m}$（满足一条管路检修或冲洗时允许达到 $1.5 \sim 2.0\text{m/s}$ 的要求）。

② 自流管事故或检修停用一根时水头损失：沿程水头损失 $h_i' = il = 4.14 \times 10^{-3} \times 18.5 = 0.077$ （m）；局部水头损失 $h_j' = (0.2 + 3 \times 1.0 + 2 \times 0.5)\dfrac{1.56^2}{2 \times 9.8} = 0.55$ （m）。

一根自流管事故或检修时总水头损失 $h' = h'_i + h'_j = 0.077 + 0.55 = 0.63$（m）。

校核集水间吸水室水深（水泵吸水要求）：取水头部格栅水头损失采用 0.1m；进水室与吸水室之间格网水头损失采用 0.15m。则有：集水间吸水室最低水位（水泵吸水室）＝河流枯水位－格栅水头损失－自流管水头损失－格网水头损失＝ $169.5 - 0.1 - 0.63 - 0.15 = 168.62$（m）。

集水间吸水室水深为 $= 168.62 - 166.0 = 2.62$（m），水深 2.62m＞1.0m。

离心泵吸水喇叭口最小淹没深度一般不小于 0.55～1.0m；为安全起见，设计采用 1.0m。

故满足进水管事故或检修时水泵吸水要求。

（5）集水间附属设备

集水间附属设备计算同岸边式，计算从略。

（6）取水泵房设计

计算方法参见岸边式取水构筑物泵房设计相关内容。泵房为圆形，直径为 8m，深为 14.3m。装有 14SH-19A 型水泵 3 台，真空泵启动，机械通风，手动单梁起吊。计算从略。分建式河床取水构筑物剖面图见图 3-15。

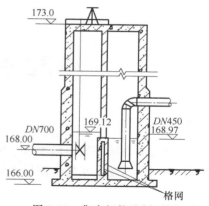

图 3-14 集水间构造剖面图

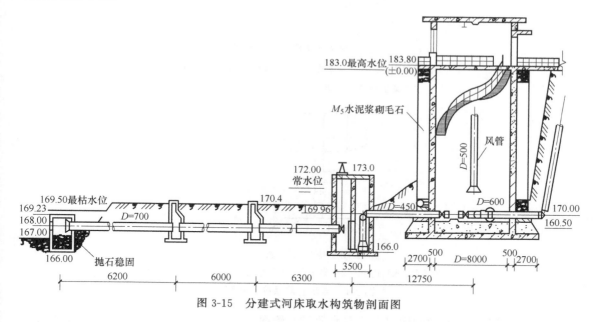

图 3-15 分建式河床取水构筑物剖面图

第4章

输配水工程设计计算

给水管网系统一般由输水管（渠）、配水管网、水压调节设施（泵站、减压阀）及水量调节设施（清水池、水塔、高位水池）等构成，如图 4-1 所示。

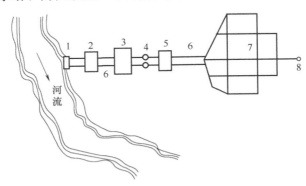

(a) 地表水源给水系统示意

1—取水构筑物；2—一级泵站；3—水处理构筑物；4—清水池；

5—二级泵站；6—输水管；7—管网；8—水塔

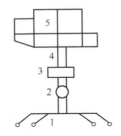

(b) 地下水源给水系统示意

1—地下水取水构筑物；2—集水池；3—泵站；4—输水管；5—管网

图 4-1　给水管网系统示意图

给水管网系统按水源的数目分为单水源给水管网系统、多水源给水管网系统；按系统构成方式分为统一给水管网系统、分系统给水管网系统（分区给水管网系统、分压给水管网系统和分质给水管网系统）；按输水方式分为重力输水管网系统、压力输水管网系统。

4.1　城市设计用水量计算

城市用水量是给水系统规划和设计的主要内容之一，是决定给水系统中水资源的利用量、取水、水处理、泵站和管网等设施的工程建设规模和投资额的基本依据。城市给水系统的设计年限，应符合城市总体规划，近远期结合，以近期为主，近期一般采用 5～10 年，远期规划年限采用 10～20 年。

　　城市总用水量的计算，应包括设计年限内该给水系统所供应的全部用水：居住区综合生活用水、工业企业职工生活用水、淋浴用水和生产用水、浇洒道路和绿地等市政用水以及未预见水量和管网漏失水量等。由于用水集中且历时短暂，消防用水量不累计到总用水量中，作为校核时用。

4.1.1　城市用水量定额

　　用水量定额是指设计年限内达到的用水水平。用水量定额是确定设计用水量的主要依据，设计应结合当地现状与规划资料并参照类似地区和工业的用水情况确定。

4.1.1.1　居民生活用水定额

　　居民生活用水定额和综合生活用水定额应根据当地国民经济和社会发展情况、水资源充沛程度、用水习惯，在现有用水定额基础上，结合城市总体规划和给水专业规划，本着节约用水的原则，综合分析确定。在缺乏实际用水资料的情况下，可按表 4-1 和表 4-2 选用。

表 4-1　最高日居民生活用水定额　　　　　　　　　单位：L/（人·d）

城市 类型	超大 城市	特大 城市	Ⅰ型 大城市	Ⅱ型 大城市	中等 城市	Ⅰ型 小城市	Ⅱ型 小城市
一区	180～320	160～300	140～280	130～260	120～240	110～220	100～200
二区	110～190	100～180	90～170	80～160	70～150	60～140	50～130
三区	—	—	—	80～150	70～140	60～130	50～120

表 4-2　最高日综合生活用水定额　　　　　　　　　单位：L/（人·d）

城市 类型	超大 城市	特大 城市	Ⅰ型 大城市	Ⅱ型 大城市	中等 城市	Ⅰ型 小城市	Ⅱ型 小城市
一区	250～480	240～450	230～420	220～400	200～380	190～350	180～320
二区	200～300	170～280	160～270	150～260	130～240	120～230	110～220
三区	—	—	—	150～250	130～230	120～220	110～210

　　注：1. 综合生活用水指城市居民生活用水和公共设施用水。但不包括浇洒道路、绿地和其他市政用水。

　　2. 超大城市指城区常住人口 1000 万及以上的城市；特大城市指城区常住人口 500 万以上 1000 万以下的城市；Ⅰ型大城市指城区常住人口 300 万以上 500 万以下的城市；Ⅱ型大城市指城区常住人口 100 万以上 300 万以下的城市；中等城市指城区常住人口 50 万以上 100 万以下的城市；Ⅰ型小城市指城区常住人口 20 万以上 50 万以下的城市；Ⅱ型小城市指城区常住人口 20 万以下的城市。以上包本数，以下不包括本数。

　　3. 一区包括：湖南、湖北、江西、浙江、福建、广东、广西、海南、上海、江苏、安徽。二区包括：重庆、四川、贵州、云南、黑龙江、吉林、辽宁、北京、天津、河北、山西、河南、山东、宁夏、陕西、内蒙古河套以东和甘肃黄河以东的地区。三区包括：新疆、青海、西藏、内蒙古河套以西和甘肃黄河以西的地区。

　　4. 经济开发区和特区城市，根据用水实际情况，用水定额可酌情增加。

　　5. 当采用海水或污水再生水等作为冲厕用水时，用水定额可相应减少。

4.1.1.2　工业企业生产用水和工作人员生活用水

　　① 工业生产用水一般指工业企业在生产过程中用于冷却、空调、制造、加工、净化和洗涤方面的用水。在城市给水中，工业用水占很大比例。生产用水中，冷却用水是大量的，特别是火力发电、冶金和化工等工业。空调用水则以纺织、电子仪表和精密机床生产等工业用得较多。工业用水指标一般以万元产值用水量表示。不同类型的工业万元产值用水量不同。

② 工业企业内工作人员生活用水量和淋浴用水量可参照《工业企业设计卫生标准》（GBZ 1—2010）。工作人员生活用水量应根据车间性质决定，一般车间采用每人每班 25L，高温车间采用每人每班 35L。工业企业内工作人员的淋浴用水量，可参照表 4-3 的规定，淋浴时间在下班后 1h 内进行。

表 4-3 工业企业内工作人员淋浴用水量

分级	车间卫生标准			用水量/[L/(人·班)]
	有毒物质	生产型粉尘	其他	
Ⅰ级	极易经皮肤吸收引起中毒的剧毒物质（如有机磷、三硝基甲苯、四乙基铅等）		处理传染性材料、动物原料（如皮、毛等）	60
Ⅱ级	易经皮肤吸收或有恶臭的物质或高毒物质（如丙烯腈、吡啶、苯酚等）	严重污染全身或对皮肤有刺激的粉尘（如炭黑、玻璃棉等）	高温作业、井下作业	60
Ⅲ级	其他毒物	一般粉尘（如棉尘）	重作业	40
Ⅳ级	不接触有毒物质及粉尘、不污染或轻度污染身体（如仪表、机械加工、金属冷加工等）			40

4.1.1.3 浇洒市政道路、广场和绿地用水

浇洒市政道路、广场和绿地用水量应根据路面、绿化、气候和土壤等条件确定。浇洒道路和广场用水可按浇洒面积以 $2.0\sim3.0L/(m^2\cdot d)$ 计算；浇洒绿地用水可按浇洒面积以 $1.0\sim3.0L/(m^2\cdot d)$ 计算。

4.1.1.4 消防用水定额

消防用水只在火灾时使用，历时短暂，但从数量上说，在城市用水量中占有一定比例。城市消防用水通常储存在水厂的清水池中，灭火时，由水厂二级泵站向城市管网供给具有一定水压的足够水量。消防用水量水压和火灾延续时间等按照《建筑设计防火规范》（GB 50016—2014）等执行。

城镇市政消防给水设计流量，应按同一时间内的火灾起数和一起火灾灭火设计流量经计算确定。同一时间内的火灾起数和一起火灾灭火设计流量不应小于表 4-4 的规定。

表 4-4 同一时间内的火灾起数和一起火灾灭火设计流量

人数/万人	同一时间内的火灾起数/起	一起火灾灭火设计流量/(L/s)
$N\leqslant1.0$	1	15
$1.0<N\leqslant2.5$		20
$2.5<N\leqslant5.0$		30
$5.0<N\leqslant10.0$		35
$10.0<N\leqslant20.0$	2	45
$20.0<N\leqslant30.0$		60
$30.0<N\leqslant40.0$		75
$40.0<N\leqslant50.0$		
$50.0<N\leqslant70.0$	3	90
$N>70.0$		100

　　工业园区、商务区、居住区等市政消防给水设计流量，宜根据其规划区域的规模和同一时间的火灾起数，以及规划中的各类建筑室内外同时作用的水灭火系统设计流量之和经计算分析确定。

　　建筑物室外消火栓设计流量，应根据建筑物的用途、功能、体积、耐火等级、火灾危险性等因素综合分析确定。建筑物室外消火栓设计流量不应小于表 4-5 的规定。

表 4-5　建筑物室外消火栓设计流量　　　　　单位：L/s

耐火等级	建筑物名称及类别			建筑体积/m³					
				$V \leqslant 1500$	$1500 < V \leqslant 3000$	$3000 < V \leqslant 5000$	$5000 < V \leqslant 20000$	$20000 < V \leqslant 50000$	$V > 50000$
一、二级	工业建筑	厂房	甲、乙	15	20	25	30	35
			丙	15	20	25	30	40
			丁、戊	15				20
		仓库	甲、乙	15	25			
			丙	15	25		35	45
			丁、戊	15				20
	民用建筑	住宅		15				
		公共建筑	单层及多层	15		25	30	40
			高层			25	30	40
	地下建筑(包括地铁)、平战结合的人防工程			15		20	25	30
三级	工业建筑	乙、丙		15	20	30	40	45	—
		丁、戊		15			20	25	35
	单层及多层民用建筑			15		20	25	30	—
四级	丁、戊类工业建筑			15		20	25	—
	单层及多层民用建筑			15		20	25	—

　　注：1. 成组布置的建筑物应按消火栓设计流量较大的相邻两座建筑物的体积之和确定。

　　2. 火车站、码头和机场的中转库房，其室外消火栓设计流量应按相应耐火等级的丙类物品库房确定。

　　3. 国家级文物保护单位的重点砖木、木结构的建筑物室外消火栓设计流量，按三级耐火等级民用建筑物消火栓设计流量确定。

　　4. 当单座建筑的总建筑面积大于 500000m² 时，建筑物室外消火栓设计流量应按本表规定的最大值增加一倍。

　　宿舍、公寓等非住宅类居住建筑的室外消火栓设计流量，应按表 4-5 中的公共建筑确定。

4.1.2　最高日设计用水量计算

　　城市最高日设计用水量应包括以下几项。

　　（1）城市综合生活用水量 Q_1（m³/d）

$$Q_1 = \sum qNf \tag{4-1}$$

　　式中，q 为最高日综合生活用水量定额，m³/(人·d)，见表 4-2；N 为设计年限内规划人口数；f 为自来水普及率，%。

　　城市各区的用水量定额不同时，最高日生活用水量应等于各区用水量的总和。

　　（2）工业企业职工的生活用水和淋浴用水量 Q_2（m³/d）

$$Q_2 = \sum \frac{q_{2ai}N_{2ai} + q_{2bi}N_{2bi}}{1000} \tag{4-2}$$

式中，q_{2ai} 为各工业企业车间职工生活用水量定额，L/（人·班）；q_{2bi} 为各工业企业车间职工淋浴用水量定额，L/（人·班）；N_{2ai} 为各工业企业车间最高日职工生活用水总人数，人；N_{2bi} 为各工业企业车间最高日职工淋浴用水总人数，人。

注意，N_{2ai} 和 N_{2bi} 应计算全日各班人数之和，不同车间用水量定额不同时，应分别计算。

（3）工业企业生产用水量 Q_3（m^3/d）

$$Q_3 = \sum q_{3i} N_{3i} (1-n) \tag{4-3}$$

式中，q_{3i} 为各工业企业最高日生产用水量定额，m^3/万元、m^3/产品单位或 m^3/（生产设备单位·d）；N_{3i} 为各工业企业产值，万元/d，或产量、产品单位/d，或生产设备数量，生产设备单位/d；n 为用水重复率。

（4）浇洒市政道路、广场和绿地用水 Q_4（m^3/d）

$$Q_4 = \frac{q_{4a} N_{4a} + q_{4b} N_{4b}}{1000} \tag{4-4}$$

式中，q_{4a} 为城市浇洒道路和广场用水量定额，L/（m^2·d）；q_{4b} 为城市大面积绿地用水量定额，L/（m^2·d）；N_{4a} 为城市最高日浇洒道路和广场面积，m^2；N_{4b} 为城市最高日大面积绿地面积，m^2。

（5）管网漏损水量 Q_5（m^3/d）

$$Q_5 = 10\% (Q_1 + Q_2 + Q_3 + Q_4) \tag{4-5}$$

（6）未预见水量 Q_6（m^3/d）

$$Q_6 = (8\% \sim 12\%)(Q_1 + Q_2 + Q_3 + Q_4 + Q_5) \tag{4-6}$$

因此，设计年限内城镇最高日设计用水量 Q_d（m^3/d）为：

$$Q_d = Q_1 + Q_2 + Q_3 + Q_4 + Q_5 + Q_6 \tag{4-7}$$

4.1.3 最高日平均时和最高日最高时用水量计算

（1）最高日平均时用水量 $\overline{Q_h}$（m^3/h）

$$\overline{Q_h} = \frac{Q_d}{24} \tag{4-8}$$

（2）最高日最高时设计用水量 Q_h（L/s）

$$Q_h = \frac{1000 \times K_h Q_d}{24 \times 3600} = \frac{K_h Q_d}{86.4} \tag{4-9}$$

式中，K_h 为时变化系数；Q_d 为最高日设计用水量，m^3/d。

由于各种用水的最高时用水量并不一定同时发生，因此不能简单将其叠加，一般是通过编制整个给水区域的逐时用水量变化曲线（如图4-2），从中求出各种用水按各自用水规律合并后的用水量或时变化系数 K_h 作为设计依据，以确定各种给水处理构筑物的大小。

图4-2为一大城市的用水量变化曲线。图中每小时用水量按最高日用水量的百分数计，$\sum\limits_{i=1}^{24} Q_i\% = 100\%$，$Q_i\%$ 是以最高日用水量百分数计的每小时用水量。用水高峰集中在8时～10时和16时～19时。因为城市大，用水量也大，各种用户用水时间相互错开，使各小时的用水量比较均匀，时变化系数 K_h 为1.44，最高时（上午9时）用水量为最高日用水

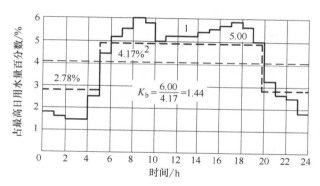

图 4-2　城市用水量变化曲线

——为用水量变化曲线；----为二级泵站设计供水线

量的 6%。实际上，用水量的 24h 变化情况天天不同，图 4-2 的目的是想说明大城市的每小时用水量相差较小。中小城市的 24h 用水量变化较大，人口较少、用水标准较低的村镇，每小时用水量的变化幅度更大。

4.1.4　消防用水量计算

消防用水量 Q_x 是偶然发生的，不累计到设计总用水量中，因此消防用水量仅作为管网系统校核计算之用。Q_x 按式（4-10）计算：

$$Q_x = N_x q_x \tag{4-10}$$

式中，N_x、q_x 分别为同时发生火灾次数和一次灭火用水量，按《建筑设计防火规范》的规定确定。

【例题 4-1】 最高日设计用水量计算

1. 已知条件

我国华北地区某城市规划人口 8 万，其中老城区人口 3.7 万人，自来水普及率 95%，新城区人口 4.3 万人，自来水普及率 100%，老城区房屋卫生设备比较差，室内仅有给排水设备，最高日综合生活用水量定额采用 160L/（人·d），新城区室内卫生设备比较齐全，除了有给排水设备，且有淋浴设备和热水，最高日综合生活用水量定额采用 220L/（人·d）。该城市内有 2 个大型企业，具体资料见表 4-6。城市浇洒道路面积 7.5ha（1ha＝10^4m²，下同），用水量定额采用 2.5L/（m²·d）；大面积绿化面积 13ha，用水量定额 2.0L/（m²·d），试计算最高日设计用水量。

表 4-6　使用城市给水管网的工厂情况

企业名称	生产用水 /（m³/d）	一般车间人数/（人/班）		热车间人数/（人/班）		倒班次数 /班
		生活用水人数	淋浴用水人数	生活用水人数	淋浴用水人数	
工厂甲	9000	220	160	100	100	3
工厂乙	6000	80	60	120	120	3

2. 水量计算

（1）城市最高日综合生活用水量 Q_1（m³/d）为：

$$Q_1 = \sum qNf = \frac{160 \times 37000 \times 0.95 + 220 \times 43000 \times 1}{1000} = 15084 \ （m³/d）$$

（2）工业企业用水

生产用水 $Q_2 = 9000 + 6000 = 15000$ （m³/d）。

工业企业职工的生活用水和淋浴用水量 Q_3 为：

$$Q_3 = \sum \frac{q_{2ai} N_{2ai} + q_{2bi} N_{2bi}}{1000}$$

$$= \frac{[25 \times (220 + 80) \times 3 + 35 \times (100 + 120) \times 3] + [40 \times (160 + 60) \times 3 + 60 \times (100 + 120) \times 3]}{1000}$$

$$= 111.6 \text{ （m³/d）}$$

（3）浇洒道路和绿化用水 Q_4

$$Q_4 = \frac{q_{4a} N_{4a} n_{4a} + q_{4b} N_{4b}}{1000}$$

$$= \frac{2.5 \times 7.5 \times 10^4 \times 1 + 2.0 \times 13 \times 10^4}{1000} = 447.5 \text{ （m³/d）}$$

（4）管网漏失水量 Q_5

$$Q_5 = 10\% (Q_1 + Q_2 + Q_3 + Q_4)$$

$$= 0.1 \times (15084 + 15000 + 111.6 + 447.5) = 3064.31 \text{ （m³/d）}$$

（5）未预见水量 Q_6（取 10%）

$$Q_6 = (8\% \sim 12\%)(Q_1 + Q_2 + Q_3 + Q_4 + Q_5)$$

$$= 0.1 \times (15084 + 15000 + 111.6 + 447.5 + 3064.31) = 3370.74 \text{ （m³/d）}$$

因此，设计年限内城镇最高日设计用水量 Q_d 为：

$$Q_d = Q_1 + Q_2 + Q_3 + Q_4 + Q_5 + Q_6$$

$$= 15084 + 15000 + 111.6 + 447.5 + 3064.31 + 3370.74 = 37078.15 \text{ （m³/d）}$$

最高日预测水量为 37078.15m³/d，工程规模确定为 38000m³/d。

4.2 给水管网设计计算

给水管网设计与计算的任务是在高日高时用水情况下，计算出各管段的流量；确定各管段的管径与水头损失；确定水泵扬程和水塔高度。并对管网管径和水泵扬程进行消防时、事故时、最大转输时校核。

输配水管网在整个给水工程中投资比较大，一般约占 70%，因此，必须进行多种方案的比较与计算，使管网更加经济合理，工程造价降低。

管网计算中常常会遇到两类课题——计算和校核。

（1）设计计算

按最高日最高时流量求出各节点流量后，进行流量的初分配，确定出各管段的管径和水头损失，从而推算出给水管网系统的水压关系。

具体设计中常有两种情况。

① 当供水起点水压未知时，先按经济流速选定各管段的管径，再由管段流量、管径和管长计算各管段的水头损失，最后由控制点的地形标高、要求的自由水压推出各节点水压，计算水泵扬程和水塔高度，进而确定水泵的型号和台数。

② 供水起点水压能满足用户要求时，从现有的管网和泵站接出一个分系统，且不需要设置增压设施，在这种情况下，应充分利用起点水压条件来选定管径，此时经济流速不起主导作用，计算各管段的水头损失，由起点现有水压条件推出各节点的水压，并复核水压是否

大于或等于控制点所需要的水压，若小于控制点所需水压或大得很多时，需要调整个别管段管径，重新计算，最后得出各管段的管径和各节点水压。

（2）管网校核计算

在管网管径已知的前提下，按管网在各种用水情况下的工作流量，分别求出各节点的计算流量，确定各管段的流量和水头损失，分析计算结果，得出管网在各种用水情况下的流量和水压，以此校核按最高日最高时用水确定的水泵扬程。

新建管网，先按最高日最高时用水量确定管径、水头损失、水泵扬程和水塔高度，然后根据管网布置情况，分别按消防时、事故时、最大转输时的校核条件，核算由最高时用水量计算确定的管径和水泵等能否满足上述最不利情况的要求。

对现有管网在各种用水情况下的运转情况进行水力分析计算，找出管网工作的薄弱环节，为加强管网管理、挖潜、扩建或改建提供技术依据。管网在扩建或改建后，能在多大程度上改善供应的水量和水压等问题，都需要通过管网的复核计算确定。

4.2.1　管网定线

管网定线是在地形平面图上确定管线的走向和位置。定线时一般只限于管网的干管以及干管之间的连接管。城市管网定线取决于城市平面布置，供水区域的地形，水源和调节水池位置，街区和用户特别是大用户的分布，河流、铁路、桥梁的位置等。考虑的要点有：干管延伸方向应和二级泵站输水到水池、水塔、大用户的水流方向一致。循水流方向，以最短的距离布置一条或数条干管，干管应从用水量较大的街区通过。管网可采用树状网和若干环组成的环状网相结合的形式，管线大致均匀地分布于整个给水区。干管的间距采用 $500\sim800\mathrm{m}$。连接管的间距可根据街区的大小考虑在 $800\sim1000\mathrm{m}$ 左右。分配管直径至少为 $100\mathrm{mm}$，大城市采用 $150\sim200\mathrm{mm}$。

4.2.2　管段设计流量计算

4.2.2.1　比流量

比流量有面积比流量和长度比流量两种。

（1）长度比流量

长度比流量指的是假定沿线流量 q_1'、q_2'……均匀分布在全部配水干管上，则单位长度的配水流量称为长度比流量，计为 $q_\mathrm{s}[\mathrm{L/(s\cdot m)}]$：

$$q_\mathrm{s}=\frac{Q-\sum Q_i}{\sum L} \tag{4-11}$$

式中，Q 为管网总用水量，$\mathrm{L/s}$；$\sum Q_i$ 为工业企业及其他大用户的集中流量之和，$\mathrm{L/s}$；$\sum L$ 为干管总长度，m，不包括穿越广场公园等无建筑物地区的管线，单侧配水的管线，长度按一半计算。

（2）面积比流量

假设 q_1'、q_2'……均匀分布在整个供水面积上，单位面积上的配水流量称为面积比流量 $q_\mathrm{A}\ [\mathrm{L/(s\cdot m^2)}]$，按式（4-12）计算

$$q_\mathrm{A}=\frac{Q-\sum Q_i}{\sum A} \tag{4-12}$$

式中，$\sum A$ 为供水区域内沿线配水的供水总面积，$\mathrm{m^2}$。

面积比流量法较长度比流量法计算准确，但计算过程比较烦琐（图 4-3），对于供水区

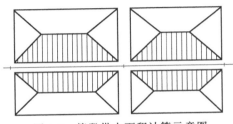

图 4-3 管段供水面积计算示意图

域的干管布置比较均匀，干管距离大致相同的管网，用长度比流量法计算较简单。

4.2.2.2 沿线流量

根据比流量 q_s、q_A 可求出管网任意管段的沿线流量，记作 q_l（L/s），按式（4-13）、式（4-14）计算：

$$q_l = q_s L_i \qquad (4-13)$$

式中，L_i 为该管段的计算长度，m。

$$q_l = q_A A_i \qquad (4-14)$$

式中，A_i 为该管段所担负的供水面积，m^2。

4.2.2.3 节点流量

管网中任一节点 j 的节点流量 q_j（L/s）为：

$$q_j = \alpha \sum q_l = 0.5 \sum q_l \qquad (4-15)$$

即任一节点 j 的节点流量 q_j 等于与该节点相连的各管段的沿线流量 q_l 总和的一半。

城市管网中，工业企业等大用户所需流量，可直接作为接入大用户节点的节点流量。大用户的集中流量可以在管网图上单独注明，也可以与节点流量加在一起，在相应节点上注出总流量。一般在管网计算图的节点旁边引出箭头，注明该节点的流量，以便进一步计算。

【例题 4-2】 节点流量设计计算

1. 已知条件

某城市最高时总用水量为 284.7L/s，其中集中供应工业用水量为 189.2L/s，从节点 1 出流。干管各管段名称及长度（单位：m）如图 4-4 所示，管段 4—5、1—2 及 2—3 为单侧配水，其余为双侧配水，试求：干管的比流量；各段的沿线流量；各节点流量。

2. 设计计算

从整个城镇管网分布情况看，干管的分布比较均匀，故按长度比流量法计算。

（1）配水干管计算长度 $\sum L = \dfrac{1}{2}L_{1-2} + \dfrac{1}{2}L_{2-3} + \dfrac{1}{2}L_{4-5} + L_{5-6} + L_{1-4} + L_{2-5} + L_{3-6} + L_{6-7} = \dfrac{1}{2} \times 756 + \dfrac{1}{2} \times 756 + \dfrac{1}{2} \times 756 + 756 + 820 + 820 + 820 + 250 = 4600$（m）。

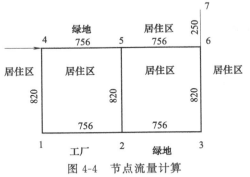

图 4-4 节点流量计算

干管的比流量 $q_s = \dfrac{284.7 - 189.2}{4600} = 0.0208$ [L/(s·m)]。

（2）各管段的沿线流量计算如表 4-7 所列。

表 4-7 各管段沿线流量计算

管段编号	管长/m	管段计算长度/m	比流量/[L/(s·m)]	沿线流量/(L/s)
1—2	756	756×0.5＝378	0.0208	7.9
2—3	756	756×0.5＝378	0.0208	7.9
1—4	820	820	0.0208	17
2—5	820	820	0.0208	17

续表

管段编号	管长 /m	管段计算长度/m	比流量 /[L/(s·m)]	沿线流量 /(L/s)
3—6	820	820	0.0208	17
4—5	756	756×0.5=378	0.0208	7.8
5—6	756	756	0.0208	15.7
6—7	250	250	0.0208	5.2
合计		4600		95.5

（3）沿线流量化成节点流量的计算如表 4-8 所列。

表 4-8　各管段节点流量计算

节点编号	连接管段编号	各连接管段沿线 流量之和/(L/s)	集中流量 /(L/s)	节点流量 /(L/s)
1	1—4,1—2	17+7.9=24.9	189.2	12.45+189.2=201.65
2	1—2,2—5,2—3	7.9+17+7.9=32.8		16.4
3	2—3,3—6	7.9+17=24.9		12.45
4	1—4,4—5	17+7.8=24.8		12.4
5	4—5,2—5,5—6	7.8+17+15.7=40.5		20.25
6	3—6,5—6,6—7	17+15.7+5.2=37.9		18.9
7	6—7	5.2		2.6
合计		191		284.7

4.2.3　给水管网流量分配

管网的设计流量是最高日最高时流量。

单水源的树状网中，从水源供水到各节点只有一个方向，如果任一管段发生事故时，该管段以后的地区就会断水，因此，任一管段的流量等于该管段以后（顺水流方向）所有节点流量的总和。对于树状网，每一管段只有唯一的流量值。

环状网可以有许多不同的流量分配方案，但是都应保证供给用户所需要的水量，并且同时满足节点流量平衡和环能量平衡的条件，因流量分配的不同，所以每一方案所得的管径也有差异，管网总造价不等，为了减少明显的差别，流量分配应该合理。

现有的研究结果认为，在现有的管线造价指标下只能得到近似而不是优化的经济流量分配。如在流量分配时，使环状网中某些管段的流量为零，即将环状网改成树状网，才能得到最经济的流量分配，但是树状网的供水可靠性差。总之，环状网流量进行分配时，应同时考虑经济性和安全可靠性。实际上，很难同时满足经济性和安全可靠性，一般只能在满足可靠性的前提下，尽量满足经济性。

环状网的流量分配步骤如下。

① 在管网平面布置图上，确定出控制点的位置，根据水源、控制点、大用户及调节构筑物的位置确定管网的主要水流方向。

② 为了供水可靠，从二级泵站到控制点之间选定几条主要的平行干线，在这些平行干管中尽可能均匀地分配流量，满足节点的流量平衡条件。当一条干管损坏时，流量由其他干管转输时，不会使这些干管中的流量增加过多。

③ 干管和干管之间的连接管，主要作用是沟通平行干管之间的流量，有时起一些输水作用，有时只是就近供水到用户，流量一般不大，只有在干管损坏时才转输较大的流量，因此连接管中可分配较少的流量。

对于多水源管网，可能会出现由两个或两个以上水源同时供水的节点，该节点称为供水分界点；各供水分界点的连线称为供水分界线，各水源供水流量应等于该水源供水范围内的全部节点流量加上分界线上由该水源供给的那部分节点流量之和。因此，流量分配时，应首先按每一水源的供水量确定大致的供水范围，初步划定供水分界线，然后从各水源开始，向供水分界方向逐节点进行流量分配。

4.2.4　给水管网管径的确定

对管径的确定主要可以通过完全的技术经济法、界限流量法及平均经济流速法来确定。

（1）完全的技术经济法

管段的直径应按分配后的管段流量确定。管径与管段计算流量的关系为：

$$q = Av = \frac{\pi D^2}{4} v \tag{4-16}$$

即

$$D = \sqrt{\frac{4q}{\pi v}} \tag{4-17}$$

式中，A 为管段过水断面面积，m^2；D 为管段直径，m；q 为管段计算流量，m^3/s；v 为流速，m/s。

技术上要求通过管段的流速：最大不超过 $2.5 \sim 3.0$m/s；最低大于 0.6m/s，在此范围内，可根据当地的经济条件，考虑管网造价和经营管理等费用，列出与流速或管径相关的年费用折算值，通过完全的技术经济计算求出每一管段的经济管径，此为完全的技术经济计算法。

（2）界限流量法

根据两标准管径 D_{n-1} 和 D_n 的年折算费用相等的条件，可以确定界限流量。这时相应的流量 q_1 既是 D_{n-1} 的上限流量，又是 D_n 的下限流量。用同样的方法可以求出相邻管径 D_{n+1} 和 D_n 的界限流量 q_2，即 q_2 既为 D_n 的上限流量，又是 D_{n+1} 的下限流量。凡是管段流量在 q_1 和 q_2 之间的，应选用 D_n 的管径。q_1 的计算公式为：

$$q_1 = \sqrt[3]{\left(\frac{m}{f\alpha}\right) \times \left(\frac{D_n^\alpha - D_{n-1}^\alpha}{D_{n-1}^{-m} - D_n^{-m}}\right)} \tag{4-18}$$

式中，f 为经济因素；m 为水头损失计算公式系数；α 为单位长度管线造价公式中的指数，与管材和当地施工条件有关。

当 $f = 1$，$m = 5.33$，$\alpha = 1.8$ 时，所得各管径界限流量见表4-9。

表 4-9　各管径界限流量

管径/mm	界限流量/(L/s)	管径/mm	界限流量/(L/s)
100	<9	450	130～168
150	9～15	500	168～237
200	15～28.5	600	237～355
250	28.5～45	700	355～490
300	45～68	800	490～685
350	68～96	900	685～822
400	96～130	1000	822～1120

（3）平均经济流速法

由于实际管网的复杂性，加之情况不断变化，要从理论上求出管网最优和年管理费用相当复杂且具有一定的难度。在条件不具备时，设计中也可采用平均经济流速来确定管径，得出的是近似的经济管径。

一般地，大管径可取较大的平均经济流速，小管径取较小的平均经济流速，见表 4-10。

表 4-10　平均经济流速

管径/mm	平均经济流速/(m/s)
100～400	0.6～0.9
≥400	0.9～1.4

4.2.5　水头损失计算

在给水管网中，由于管道长度较大，沿程水头损失一般远大于局部水头损失，所以在计算时一般将局部阻力转化成等效长度的管道沿程水头损失进行计算。局部水头损失通常取沿程水头损失的 15%～25%。计算沿程水头损失的常用公式如下。

4.2.5.1　达西定律

沿程水头损失常用达西定律计算，其形式为

$$h = \lambda \frac{l}{4R} \times \frac{v^2}{2g} \tag{4-19}$$

式中，h 为沿程水头损失，m；λ 为沿程阻力系数；l 为管渠长度，m；R 为过水断面水力半径，m；v 为过水断面平均流速，m/s；g 为重力加速度，m/s²。

4.2.5.2　舍维列夫公式

当 $v \geq 1.2$m/s 时，旧铸铁管和旧钢管的计算公式为：

$$\lambda = \frac{0.021}{D^{0.3}}$$

$$h = alq^2 = \frac{0.001736}{D^{5.3}} lq^2 \tag{4-20}$$

当 $v < 1.2$m/s 时，旧铸铁管和旧钢管的计算公式为：

$$\lambda = \frac{0.0179}{D^{0.3}} \left(1 + \frac{0.867}{V}\right)^{0.3}$$

$$h = \frac{0.00148}{D^{5.3}} \left(1 + \frac{0.688D^2}{q}\right)^{0.3} lq^2 \tag{4-21}$$

式中，a 为比阻，见表 4-11，当水流在过渡区时，应将表中的 a 值乘以修正系数 K（见表 4-12）。

表 4-11　钢管和铸铁管的比阻 a

水管公称直径/mm	a[①]		$v < 1.2$m/s 的最大流量/(L/s)
	钢管	铸铁管	
100	172.9	311.7	9.24
150	30.65	37.11	21.0
200	6.959	8.092	37.5
250	2.187	2.528	58.5

水管公称直径/mm	a ①		$v<1.2\text{m/s}$ 的最大流量/(L/s)
	钢管	铸铁管	
300	0.8466	0.9485	85.0
350	0.3737	0.4365	115.0
400	0.1859	0.2189	151.0
500	0.05784	0.06778	236.0
600	0.02262	0.02596	340.0
700	0.01098	0.01154	462.0
800	0.005514	0.005669	605.0
900	0.002962	0.003074	765.0
1000	0.001699	0.001750	945.0

① 流量 q 以 m^3/s 计；如以 L/s 计时，a 值应乘以 10^{-6}。

表 4-12 修正系数 K

$v/(\text{m/s})$	K	$v/(\text{m/s})$	K	$v/(\text{m/s})$	K
0.2	1.41	0.50	1.15	0.80	1.06
0.25	1.33	0.55	1.13	0.85	1.05
0.30	1.28	0.60	1.115	0.90	1.04
0.35	1.24	0.65	1.10	1.00	1.03
0.40	1.20	0.70	1.085	1.10	1.015
0.45	1.175	0.75	1.07	$\geqslant 1.2$	1.00

4.2.5.3 巴甫洛夫斯基公式

巴甫洛夫斯基公式适用于混凝土管、钢筋混凝土管和管渠的水头损失计算：

$$C=\frac{1}{n}R^{y} \tag{4-22}$$

$$y=2.5\sqrt{n}-0.13-0.75(\sqrt{n}-0.10)\sqrt{R}$$

式中，C 为谢才系数，$\sqrt{\text{m}}/\text{s}$；n 为管渠壁粗糙系数，混凝土管和钢筋混凝土管一般为 $0.013\sim0.014$，水泥砂浆内衬为 0.012；y 为指数，当 $n<0.02$ 时，可采用 $y=1/6$；R 为过水断面水力半径，m。

上式适用于 $R=0.1\sim0.3\text{m}$，$n=0.011\sim0.014$ 的阻力平方区。

巴甫洛夫斯基公式计算较烦琐，谢才系数 C 值常预先做成表格，以便计算。

4.2.5.4 海曾-威廉公式

$$h=\frac{10.67q^{1.852}l}{C^{1.852}D^{4.87}} \tag{4-23}$$

式中，q 为管段流量，m^3/s；C 为海曾-威廉系数，其值见表 4-13；D 为管径，m；l 为管渠长度，m。

4.2.5.5 其他经验公式

另外，还有柯列勃洛克公式、曼宁公式。

表 4-13　海曾-威廉系数 C

水管种类	C	水管种类	C
玻璃管、塑料管、钢管	145～150	新焊接钢管	110
铸铁管，最好状态	140	旧焊接钢管	95
新铸铁管、涂沥青或水泥铸铁管	130	衬橡胶消防软管	110～140
旧铸铁管、旧钢管	100	混凝土管、石棉水泥管	130～140
严重腐蚀铸铁管	90～100		

4.2.6　树状网水力计算

多数小型给水和工业企业给水在建设初期采用树状管网，以后随着用水量的发展，可根据需要逐步连接形成环状管网。树状管网中的计算比较简单，因为水从供水起点到任一节点的水流路线只有一个，每一管段也只有唯一确定的计算流量。因此，在树状管网计算中，应首先计算对供水经济性影响最大的干管，即管网起点到控制点的管线，再计算支管。

当管网起点水压未知时，应先计算干管，按经济流速和流量选定管径，并求得水头损失；再计算支管，此时支管起点及终点水压均为已知，支管计算应按充分利用起端的现有水压条件选定管径，经济流速不起主导作用，但需考虑技术上对流速的要求，若支管负担消防任务，其管径还应满足消防要求。

当管网起点水压已知时，仍先计算干管，再计算支管，但注意此时干管和支管的计算方法均与管网起点水压未知时的支管相同。

树状管网水力计算步骤如下：

① 按城镇管网布置图，绘制计算草图，对节点和管段顺序编号，并标注管段长度和节点地形标高；

② 按最高日最高时用水量计算节点流量，并在节点旁引出箭头注明节点流量。大用户的集中流量也标注在相应节点上；

③ 在管网计算草图上，按照任一管段中的流量等于其下游所有节点流量之和的关系，求出每一管段流量；

④ 选定泵房到控制点的管线为干线，按经济流速求出管径和水头损失；

⑤ 按控制点要求的最小服务水头和从水泵到控制点管线的总水头损失，求出水塔高度和水泵扬程；

⑥ 支管管径参照支管的水力坡度选定，充分利用起点水压的条件来确定；

⑦ 根据管网各节点的压力和地形标高，绘制等水压线和自由水压线图。

【例题 4-3】　树状给水管网的设计计算

1. 已知条件

某城镇有居民 6 万人，用水量定额为 120L/(人·d)，用水普及率为 83%，时变化系数为 1.6。要求最小服务水头为 20m。管网布置见图 4-5。用水量较大的一工厂和一公共建筑集中流量分别为 25.0L/s，17.4L/s，分别由管段 3—4 和 7—8 供给，其两侧无其他用户。城镇地形平坦，高差极小。节点 4、5、8、9 处的地面标高分别为 56.0m、56.1m、55.7m、56.0m。水塔处地面标高为 57.4m，其他点的地形标高见表 4-14。管材选用给水铸铁管。试完成树状给水管网的设计计算，并求水塔高度和水泵扬程。

表 4-14　节点地形标高

节点	2	3	6	7
地形标高/m	56.6	56.3	56.3	56.2

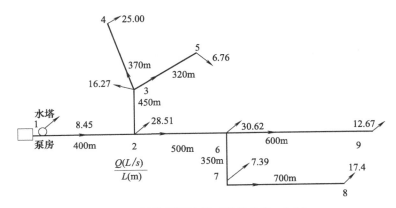

图 4-5 树状管网计算（流量单位：L/s）

2. 设计计算

（1）计算节点流量

最高日最高时流量 $Q=\dfrac{60000\times120\times83\%\times1.6}{24\times3600}+17.4+25=153.07$（L/s）。

比流量 $q_s=\dfrac{153.07-25.0-17.4}{2620}=0.04224$ [L/(s·m)]。

沿线流量、节点流量的计算见表 4-15、表 4-16。

表 4-15 沿线流量

管段	长度/m	沿线流量/(L/s)
1~2	400	16.90
2~3	450	19.01
2~6	500	21.12
3~5	320	13.52
6~7	350	14.78
6~9	600	25.34
合计	2620	110.67

表 4-16 节点流量

节点	节点流量/(L/s)	集中流量/(L/s)	节点总流量/(L/s)
1	0.5×16.90=8.45		8.45
2	0.5×(16.90+19.01+21.12)=28.51		28.51
3	0.5×(19.01+13.52)=16.27		16.27
4		25.0	25.0
5	0.5×13.52=6.76		6.76
6	0.5×(21.12+25.34+14.78)=30.62		30.62
7	0.5×14.78=7.39		7.39
8		17.40	17.40
9	0.5×25.34=12.67		12.67
合计	110.67	42.40	153.07

各节点流量标注在图上。

（2）选择控制点，确定干管和支管

由于各节点要求的自由水压相同，根据地形和用水量情况，控制点选为节点 9，干管定为 1—2—6—9，其余为支管。

（3）编制计算表格

编制干管和支管水力计算表格，见表 4-17、表 4-18。

将节点编号、地形标高、管段编号和管段长度等已知条件分别填于表 4-17、表 4-18 中的第（1）、（2）、（3）、（4）项。

表 4-17　干管水力计算表

节点	地形标高/m	管段编号	管段长度/m	管段流量/(L/s)	管段直径/mm	1000i	流速/(m/s)	水头损失/m	水压标高/m	自由水压/m
(1)	(2)	(3)	(4)	(5)	(6)	(7)	(8)	(9)	(10)	(11)
9	56.0	6～9	600	12.67	150	7.20	0.73	4.32	76.00	20.0
6	56.3								80.32	24.02
		2～6	500	68.08	300	4.90	0.96	2.45		
2	56.6								82.77	26.17
		1～2	400	144.62	500	1.53	0.73	0.61		
1	57.4								83.38	25.98

表 4-18　支管水力计算表

节点	地形标高/m	管段编号	管段长度/m	管段流量/(L/s)	允许 1000i	管段直径/mm	实际 1000i	水头损失/m	水压标高/m	自由水压/m
(1)	(2)	(3)	(4)	(5)	(6)	(7)	(8)	(9)	(10)	(11)
6	56.3	6～7	350	24.79	4.4	200	5.88	2.06	80.32	24.02
7	56.2								78.26	22.06
		7～8	700	17.4	3.66	200	2.99	2.09		
8	55.7								76.17	20.47
2	56.6	2～3	450	48.03	8.7	250	6.53	2.94	82.77	26.17
3	56.3								79.83	23.53
3	56.3	3～5	320	6.76	11.65	150	2.31	0.74	79.83	23.53
5	56.1								79.09	22.99
3	56.3	3～4	370	25.00	10.35	200	5.98	2.21	79.83	23.53
4	56.0								77.62	21.62

注：管段 7—8、3—5 按现有水压条件均可选用 100mm 管径，但考虑到消防流量较大（$q_x=35$L/s），管网最小管径定为 150mm。

（4）确定各管段的计算流量

按 $q_i+\sum q_{ij}=0$ 的条件，从管线终点（包括各支管）开始，同时向供水起点方向逐个节点推算，即可得到各管段的计算流量：

由 9 节点得：$q_{6-9}=q_9=12.67$（L/s）。

由 6 节点得：$q_{2-6}=q_6+q_{6-9}+q_7+q_{7-8}=30.62+12.67+7.39+17.4=68.08$（L/s）。

同理，可得其余各管段计算流量，计算结果分别列于表 4-17、表 4-18 中第（5）项。

（5）干管水力计算

① 由各管段的计算流量，查铸铁管水力计算表，参照经济流速，确定各管段的管径和相应的 $1000i$ 及流速。

管段 6—9 的计算流量 12.67L/s，由铸铁管水力计算表查得：当管径为 125mm、150mm、200mm 时，相应的流速分别 1.04m/s、0.72m/s、0.40m/s。前已指出，当管径 $D<400$mm 时，平均经济流速为 0.6~0.9m/s，所以管段 6—9 的管径应确定为 150mm，相应的 $1000i=7.20$，$v=0.73$m/s。同理，可确定其余管段的管径和相应的 $1000i$ 和流速，其结果见表 4-17 中第（6）、（7）、（8）项。

② 根据 $h=iL$ 计算出各管段的水头损失，即表 4-17 中第（9）项等于 $\left[\dfrac{(7)}{1000}\times(4)\right]$，则 $h_{6-9}=\dfrac{7.20}{1000}\times600=4.32$（m）。

同理，可计算出其余各管段的水头损失和自由水压。

③ 计算于管各节点的水压标高和自由水压。因管段起端水压标高 H_i 和终端水压标高 H_j 与该管段的水头损失 h_{ij} 存在下列关系：

$$H_i=H_j+h_{ij}$$

节点水压标高 H_i、自由水压 H_{0i} 与该处地形标高 Z_i 存在下列关系：$H_{0i}=H_{09}+Z_9=20+56.0=76.0$（m）。

由控制点 9 节点要求的水压标高为已知，得：

$$H_9=H_i+Z_i$$

因此在本题中从节点 9 开始，按上式逐个向供水起点推算。

节点 4：$H_6=H_9+h_{6-9}=76.0+4.32=80.32$（m），$H_{06}=H_9-Z_6=80.32-56.30=24.02$（m）。

同理可以得出干管上各节点的水压标高和自由水压。计算结果见表 4-17 中的第（10）、（11）项。

由于干管上各节点的水压已经确定（见表 4-17），即支管起点的水压已定，因此支管各管段的经济管径选定必须满足：从干管节点到该支管的控制点（常为支管的终点）的水头损失之和应等于或小于干管上此节点的水压标高与支管控制点所需的水压标高之差，即按平均水力坡度确定管径。但当支管由两个或两个以上管段串联而成时，各管段水头损失之和可有多种组合能满足上述要求。

现以支管 6—7—8 为例说明。

首先计算支管 6—7—8 的平均允许水力坡度，即：

$$允许\ 1000i=1000\times\frac{80.32-(55.7+20.0)}{350+700}=4.4$$

由 $q_{6-7}=24.79$L/s，查铸铁管水力计算表，参照允许 $1000i=4.4$，得 $D_{6-7}=200$m，相应的实际 $1000i=5.88$，则 $h_{6-7}=\dfrac{5.88}{1000}\times350=2.06$（m）。

按式计算 7 点的水压标高和自由水压 $H_7=H_6-h_{6-7}=80.32-2.06=78.26$（m）。

由节点 7 的水压标高即可计算管段 7—8 的平均允许 $1000i$ 为：

$$允许\ 1000i=1000\times\frac{78.26-(55.7+20.0)}{700}=3.66$$

由 $q_{7-8}=17.4$L/s，查铸铁管水力计算表，参照允许 $1000i=3.66$，得 $D_{7-8}=200$mm，相应的实际 $1000i=2.99$，则：

$$h_{7-8}=\frac{2.99}{1000}\times700=2.09\ （m）$$

同理，可计算出节点 8 的水压标高和自由水压：$H_8=H_7-h_{7-8}=78.26-2.09=76.17$（m），$H_{08}=H_8-Z_8=76.17-55.7=20.47$（m）。

按上述方法可计算出所有支管管径，计算结果见表 4-18 和图 4-6。

(6) 确定水塔高度

由表 4-18 可知，水塔高度应为：$H_t=56.0+20+4.32+2.45+0.61-57.4=25.98$（m）。

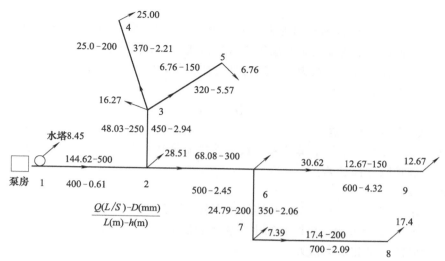

图 4-6 树状网水力计算

（7）确定二级泵站所需的总扬程

设吸水井最低水位标高 $Z_P=53.00\mathrm{mm}$，泵站内吸、压水管的水头损失取 $\sum h_P=3.0\mathrm{m}$，水塔水柜深度为 $4.5\mathrm{m}$，水泵至 1 点间的水头损失为 $0.5\mathrm{m}$，则二级泵站所需扬程为：

$$H_P=H_{ST}+\sum h+\sum h_P=(Z_t+H_t+H_0-Z_P)+h_{泵-1}+\sum h_P$$

$$=(57.4+25.98+4.5-53.0)+0.5+3.0=38.38 \ （\mathrm{m}）$$

4.2.7 环状网水力计算

4.2.7.1 环状管网水力计算步骤

① 根据城镇管网总体布置图，绘制计算草图，对节点和管段进行顺序编号，并注明管段长度和节点地形标高。

② 按最高日最高时用水量计算各节点流量，并在节点旁引出箭头，注明该节点流量。大用户的集中流量也标注在相应节点上。

③ 在管网计算草图上，将最高用水时由二级泵站和水塔供入管网的流量（指对置水塔的管网），沿各节点进行流量预分配，定出各管段的计算流量。

④ 根据所定出的各管段计算流量和经济流速，选取各管段的管径。

⑤ 计算各管段的水头损失 h 及各个环内的水头损失代数和 $\sum h$。

⑥ 若 $\sum h$ 超过规定值（即出现闭合差 Δh），需进行管网平差，将预分配的流量进行校正，以使各个环的闭合差达到所规定的允许范围之内。

⑦ 按控制点要求的最小服务水头和从水泵到控制点管线的总水头损失，求出水塔高度和水泵扬程。

⑧ 根据管网各节点的压力和地形标高，绘制等水压线和自由水压线图。

4.2.7.2 环状管网的计算理论

环状管网计算时，需满足下列基本水力条件。

① 连续性方程（又称节点流量平衡条件）。即对任一节点来说，流入该节点的流量必须等于流出该节点的流量。若规定流出节点的流量为正，流入节点的流量为负，则任一节点的流量代数和等于零。即：

$$q_i + q_{ij} = 0 \qquad (4\text{-}24)$$

② 能量方程（又称闭合环路内水头损失平衡条件）。即环状管网任一闭合环路内，水流为顺时针方向的各管段水头损失之和应等于水流为逆时针方向的各管段水头损失之和。若规定顺时针方向的各管段水头损失为正，逆时针方向为负，则在任一闭合环路内各管段水头损失的代数和等于零，即：

$$\sum h_{ij} = 0 \qquad (4\text{-}25)$$

4.2.7.3　环状管网计算原理

在管网水力计算时，根据求解的未知数是管段流量还是节点水压，可以分为解环方程、解节点方程和解管段方程三类。

（1）解环方程

管网经流量分配后，各节点已满足连续性方程，可是由该流量求出的管段水头损失并不同时满足 L 个环的能量方程，为此必须多次将各管段的流量反复调整，直到满足能量方程，从而得出各管段的流量和水头损失。

（2）解节点方程

在假定每一节点水压的条件下，应用连续性方程以及管段压降方程，通过计算求出每一节点的水压。节点水压已知后，即可以从任一管段两端节点的水压差得出该管段的水头损失，进一步从流量和水头损失之间的关系算出管段流量。

（3）解管段方程

应用连续性方程和能量方程，求得各管段流量和水头损失，再根据已知节点水压求出其余各节点水压。

4.2.7.4　环状网计算方法

（1）哈代-克罗斯法

哈代·克罗斯（Hardy Cross）和洛巴切夫同时提出了各环的管段流量用校正 Δq_i 调整的迭代方法。以图 4-7 为例，规定：顺时针方向为正，逆时针方向为负。

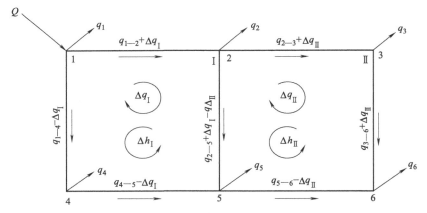

图 4-7　两环管网的校正流量

环状管网初步分配流量后，管段流量 $q_{ij(0)}$ 为已知并满足节点平衡条件，由 $q_{ij(0)}$ 流量选出管径，计算出各管段的水头损失 h_{ij} 和各环的水头损失代数和 $\sum h_{ij}$，若 $\sum h_{ij} = \Delta h \neq 0$，不满足水头平衡条件，必须引入校正流量 Δq 以减小闭合差。校正流量可按照式（4-26）估算确定：

$$\Delta q_k = -\frac{\Delta h_k}{2\sum s_{ij}\,|q_{ij}|} = -\frac{\Delta h_k}{2\sum\dfrac{s_{ij}\,|q_{ij}|^2}{|q_{ij}|}} = -\frac{\Delta h_k}{2\sum\left|\dfrac{h_{ij}}{q_{ij}}\right|} \tag{4-26}$$

式中，Δq_k 为环路 k 的校正流量，L/s；Δh_k 为环路 k 的闭合差，等于该环内各管段水头损失的代数和，m；$\sum s_{ij}\,|q_{ij}|$ 为环路内各管段的摩阻 $s_{ij}\,(\alpha_{ij}l_{ij})$ 与相应管段流量 q_{ij} 的绝对值乘积之总和；$\sum\left|\dfrac{h_{ij}}{q_{ij}}\right|$ 为环路 k 的各管段的水头损失 h_{ij} 与相应管段流量 q_{ij} 之比的绝对值乘积之和。

上式中 Δq_k 和 Δh_k 符号相反，即闭合差 Δh_k 为正，校正流量 Δq_k 就为负，闭合差 Δh_k 为负，校正流量 Δq_k 就为正。闭合差 Δh_k 的大小与符号，反映了与 $\Delta h = 0$ 时管段流量和水头损失的偏离程度和偏离方向。很明显，闭合差 Δh_k 的绝对值越大，为使闭合差 $\Delta h_k = 0$ 所需的校正流量 Δq_k 的绝对值也越大。各环校正流量 Δq_k 用弧形箭头标注在相应的环内，然后在相应环路的各管段中引入校正流量 Δq_k，即可得到各管段第一次修正后的流量 $q_{ij}^{(1)}$，即：

$$q_{ij}^{(1)} = q_{ij}^{(0)} + q_s^{(0)} + q_n^{(0)} \tag{4-27}$$

式中，$q_{ij}^{(0)}$ 为本环路内初步分配的各管段流量，L/s；$\Delta q_k^{(0)}$ 为本环内初次校正的流量，L/s；$\Delta q_n^{(0)}$ 为邻环路初次校正的流量，L/s。

如图 4-7 所示，环 Ⅰ 和环 Ⅱ 的计算如下。

环 Ⅰ：

$$q_{1-2}^{(1)} = q_{1-2}^{(0)} + \Delta q_{\mathrm{I}}^{(0)}$$

$$q_{4-5}^{(1)} = q_{4-5}^{(0)} - \Delta q_{\mathrm{I}}^{(0)}$$

$$q_{2-5}^{(1)} = q_{2-5}^{(0)} + \Delta q_{\mathrm{I}}^{(0)} - \Delta q_{\mathrm{II}}^{(0)}$$

环 Ⅱ：

$$q_{2-3}^{(1)} = q_{2-3}^{(0)} + \Delta q_{\mathrm{II}}^{(0)}$$

$$q_{5-6}^{(1)} = q_{5-6}^{(0)} - \Delta q_{\mathrm{II}}^{(0)}$$

$$q_{2-5}^{(1)} = -q_{2-5}^{(0)} - \Delta q_{\mathrm{I}}^{(0)} + \Delta q_{\mathrm{II}}^{(0)}$$

由于初步分配流量时，已经符合节点流量平衡条件，即满足了连续性方程，所以每次调整流量时能自动满足此条件。

流量调整后，各环闭合差将减小，如仍不符合精度要求，应根据调整后的新流量求出新的校正流量，继续平差。在平差过程中，每环的闭合差可能改变符号，即从顺时针方向改为逆时针方向，或相反，有时闭合差的绝对值反而增大，这是因为推导校正流量公式时，略去了其他项以及各环相互影响的结果。

采用哈代-克罗斯法进行管网平差的步骤如下。

① 根据城镇的供水情况，拟订环状网各管段的水流方向，按每一节点满足连续性方程的条件，并考虑供水可靠性要求分配流量，得初步分配的管段流量 $q_{ij}^{(1)}$。

② 由 $q_{ij}^{(1)}$ 计算各管段的水头损失 $h_{ij}^{(0)}$。

③ 假定各环内水流顺时针方向管段中的水头损失为正，逆时针方向管段中的水头损失为负，计算该环内各管段的水头损失代数和 $\sum h_{ij}^{(0)}$，如 $\sum h_{ij}^{(0)} \neq 0$，其差值即为第一次闭合差 $\Delta h_k^{(0)}$。

如 $\Delta h_k^{(0)} > 0$，说明顺时针方向各管段中初步分配的流量多了些，逆时针方向管段中分配的流量少了些，反之，如 $\Delta h_k^{(0)} < 0$，说明顺时针方向各管段中初步分配的流量少了些，逆时针方向管段中分配的流量多了些。

④ 计算每环内各管段的 $\sum \left| \dfrac{h_{ij}}{q_{ij}} \right|$，按式（4-26）求出校正流量。如闭合差为正，则校正流量为负；反之，则校正流量为正。

⑤ 设图 4-7 上的校正流量 Δq_k 符号以顺时针方向为正，逆时针方向为负，凡是流向和校正流量 Δq_k 方向相同的管段，加上校正流量，否则减去校正流量。据此调整各管段的流量，得第一次校正的管段流量。对于两环的公共管段，应按相邻两环的校正流量符号，考虑邻环校正流量的影响。

按此流量再计算，如闭合差尚未达到允许的精度，再从第 2 步按每次调整后的流量反复计算，直到每环的闭合差达到要求为止。

哈代-克罗斯法适合列表运算，并可避免计算上的错误，易为初学者掌握，但此法收敛速度较慢。管网平差运算的表格形式见表 4-19。

表 4-19　管网平差计算的表格形式

环号	管段编号	管长 L/m	管径 D/mm	初分配流量			第一次校正				
				$q/(\text{L/s})$	$1000i$	h/m	$\left\| \dfrac{h}{q} \right\|$	Δq $/(\text{L/s})$	q $/(\text{L/s})$	$1000i$	h/m
(1)	(2)	(3)	(4)	(5)	(6)	(7)	(8)	(9)	(10)	(11)	(12)

【例题 4-4】 环状管网设计计算

1. 已知条件

某环状管网如图 4-8 所示，最高时流量 219.8L/s，节点流量见表 4-20，试进行计算。

表 4-20　节点流量

节点	1	2	3	4	5	6	7	8	9	总计
节点流量/(L/s)	16.0	31.6	20.0	23.6	36.8	25.6	16.8	30.2	19.2	219.8

2. 设计计算

根据用水情况，初步拟订各管段的流向如图 4-8 所示，按照最短路线供水原则，并考虑安全性的要求进行流量分配。流向节点的流量取负号，离开节点的流量取正号，分配时每一节点满足 $q_i + \sum q_{ij} = 0$ 的条件。几条平行的干线，如 3—2—1、6—5—4 和 9—8—7，大致分配相近的流量。与干线垂直的连接管，因平时流量较小，所以分配较少的流量，由此得出每一管段的计算流量。

管径按界限流量确定。该城市的经济因素为 $f = 0.8$，由 $q_0 = \sqrt[3]{f} q_{ij} = 0.93 q_{ij}$，例如管段 5—6，折算流量为 $0.93 \times 76.4 = 71.1$（L/s），从界限流量表得管径为 $DN350\text{mm}$，但考虑到市场供应的规格，选用 $DN300\text{mm}$。至于干管之间的连接管径，考虑到干管事故时，连接管中可能通过较大的流量以及消防流量的需要，将连接管 2—5、5—8、1—4、4—7 的管径适当放大为 $DN150\text{mm}$。

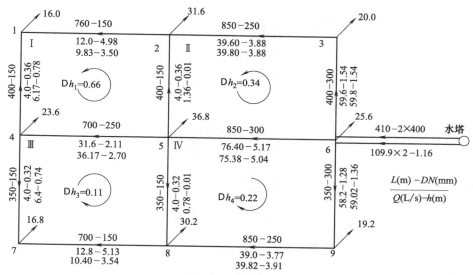

图 4-8　环状管网计算

每一管段的管径确定后即可求出水力坡度，该值乘以管段长度即得水头损失。水头损失除以流量即为 $s_{ij}q_{ij}$ 值。

计算时应注意两环之间的公共管段，如 2—5、4—5、5—6 和 5—8 等的流量校正。以管段 5—6 为例，初步分配流量 76.4L/s，但同时受到环Ⅱ和环Ⅳ校正流量的影响，环Ⅱ的第一次校正流量为 —0.20L/s，校正流量的方向与管段 5—6 的流向相反，环Ⅳ的校正流量为 0.85L/s，方向也和管段 5—6 的流向相反，因此第一次调整后的管段流量为：76.4—0.20—0.82=75.38（L/s）。

计算结果见图 4-8 和表 4-21。

经过一次校正后，各环的闭合差均小于 0.5m，大环 6—3—2—1—4—7—8—9—6 的闭合差为：

$$\sum h = -h_{6-3} - h_{3-2} - h_{2-1} + h_{1-4} - h_{4-7} + h_{7-8} + h_{8-9} + h_{6-9}$$

$$= -1.54 - 3.88 - 3.50 + 0.78 - 0.74 + 3.54 + 3.91 + 1.36 = 0.07\ （m）$$

小于允许值，可满足要求，计算到此完毕。

从水塔到管网的输水管计两条，每条计算流量为 $0.5 \times 219.8 = 109.9$（L/s），选定管径 $DN400mm$，水头损失为 $h = 1.16$（m）。

水塔高度由距水塔较远且地形较高的控制点 1 确定，该点地面标高为 85.60m，水塔处地面标高为 88.53m，所需服务水压为 24m，从水塔到控制点的水头损失取 6—3—2—1 和 6—9—8—7—4—1 两条干线的平均值，因此水塔高度为：

$$H_t = 85.60 + 24.00 + (1.54 + 3.88 + 3.50 + 1.36 + 3.91 + 3.54 - 0.74$$

$$+ 0.78)/2 + 1.16 - 88.53 = 31.12\ （m）$$

表 4-21　环状网计算

环号	管段	管长	管径	初步分配流量				第一次校正			
				q /(L/s)	1000i	h/m	$\|sq\|$	q/(L/s)	1000i	h/m	$\|sq\|$
Ⅰ	1—2	760	150	—12.0	6.55	—4.98	0.415	—12+2.17=—9.83	4.60	—3.50	0.356
	1—4	400	150	4.0	0.909	0.36	0.090	4.0+2.17=6.17	1.96	0.78	0.126
	2—5	400	150	—4.0	0.909	—0.36	0.090	—4+2.17+0.2=—1.63	0.10	—0.04	0.025
	4—5	700	250	31.6	3.02	2.11	0.067	31.6+2.17+2.4=36.17	3.86	2.70	0.075

环号	管段	管长	管径	初步分配流量 q/(L/s)	$1000i$	h/m	$\lvert sq \rvert$	第一次校正 q/(L/s)	$1000i$	h/m	$\lvert sq \rvert$
				$\Delta q = \dfrac{2.87}{2\times0.662}=2.17$		−2.87	0.662			−0.06	0.582
II	2—3	850	250	−39.6	4.55	−3.88	0.098	−39.6−0.2=−39.8	4.57	−3.88	0.097
	2—5	400	150	4.0	0.909	0.36	0.090	4−0.2−2.17=1.63	0.10	0.04	0.25
	3—6	400	300	−59.6	3.84	−1.54	0.026	−59.6−0.2=−59.8	3.85	−1.54	0.026
	5—6	850	300	76.4	6.08	5.17	0.068	76.4−0.2−0.82=75.38	5.93	5.04	0.067
				$\Delta q = \dfrac{-0.11}{2\times0.282}=-0.20$	0.11	0.282				−0.34	0.215
III	4—5	700	250	−31.6	3.02	−2.11	0.067	−31.6−2.4−2.17=−36.17	3.86	−2.70	0.075
	4—7	350	150	−4.0	0.909	−0.32	0.080	−4.0−2.4=−6.4	2.10	−0.74	0.116
	5—8	350	150	4.0	0.909	0.32	0.080	4.0−2.4−0.82=0.78	0.026	0.009	0.012
	7—8	700	150	12.8	7.33	5.13	0.401	12.8−2.4=10.4	5.06	3.54	0.340
				$\Delta q = \dfrac{-3.02}{2\times0.628}=-2.40$	3.02	0.628			0.109	0.543	
IV	5—6	850	300	−76.4	6.08	−5.17	0.068	−76.4+0.82+0.20=−75.38	5.39	−5.04	0.067
	6—9	350	300	58.2	3.67	1.28	0.022	58.2+0.82=59.02	3.88	1.36	0.023
	5—8	350	150	−4.0	0.909	−0.32	0.080	−4.0+0.82+2.40=−0.78	0.026	−0.009	0.012
	8—9	850	250	39.0	4.44	3.77	0.907	39.0+0.82=39.82	4.60	3.91	0.098
				$\Delta q = \dfrac{0.44}{2\times0.267}=0.82$	−0.44	0.267			0.221	0.200	

本例的水塔位置是二级泵站和管网之间,它将管网和泵站分隔开来,形成水塔和管网联合工作而泵站和水塔联合工作的情况。在一天内的任何时刻,水塔供给管网的流量等于管网的用水量,管网用水量的变化对泵站工作并无直接的影响,只有在用水量变化引起水塔的水位变动时,才对泵站供水情况产生影响。例如水塔的进水管接至水塔的水柜底部时,水塔水位变化就会影响水泵的工作情况,此时应按水泵特性曲线,对水泵流量的可能变化进行分析。

（2）最大闭合差的环校正法

在进行管网的计算过程中,每次迭代时,可对管网各环同时校正流量,也可以只对管网中闭合差最大的一部分环进行校正,称为最大闭合差的环校正法。

哈代-克罗斯法是指由初分配流量求出各环的闭合差 Δh_i,由此得出各环的校正流量 Δq_i。各环的管段流量经校正流量 Δq_i 校正后,得到新的管段流量,然后应用这一流量重复计算以上计算过程,迭代计算到各环闭合差小于允许值为止。

最大闭合差的环校正法和哈代-克罗斯法不同的是,平差时只对闭合差最大的一个环或若干环进行计算,而不是全部环。该方法首先按初分配流量求得各环的闭合差大小和方向,然后选择闭合差大的一个环或将闭合差较大且方向相同的相邻基环连成大环。对于环数较多的管网可能会有几个大环,平差时只需要计算在大环上的各管段。通过平差后和大环异号的各邻环，闭合差会同时相应减小，所以选择大环是加速得到计算结果的关键。选择大环时应注意绝不能将闭合差方向不同的几个环连成大环，否则计算过程中会出现和大环闭合差相反的基环的闭合差增大的现象，致使计算不能收敛。

如图 4-9 所示的多环管网，闭合差 Δh_i 方向如图中所示，因环Ⅲ、Ⅴ、Ⅵ的闭合差较大且方向相同，并与邻环Ⅱ、Ⅳ异号，所以连成一个大环，大环的闭合差等于各基环闭合差之和，即 $\Delta h_{Ⅲ} + \Delta h_{Ⅵ} + \Delta h_{Ⅴ}$。这时因闭合差为顺时针方向，即为正值，所以校正流量为逆时针方向，其值为负。

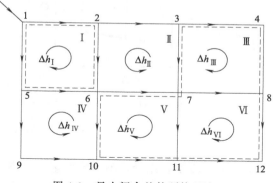

图 4-9　最大闭合差的环校正法

如果在大环顺时针方向管段 3—4、4—8、8—12、6—7 上减去校正流量，逆时针方向管段 3—7、6—10、10—11、11—12 等加上校正流量，调整流量后，大环闭合差将减小，相应地大环内各基环的闭合差随之减小。同时，闭合差与大环相反的环Ⅱ，因受到大环流量校正的影响，流量发生变化，例如管段 3—7 增加了校正流量 Δq，管段 6—7 减去了 Δq，因而使闭合差 $\Delta h_{Ⅱ}$ 减小，同样原因使邻环Ⅳ的闭合差减小。由此可见，计算工作量较逐环平差方法少。如果一次校正不能使各环的闭合差达到要求，可按第一次计算后的闭合差重新选择闭合差较大的一个环或几个环连成的大环继续计算，直到满足要求为止。

大型管网如果同时可连成几个大环平差时，应先计算闭合差最大的环，使对其他的环产生较大的影响，有时甚至可使其他环的闭合差改变了方向。如果先对闭合差小的大环进行计算，则计算结果对闭合差较大的环影响较小，为了反复消除闭合差，将会增加计算的次数。使用本方法进行计算时，同样需要反复计算多次，每次计算需重新选定大环。

（3）多水源管网水力计算

许多大中城市，随着用水量的增长，逐步成为多水源（包括泵站、水塔、高地水池等也看作水源）的给水系统。多水源管网的计算原理和单水源时相同，但是有其自身的特点。因每一水源的供水量随着供水区用水量、水源的水压以及管网中的水头损失而变化，从而有各水源之间的流量分配问题。

由于城市地形和保证供水区水压的需要，水塔可能布置在管网末端的高地上，这样就形成了对置水塔的给水系统。对置水塔系统，可能有以下两种工作情况。

① 最高用水时。二级泵站供水量小于用水量，管网用水由泵站和水塔同时供给，这样就形成了多水源管网。二者有各自的供水区，在供水区的分界线上水压最低，从管网计算结果可以得出两水源的供水分界线经过 8、12、5 等节点，如图 4-10 最高日最高时图中虚线所示。

② 最大转输时。一天内有若干小时因二级泵站供水量大于用水量，多余的水通过管网转输入水塔储存，其中转输流量最大的小时流量为最大转输时流量，这时就成为单水源管网，不存在供水分界线。

应用虚环的概念，可以将多水源管网转化为单水源管网。所谓虚环指在水源之间用无流量的虚管段，将各水源与虚节点用虚线连接，构成管网的一个环，从而增加了能量方程。

如图 4-10 所示：它由虚节点 0（各水源供水量的汇合点）、该点到泵站和水塔的虚管段以及泵站到水塔之间的实管段组成，于是多水源的管网可以看成是只从虚节点 0 供水的单水

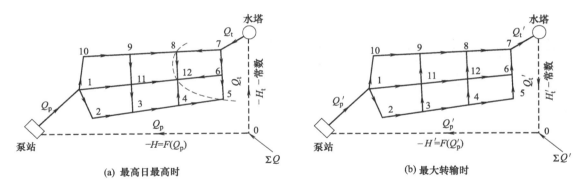

图 4-10　对置水塔的工作情况

源管网。虚管段没有流量，不考虑摩阻，只表示按某一基准面算起的水泵扬程或水塔水压。

由此可见，两水源时可形成一个虚环，同理，三水源时可构成两个虚环，依次类推，虚环数等于水源数减一。

虚环计算时应满足下列条件。

① 连续性方程。虚节点 0 的位置可以任意选定，其水压假设为零，从虚节点 0 流向泵站的流量 Q_p，即为泵站的供水量。在最高用水时，水塔也供水到管网，此时虚节点 0 到水塔的流量 Q_t 即为水塔供水量。

最高用水时虚节点 0 的流量平衡条件为：

$$Q_t + Q_p = \Sigma Q \tag{4-28}$$

式中，Q_p 为最高用水时泵站供水量，L/s；Q_t 为最高用水时进入水塔的流量，L/s；ΣQ 为最高用水时管网的用水量，L/s。

即各水源供水量之和等于管网的最高时用水量。

最大转输时，管网用水量为 $\Sigma Q'$，泵站的流量 Q_p'，经过管网用水后，以转输流量 Q_t' 从水塔经过虚管段流向虚节点 0，流量的平衡条件为：

$$\Sigma Q' + Q_t' = Q_p' \tag{4-29}$$

② 能量方程。由于虚管段中无流量，不考虑摩阻，只表示按某一基准面算起的配水源水压。水压 H 的符号规定如下：流向虚节点的管段，其水压为正；流离虚节点的管段，水压为负，因此由水泵供水的虚管段，水流总是离开虚节点，所以水压 H 的符号常为负。即：

$$(-H_p) + \Sigma h_p - \Sigma h_t - (-H_t) = 0 \tag{4-30}$$

或
$$H_p - \Sigma h_p + \Sigma h_t - H_t = 0$$

式中，H_p 为高用水时泵站的水压相应的压头，m；Σh_p 为最高用水时从泵站供水到分界线上某一点的管线总水头损失，m；Σh_t 为最高用水时从水塔分界线上同一控制点的任一管线的总水头损失，m；H_t 为最高用水时水塔水位标高，m。

最大转输时的虚节点能量平衡条件为：

$$H_p' - \Sigma h' - H_t' = 0 \tag{4-31}$$

或
$$-H_p' + \Sigma h' + H_t' = 0$$

式中，H'_p 为最大转输时的泵站水压相应的压头，m；H'_t 为最大转输时的水塔水位标高，m；$\sum h'$ 为最大转输时从泵站到水塔的总水头损失，m。

在多水源环状网的计算考虑了泵站、管网和水塔的联合工作情况。管网的水力计算除了要满足 $(J-1)$ 个节点 $q_i + \sum q_{ij} = 0$ 的条件和 L 个实环的 $\sum s_{ij}q_{ij}^n = 0$ 方程外，还应满足 $(S-1)$ 个虚环方程（J 为节点数，S 为水源数）。

（4）管网计算时的水泵特性方程

在多水源管网的计算过程中，对于每一个由泵站供水的水源，水源供水流量（泵站流量）的变化，都会引起泵站水压 H_p 改变，通过虚环水头损失平衡方程，进而调整管网各节点的水压。泵站供水的水源，其流量和水压的关系是由该泵站的水泵特性方程来反映的。在管网计算中，水泵特性方程一般用近似抛物线方程来表达，即：

$$H_P = H_b - sQ^2 \qquad (4\text{-}32)$$

式中，H_P 为水泵扬程，m；H_b 为水泵流量为零时的扬程，m；s 为水泵摩阻，s^2/m^5；Q 为水泵流量，m^3/s。

为了确定 H_b 和 s 值，可在离心泵 $H\text{-}Q$ 特性曲线的高效区范围内任选两点，例如图 4-11 中的 1、2 两点，将 Q_1、Q_2、H_1、H_2 代入式中，得：

$$H_1 = H_b - sQ_1^2$$
$$H_2 = H_b - sQ_2^2$$

解得：
$$s = \frac{H_1 - H_2}{Q_2^2 - Q_1^2} \qquad (4\text{-}33)$$

$$H_b = H_1 + sQ_1^2 = H_2 + sQ_2^2 \qquad (4\text{-}34)$$

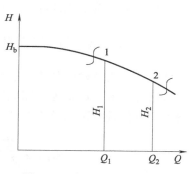

图 4-11　离心泵的特性方程

当几台离心泵并联工作时，应绘制并联水泵的特性曲线，据此求出并联时的 s 和 H_b 值。

多水源环状网计算时虚环和实环看成是一个整体，即不分虚环和实环同时计算。闭合差和校正流量的计算方法和单水源管网相同。管网计算结果应满足下列条件：

① 进出每一节点的流量（包括虚流量）总和等于零，即满足连续性方程；

② 每环（包括虚环）各管段的水头损失代数和为零，即满足能量方程；

③ 各水源到分界线上控制点的沿线水头损失之差应等于水源的水压差。

（5）管网校核

管网管径、水泵扬程和水塔高度都是按最高日最高用水时的工作情况进行设计计算的，但这一设计计算结果能否适应特殊情况（消防时、最大转输时、事故时等）的用水要求还需经核算确定。各种核算都是以最高用水时确定的管径为基础，按管网核算的条件进行流量分配，求出此时的管段流量和水头损失，计算方法与最高用水时相同。

① 消防时。当管网供水范围内发生火灾时，管网应同时供应最高时用水流量和消防流量，因此，应按最高时用水流量加消防流量及消防压力进行核算。核算时将消防灭火流量加在设定失火点处的节点上，即该节点总流量等于最高用水时节点流量加一次灭火用水流量。不设定失火点处的节点仍是最高用水时的节点流量（不发生变化）。管网供水区内设定几处失火点以及一次灭火用水流量应为多少，均应按《建筑设计防火规范》确定。若只有一处失火，可考虑发生在控制点处；若同时有两处失火，一处可放在控制点，另一处可设定在离二级泵站较远或靠近大用户的节点。

核算时，应按消防对水压的要求进行管网的水压计算，低压消防系统一般要求失火点处的自由水压不低于 $10\text{mH}_2\text{O}$（98kPa）。

② 事故时。在管网最不利管段损坏而断水检修的条件下，一般可允许减少供水量，但设计水压一般不应降低。一般按最不利管段损坏而需断水检修的条件，核算事故时的流量和水压是否满足要求。事故时应有的流量，在城市为设计用水量的 70%，工业企业的事故流量按有关规定。水压条件与最高日最高时管网设计时相同。

经过核算不能符合要求时，应在技术上采取措施。如当地给水管理部门有较强的检修力量，损坏的管段能迅速修复，且断水产生的损失较小时，事故时的管网核算要求可适当降低。

③ 最大转输时。设对置水塔的管网，在最高用水时由泵站和水塔同时向管网供水，但在水泵供水量大于整个管网的用水量的一段时间里，多余的水经过管网送入水塔内储存，因此这种管网还应按最大转输时的流量来核算，以确定水泵能否将水送进水塔。核算时节点流量需按最大转输时的用水量求出。因节点流量随用水量的变化成比例增减，所以最大转输时的各节点流量可按下式计算：

$$最大转输时节点流量 = \frac{最大转输时用水量}{最高时用水量} \times 最高用水时该节点流量$$

然后按最大转输时的流量进行分配和计算，方法同最大用水时。

管网计算成果的整理：完成管网平差计算后，最终平差结果按照以下形式注明在管网平面图上，以便进行下列计算。

$$\frac{管段长度\ l(\text{m}) - 管径\ D(\text{mm})}{管段流量\ q(\text{L/s}) - 1000i - 管段水头损失\ h(\text{m})}$$

a. 管网各节点水压标高和自由水压的计算。对起点水压未知的管网进行水压计算时，应首先选择管网的控制点，由此点开始，按该点要求的水压标高（$Z_0 + H_0$）依次推出各节点的水压标高和自由水压，其计算方法与树状管网相同。由于闭合差 $\Delta h \neq 0$ 的原因，利用不同管线的水头损失所求得同一节点的水压值往往也不相同，但这一差异并不影响选泵，可不必调整。

必须指出，网前水塔管网系统在进行消防和事故工作情况核算时，由控制点按相应条件推算到水塔处的水压标高，可能出现以下三种情况：一是高于水塔最高水位，此时，必须关闭水塔，其水压计算与无水塔管网系统相同；二是低于水塔最低水位，此时水塔无需关闭仍可起流量调节作用，但由于水塔高度一定，不能改变，所以这种情况管网系统的水压应由水塔控制，即由水塔开始，推算到各节点（包括二级泵站）；三是介于水塔最高水位和最低水位之间，此种情况水塔调节容积不能全部利用，应视具体情况按上述两种情况之一进行水压计算。

对于起点水压已定的管网进行水压计算时，无论何种情况，一律从起点开始，按该点现有的水压值推算到各节点，并核算各节点实际的自由水压是否能满足要求。

经上述计算得出的各节点水压标高、自由水压及该节点处的地形标高，以一定格式注写在相应管网平面图的节点旁。

b. 水塔高度计算。按最高时平差结果和设计水压求出水塔高度。在核算时，水塔高度若不能满足其他最不利工作情况的供水要求时一般不修正水塔高度。网前水塔只需将水塔关闭，而对置水塔只需调整供水流量即可。

c. 水泵总扬程及供水总流量计算由管网控制点开始，按相应的计算条件（最高时、消防时、事故时、最大转输时等）经管网和输水管推算到二级泵站，求出水泵的总扬程及供水总流量，以备泵站选择水泵之用。管网有几种计算情况就应有扬程、流量的几组数据。各种管网系统在各种最不利工作情况下，二级泵站的设计供水参数见表 4-22。

表 4-22　二级泵站供水设计参数

管网系统种类 工作情况		无水塔管网系统	网前水塔管网系统		对置水塔管网系统
			不关闭水塔	关闭水塔	
最高时	流量	Q_h	$Q_{\text{II max}}$		$Q_{\text{II max}}$
	扬程	H_p	H_p		H_p
消防时	流量	$Q_h + Q_x$	$Q_{\text{II max}} + Q_x$	$Q_h + Q_x$	$Q_h + Q_x$
	扬程	H_{px}	H_{px}	H_{px}	H_{px}
事故时	流量	RQ_h	$RQ_{\text{II max}}$	RQ_h	$RQ_{\text{II max}}$
	扬程	H_{psk}	H_{psk}	H_{px}	H_{psk}
最大转输时	流量				$Q_{\text{II zs}}$
	扬程				H_{pz}

注：1. $Q_{\text{II max}}$、$Q_{\text{II zs}}$ 分别表示二级泵站最大一级和最大转输时供水流量。

2. 设置水塔（或高地水池）的管网系统，应考虑水塔（或高地水池）因检修而关闭时对供水情况的影响，必要时应进行核算。

3. Q_x 为消防流量，R 为事故流量降落比。

4. H_{px}、H_{psk} 分别为消防时事故时二级泵站的扬程。

【例题 4-5】 某城镇给水管网设计计算

1. 已知条件

某城市规划人口 4.5 万人，拟采用高地水池调节供水量，管网布置及节点地形标高如图 4-12 所示，各节点的自由水压要求不低于 $24 mH_2O$（$1 mH_2O = 9.8039 kPa$，下同）。该城市的最高日用水量为 $Q_d = 12400 m^3/d$，其中工业集中流量为 80L/s，分别在 3、6、7、8 节点流出，3、6 节点的工业 24h 均匀用水，7、8 节点为一班制（8～16 时）均匀用水。用水量及供水量曲线见图 4-13，水厂在城北 1000m 处，二级泵站按两级供水设计，每小时供水量 6～22 时为 4.5% Q_d，22 时～次日 6 时为 3.5% Q_d。试对该城镇给水管网进行设计计算。

2. 设计计算

（1）确定清水池和高地水池的容积和尺寸

① 清水池容积和尺寸。根据图 4-13，清水池所需调节容积为：

$$W_1 = k_1 Q_d = \left(4.5 - \frac{100}{24}\right) \times 16 Q_d = 5.33\% \times 12400 = 661 \ (\text{m}^3)$$

W_2 为水厂冲洗滤池等生产用水，等于最高日用水量的 5%～10%，按 372m³ 计算。

该城镇的规划人口 4.5 万人，查表 4-4，确定同一时间内的火灾次数为两次，一次灭火用水量为 30L/s。火灾延续时间按 2.0h 计，故火灾延续时间内所需总水量为：

$$Q_x = 2 \times 30 \times 3.6 \times 2.0 = 432 \ (\text{m}^3)$$

因本题采用对置高地水池，且单位容积造价较为经济，故考虑清水池和高地水池共同分担消防储备水量，以实现安全供水，即清水池消防储备容积 W_3 可按 216m³ 计算。

清水池的安全储量 W_4 可按以上三部分和的 1/6 计算。因此，清水池的有效容积为：

$$W_c = \left(1 + \frac{1}{6}\right)(W_1 + W_2 + W_3) = \left(1 + \frac{1}{6}\right)(661 + 372 + 216) = 1457 \ (\text{m}^3)$$

考虑部分安全调节容积，取清水池有效总容积为 1600m³，采用两座 96S819 钢筋混凝土池，每座池子有效容积为800m³，直径为16.55m，有效水深3.8m。

图 4-12　管网布置及节点地形

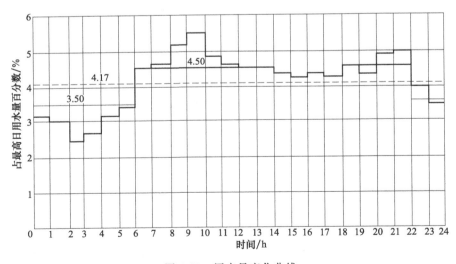

图 4-13　用水量变化曲线

② 高地水池有效容积和尺寸计算。根据图 4-13 用水量变化曲线和二级泵站供水量曲线，可计算出高地水池的调节容积为最高日用水量的 3.41%，则高地水池调节容积为：

$$W_1 = k_2 Q_d = 3.41\% \times 12400 = 423 \ (\text{m}^3)$$

高地水池消防储备容积 W_2 按 216m³ 计，则高地水池的有效容积为：

$$W_c = W_1 + W_2 = 423 + 216 = 639 \ (\text{m}^3)$$

取 640m³。直径为 14.53m，有效水深 3.86m。

（2）最高日最高时用水量设计计算

① 确定设计用水量及供水量计算。由用水量及供水量曲线图 4-13 可计算如下数据。

最高日最高时设计用水量为：

$$Q_h = 5.46\% Q_d = 5.46\% \times 12400 = 677.04 \ (\text{m}^3/\text{h}) = 188\text{L/s}$$

二级泵站最高时供水量为：

$$Q_{\text{II max}} = 4.5\% \times Q_d = 4.5\% \times 12400 = 558 \ (\text{m}^3/\text{h}) = 155\text{L/s}$$

高地水池最高时的供水量为：

$$Q_t = Q_h - Q_{\text{II max}} = 188 - 155 = 33 \ (\text{L/s})$$

② 节点流量计算。按长度比流量法计算沿线流量及各节点的节点流量。

由图 4-12 求出配水干管计算总长度为：

$$\Sigma L = 6 \times 1000 + 6 \times 800 = 10800 \ (\text{m})$$

管网的集中流量 ΣQ_i 为 80L/s，则干管的比流量为：

$$q_s = \frac{Q_h - \Sigma Q_i}{\Sigma L} = \frac{188 - 80}{10800} = 0.01 \ [\text{L/(s·m)}]$$

按 $q_i = 0.5 q_s \Sigma L_i$ 计算各节点的流量，计算结果见图 4-14。

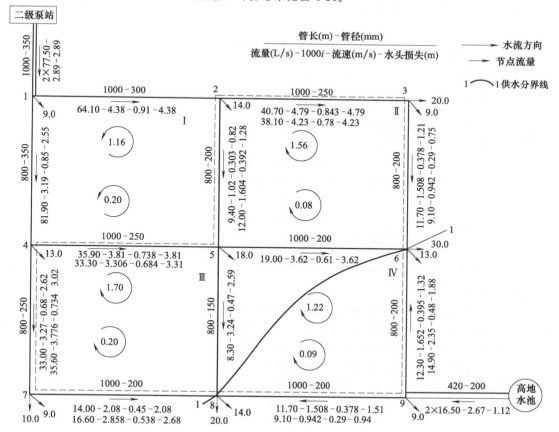

图 4-14　最高用水时管网平差计算

③ 流量分配。为了保证安全供水，二级泵站和高地水池至给水区的输水管，均采用两根。

根据管网布置和用水情况，假定每个管段的流向（见图 4-14），按环状管网流量分配原则和方法进行流量初分配。

由于干管 1—4 担负干线 4—5—6 和 4—7—8 的转输任务，所以应多分一些流量，但考虑到供水可靠性，1—4 和 1—2 管段的流量分配值也不宜相差过大。由于 6、7、8 节点附近有大用户，故 4—7 和 4—5 管段、9—6 和 9—8 管段应大致分配接近的流量。2—5 和 5—8 管段在管网中主要起连接作用，故平时应尽量少转输流量，一般以满足本管段沿线配水量略有多余，各管段流量初分配结果见图 4-14。

④ 确定管径和水头损失。各管段流量初分配后，参照经济流速选定管径。管段 7—8、3—6、9—8、9—6 虽然平时通过的流量较小，但考虑到其他工作情况需要输送较大的流量，故管径应适当放大。而 2—5 和 5—8 管段在事故时将转输较大的流量，其管径一般与所连接干管线的次要干管管径相当或小一号，2—5 管段管径确定为 200mm，5—8 管段为 150mm。管径初选结果见图 4-14。

由管段初分配流量和所选管径，查水力计算表，即可求得每个管段的 $1000i$，按 $h=il$ 计算出各管段的水头损失，其结果见图 4-14。

⑤ 管网平差。首次管网平差过程和结果见图 4-14，说明如下。

计算各环闭合差 Δh_k。

环 I 为：$\Delta h_{\text{I}}=h_{1-2}+h_{2-5}-h_{1-4}-h_{4-5}=4.38+0.82-2.55-3.81=-1.16$（m）

同理可得 $\Delta h_{\text{II}}=1.56\text{m}$，$\Delta h_{\text{III}}=1.70\text{m}$，$\Delta h_{\text{IV}}=1.22\text{m}$，计算结果标在相应的环内。

由上述结果可知，四个环的闭合差均不符合规定数值，其中环 II、III、IV 闭合差均为顺时针方向，且数值相差不大，可构成一个大环平差，而与该大环相邻的环 I 闭合差为逆时针方向，且数值不算太大，故首先采用对大环引入校正流量的平差方案。

大环校正流量计算如下：

$$q_{\text{a}}=(9.4+40.7+11.7+12.3+11.7+14.0+33.0+35.9)/8=21.09\text{（L/s）}$$

$$\Delta h_{\text{k}}=1.56+1.70+1.22=4.48\text{（m）}$$

$$\sum|h_{ij}|=0.82+4.79+1.21+1.32+1.51+2.08+2.62+3.81=18.16\text{（m）}$$

$$\Delta q_{\text{k}}=-\frac{q_{\text{a}}\Delta h_{\text{k}}}{2\sum|h_{ij}|}=\frac{21.09\times4.48}{2\times18.16}=-2.6\text{（L/s）}$$

将 $\Delta q_{\text{k}}=-2.6\text{L/s}$ 引入由 II、III、IV 构成的大环，进行平差后，各环闭合差减为 $\Delta h_{\text{I}}=-0.2\text{m}$，$\Delta h_{\text{II}}=0.08\text{m}$，$\Delta h_{\text{III}}=0.02\text{m}$，$\Delta h_{\text{IV}}=0.09\text{m}$。各环闭合差均满足要求。

管网大环闭合差为：

$$\Delta h=4.38+4.23+0.75-1.88+0.94-2.68-3.02-2.55=0.17\text{（m）}$$

或

$$\Delta h=-0.2+0.08+0.20+0.09=0.17\text{（m）}$$

远小于规定数值 1.0m，平差结束。将最终平差结果以 $\dfrac{L_{ij}(\text{m})-D_{ij}(\text{m})}{q_{ij}(\text{L/s})-1000i-h_{ij}(\text{m})}$ 的形式标注在绘制好的管网平面图的相应管段旁。

⑥ 水压计算。选择 6 节点为控制点，由此点开始，按该点要求的水压标高 $Z_{\text{c}}+H_{\text{c}}=118.20+24=142.20$（m），分别向泵站及高地水池方向推算，计算各节点的水压标高和自由水压，将计算结果及相应节点处的地形标高注写在相应节点上，如图 4-15 所示。

⑦ 高地水池设计标高计算。由上述水压计算结果可知，所需高地水池供水水压标高为 145.20m，即为消防储水量的水位标高（也为平时供水的最低水位标高）。所以高地水池的设计标高为：

$$145.20-\frac{4\times216}{3.14\times14.53^2}=143.9\text{（m）}$$

⑧ 二级泵站总扬程计算。由水压计算结果可知，所需二级泵站最低供水水压标高为 154.45m。设清水池底标高（由水厂高程设计确定）为 105.50m，则平时供水时清水池的最低水位标高为：

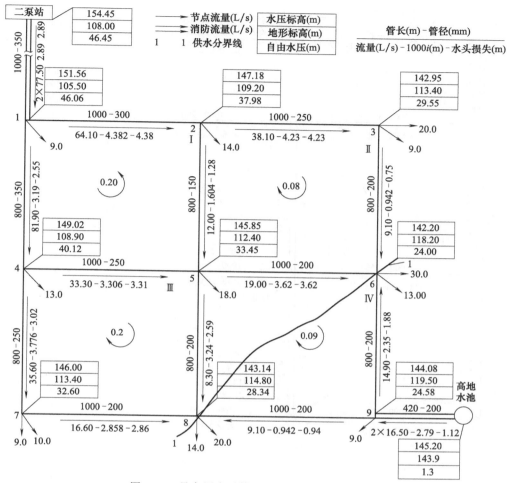

图 4-15 最高用水时管网平差及水压计算成果

$$105.50 + 0.5 + \frac{4 \times 180}{2 \times 3.14 \times 16.55^2} = 106.42 \text{ (m)}$$

泵站内吸压水管路的水头损失取 3.0m，则最高用水时所需二级泵站总扬程为：

$$H_p = 154.45 - 106.42 + 3.0 = 51.03 \text{ (m)}$$

（3）管网校核

设对置调节构筑物的管网按最高时进行设计计算后，还应以最高时加消防时、事故时和最大转输时的工作情况进行校核计算。

无论是哪一种情况校核，均是利用最高日最高时用水选定的管径，即管网管径不变，按校核条件拟订节点流量，然后假定各管段水流方向，重新分配流量，并进行管网平差。管网平差方法与最高时相同。

① 消防时校核。该城镇同一时间火灾次数为 2 次，一次灭火用水量为 30L/s。从安全和经济角度来考虑，灭火点分别设在 6 节点和 8 节点处。消防时管网各节点的流量，除 6、8 节点各附加 30L/s 的消防流量外，其余节点的流量与最高日最高时相同。消防时需向管网供应的总流量为：

$$Q_h + Q_x = 188.0 + 2 \times 30 = 248.0 \text{ (L/s)}$$

其中：二级泵站供水流量为 155.0 + 30.0 = 185（L/s），高地水池供水流量为 33.0 + 30.0 = 63.0（L/s）。

消防时管网平差及水压计算结果见图 4-16。

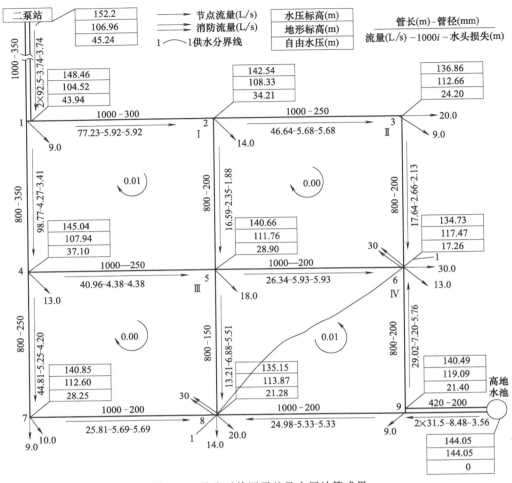

图 4-16　消防时管网平差及水压计算成果

从图 4-16 中可知，管网各节点处的实际自由水压均大于 $10\text{mH}_2\text{O}$，符合低压消防的要求。因此，高地水池设计标高满足消防时校核条件。

消防时，所需二级泵站最低供水水压标高为 152.2m，清水池最低设计水位标高等于池底标高 105.50m，加上安全储量水深 0.5m，泵站内水头损失取 3.0m，则所需二泵站总扬程为：$H_{px}=[152.2-(105.50+0.50+3.0)]=49.24$ （m），该值小于 $H_p=51.03\text{m}$。

② 事故时校核。设 1—4 管段损坏需关闭检修，并按事故时流量降落比 $R=70\%$ 及设计水压进行校核，此时管网供应的总流量为：

$$Q_a=70\%\times188.0=131.6 \text{ （L/s）}$$

其中二级泵站供水流量为：$70\%\,Q_{II}=70\%\times155.0=108.5$ （L/s），高地水池供水流量为：$131.6-108.5=23.1$ （L/s）。

事故时，管网各节点流量可按最高时各节点流量的 70% 计算。

由图 4-17 可知，管网中各节点处的实际自由水压均大于 $24.0\text{mH}_2\text{O}$。因此，高地水池设计标高满足事故时校核条件。

事故时，所需二级泵站最低供水水压标高为 170.01m，清水池最低水位（即消防储水位）标高为 106.42m，泵站内水头损失取 2.5m，则所需二级泵站总扬程 $H_{psk}=170.01-106.42+2.5=66.09$ （m），大于最高时所需水泵扬程 $H_p=51.03\text{m}$。

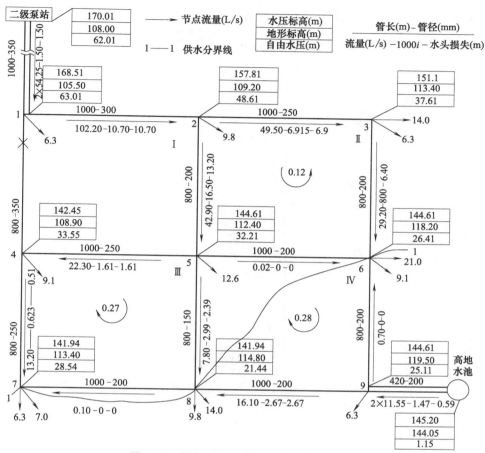

图 4-17　事故时管网平差及水压计算成果

③ 最大转输时校核。最大转输时发生在 2～3 时,此时管网用水量为最高日最高时用水量的 2.55%,即 2.55%×12400=316.2 (m³/h)=87.83 (L/s),此时二级泵站供水量=3.5%×12400= 434.0 (m³/h)=120.56 (L/s),则最大转输流量=120.56-87.83=32.73 (L/s)。

最大转输时工业集中流量为 20+30=50 (L/s),所以最大转输时节点流量折减系数为:

$$\frac{87.83-50}{188.0-80.0}=\frac{37.83}{108}=0.35$$

最高时管网的节点流量乘以折减系数 0.35 得最大转输时管网的节点流量。管网平差及水压计算成果见图 4-18。

图 4-18 中高地水池水压标高 147.85m,是高地水池最高水位标高。

最大转输时,所需二级泵站供水水压标高为 163.59m,清水池最低设计水位标高为 106.42m,泵站内水头损失取 2.5m,安全水头取 1.5m,则所需二级泵站总扬程 $H_{pzs}=163.59-106.42+2.5+1.5=61.17$ (m),大于最高时所需水泵扬程 $H_p=51.03$m。

(4) 计算成果及水泵选择

上述校核结果表明,最高时选定的管网管径、高地水池设计标高均满足核算条件,管网水头损失分布比较均匀,且各校核工况所需水泵扬程与最高时相比相差不大(事故时 H_{psk} 与 H_p 相差 15.06m),经水泵初选基本可以兼顾,故计算结果成立,不需调整。

管网设计管径和计算工况的各节点水压及高地水池设计供水参数如图 4-15～图 4-18 所示。二级泵站设计供水参数及选泵结果见表 4-23。

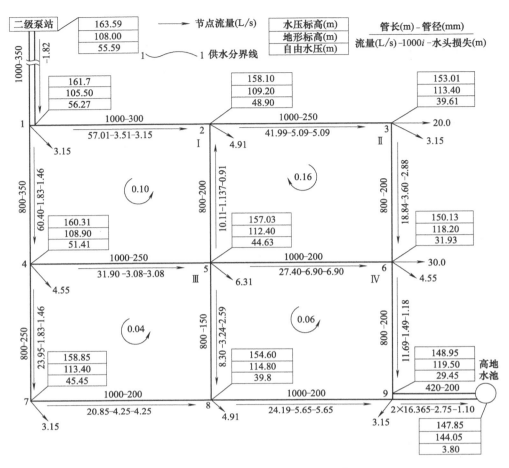

图 4-18　最大转输时管网平差及水压计算成果

表 4-23　二级泵站计算参数及选泵

工况	设计供水参数		水泵选择			备注
	流量/(L/s)	扬程/m	型号	性能	数量/台	
最高时	155.00	51.03	8SH-9	$Q=97.5\sim60\mathrm{L/s}$ $H=50\sim69\mathrm{m}$	1	备用 2 台 8SH-9
			8SH-9A	$Q=90\sim50\mathrm{L/s}$ $H=37.5\sim54.5\mathrm{m}$	1	
最大转输时	120.56	61.17	8SH-9	$Q=97.5\sim60\mathrm{L/s}$ $H=50\sim69\mathrm{m}$	1	备用 2 台 8SH-9
			6SH-9A	$Q=50\sim31.5\mathrm{L/s}$ $H=55\sim67\mathrm{m}$	1	
消防时	180.00	50.24	8SH-9	$Q=97.5\sim60\mathrm{L/s}$ $H=50\sim69\mathrm{m}$	2	由备用泵满足
事故时	108.50	66.09	8SH-9	$Q=97.5\sim60\mathrm{L/s}$ $H=50\sim69\mathrm{m}$	2	

因此，二级泵站共需设置 5 台水泵（包括备用泵），其中 3 台 8SH-9 型水泵，1 台 8SH-9A 型水泵，1 台 6SH-6A 型水泵。正常工作情况下，共需 3 台水泵。其中 6～22 时，1 台 8SH-9 型水泵和 1 台 8SH-9A 水泵并联工作；22 时～次日 6 时，1 台 8SH-9 型水泵和 1 台 6SH-6A 水泵并联工作。每一级供水中水泵的切换可通过水位远传仪由高地水池水位控制。消防时和事故时，由两台 8SH-9 型水泵并联工作即可得到满足。

给水工程建成通水若干年后达到最高日设计用水量，达到后每年也有许多天用水量低于最高日用水量，本例题中二级泵站还可以设置 2 台 8SH-9 型水泵，1 台 8SH-9A 型，2 台 6SH-6A 型水泵可互为备用，且可作为 1 台 8SH-9 型水泵的备用泵。

4.3 给水泵站的设计与计算

给水泵站设计主要涉及取水泵站、送水泵站及加压泵站。泵站的设计流量和用户的用水量、用水性质、给水系统的工作方式有关。泵站的设计扬程与用户的位置和高度、管路布置及给水系统的工作方式等有关（图 4-19）。给水水泵选择的原则为在满足最不利工况的条件下，考虑各种工况，尽可能节约投资、减少能耗，从技术上对流量 Q、扬程 H 进行合理计算，对水泵台数型号和类型进行选定，满足用户对水量和水压的要求。从经济和管理上对水泵台数和工作方式进行确定，在保证在安全供水的前提下，做到投资、维修费最低，正常工作能耗最低。

4.3.1 取水泵站的设计与计算

4.3.1.1 水泵机组的选择

取水泵房的设计与运行，一般按一天 24h 均匀工作，因此在设计时要根据最高日的用水量来选择效率高的水泵机组。同时水源水位的变化，也是设计中应考虑的重要因素。对于水源水位变化大的河流，考虑高低水位的变化，水泵的高效点应选择在水位出现频率最多的位置。取水泵房的出水量保持稳定，选泵时应尽量考虑用大泵，水泵台数可以少些，泵房面积也可以相应减少，同时减少水泵并联数，避免水泵在低效段工作。备用泵一般为一台。取水泵房的水泵由于接触的水多为浑浊水，叶轮和泵壳容易磨蚀，管道阻力增加，所以设计时要特别注意吸水高度的问题。一般不要将水泵吸程用满，计算水泵扬程时应留有一定的富余水头。缺乏资料时，泵座水头损失为 0.1～0.15m，每百米扬水管水头损失按 7～9m 计算。

（1）取水泵站从水源取水输送到净水构筑物

设计流量按式（4-35）计算：

$$Q_r = \frac{\alpha Q_d}{T} \tag{4-35}$$

式中，Q_r 为取水泵站中水泵所供给的流量，m^3/h；Q_d 为最高日用水量，m^3/d；α 为管网漏损和净水厂自身用水系数，一般 $\alpha = 1.05～1.1$；T 为取水泵站在一日内工作的时间，h。

扬程按式（4-36）计算：

$$H = H_{ST} + h_{管} + h_{泵} + h_{安全水头} \tag{4-36}$$

式中，H 为水泵的扬程，m；H_{ST} 为静扬程，吸水井的最低水位与净水构筑物进口水面标高差，m；$h_{管}$ 为输水管上的总水头损失，m；$h_{泵}$ 为取水泵房内的总水头损失，m；$h_{安全水头}$ 为安全水头，m，一般取 1～2m。

（2）取水泵站将水直接供给用户

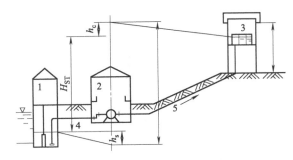

图 4-19　输水到净水厂时水泵扬程

1—集水井；2—取水泵房；3—絮凝池；4—吸水管；5—输压水管

设计流量 Q_r（m^3/h）按式（4-37）计算：

$$Q_r = \frac{\beta Q_d}{T} \tag{4-37}$$

式中，β 为给水系统中的自身用水系数，一般取 1.01～1.02；其余符号意义同式（4-35）。

扬程 H（m）按式（4-38）计算：

$$H = Z_c + H_c + h_s + h_c + h_n \tag{4-38}$$

式中，Z_c 为管网控制点 c 的地面标高和清水池最低水位的高程差，m；H_c 为给水管网中控制点所需的最小自由水压，m；h_s 为吸水管中的水头损失，m；h_c，h_n 分别为输水管和管网的水头损失，m。

式（4-38）中 h_s，h_c，h_n 都按水泵最高时供水量产生的水头损失进行计算。

4.3.1.2　电动机选型

水位变幅较大的取水泵房，水泵扬程变化大，洪水位时扬程减小，流量增大，容易引起电动机超负荷运行而发热，因此需根据水泵型号和工作条件选用配套电动机，电动机所需功率 P（kW）为：

$$P = K \frac{QH}{102\eta} \tag{4-39}$$

式中，Q 为水泵流量，L/s；H 为水泵扬程，m；η 为水泵效率，%；K 为超负荷系数，一般 55kW 以上为 1.05～1.10，55kW 以下为 1.1～1.2。

与水泵配套的电动机，多采用鼠笼式异步电动机，大型水泵常选用绕线型异步电动机。大型的取水泵房也可采用同步电动机。一般 300kW 以上的电动机可选用 6kV 电压，300kW 以下的电动机可选用 380V 电压，同一泵房内，尽量选用同一电压等级的电动机。

4.3.1.3　取水泵房的平面形式及设计要求

常见的取水泵房平面布置形式有：矩形、圆形、椭圆形、半圆形、菱形及其他组合形式。矩形泵房常用于深度小于 10m 的泵房，水泵和管道易于布置，水泵台数多（4 台以上）时更为合适。圆形泵房适用于深度大于 10m 的泵房，其水力条件和结构受力条件较好，在水位变化幅度大和泵房较深时，比矩形泵房更为经济。

取水泵房平面布置要求如下。

① 取水泵房除安装水泵机组的主要建筑物外，还应考虑到附属建筑物的布置，比如值班室、高低压配电室、控制室维修间、生活间等。平面布置应从方便操作及维护管理方面统一考虑。远离城市且检修又比较复杂的大型取水泵房，除水泵机组旁边应有修理场地外，还

需要设置专门的检修场地。

② 取水泵房与集水井可以合建也可分建。合建式常用的两种形式为：合建式中圆形泵房内取水小半圆作为集水井，见图 4-20；集水井附于泵房外壁采用矩形，见图 4-21。合建式泵房布置紧凑，节省面积，水泵吸水管短，但是结构处理困难。在含砂量高的河流中取水时，为了防止吸水管路堵塞，需尽量缩短吸水管的长度，常将集水井设计在中间，取得较好的效果。湿井泵房或小型泵房中可以采用集水井置于泵房的底部。

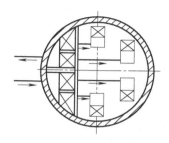

图 4-20 集水井于泵房内

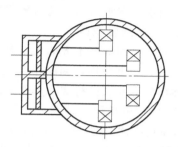

图 4-21 集水井于泵房外

③ 为减小泵房的平面尺寸，可以将阀门、逆止阀、水锤消除器、流量计等放置在室外的阀门井内。泵房可以设置不同高度的平台，放置真空泵、配电盘等辅助设备，以充分利用空间。

④ 水泵台数在满足需要的前提下不宜过多。水泵台数越多，占地面积越大。一般包括备用泵在内 3～6 台为宜。圆形泵房最好不大于 4 台（立式泵除外）。

⑤ 取水泵房的布置以近期为主，考虑远期发展并留有一定的余地，可以适量增大水泵的机组和墙壁的净距，留出小泵换大泵或另行增加水泵所需的位置。

圆形泵房的水泵布置见图 4-22。采用立式水泵时，尽量缩短水泵传动轴长度，水泵层的楼盖上应设吊装孔，并应有通向中间轴承的平台和爬梯。

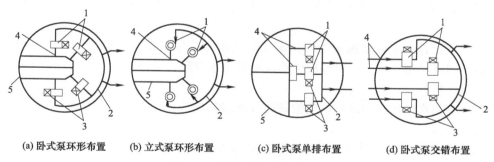

(a) 卧式泵环形布置 (b) 立式泵环形布置 (c) 卧式泵单排布置 (d) 卧式泵交错布置

图 4-22 圆形泵房内水泵布置
1—水泵；2—压水管；3—电动机；4—吸水管；5—集水井

4.3.1.4 取水泵房的高程布置

取水泵房的高程一般根据河床深度、枯水位、最高水位以及 ±0.00 层以上设备运输起吊要求等因素确定。水文特征是决定泵房高程的重要因素。取水泵房的高程主要根据百年一遇的设计最高水位确定；泵房位于江河边时，为设计最高水位加浪高再加上 0.5m，泵房位于渠道边时，为设计最高水位加浪高 0.5m，并应有防止浪爬高的措施。在少数情况下，为了方便泵房内设备的运输、检修，也可以适当抬高 ±0.00 层的高程。

进水间最低动水位等于河流最枯水位减去取水头部到进水间的水头损失，吸水间最低水位等于进水间最低动水位减去进水间到吸水间的水头损失，吸水间底部高程等于吸水间最低动水位减去网格高度，再加上 0.3～0.5m 的安全高度。

4.3.1.5 水泵吸水管和出水管布置

一般每台水泵宜设置单独的吸水管。当合用吸水管时，应尽量做到自灌进水，同时吸水管的根数不少于两条，当一条吸水管发生事故时，其余吸水管按设计流量的 75% 考虑，为了避免吸水管中积气，形成空气囊，应采用正确的安装方法。吸水管应有向水泵上升的坡度。水泵吸水管在吸水间中的布置原则为水头损失小，不产生漩涡，防止井内泥砂沉积。

4.3.1.6 泵房附属设备

中小型泵房和深度不大的大型泵房，一般用单轨吊车、桥式吊车等一级起吊，深度大于 20～30m 的大中型泵房，因起吊高度大，宜在泵房顶层设电动葫芦或电动卷扬机作为一级起吊，再在泵房底层设桥式吊车作为二级起吊。应注意两者位置的衔接，以免偏吊。

4.3.1.7 泵房的抗浮、防渗

取水泵房必须考虑防浮，可以依靠泵房本身重量，在泵房顶部或侧面增加压重物，泵房底部打入锚桩与基岩锚桩，嵌固泵房底板等。应做好防渗工作，以免外壁在水压作用下渗水。

4.3.2 送水泵站的设计与计算

4.3.2.1 泵站设计流量和扬程的确定

（1）设计流量

送水泵站的设计流量应按最高日用水量变化曲线和拟定的送水泵站工作曲线确定。其设计流量与管网中是否设置水塔或高地水池有关。当管网中不需设置水塔进行用水量调节时，送水泵站的设计供水流量按最高日最高时用水量计算：

$$Q_h = K_h \frac{Q_d}{24} \tag{4-40}$$

式中，Q_h 为二级泵站的设计流量，m^3/h；K_h 为时变化系数；Q_d 为最高日设计用水量，m^3/h。

当管网中设有水塔或高地水池，供水泵站供水为分级供水，一般为高峰、低峰二级供水，最多不超过三级供水。一般各级供水量可取供水时段的平均值。

（2）设计扬程

送水泵站的水泵扬程和水塔高度按最高日最高时流量计算，计算水泵扬程时，一般要考虑一定的富余水头，一般为 1～2m。

① 无水塔或高地水池管网。在最高时，送水泵站的水泵扬程应保证管网控制点的最小服务水头：

$$H_p = Z_c + H_c + \sum h_s + \sum h_c + \sum h_n \tag{4-41}$$

式中，H_p 为二级泵站的设计扬程，m；Z_c 为管网控制点的地面标高与清水池最低水位的高差，m；H_c 为给水管网中控制点要求的最低服务水头，m；$\sum h_s$ 为水泵吸水管路的水头损失，m；$\sum h_c$ 为输水管路的水头损失，m；$\sum h_n$ 为管网中水头损失，m。

② 网前水塔管网。二级泵站供水到水塔，再由水塔供水到管网及用户，水塔的设置高度应保证最高用水时管网控制点的压力要求，水塔高度为：

$$H_t = H_c + \sum h_n - (Z_t - Z_c) \tag{4-42}$$

式中，H_t 为水塔高度，即水塔水柜底高于地面的高度，m；H_c 为控制点要求的最小服务水头，m；$\sum h_n$ 为按最高时水量计算从水塔到控制点的管网水头损失，m；Z_t 为水塔处的地面标高，m；Z_c 为控制点的地面标高，m。

泵站的设计扬程应保证将水送到水塔，即：

$$H_p = Z_t + H_t + H_0 + \sum h_s + \sum h_c \tag{4-43}$$

式中，H_p 为水泵扬程，m；Z_t 为水塔处地面和清水池最低水位的高差，m；H_t 为水塔高度，m；H_0 为水塔水柜的有效水深，m；$\sum h_s$ 为水泵吸水管路水头损失，m；$\sum h_c$ 为二级泵站到水塔的输水管中的水头损失，m。

③ 对置水塔管网。在最高用水时，泵站和水塔同时向管网供水，两者有各自的供水区，形成供水分界线。在供水分界线上，水压最低，送水泵站的扬程可按无水塔管网的公式计算。水塔高度计算与网前水塔时相同，只是式（4-42）中 $\sum h_n$ 为最高时供水量时水塔供水量引起的从水塔到分界线控制点的水头损失。

当送水泵站供水量大于用水量时，多余水量流入水塔，这种流量称为转输流量。在转输时水泵扬程为：

$$H_p' = Z_t + H_t + H_0 + \sum h_s' + \sum h_c' + \sum h_n' \tag{4-44}$$

式中，H_p' 为最大转输时水泵扬程，m；$\sum h_s'$，$\sum h_c'$，$\sum h_n'$ 分别为最大转输时水泵吸水管路、输水管和管网的水头损失，m。

4.3.2.2　水泵选择

送水泵站除按最高日最高时供水量和管网计算得出的总扬程选泵外，还应考虑流量变化时的水泵效率以及经济运行。送水泵站应选 $Q\text{-}H$ 曲线平缓的水泵，常用单级双吸式的离心泵，通常送水泵房至少有 2～3 台供水泵，并且不包括备用泵。

尽可能选用允许吸上真空度值大或必需气蚀余量值小的泵，以提高水泵安装高度，减少泵房埋深，降低造价。

一般城市送水泵房内设一台备用泵，其型号与泵站内最大一台水泵相同，对于多水源城市的供水或建有足够调蓄水量高位水池时，亦可不设置备用泵。

送水泵房应进行消防事故校核，不设专用消防管道的高压消防系统，为满足消防时的压力，一般另设消防专用泵。

4.3.2.3　泵房布置

送水泵房一般由水泵间、配电间、操作控制室和辅助房间四部分组成，大多数泵房这些部分可以合建。

泵房布置包括泵房机组的布置；吸水管和出水管的布置与敷设；电气设备与控制设备的布置；其他辅助设备的布置；管沟、检修场地、工作平台、人行通道及楼梯等的布置；噪声消除措施的布置；工具储藏以及生活间等辅助房间布置等。泵房的电气设备还应按有关防火规范进行消防布置。

（1）泵房形式

送水泵房的平面大都采用矩形布置，可使水泵进出水管顺直，水流通畅，管配件少，便于就地维修。中小型水厂的送水泵房，通常选用具有较大允许吸上真空高度的水泵，尽量使泵房布置成地面式，以节约投资和方便运行管理，如图 4-23 所示。

如水泵吸水水位较低或允许吸上真空高度较小，或需采用自灌式启动的水泵时，泵房常布置成半地下式泵房。图 4-24（a）为不设管沟的半地下式泵房，图 4-24（b）为设有管道层的半地下泵房。

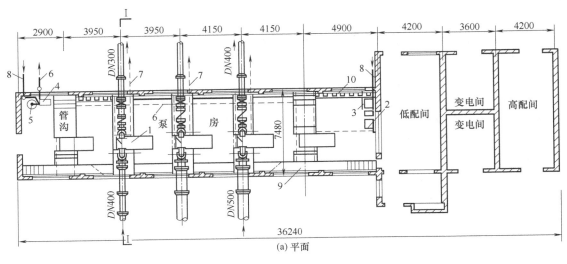

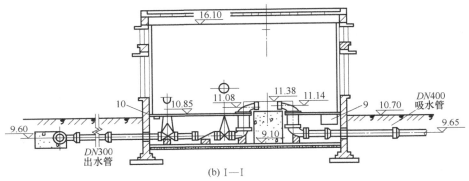

图 4-23　地面式泵房

1—卧式离心泵及电动机；2—真空泵；3—真空管；4—排水泵；5—集水坑；6—DN80mm 排水管；
7—DN25mm 排水管；8—给水管；9—动力电缆沟；10—控制电缆沟

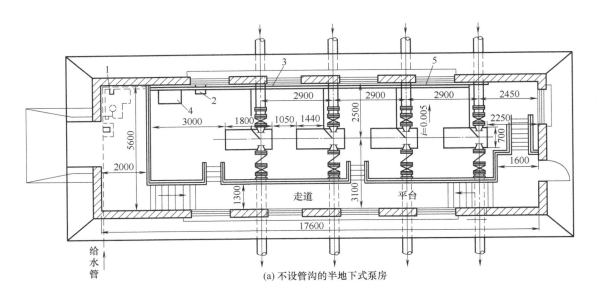

(a) 不设管沟的半地下式泵房

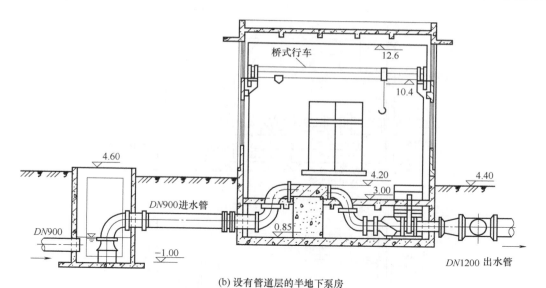

(b) 设有管道层的半地下泵房

图 4-24　半地下式泵房

1—真空泵；2—集水坑；3—排水沟；4—排水泵；5—真空管线

（2）布置原则

① 满足机电设备布置、安装、运行和检修的要求。

② 满足泵房结构布置的要求。

③ 满足泵房内通风、采暖和采光的要求，并符合防潮、防火、防噪声等技术规定。

④ 满足泵房内外交通运输的要求。

⑤ 注意建筑造型，做到布置合理，适用美观。

⑥ 泵房布置应考虑预留发展与扩建的可能性。

（3）泵房尺寸确定

① 泵房长度。根据主机组台数、布置形式、机组间距、边机组段和安装检修间距的布置等因素确定，并应满足机组吊运和泵房内部交通的要求。

② 泵房宽度。根据主机组及辅助设备、电气设备布置要求，进出水流道的尺寸，工作通道宽度，进出水侧必需的设备吊运要求等因素，结合起吊设备的标准跨度确定。若采用标准预制构件屋面梁，泵房跨度为 6m、9m、12m、15m、18m、21m 等。另外，是否设置管沟对确定泵房宽度影响较大。半地下式泵房地下部分较浅时，考虑设管沟；较深时可不设。图 4-25 为各种布置形式。

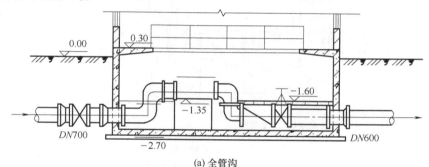

(a) 全管沟

图 4-25

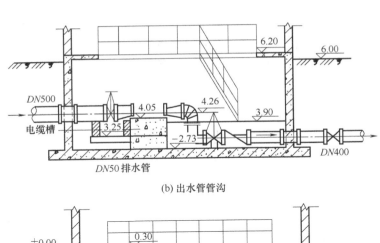

(b) 出水管管沟

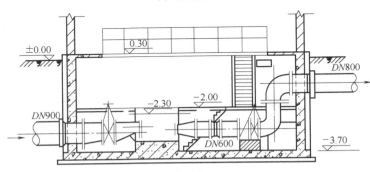

(c) 全平台

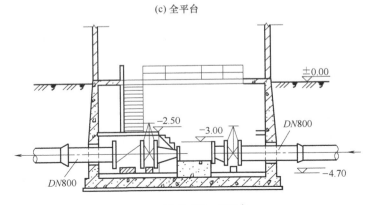

(d) 出水管一级平台

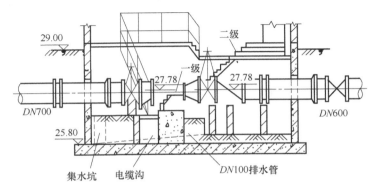

(e) 出水管二级平台

图 4-25　半地下式泵房管沟布置形式

4.3.2.4 水泵机组的布置

（1）水泵机组的布置形式

水泵机组布置可分为直线单列布置、平行单排布置和交错双列布置，个别圆形泵房也有采用放射状布置，特点见表4-24。

表4-24 机组布置比较

布置形式	优点	缺点	适用情况
直线单行	1. 跨度小 2. 管配件简单 3. 水力条件好 4. 检修场地较宽敞	1. 泵房长度较大 2. 管配件拆装较麻烦 3. 操作管理路线较长	1. 适用于 S、SH、SA 等双吸卧式离心泵 2. 一般适宜于水泵台数不超过5～6 台；如台数过多时，操作室也布置于泵房中间
平行单排（或斜角平行单排）	布置紧凑，泵房面积可较直线单排小	1. 跨度稍大 2. 管配件较多 3. 水力条件较差 4. 水泵、电机阀门等布置不在一条轴线上，如用单轨起吊，则不方便	1. 一般适用于小型泵房 2. 适用于 IS、IB、XA、BA 单吸卧式离心泵
交错双列	1. 布置紧凑，面积小 2. 配管件简单 3. 水力条件较好	1. 跨度大 2. 检修场地较小 3. 为减少泵房面积常要求电动机、水泵以倒顺转相交错布置，使订货、维修麻烦 4. 常需采用桥式起重机械	1. 适用于大型双吸卧式离心泵的地下式泵房 2. 适用于水泵台数较多，一般在 6 台以上

（2）水泵机组的布置要求

水泵机组的布置应满足设备的运行、维护、安装和检修要求。

卧式水泵及小型立式离心泵机组的平面布置应符合下列规定。

① 单排布置时，相邻两个机组及机组至墙壁间的净距：电动机容量不大于 55kW 时，不应小于 1.0m；电动机容量大于 55kW 时，不应小于 1.2m；当机组进出水管道不在同一平面轴线上时，相邻机组进、出水管道间净距不应小于 0.6m。

② 双排布置时，进、出水管道与相邻机组间的净距宜为 0.6～1.2m。

③ 当考虑就地检修时，应保证泵轴和电动机转子在检修时能拆卸。

④ 地下式泵房或活动式取水泵房以及电动机容量小于 20kW 时，水泵机组间距可适当减小。

混流泵、轴流泵及大型立式离心泵机组的水平净距不应小于 1.5m，并应满足水泵吸水进水流道的布置要求。当水泵电机采用风道抽风降温时，相邻两台电动机风道盖板间的水平净距不应小于 1.5m。

（3）泵房的布置要求

泵房的主要通道宽度不应小于 1.2m。当一侧布置有操作柜时，其净宽不宜小于 2.0m。泵房内的架空管道，不得阻碍通道和跨越电气设备。泵房地面层的净高，除应考虑通风、采光等条件外，尚应符合下列规定。

① 当采用固定吊钩或移动吊架时，净高不应小于 3.0m。

② 吊起设备的底部与其吊运所跨越物体顶部之间的净距不应小于 0.5m。

③ 桁架式起重机最高点与屋面大梁底部距离不应小于 0.3m。

④ 地下式泵房，吊运时设备底部与地面层地坪间净距不应小于 0.3m。

⑤ 当采用立式水泵时，应满足水泵轴或电动机转子联轴的吊运要求；当叶轮调节机构为机械操作时，尚应满足调节杆吊装的要求。

⑥ 管井泵房的设备吊装可采用屋盖上设吊装孔的方式，净高应满足设备安装和人员巡检的要求。

设计时可按水泵规模、水泵类型等实际情况对照选择。

4.3.2.5 吸水管和出水管的布置与敷设

（1）吸水管布置

① 每台水泵设置单独的吸水管直接从吸水井或清水池中吸水。

② 吸水管路应尽可能短、减少配件，一般采用钢管或铸铁管，并应注意避免接口漏气。

③ 吸水管应有沿水流方向连续上升的坡度 i 一般大于等于 0.005，并应防止由于施工允许误差和泵房管道的不均匀沉降而引起吸水管的倒坡，必要时采用较大的上升坡度，如图 4-26 所示。

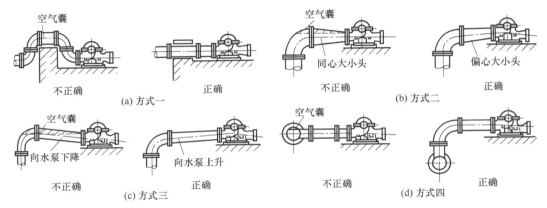

图 4-26　吸水管路的安装

为了避免产生气囊，应使沿吸水管线的最高点在水泵吸入口的顶端。吸水管的断面一般应大于水泵吸入口的断面，吸水管路上的变径可采用偏心渐缩管，保持渐缩管的上边水平。

④ 如水泵位于最高检修水位以上，吸水管可不装阀门；反之吸水管上应安装阀门，以便水泵检修，阀门一般采用手动。

⑤ 泵站内吸水管一般没有联络管，如果因为某种原因，必须减少水泵吸水管的条数，而设置联络管时，则在联络管上应设置必要数量的闸阀，以保证泵站的正常工作。但是这种情况应尽量避免，因为水泵为吸入式工作时，管路上设置的闸阀越多，出事故的可能性就越大。所以联络管只适用于吸水管路很长而又不能设吸水井的情况。

一般情况下，为了保证安全供水，输水干管通常设置两条，泵站内水泵台数常在 2～3 台以上。为此，就必须考虑到当一条输水干线发生故障需要修复或工作水泵发生故障改用备用水泵送水时均能将水送往用户。

⑥ 吸水管的设计流速可按以下数值采用：

a. 管径小于 250mm 时，为 1.0～1.2m/s；

b. 管径在 250～1000 mm 时，为 1.2～1.6m/s；

c. 管径大于 1000 mm 时，为 1.5～2.0m/s。

在吸水管路不长且地形吸水高度不是很大时，可采用比上述数值大些的流速，如 $1.6\sim$ 2.0m/s，例如水泵为自灌式工作时，吸水管中的流速可适当放大。

⑦ 为了避免水泵吸入空气，吸水管进口在最低水位下的淹没深度 h 应不小于 $0.55\sim$ 1.0m，如图 4-27 所示，若淹没深度不能满足要求时，则应在管子末端装置水平隔板。

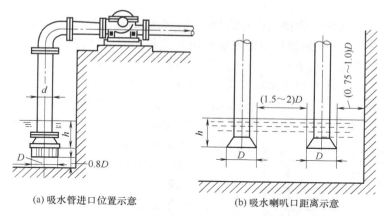

(a) 吸水管进口位置示意　　　　(b) 吸水喇叭口距离示意

图 4-27　吸水管在吸水井中的位置

D—喇叭口直径；d—吸水管直径

⑧ 吸水管的直径为 d，为了避免水泵吸入井底沉渣，并使水泵工作时有良好的水力条件，应遵循以下规定：

a. 吸水管上喇叭口的直径　一般采用 $D=(1.3\sim1.5)d$；

b. 吸水喇叭口边缘与井壁的净距不小于 $(0.75\sim1.0)D$；

c. 在同一井中安装有几根吸水管时，吸水喇叭口之间的距离不小于 $(1.5\sim2.0)D$。

（2）压水管的布置

送水泵站的安全要求较高，在布置压水管路时，必须满足：能使任何一台水泵及闸阀停用检修而不影响其他水泵的工作；每一台水泵能输水至任何一条输水管。

压水管的布置一般应符合下列要求。

① 出水管上应设闸阀、止回阀和压力表，并宜设置防水锤装置。止回阀通常装于水泵和压水闸阀之间。如果水锤现象不严重，且为地面式泵站时，可将止回阀放在压水闸阀的后面，或者将止回阀设于泵站外特设的切换井中。

② 出水管一般采用钢管，焊接接口，但为了便于安装和检修，在适当的地点可设法兰接口。

③ 压水管的设计流速可按以下数值采用：

a. 管径小于 250mm 时，为 $1.5\sim2.0\text{m/s}$；

b. 管径在 $250\sim1000\text{mm}$ 时，为 $2.0\sim2.5\text{m/s}$；

c. 管径大于 1000mm 时，为 $2.0\sim3.0\text{m/s}$。

水泵出水联络管和出水总管一般在泵房内布置，联络管上闸阀布置应满足任何一台水泵和闸阀检修时仍能保证泵房正常出水。

（3）吸水管路和压水管路的敷设

① 敷设互相平行的管路，其净距不应小于 0.8m，以便维修人员能无阻地拆装接头和配件。

② 为了承受管路中压力所造成的推力，应在必要的地方装置支墩、拉杆等，不允许让这些推力传给水泵。

③ 埋深较大的地下式泵房，进出水管道一般沿地面敷设，地面式泵房或埋深较浅的泵房宜采用管槽内敷设管道。管槽必须具有坡度，自流排出集水，或排入泵房内积水坑，由排水泵排出。

当管道敷设在管槽中，管槽上应有活动盖板。管槽的宽度和深度应便于人员下到管槽进行安装检修（图4-28）。一般管顶至盖板底的距离应根据水管埋深决定，并不小于150mm。沟壁与水管外壁的距离不应小于300mm。管槽的宽度和深度还需按照管道上阀门的设置情况，而适当放大。沟底应有向集水坑或排水口倾斜的坡度。

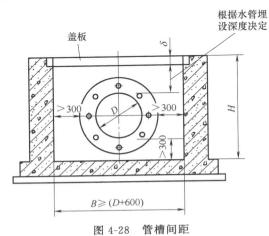

图4-28 管槽间距

B—管槽宽度；D—管径；H—管槽深度；δ—盖板厚度

吸压水管在引出泵房之后，必须设在冰冻线以下，并应有必要的防腐防震措施。如管道位于泵站施工工作坑范围内，则管道底部应做基础处理，以免回填土发生过大的沉陷。

4.3.2.6 选水泵和电机

根据地形条件确定水泵的安装高度。计算出吸水管路和泵站范围内压水管路中的水头损失，然后求出泵站的扬程。如果发现初选的水泵不合适，则可以切削叶轮或者另行选泵，根据选泵的轴功率再选用电机。

4.3.2.7 泵房高度

当有吊车起重设备时、泵房高度应通过计算确定。

（1）一般规定

① 主泵房电动机层以上净高应满足以下要求。

a. 立式机组：应满足水泵轴或电动机转子连轴的吊运要求。如果叶轮调节机构为机械操作，还应满足调节杆吊装的要求。

b. 卧式机组：应满足水泵或电动机整体吊运或从运输设备上整体装卸的要求。

c. 起重机最高点与屋面大梁底部距离不应小于0.3m。

② 吊运设备与固定物的距离应符合下列要求。

a. 采用刚性吊具时，垂直方向不应小于0.3m。

采用柔性吊具时，垂直方向不应小于0.5m（即起吊物底部与吊运越过的固定物顶部之间净距）。

b. 水平方向不应小于0.4m。

c. 主变压器检修时，其抽芯所需的高度不得作为确定主泵房高度的依据。起用高度不足时，应设变压器检修坑。

③ 水泵层净高不宜小于4.0m。

（2）采用单轨吊车时的规定

图4-29为设有单轨吊车的地面式和地下式泵房高度简图。

对于地面式泵房： $H = a + b + c + d + e + f + g$ （4-45）

对于地下式泵房，当 $H_2 \geqslant f + g$ 时：

$$H = H_1 + H_2 \qquad (4\text{-}46)$$

式中，H 为泵房高度，m；a 为单轨吊车梁的高度，m；b 为滑车高度，m；c 为起重葫芦在钢丝绳绕紧状态下的长度，m；d 为起重绳的垂直长度（对于水泵为 $0.85x$，对于电动机为 $1.2x$，x 为起置部件宽度），m；e 为最大一台水泵或电动机的高度，m；f 为吊起物底部和最高一台机组顶部的距离，m，一般不小于 0.5m；g 为最高一台水泵或电动机顶至室内地坪的高度），m；H_2 为泵房地下部分高度，m；H_1 为泵房地上部分高度，m。

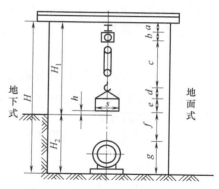

图 4-29　设有单轨吊车的地面式和地下式泵房高度简图

其中　　　$H_1 = a + b + c + d + e + h$

式中，h 为吊起物底部与泵房进口处室内地坪或平台的距离，m，一般不小于 0.3～0.5m。

当 $H_2 < f + g - h$ 时：

$$H_1 = (a + b + c + d + e + f + g) - H_2$$

（3）采用单梁悬挂式吊车时的规定

图 4-30 为设有单梁悬挂式吊车的地面式和地下式泵房高度简图。

对于地面式泵房：　　　　$H = a_1 + c_1 + d + e + f + g$ 　　　　　（4-47）

对于地下式泵房：　　　　$H = H_1 + H_2$ 　　　　　（4-48）

式中，H_1 为泵房地上部分高度，m。

$$H_1 = a_1 + c_1 + d + e + h$$

式中，a_1 为行车轨道的高度，m；c_1 为行车轨道底至起重钩中心的距离，m；d，e，h 意义与采用单轨吊车算式相同。

（4）采用桥式吊车时的规定

图 4-31 为设有桥式吊车的地面式和地下式高度简图。

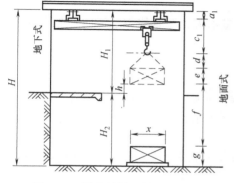

图 4-30　设有单梁悬挂式吊车的地面式和地下式泵房高度简图

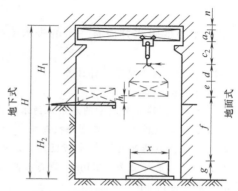

图 4-31　设有桥式吊车的地面式和地下式泵房高度简图

对于地面式泵房：
$$H = n + a_2 + c_2 + d + e + f + g \tag{4-49}$$

对于地下式泵房：
$$H = H_1 + H_2 \tag{4-50}$$
$$H_1 = n + a_2 + c_2 + d + e + h$$

式中，H_1 为泵房地上部分高度，m；n 为行车梁顶到泵房顶高度，m，一般不小于 0.3m；a_2 为行车梁高度，m；c_2 为行车梁底至起重钩中心距离，m。

4.3.2.8 吸水井布置

一般吸水井靠近二泵站吸水管一侧，每台水泵有单独吸水管从吸水井吸水。水泵台数少时，也可不设吸水井而直接从清水池吸水。吸水井的形式有分离式吸水井和池内式吸水井两种。分离式吸水井见图 4-32，它是临近泵房吸水管一侧设置的独立构筑物。池内式吸水井见图 4-33。它是在清水池的一端用分隔墙分出一部分容积作为吸水井。当多台水泵吸水管共用一井时，常将吸水井分成两格，中间设置连通管和闸阀，或不设阀门用虹吸管联通，以便分隔清洗使用。

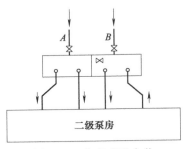

图 4-32 分离式吸水井

吸水井的尺寸应满足吸水管的布置、安装、检修和正常工作的要求，通常按吸水喇叭口间距决定。

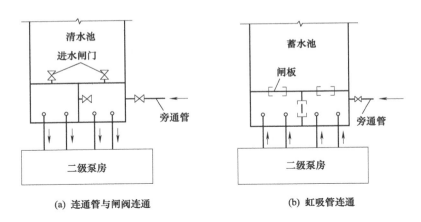

(a) 连通管与闸阀连通　　　　　　(b) 虹吸管连通

图 4-33　池内式吸水井

多台水泵的吸水井应有一定的进水流程，以调整水流使顺直均匀地流向各吸水管。

【例题 4-6】 送水泵站设计计算

1. 设计资料

某市新建水厂净化处理后的水进入清水池，经由二级泵站加压输水送至城市配水管网。

① 二级泵站设计地点的地面海拔高程 2.0m，冰冻深度为 1.0m。地下水位为 4.0m。

② 城市最高日最高时用水量 471L/s，消防水量 50L/s.

③ 清水池池底标高为 -2.0m，最高水位标高为 2.0m，最低水位 -0.8m，吸水井与清水池连接管中的水头损失为 0.2m。

④ 管网控制点地面标高为 4.0m，平均建筑层数 3 层，输水管与管网总水头损失最大用水时为 10m，消防时为 13m。试进行送水泵站工艺设计。

2. 设计计算

（1）泵房形式的选择及泵站平面布置

泵房主体工程由机器间、配电室、控制室和值班室组成。

机器间采用矩形半地下式以便于布置吸水管路和压水管路和室外管网平接，减少弯头水力损失，并紧靠吸水井南侧布置，直接从吸水井取水送至管网。

值班室、控制室及配电室在机器间的西侧，与泵房合并布置。与机器间用玻璃隔开，最西端设有配电室，双回路电源用电缆引入。平面布置见图 4-34。

图 4-34　平面布置示意

（2）水泵机组的选择

① 设计流量。泵站的设计流量按最高日最高时用水量确定，$Q=Q_h=471\text{L/s}$。

② 设计扬程。吸水井最低水位＝清水池最低水位$-0.2=-0.8-0.2=-1.0$（m）。

管网控制点的地面标高与吸水井最低水位的高程差$Z_C=4.0+1.0=5.0$（m）。

该区平均建筑层数 3 层，则管网要求的最小服务水头$H_0=16\text{m}$。

最大用水时输水管与管网总水头损失$\sum h_1=10\text{m}$。

初步假定用水量最大时泵站内设计管路水头损失$\sum h_2=2\text{m}$。

安全水头取 1.5m，则泵站设计扬程为：

$$H_p=Z_C+H_0+\sum h_1+\sum h_2+1.5=5+16+10+2+1.5=34.5\ (\text{m})$$

③ 水泵选型。为了在用水量减小时进行灵活调度，减少能量浪费，利用水泵综合性能曲线图选择几台水泵并联工作来满足最高日最高时用水量和扬程需要，而在用水量减小时，减少并联水泵台数或单泵运行供水都能保持各水泵高效段工作。

当$Q=30\text{L/s}$（型谱图最小流量）时，泵站内的水头损失很小，输水管和配水管网中的水头损失也很小，假定三者之和为 3.0m（$\sum h_1+\sum h_2=3.0\text{m}$），相应的水泵扬程为：

$$H_p=Z_C+H_0+\sum h_1+\sum h_2+1.5=5+16+3+1.5=25.5\ (\text{m})$$

根据$Q=471\text{L/s}$，$H_p=34.5\text{m}$，在水泵综合性能图上确定两点连接成参考管道特性曲线，选取与参考管道特性曲线相交的水泵并联。可选用两台 12SH-13 型和一台 10SH-9A 型并联。也可选用一台 14SH-13A、一台 12SH-13 和一台 10SH-9A 型水泵并联。方案比较见表 4-25。

表 4-25　方案比较

方案	用水量变化范围/(L/s)	运行水泵	水泵扬程/m	所需扬程/m	浪费扬程/m	水泵效率/%
第一方案	400～471	两台 12SH-13 一台 10SH-9A	37～34.5	32～34.5	5～0	82～85 75～80
	300～400	两台 12SH-13	40～32	31～32	9～0	80～85
	230～300	一台 12SH-13 一台 10SH-9A	37～36.5	31.5～36.5	6.5～0	82～85 75～76
	150～230	一台 12SH-13	38～30.5	32～30.5	6～0	82～81
	90～150	一台 10SH-9A	35.5～30	28～30	7.5～0	78～80

方案	用水量变化范围/(L/s)	运行水泵	水泵扬程/m	所需扬程/m	浪费扬程/m	水泵效率/%
第二方案	350～471	一台 14SH-13A 一台 10SH-9A	41～34.5	31～34.5	10～0	80～82 74～80
	230～350	一台 14SH-13A	40～31	30.5～31	9.5～0	81～81
	150～230	一台 12SH-13	38～30.5	30～30.5	8.0～0	82～81

通过比较，方案二虽然效率较高，但所需扬程浪费较大。方案一虽然有一台 10SH-9A 效率较低，但总体来说能量浪费少，水泵型号也少，且分级数量多，故采用方案一，并选用一台 12SH-13 型水泵为备用泵，水泵性能见表 4-26。

表 4-26　水泵性能

水泵编号	水泵型号	流量/(L/s)	扬程/m	转速/(r/min)	轴功率/kW	效率/%	允许吸上真空高度 H_S/m	重量 W_P/kg
I	12SH-13	170～220～250	36.4～32.2～29.5	1470	76～83.2～88	80～83.5～82.2	4.5	709
II	10SH-9A	90～135～160	35.5～30.5～25	1470	42.3～48.6～51	80～83.5～82.2	6.0	428

④ 电机配置。采用水泵厂家指定的配套电机，见表 4-27。

表 4-27　电机配置

水泵编号	水泵型号	轴功率/kW	转速/(r/min)	电机型号	电机功率/kW
I	12SH-13	76～83.2～88	1480	Y315S-4	110
II	10SH-9A	42.3～48.6～51	2970	Y250M-2	55

（3）机组布置和基础设计

① 采用单行顺列布置，便于吸压水管路直进直出，减少水力损失，同时也可简化起吊设备。

② 基础尺寸。根据厂家提供的样本，12SH-13 型和 10SH-9A 型水泵均带底座，其基础尺寸按水泵安装尺寸提供的数据确定（表 4-28）。

表 4-28　基础尺寸

水泵编号	水泵型号	L/mm	B/mm	H/mm
I	12SH-13	2190	1300	600
II	10SH-9A	1840	1150	600

（4）吸水管和压水管设计

① 管路布置。根据当地的条件，地下水位深，气候寒冷，泵房选用半地下式，吸压水管与室外 1m 深冻土层下的水管平接。每台水泵设有独立的吸水管直接从吸水井吸水，各泵压水管出泵房后，在闸阀井内以横向联络管相连接，且以两条总输水管送水至管网。

初定出水管的管顶高程为 1m，吸水井最高水位为 1.8m，此水水泵为自灌式引水，吸水管上设阀门，以便停泵检修时用。吸水井中最低水位为 -1.0m，吸水水泵为吸入式引水，需要相应的引水设备，管路布置见图 4-35。

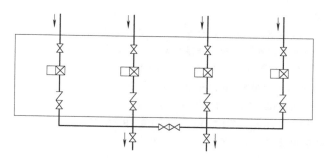

图 4-35　管路布置

② 管径计算。一台水泵单独工作时，其流量为水泵吸水管和压水管所通过的最大流量，根据单泵运行流量初步选定吸水管和压水管管径。计算结果见表 4-29。

表 4-29　吸水管和压水管管径计算

水泵型号	流量/(L/s)	吸水管			压水管		
		管径/mm	流速/(m/s)	i/(mm/m)	管径/mm	流速/(m/s)	i/(mm/m)
12SH-13	230	450	1.4	6.23	350	2.30	20.96
10SH-9A	150	350	1.5	9.50	300	2.05	20.44

由表 4-29 可知，横向连接管的流量应为两台较大水泵并联流量 $Q=400\text{L/s}$，取 $d=450\text{mm}$，查水力计算表得 $v=2.43\text{m/s}$，$i=17.35\text{mm/m}$。

③ 管路附件选配，附件见表 4-30。横向连接管与输水管选用 Z45T-10 型闸阀，$DN450\text{mm}$，$L=510\text{mm}$，$W=522\text{kg}$。

表 4-30　管路附件配置　　　　　　　　　　　　　　　单位：mm

名称	型号规格	主要尺寸	名称	型号规格	主要尺寸
喇叭口	DN450 钢制	D1600, H450	喇叭口	DN350 钢制	D1500, H450
90°弯头	DN450	R=450mm L=450mm	90°弯头	DN350	R=350mm L=350mm
蝶阀	DN450 D371J-10	L=114mm W=159kg	蝶阀	DN350 D371J-10	L=78mm W=63.5kg
偏心渐缩管	DN450×DN300	L=470mm	偏心渐缩管	DN350×DN250	L=370mm
渐扩管	DN250×350	L=370mm	渐扩管	DN200×300	L=370mm
止回阀	DN350 HBH41H-10	L=190mm W=182kg	止回阀	DN300 HBH41H-10	L=178mm W=145kg
蝶阀	DN350 D971X-10	L=78mm W=118kg	蝶阀	DN300 D971X-10	L=78mm W=109.1kg
90°弯头	DN350	R=350mm L=350mm	90°弯头	DN300	R=300mm L=300mm
渐扩管	DN350×DN450	L=370mm	渐扩管	DN300×DN450	L=470mm
十字管	DN450×DN450	L1400, L2400	十字管	DN450×DN450	L1400, L2400

（5）泵房机器间布置

① 机器间长度。因电机功率大于55kW，故基础间距取为1.2m，基础与墙壁间距离取为1m。除四台水泵外，机器间右端按最大一台机组布置，设一块检修场地，平面尺寸为4.0m×3.0m，所以机器间总长度：

$$L=3×2.19+1.84+1.0+3×1.2+4.0=17.01 \text{（m）}$$

② 机器间宽度。吸水管蝶阀距墙取1m，压水管蝶阀一侧留1.2m宽的道路，水泵基础与墙壁净距离按水管配件安装的需要确定，根据图4-32可得机器间宽度：

$$B=1.0+0.114+0.47+1.30+0.37+0.19+0.078+1.2=4.722 \text{（m）}$$

考虑到水泵出水侧是管理操作的主要通道，水泵基础与墙壁净距不宜小于3m，机器间采取标准预制构件屋面梁，机器间平面尺寸最后确定为长18.0m，宽6m，见图4-32。

③ 管路敷设。为便于与室外冻土层下管道平接，室内管道均设在管沟内，沟顶加0.15m厚的钢筋混凝土盖板，与室内地坪齐平。

（6）吸水井尺寸

吸水井尺寸应满足安装水泵吸水管进口喇叭口的要求。

吸水井最低水位：$H_{min}=-1.0$m。

吸水井最高水位：$H_{max}=$清水池最高水位—清水池至吸水井水头损失$=2.0-0.2=1.8$（m）。

吸水管上进口喇叭口大头直径 一般采用$D=(1.3～1.5)d$；取$1.33×450≈600$（mm）。

吸水管进口喇叭口长度$L≥(3.0～7.0)(D-d)$；取$3.0×(600-450)=450$（mm）。

吸水喇叭口边缘与井壁的净距不小于$(0.75～1.0)D$；取$1.0×600=600$（mm）。

吸水喇叭口之间的距离不小于$(1.5～2.0)D$，取$2.0×600=1200$（mm）。

喇叭口距吸水井井底距离$≥0.8D$，取500（mm）。

喇叭口淹没水深$h≥0.5～1.0$m，取1.0m。

吸水井井底标高：$-1.00-1.0-0.5=-2.5$（m）。

所以吸水井长度为7100mm，水井宽度为1800mm，吸水井高度为4800mm（包括超高300mm）。

（7）水泵安装高度验算

① 根据管路布置时初定的吸水管顶标高为1.0m。查样本，由水泵外形尺寸可知，12SH-13型泵的轴中心线高于进水管中心272mm，10SH-9A型泵的轴轴泵轴中心线高于进水管中心200mm。

$$12SH-13 \text{型泵的泵轴标高} = \text{吸水管顶标高} - D/2 + \text{轴中心线与进水管中心距离}$$
$$=1.0-0.45/2+0.272≈1.05 \text{（m）}$$

吸水井最低水位-1.0m，12SH-13型泵的安装高度$H_{ss}=$泵轴标高—吸水井最低水位$=1.05+1.0=2.05$（m）。

同理可求出10SH-9A型泵的安装高度$H_{ss}=2.025$m。为了泵房取平，按$H_{ss}=2.05$m验算。

② 水泵进口参数见表4-31。

表4-31　水泵进口参数

水泵型号	进口直径DN/mm	进口流速v_1/mm	H_s/m	流量Q/(L/s)
12SH-13	300	3.2	4.5	230
10SH-9A	250	3.05	6	150

③ 因当地海拔高度为2.0m，故取$H'_s=H_s=4.5$（m）。

④ 水泵安装高度校核根据图4-33，DN450mm的吸水管管长$L_1=5.03$m，$i_s=6.23$mm/m，吸水管的沿程水头损失$\sum h_{fs}=i_sL_1=6.23×5.03/1000=0.03$（m）。

吸水管路局部水头损失$\sum h_{1s}$计算结果见表4-32。

吸水管水头损失：$\sum h_s=\sum h_{fs}+\sum h_{1s}=0.03+0.229=0.259$（m）。

水泵允许的最大安装高度：$H_{SS}=H'_s-\sum h_s-\dfrac{v_1^2}{2g}=4.5-0.259-0.52=3.721$（m）$>H'_{ss}=2.05$m，满足要求。

表 4-32　吸水管路局部水头损失计算

管道直径 /mm	管件	阻力系数 ξ	最大流量 /(L/s)	流速 v/(m/s)	$\dfrac{v^2}{2g}$/m	水头损失 $\left(\xi\dfrac{v^2}{2g}\right)$/m
450	喇叭口	$\xi_1=0.56$	230	1.4	0.10	0.056
	90°弯头	$\xi_2=0.67$	230	1.4	0.10	0.067
	蝶阀	$\xi_3=0.07$	230	1.4	0.10	0.007
450×300	偏心渐缩管	$\xi_4=0.19$	230	3.2	0.52	0.099
合计						0.229

（8）复核水泵与电机

根据已确定的机组布置和管路情况，按单泵运行，两台泵运行及最大用水时三台泵运行时重新计算泵房内的管路水头损失，复核所需扬程，然后校核水泵机组，取最不利管线，如图 4-36 所示。

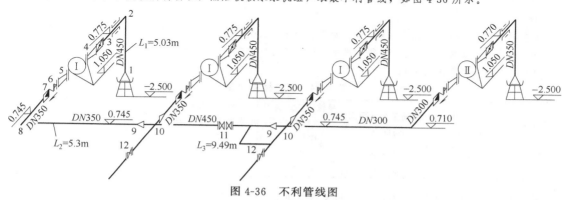

图 4-36　不利管线图

① 吸水管路中水头损失 $\sum h_s = \sum h_{fs} + \sum h_{1s} = 0.03 + 0.229 = 0.259$（m）。

② 压水管路中水头损失 $\sum h_d$ 计算。压水管 $DN350$mm 直管长 $L_2 = 5.3$m，$i_{d1} = 20.96$mm/m，$L_3 = 9.49$m，$i_{d2} = 6.23$mm/m。

压水管路沿程水头损失

$$\sum h_{fd} = \sum iL = 5.3 \times \frac{20.96}{1000} + 9.49 \times \frac{6.23}{1000} = 0.17 \text{（m）}.$$

压水管路局部水头损失 $\sum h_{1d}$ 计算见表 4-33。

表 4-33　压水管路局部水头损失计算

管道直径 DN/mm	管件	阻力系数 ξ	最大流量 /(L/s)	流速 v /(m/s)	$\dfrac{v^2}{2g}$/m	水头损失 $\left(\xi\dfrac{v^2}{2g}\right)$/m
250×350	渐扩管	0.05	230	4.61	1.08	0.05
350	止回阀	3.0	230	2.30	0.27	0.81
	蝶阀	0.30	230	2.30	0.27	0.08
350	90 度弯头	0.59	230	1.40	0.10	0.06
350×450	渐扩管	0.13	230	2.30	0.27	0.04
450×450	十字管	0.2	230	1.40	0.10	0.02
450	2×闸阀	2×0.07	230	1.40	0.10	0.01
450×450	十字管	0.2	230	1.40	0.10	0.02
450	闸阀	0.07	230	1.40	0.10	0.01
合计						1.10

压水管路总水头损失 $\sum h_d = \sum h_{fd} + \sum h_{1d} = 0.17 + 1.10 = 1.27$（m）。

③ 从水泵吸水口到输水管上切换蝶阀之间的全部水头损失 $\sum h_2 = \sum h_s + \sum h_d = 0.26 + 1.27 = 1.53$（m）。

④ 水泵的实际扬程。最低水位时：

$$H_{P\max}=Z_C+H_0+\sum h_1+\sum h_2+1.5=5.0+16.0+10+1.53+1.5=34.03（m）$$

最高水位时：

$$H_{P\min}=Z_C+H_0+\sum h_1+\sum h_2+1.5=（4-2）+16.0+10+1.53+1.5=31.03（m）$$

可见初选泵机组符合要求。

（9）消防校核

按最不利情况考虑，消防时，二级泵站的供水量为消防用水量和高日高时用水量之和，为531L/s，需要扬程为37.5m，当备用泵与最高时运行水泵同时启动时，为三台12SH-13和一台10SH-9A水泵并联工作，在水泵综合性能图上绘出四泵并联总和Q-H曲线，与参考管道特性曲线的交点为$Q=560L/s$，$H=37.5m$，说明所选水泵机组能够适用设计地区的消防灭火要求。

（10）各工艺标高设计

如图4-37所示，12SH-13型泵轴标高为1.05m，由12SH-13型水泵外形尺寸中可查得泵轴至基础顶面距离$H_1=0.52m$。

泵基础顶面标高＝泵轴标高－泵轴至基础顶面距离＝1.05-0.52=0.53（m）。

基础高出泵房底按0.2m计，可得泵房室内地坪高程为0.53-0.2=0.33（m）。

其他工艺标高计算见表4-34。

表 4-34 工艺标高计算

水泵型号	进水管管中心标高/m	泵轴至基础顶面高度/m	泵轴中心线高于进水管管中心距离/m	泵轴中心线高于出水管管中心距离/m	泵轴标高/m	出水管管中心标高/m
12SH-13	0.775	0.520	0.275	0.305	1.050	0.745
10SH-9A	0.770	0.440	0.200	0.260	0.970	0.710

泵房内室内地坪高程为0.33m，室外地面高程为2.0m，故泵房为半地下式。地下部分高度为2.0-0.33=1.67（m）。

最高设备Y315S-4至室内地坪高度：$g=1.217m$。

取吊物底部至最高一台机组顶距$f=0.5m$，则$g+f=1.217+0.5=1.717$（m）$>1.67m$。

泵房间高度为：

$$H_1=(a+b+c+d+e+f+g)-H_2$$

式中，a为吊车梁高度，0.32m；b为滑车高度，0.231m；c为起重葫芦在钢丝绳吊紧情况下的长度，0.5m；d为起重绳的垂直长度，电动机为1.2x，x为起重部件宽度1.0m，$d=1.2\times1.0=1.2$（m）；e为最大一台水泵或电动机的高度，取1.22m；f为吊起物底部和最高一台机组顶部的距离，0.5m；g为最高一台水泵或电动机至室内地坪高度，1.217m；H_2为泵房地下部分高度，取1.67m。

代入数据，得：$H_1=(0.32+0.231+0.5+1.2+1.22+0.5+1.217)-1.67=3.518$（m）。

附属设备的选择如下。

① 引水设备。启动引水设备，选用水环式真空泵，真空泵的最大排气量：

$$Q_V=\frac{K(W_P+W_s)H_a}{T(H_a-H_{SS})}$$

T取3min，漏气系数K取1.10，$H_{SS}=2.05m$，$H_a=10.33m$，则：

$$W_P=\frac{1}{4}\pi\times0.3^2\times(1.3+0.37+0.19+0.078)=0.14（m^3）$$

式中，W_P为泵站中最大一台水泵泵壳内空气容积，相当于水泵吸入口面积乘以吸入口到出水闸阀间的距离，m^3；0.3为水泵进口直径，见表4-31；1.3、0.37、0.19、0.78分别为泵的宽度、渐扩管、止回阀、蝶阀尺寸，m。

$$W_s=0.159\times(5.3+0.45+0.114+0.47)=1.01（m^3）$$

式中，W_s为吸水井最低水位算起的吸水管中空气容积，m^3；0.159为系数，根据吸水管管径和长度计算，可查表确定，m^3/m；5.3为前面提到的吸水管直管长，m；0.45为弯头尺寸，m。

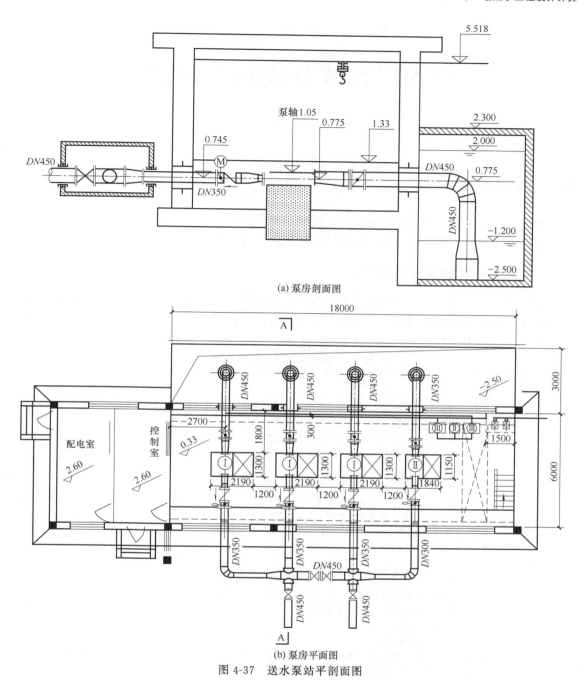

(a) 泵房剖面图

(b) 泵房平面图

图 4-37　送水泵站平剖面图

可得 $Q_v = 24.98 \text{m}^3/\text{h} = 6.94 \text{L/s}$。

真空泵的最大真空值为：

$$H_{\max} = (2.05 + 0.335) \times \frac{760}{10.33} = 175.43 \ (\text{mmHg})$$

电机功率 3.0kW。

② 起重设备。选用 Sc 型 2t 手动单轨吊车，起升高度为 3～12m。

③ 排水设备。选用 50QW10-7-0.75 潜水排污泵两台，一用一备，流量 $Q = 10 \text{m}^3/\text{h}$，转速 $n = 2820 \text{r/min}$，电动机功率 $N = 7.5 \text{kW}$，设集水坑一个，$1.0\text{m} \times 1.2\text{m} \times 1.5\text{m}$。

第5章

净水厂构筑物设计与计算

5.1 混凝设施

混凝设施分成混合设施和絮凝设施。混凝过程的工艺计算主要包括：混凝药剂的配制用量计算、投加设备的选用和设计、混合设施和絮凝设施的工艺尺寸设计等。

5.1.1 混凝剂配制及投加设施

混凝剂的种类很多，有研究报道的可能多达数百种，而且由于所处理的原水水质不尽相同，所以关于混凝剂种类的选择及最佳投加量的选定，应通过实验确定，也可以借鉴已有水厂的运行数据。表 5-1 为常用混凝剂及使用实例。

表 5-1　常用混凝剂及使用实例

名称	介绍	使用实例
硫酸铝	1. 分子式 $Al_2(SO_4)_3 \cdot H_2O$，以铝矾土与硫酸为主要原料制备而成 2. 根据其是否进行浓缩、结晶，分为固体硫酸铝和液体硫酸铝；根据其不溶杂质含量，分为精制和粗制两种 3. 适用水温为 20~40℃ 4. 当 pH=4~7 时，主要去除水中有机物；pH=5.8~7.8 时，主要去除水中悬浮物；pH=6.4~7.8 时，处理浊度高、色度低(小于 30 度)的水	1. 株洲市某水厂，原水水质浊度 30~900 度，水温 3~30℃，使用硫酸铝，投加量为 2~32mg/L 2. 大连市某水厂，原水水质浊度 10~300 度，水温 3~29℃，使用精制硫酸铝，投加量为 5~60mg/L 3. 厦门市某水厂，原水水质浊度 20~300 度，水温 5~35℃，使用精制硫酸铝，投加量为 10~28mg/L
碱式氯化铝	1. 通式 $[Al_n(OH)_mCl_{3n-m}]$，简写为 PAC 2. 净化效率高，耗药量少，出水浊度低，色度小，过滤性能好，原水高浊度时比较显著 3. 温度适应性高 4. pH 适应范围宽(可在 5~9) 5. 使用时操作方便，腐蚀性小，劳动条件好 6. 设备简单，操作方便，成本较三氯化铁低	1. 武汉市某水厂，原水水质浊度 50~800 度，平均 219 度，水温 1~30℃，使用碱式氯化铝，投加量平均为 26.1mg/L 2. 潮州市某水厂，原水水质浊度 10~4000 度，水温 10~50℃，使用碱性氯化铝，投加量为 14~20mg/L 3. 上海市某水厂，原水水质浊度 12~460 度，平均 63 度，水温 3.5~32.5℃，使用碱性氯化铝、精制硫酸铝、液铝等，投加量为 15~30mg/L
硫酸亚铁	1. 分子式 $FeSO_4 \cdot 7H_2O$，又称绿矾 2. 腐蚀性较高 3. 絮体形成较快，较稳定，沉淀时间短 4. 适用于碱度高、浊度高、pH=8.1~9.6 的水，不论在冬季或夏季使用都很稳定，混凝作用良好，但原水的色度较高时不宜采用，当 pH 值较低时，常采用氧来氧化，使二价铁氧化成三价铁	1. 天津市某水厂，原水水质浊度 4~60 度，平均 20~25 度，水温 0~25℃，使用硫酸亚铁(铁：碱=1:1)，投加量平均为 10~20mg/L

续表

名称	介绍	使用实例
三氯化铁	1. 分子式 $FeCl_3 \cdot 6H_2O$ 2. 对铁器等金属腐蚀性大,对混凝土亦腐蚀,对塑料管也会因发热而引起变形 3. 温度影响小,絮体结得大,沉淀速度快,效果较好 4. 易溶解,易混合,渣子少 5. 原水 pH=6.0~8.4 为宜,当原水碱度不足时,应加一定量的石灰 6. 在处理高浊度水时,三氯化铁用量比硫酸铝少 7. 处理低浊度水时,效果不显著	1. 北京市某水厂,原水水质浊度小于 50 度,使用三氯化铁,投加量平均为 5.0mg/L 2. 南通市某水厂,原水水质浊度 60~1000 度,水温 0~33℃,使用三氯化铁,投加量 10~13mg/L,平均为 26.1mg/L 3. 成都市某水厂,原水水质浊度 6~1200 度,平均 100 度,水温 5~24℃,使用三氯化铁时,投加量 22mg/L,使用碱式氯化铝时,投加量为 32mg/L,高浊度时加聚丙烯酰胺作助凝剂

　　混凝剂的配制一般包括药剂溶解和溶液稀释过程。混凝剂溶解需设溶解池,一般大、中型水厂建造混凝土溶解池并配置搅拌装置。搅拌方式有水力搅拌、机械搅拌和压缩空气搅拌等,其中机械搅拌方式比较常用。

　　图 5-1 为混凝药剂的投加系统简图。混凝剂的投配方式按混凝剂的状态可采用湿投或干投。除石灰外,水厂的混凝剂一般多采用湿投法;按混凝剂投加到原水中的位置有泵前投加和泵后投加;按混凝剂加注到原水中的动力来源有重力投加和压力投加两种,多数情况下,水厂采用压力投加系统,压力投加主要有水射器投加(见图 5-2)和计量泵投加(见图 5-3)。

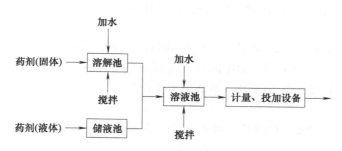

图 5-1　混凝药剂的投加系统简图

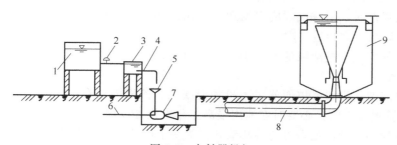

图 5-2　水射器投加

1—溶解池;2,4—阀门;3—投药箱;5—漏斗;6—高压水管;

7—水射器;8—原水进水管;9—澄清池

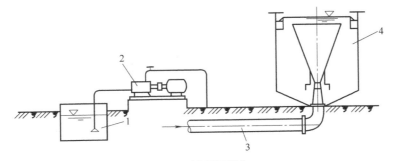

图 5-3　计量泵投加

1—溶液池；2—计量泵；3—原水进水管；4—澄清池

5.1.1.1　设计要求

（1）混凝剂和助凝剂

① 用于生活饮用水的混凝剂或助凝剂，不得使处理后的水质对人体健康产生有害的影响；用于工业企业生产用水的处理混凝剂，不得含有对生产有害的成分。

② 混凝剂投配的溶液浓度，可采用 5%～20%；固体原料按固体质量或有效成分计算，液体原料按有效成分计算。

③ 石灰宜制成乳液投加。

④ 混凝剂和助凝剂品种的选择及其用量，应根据相似条件下的水厂运行经验或原水凝聚沉淀试验资料，结合当地药剂供应情况，通过技术经济比较确定。

⑤ 与混凝剂接触的池内壁、设备、管道和地坪，应根据混凝性质采取相应的防腐措施。

⑥ 采用聚丙烯酰胺为助凝剂时，聚丙烯酰胺的原料储存和溶液配制应符合现行行业标准《高浊度水给水设计规范》（CJJ 40—2011）的有关规定。

（2）溶解池

① 设计混凝剂溶解池时，为便于投加混凝剂，溶解池高程一般以设置在地面下为宜，池顶高出地面约 0.2m；当采用水力淋溶时，池顶宜高出地面约 1m，以改善操作条件。

② 溶解池池底坡度不小于 0.02，池底应有排渣管，池壁需设超高，防止搅拌溶液时溶液溢出。

③ 絮凝剂用量较大时，絮凝池宜设在地下。絮凝剂用量较小时，可在溶液池上部设置淋溶斗代替溶解池。

④ 由于药液一般具有腐蚀性，盛放药液的装置和管道及配件应采取防腐措施。溶解池一般采用钢筋混凝土池体，内壁做防腐处理。

⑤ 湿投絮凝剂时，溶解次数应根据絮凝剂用量和配制条件等因素确定，一般每日调制 2～6 次，人工调制不宜超过 3 次。

⑥ 溶解池的容积常按溶液池的 20%～30% 计算。

（3）溶液池

① 一般以高架式设置，以便能重力投加混凝剂。池周围应有工作台，池底坡度不小于 0.02，底部应设置排空管；必要时在池内最高工作水位处设溢流装置。

② 投药量较小的溶液池，可与溶解池合并为一个池子，底部需考虑一定的沉渣高度。

③ 溶液池的数量一般不少于两个，以便交替适用，保证连续投药。

（4）搅拌设备

① 搅拌设备主要有水力、机械和压缩空气搅拌设施。水力搅拌适宜中、小型水厂和易

溶的混凝剂，压缩空气搅拌适宜较大水厂，机械搅拌适宜各种规模水厂。

② 用压缩空气搅拌混凝剂时，在靠近溶解池底处应设置格栅，用以放置混凝剂。格栅下部空间装设穿孔空气管，加入混凝剂可通入空气，加速混凝剂的溶解。穿孔空气管应做防腐，主要设计参数为：溶解池的空气供给强度为 $8\sim10L/(s\cdot m^2)$，溶液池则为 $3\sim5L/(s\cdot m^2)$；空气管内空气流速 $10\sim15m/s$；孔眼处空气流速为 $20\sim30m/s$。穿孔管孔眼直径一般为 $3\sim4mm$；支管间距为 $400\sim500mm$。

（5）药液提升设备

① 由溶解池到溶液池，以及当溶液池高度不足以重力投加时，需设置药液提升设备，最常用的是耐腐蚀泵和水射器。

② 常用耐腐蚀泵有耐腐蚀金属离心泵（如 IH、IHC 型号）、塑料离心泵（如 101、102 型号）、耐腐蚀液下立式泵（如 FYS 型号）。此外，还有耐腐蚀陶瓷泵、玻璃钢泵等，但较少采用。

③ 水射器效率低，但使用方便、设备简单、工作可靠，曾被广泛使用于加药系统；但由于耐腐蚀泵的品种增多、质量提高，水射器在大中型水厂中的使用渐渐减少。

（6）投加计量设备

① 常用的投加计量设备有计量泵、转子流量计、电磁流量计、孔口流量计等。孔口流量计仅适用于人工控制，而计量泵、转子流量计和电磁流量计等易于实现自动控制，也可以用于人工控制。计量泵由于计量精度高、可实现自动调节控制投加，虽然价格高、系统较复杂，使用仍很广泛。

② 孔口计量的大小可通过改变孔口面积来调节，常用有苗嘴和孔板等形式，一般需设平衡箱。

③ 对于自动化要求较高的大中型水厂，可以设置混凝剂自动投加系统。混凝剂投加量自动控制的主要方法有数学模拟法、现场模拟试验法、流动电流检测法、透光率脉动检测法和絮凝颗粒影像检测控制法等。

（7）加药间和药剂仓库

① 加药间宜靠近投药点并应尽量设置在通风良好的地段。室内应设置每小时换气 $8\sim12$ 次的机械通风设备，入口处的室外应设置应急水冲淋设施。

② 加药间应与药剂仓库毗连，加药间的地坪应有排水坡度。

③ 药剂仓库及加药间应根据具体情况，设置计量工具和搬运设备。

④ 药剂仓库的固定储备量，应按当地供应、运输等条件确定，一般可按最大药量的 $7\sim15d$ 用量计算。其周转储备量应根据当地具体条件确定。

⑤ 计算固体凝聚剂和石灰储藏仓库的面积时，其堆放高度一般当采用凝聚剂时可为 $1.5\sim2.0m$；当采用石灰时可为 $1.5m$。当采用机械搬运设备时，堆放高度可适当增加。

5.1.1.2　计算例题

【例题 5-1】　湿式投加系统的设计

包括溶液池、溶解池的设计计算、搅拌设备的选用和设计、药液提升设备的选用和设计、投加计量设备的选用和设计以及排渣设施的设计等内容。

1. 已知条件

水量 $Q=5\times10^4\ m^3/d$（已包括 6% 的水厂自用水量）。水源为黄河水，长途输送至水库，再经取水塔，由隧洞和管道重力输送至水厂。指标浊度为正常时小于 30NTU，洪汛时小于 300NTU，最高小于1000NTU；原水水质达到《地面水环境质量标准》（GB 3838—2002）中Ⅱ类水质标准。出厂水水质要求达到《生活饮用水卫生标准》(GB 5749—2006)的水质要求。混凝剂采用精制硫酸铝，每袋的质量为 50kg，每袋的体积为 $1.0m \times 0.5m \times 0.1m$。混凝剂的堆放高度为 1.5m，储存量按 15d 最大用量计。混凝剂的最大投量 $u=30mg/L$（按无水产品计），混凝剂的浓度为 $b=10\%$（按商品固体混凝剂质量计算），混凝剂每日配制次数 $n=2$ 次。

2. 设计计算

(1) 溶液池和溶解池的设计计算

① 溶液池。溶液池容积计算如下。$Q=5 \times 10^4 m^3/d=2083m^3/h$，溶液池设置 2 个，每个容积 W_1 为：

$$W_1 = uQ \frac{1}{bn} \times \frac{24}{1000 \times 1000} = \frac{uQ}{41700bn} = \frac{30 \times 2083}{41700 \times 0.10 \times 2} = 7.49 \ (m^3)$$

取 $7.5m^3$。

溶液池采用钢筋混凝土结构，形状采用方形，单池尺寸为长×宽×高$=L \times B \times H=2.4m \times 2.4m \times 1.8m$，高度中包括超高 0.2m，沉渣高度 0.2m。

溶液池实际有效容积：$W_1'=2.4 \times 2.4 \times (1.8-0.2-0.2)=8.0 \ (m^3)$，满足要求。

沿地面接入混凝剂稀释用给水管 1 条，管材采用硬聚氯乙烯塑料管，于两池分设放水阀门，放满池子的时间采用 $t=60min$，那么给水管流量为：

$$q_1 = \frac{W_1 \times 2 \times 1000}{60 \times 60} = \frac{7.5 \times 2 \times 1000}{60 \times 60} = 4.17 \ (L/s)$$

查水力计算表，采用 $DN80mm$ 的塑料管，流速 $v_1=0.76m/s$。

溶液池池旁设工作台，宽 1.5m，池底坡度为 0.02，溶液池底部设管径 $DN100mm$ 的放空管 1 根，采用硬聚氯乙烯塑料管，池内壁用环氧树脂进行防腐处理。

② 溶解池。溶解池的容积可按溶液池的 20%~30% 计算，若取 30%，则

$$W_2 = 0.3W_1 = 0.3 \times 7.5 = 2.25 \ (m^3)$$

溶解池设置 2 个，每个容积为 W_2。

溶解池采用钢筋混凝土结构，形状采用方形，单池尺寸为长×宽×高$=L \times B \times H=1.5m \times 1.5m \times 1.5m$，高度中包括超高 0.25m，沉渣高度 0.25m。

溶解池实际有效容积：$W_2=1.5 \times 1.5 \times (1.5-0.25-0.25)=2.25 \ (m^3)$，满足要求。

溶解池的放水时间采用 $t=10min$，那么放水量为：

$$q_f = \frac{W_2}{60t} = \frac{2.25 \times 1000}{60 \times 10} = 3.75 \ (L/s)$$

查水力计算表，采用 $DN50mm$ 的硬聚氯乙烯塑料管，流速 $v_f=1.42m/s$。

溶解池底部设管径 $DN100mm$ 的排渣管 1 根，采用硬聚氯乙烯塑料管，池内壁用环氧树脂进行防腐处理。

溶解池与溶液池之间设置投药管，材质选用硬聚氯乙烯塑料管，投药管流量：

$$q_2 = \frac{W_1 \times 2 \times 1000}{24 \times 60 \times 60} = \frac{7.5 \times 2 \times 1000}{24 \times 60 \times 60} = 0.1736 \ (L/s)$$

查水力计算表，采用 $DN20mm$ 的投药管，流速 $v_2=0.45m/s$。

(2) 搅拌设备的选用和设计

混凝剂调制有水力、机械、压缩空气等方式。本例题采用机械搅拌或压缩空气搅拌，进行分别设计。

① 机械搅拌设备。溶解池采用机械搅拌，搅拌桨为平板桨，中心固定式，搅拌桨安装见图 5-4。查设备手册，适宜本设计的参数列于表 5-2，2 个溶解池各配备 1 台。搅拌设备需做防腐处理。

溶液池也采用机械搅拌，2 个溶液池各配备 1 台，查设备手册，选出适宜本设计的设备，参数见表 5-3。

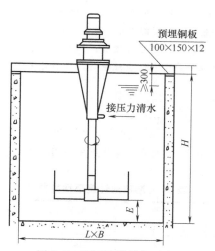

图 5-4　溶解池搅拌机示意

H—池深；E—搅拌桨到池底距离；$L \times B$—溶解池长×宽

表 5-2　溶解池搅拌设备参数

功率/kW	池形尺寸/mm		桨叶距池底高/mm	转速/(r/min)
	$L \times B$	H		
0.3	1500×1500	1500	250	85

表 5-3　溶液池搅拌设备参数

搅拌池规格 $B \times B$/m	池深 H /m	桨叶直径 D /mm	桨板深度 L /mm	h_1/mm	h/mm	E/mm	电动机功率 /kW	质量 /kg
2.4×2.4	1.5	750	1400	100	370	—	0.55	200

② 压缩空气搅拌设备。用压缩空气搅拌调制混凝剂时，在靠近溶解池底处设置格栅，格栅间隙以不漏下混凝剂为宜，本设计格栅间隙采用 20 mm，格栅做防腐处理。格栅下部装设穿孔空气管，材质为塑料管。参照《给水排水设计手册》第 3 册第 7 章取用空气供给强度：溶解池采用 10L/(s•m²)，溶液池采用 5L/(s•m²)。

a. 需用空气量。溶解池需用空气量 Q_1 为：

$$Q_1 = nFq = 2 \times 1.5 \times 1.5 \times 10 = 45 \text{ (L/s)}$$

溶液池需用空气量 Q_2 为：

$$Q_2 = 2 \times 2.4 \times 2.4 \times 5 = 57.6 \text{ (L/s)}$$

所以，总需用空气量 Q_k 为：

$$Q_k = Q_1 + Q_2 = 45 + 57.6 = 102.6 \text{ (L/s)} = 6.2 \text{m}^3/\text{min}$$

b. 选配机组。查设备手册，选用罗茨鼓风机两台（一用一备），风量为 6.87m³/min，静压为 49.0×10³Pa（5000mmH₂O）；配用电机功率 11kW，所需轴功率 9kW，转数 1750r/min。

③ 空气管流速 v 的计算。

$$v = \frac{Q}{60(p+1)\frac{\pi}{4}d^2} = \frac{Q}{4.71(p+1)d^2} = \frac{6.87}{4.71 \times (0.5+1) \times 0.1^2} = 97.24 \text{ (m/s)}$$

式中，p 为鼓风机压力，bar，1bar=0.1MPa；d 为空气管管径，m，此处选用100mm，即0.1m。

（3）药液提升和计量设备的选用和设计

混凝剂经过溶解池配制后，浓度较高，需要投加到溶液池中进行稀释，以达到水厂需要的投配浓度。混凝剂从溶解池初溶解到溶液池进行稀释，一般情况下溶液池的高程高于溶解池，需进行提升。本设计中溶解池设于室外，地埋式，池顶高出地面约 0.2m，分为独立 2 格，每格设耐腐蚀液下立式泵各 1 台。查设备手册，选用 $Q=1.8\mathrm{m}^3/\mathrm{h}$、$H=18\mathrm{m}$ 的泵。每格设液位计和转子流量计各 1 只。

药剂经过溶液池配制后，需要投加到后续的混合设施中，选用何种投加方式与后续混合方式关系很大。如混合为泵前混合，一般将溶液池架高，采用重力投加；如混合为泵后混合，一般采用压力投加，有水射器或泵投加。泵投加可以采用计量泵或离心泵配上流量计，采用计量泵不必另设计量设备。本设计中对计量泵投加进行选用和设计。

计量泵每小时共需投加药量：

$$q_{\mathrm{j}}=\frac{W_1}{12}=\frac{7.5}{12}=0.625 \ (\mathrm{m}^3/\mathrm{h})$$

每个溶液池选用两用一备隔膜计量泵，每台泵流量约 315L/h。查设备手册选用计量泵，其性能参数见表 5-4。

表 5-4　溶液池计量泵性能参数

流量 /(L/h)	排出压力/MPa	泵速 /(次/min)	电动机功率 /kW	进、出口直径 /mm	质量 /kg
320	0.6~1.3	102	0.75	25	240

(4) 药剂仓库的设计

① 精制硫酸铝所需袋数 N。

$$N=\frac{Q\times24ut}{1000W}=0.024\ \frac{Qut}{W}0.024\times\frac{2083\times30\times15}{50}=500 \ (袋)$$

② 有效堆放面积 A。

$$A=\frac{NV}{H(1-e)}=\frac{500\times1.0\times0.5\times0.1}{1.5\times(1-0.2)}=20.8 \ (\mathrm{m}^2)$$

式中，e 为堆放空隙率，本例题选用 20%。

5.1.2　混合设施

混合方式的选择应考虑处理水量的变化，可采用水力混合或机械混合。水力混合简单，但不能适应流量的变化，目前常见的形式有：水泵混合，管式静态混合器混合、扩散混合器混合、跌水混合、水跃混合和隔板混合等；机械混合可进行调节，能适应流量的变化，但需要进行机械维修。常采用的混合方式为水泵混合、管式静态混合器混合和机械混合。表 5-5 为几种混合方式的主要优缺点和适用条件。

表 5-5　几种混合方式的比较

方式			优缺点	适用条件
水泵混合		优点	1. 设备简单 2. 混合充分，效果较好 3. 节省能量	适用于一级泵房离处理构筑物 120m 以内的水厂
		缺点	1. 吸水管较多时，投药设备增加，安装管理麻烦 2. 一级泵房距离水厂太远时不适合	
管式混合	管道混合	优点	1. 设备简单，占地少 2. 水头损失较小	投药点至末端出口宜不小于 50 倍管道直径
		缺点	1. 效果较差 2. 流量减小时，在管中容易形成沉淀	
	管式混合器混合 管式静态混合器	优点	1. 设备简单，不需土建构筑物 2. 不需外加动力设备	适用于水量变化不大的各种规模的水厂
		缺点	1. 混合器构造较复杂 2. 水量变化影响处理效果	

续表

方式			优缺点		适用条件
管式混合	管式混合器混合	扩散混合器	优点	1. 设备简单,占地少,不需土建构筑物 2. 不需外加动力设备	适用于中等规模的水厂
			缺点	1. 当流量过小时效果变差 2. 水头损失较大	
混合池混合	多孔隔板混合槽		优点	混合效果较好	适用于中小规模的水厂
			缺点	1. 水头损失较大 2. 流量大时影响混合的效果	
	分流隔板混合槽		优点	混合效果较好	适用于大中规模的水厂
			缺点	1. 水头损失较大 2. 占地面积较大	
	机械混合		优点	1. 混合效果较好,基本不受水量变化影响 2. 水头损失较小	适用于各种规模的水厂
			缺点	1. 需要动力设备,管理维护较复杂 2. 需耗动能	

5.1.2.1　基本要求

① 混合设施应使药剂投加后水流产生剧烈紊动,在很短时间内使药剂均匀地扩散到整个水体,也即采用快速混合方式。

② 混合时间一般为 10～60s,最多不超过 2min。

③ 搅拌速度梯度 G 一般为 600～1000s^{-1}。

④ 当采用高分子絮凝剂时,混合不宜过分急剧。

⑤ 混合设施与后续处理构筑物的距离尽可能近一些,最好采用直接连接方式。最长距离不宜超过 120m。

⑥ 混合设施与后续处理构筑物连接管道的流速可采用 0.8～1.0m/s。

5.1.2.2　水泵混合

① 将药剂溶液投加于每一台水泵的吸水管中,越靠近水泵效果越好,通过水泵叶轮的高速转动以达到混合效果。

② 为了防止空气进入水泵吸水管内,需加设一个装有浮球阀的水封箱。

③ 一级泵房距离净水构筑物的距离不宜过长。

④ 水泵叶轮和管道应做好防腐措施,特别是投加腐蚀性较强药剂如三氯化铁时。

5.1.2.3　管道混合

采用管式混合,药剂加入水厂进水管中,投药管道内的沿程与局部水头损失之和不应小于 0.3～0.4m,否则应装设孔板或文氏管式混合器。为了提高混合效果,目前多采用管式静态混合器混合或扩散混合器混合。

5.1.2.4　管式静态混合器混合

在混合器内设置若干固定混合单元,每一混合单元由若干固定叶片按照一定的角度交叉组成,见图 5-5。

① 混合器内的水头损失与管道流速、分流板节数及角度等有关。实测损失与理论计算有较大出入,一般当管道流速为 1.0～1.5m/s、分节数为 2～3 段时的水头损失约为 0.5～0.8m。水头损失可以根据式(5-1)计算:

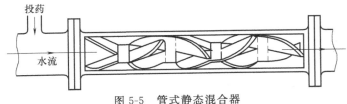

图 5-5　管式静态混合器

$$h = 0.1184 \frac{Q^2}{d^{4.4}} n \qquad (5-1)$$

式中，h 为水头损失，m；Q 为处理水量，m^3/s；d 为管道直径，m；n 为混合单元，个。

② 混合效果与分节数有关，一般取 2～3 段。

5.1.2.5　扩散混合器混合

扩散混合器是在孔板混合器前加上锥形配药帽所组成，见图 5-6。

① 通过混合器的局部水头损失不小于 0.3～0.4m，管道内流速为 0.8～1.0m/s，采用的孔板 $d_1/d_2 = 0.7～0.8$（d_1 为装孔板的进水管直径；d_2 为孔板的孔径）。

② 锥形帽的夹角为 90°，锥形帽顺水流方向的投影面积为进水管总面积的 1/4，孔板开孔面积为进水管总面积的 3/4。

③ 孔板流速 1.0～1.5m/s，混合时间 2～3s，水流通过混合器的水头损失 0.3～0.4m，混合器节管长度 ≥500mm。

5.1.2.6　跌水混合和水跃混合

① 跌水混合是利用水流在跌落过程中产生的巨大冲击达到混合的效果。其构造为在混合池的输水管上加装一活动套管，混合的最佳效果可由调节活动套管的高低来达到（见图 5-7）。套管内外水位差，至少应保持 0.3～0.4m，最大不超过 1m。

② 水跃混合适用于有较多水头的大、中型水厂，利用 3m/s 以上的流速迅速流下时所产生的水跃进行混合（见图 5-8）。水头落差至少要在 0.5m 以上。

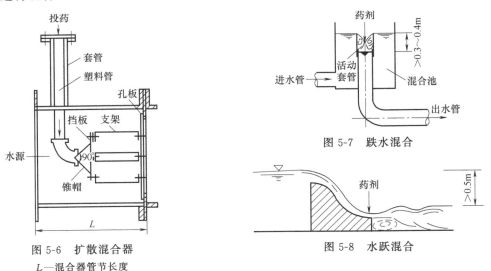

图 5-6　扩散混合器

L—混合器管节长度

图 5-7　跌水混合

图 5-8　水跃混合

5.1.2.7　机械混合

① 机械搅拌混合池的池形为圆形或方形，可以单格或多格串联。

② 机械混合的搅拌器采用的有桨板式、推进式、涡流式等。桨板式搅拌器适用于容积较小（一般在 $2m^3$ 以下）的混合池，其余用于容积较大的混合池。

③ 桨板式机械混合池结构简单，维护管理方便，但提供的混合功率较小，见图 5-9。推进式机械混合池效能较高，但制造管理复杂。混合搅拌中宜首选推进式。

④ 机械混合搅拌器的有关参数见表 5-6。

⑤ 机械混合搅拌强度一般采用搅拌速度梯度 G（s^{-1}）表示。

$$G=\sqrt{\frac{1000N_Q}{\mu Qt}} \qquad (5-2)$$

$$\mu=\nu\rho$$

式中，N_Q 为混合功率，kW；Q 为混合搅拌池流量，m^3/s；t 为混合时间，s；μ 为水的动力黏度，$Pa\cdot s$；$\mu=\nu\rho$，ν 为运动黏度，mm^2/s。

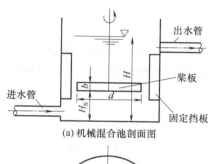

(a) 机械混合池剖面图

(b) 机械混合池平面图

图 5-9 机械混合池

D—搅拌池直径或当量直径；H—搅拌池有效高度；
b—搅拌器宽度；d—搅拌器直径；
H_6—搅拌器距混合池底高度

表 5-6 搅拌器有关参数

项目	符号	单位	搅拌器形式	
			桨板式	推进式
搅拌器外缘线速度	v	m/s	1.0～5.0	3～15
搅拌器直径	d	m	$\left(\frac{1}{3}\sim\frac{2}{3}\right)D$	$(0.2\sim0.5)D$
搅拌器距混合池底高度	H_6	m	$(0.5\sim1.0)d$	无导流筒时，$H_6=d$ 有导流筒时，$H_6\geqslant1.2d$
搅拌器桨叶数	Z	片	2,4	3
搅拌器宽度	b	m	$(0.1\sim0.25)d$	
搅拌器螺距	S	m		$S=d$
桨叶和旋转平面所成的角度	θ	(°)	45°	
搅拌器层数	e		当 $\frac{H}{d}\leqslant1.2\sim1.3$ 时，$e=1$ 当 $\frac{H}{d}>1.2\sim1.3$ 时，$e>1$	当 $\frac{H}{d}\leqslant4$ 时，$e=1$ 当 $\frac{H}{d}>4$ 时，$e>1$
层间距	S_0	m	$(1.0\sim1.5)d$	$(1.0\sim1.5)d$
安装位置要求			相邻两层桨交叉 90°安装	

注：D 为混合池直径，m；d 为搅拌器直径，m；H 为混合池液面高度，m。

⑥ 转速及搅拌功率计算。可以根据选定的搅拌速度梯度 G 值进行计算。

a. 转速 n（r/min）：

$$n = \frac{60v}{\pi d} \tag{5-3}$$

式中，v 为搅拌器外缘线速度，m/s；d 为搅拌器直径，m。

b. 浆式搅拌器搅拌功率 N（kW）：

$$N = C_3 \frac{\rho \omega^3 Z e b R^4 \sin\theta}{408g} \tag{5-4}$$

式中，C_3 为阻力系数，一般为 $0.2 \sim 0.5$；ρ 为水的密度，$\rho = 1000 \text{kg/m}^3$；$\omega$ 为搅拌器旋转角速度，r/s；Z 为搅拌器浆叶数，片；e 为搅拌器层数；b 为搅拌器浆叶宽度，m；R 为搅拌器半径，m；g 为重力加速度，9.81m/s^2；θ 为浆板角度，（°）。

推进式搅拌器搅拌功率计算见表 5-7，搅拌器功率准数见表 5-8。

表 5-7 推进式搅拌器搅拌功率计算表

挡板情况	尺寸范围	计算方法	备注
全挡板	$S/d=1$ 或 $2D/d=2.5-6H/d=2-4H6/d=1Z=3$	$$N=\frac{N_\mathrm{p}\rho n^3 d^5}{102g}$$ 式中，N 为搅拌器功率，kW；d 为搅拌器直径，m；ρ 为液体密度，kg/m^3；μ 为液体黏度，Pa·s；n 为搅拌器转速，r/s；N_p 为功率准数；g 为重力加速度，9.81m/s^2	
无挡板	$S/d=1$ 或 $2D/d=3H/d=2-4H6/d=1Z=3$	$$N=\frac{N_\mathrm{p}\rho n^3 d^5}{102g\left(\frac{g}{n^2 d}\right)^{\left(\frac{a-\lg Re}{b}\right)}}$$ 式中，$a=2.1$；$b=18$	$Re<300$ 时采用式 (5-6) 计算

表 5-8 搅拌器功率准数

搅拌器类型	功率准数	搅拌器类型	功率准数
折浆式，$\theta=45°$，$Z=3$ 片	$1.25 \sim 1.50$	推进式，$D/d=1$；$Z=3$ 片	0.32
折浆式，$\theta=45°$，$Z=2$ 片	$0.63 \sim 0.75$		

c. 校核搅拌功率。如果搅拌功率 N 大于或小于混合功率 N_Q，依据表 5-6 调整浆径 d 和搅拌器外缘线速度 v，使 $N \approx N_Q$；如果 d 及 v 为最大值时，$N < N_Q$，此时改选推进式搅拌器。

d. 电动机功率 N_A（kW）：

$$N_A = \frac{K_g N}{\eta} \tag{5-5}$$

式中，K_g 为电动机工况系数，当 24h 连续运行时，取 1.2；η 为机械传动总效率，%。

【例题 5-2】 混合设施的设计

1. 已知条件

设计进水量 $Q = 5 \times 10^4 \text{m}^3/\text{d}$（已包括 6% 的水厂自用水量），其他条件同【例题 5-1】。

2. 设计计算

采用计量泵对药液进行提升和投加。混合设施可以选择管道混合、管式混合器混合和机械混合等。

（1）管道混合

如选择直接投加到水泵压水管路上进行管道混合，混合管道管材选用球磨铸铁，设计中选用两条压水管路，其设计计算如下。

① 混合管中的流速 v 和水力坡降 $1000i$。两条混合管，每条混合管中的流量为：

$$\frac{Q}{2}=\frac{5}{2}\times10^4=2.5\times10^4(\text{m}^3/\text{d})=1041.5\text{m}^3/\text{h}$$

采用铸铁管，管径如选用 $d=600\text{mm}$，查水力计算表得 $v=0.99\text{m/s}$，$1000i=2.05$。

管径如选用 $d=500\text{mm}$，查水力计算表得 $v=1.42\text{m/s}$，$1000i=5.21$。

② 混合管段的水头损失计算。依据管道混合的设计要求知：投加药剂后管道内的水头损失不小于 $0.3\sim0.4\text{m}$，则 $h=il\geqslant0.3\sim0.4\text{m}$。

管径如选用 $d=600\text{mm}$，加药后至絮凝池的压水混合管道长度需 $146\sim195\text{m}$，混合时间约 2.38min，混合时间过长，不满足混合时间不超过 2min 的要求；

管径如选用 $d=500\text{mm}$，加药后至絮凝池的压水混合管道长度需 $58\sim77\text{m}$，混合时间约为 $39\sim60\text{s}$；因此，选用管道 500mm，加药点设在距絮凝池 60m 处，混合时间为 40s。

（2）管式静态混合器混合

在前面管道混合设计中增加管道静态混合器，混合器中水头损失一般取 0.5m。

流量为 $1041.5\text{m}^3/\text{h}$，取管道直径 $d=500\text{mm}$，水头损失为 0.5m 时，需要 2.4 个混合单元。设计中选管径直径 $d=500\text{mm}$ 内装 3 个混合单元的静态混合器，加药点设于靠近水流方向的第一个混合单元，投药管插入管径的 $1/3$ 处，为了使药液均匀分布，投药管上多处开孔。

（3）机械混合

设计两组全挡板推进式机械混合池。

① 单池设计流量 $Q=\dfrac{50000}{24\times2}=1041.67$（$\text{m}^3/\text{h}$）。

② 有效容积 V 的计算。混合时间 $t=30\text{s}$，则单池有效容积 $V_0=Qt=\dfrac{1041.67\times0.5}{60}=8.68$（$\text{m}^3$）。

混合池为圆形，则有效水深 $H=\dfrac{8.68}{2\times2}=2.17$（$\text{m}$）。

取 2.2m，取超高 0.5m，混合池的总高 2.7m。

③ 搅拌池当量直径 $D=\sqrt{\dfrac{4l\omega}{\pi}}=\sqrt{\dfrac{4\times2\times2}{3.142}}=2.26$（$\text{m}$）。

搅拌器直径 $d=0.35D=0.35\times2.26=0.79$（$\text{m}$），取 0.8m。

④ 搅拌器距混合池底高度：采用无导流筒设计，此高度 $=d=0.8\text{m}$。

⑤ 搅拌桨桨叶数 $Z=3$ 片。

⑥ 搅拌器层数 e。由于 $\dfrac{H}{d}=\dfrac{2.2}{0.8}=2.75<4$，所以 $e=1$。

⑦ 混合功率 N_Q。μ 取 $5℃$ 时的值，$\mu=1.519\times10^{-4}\text{kg}\cdot\text{s/m}^2$，$G=1000\text{s}^{-1}$，混合功率为：

$$N_Q=\frac{\mu QtG^2}{1000}=\frac{1.519\times10^{-4}\times0.2893\times30\times1000^2}{1000}=1.32\text{ (kW)}$$

⑧ 搅拌功率 N。搅拌器外缘线速度取 $v=6\text{m/s}$，则转速为：

$$n=\frac{60v}{\pi d}=\frac{60\times6}{3.142\times0.8}=143.22\text{ (r/min)}=2.39\text{r/s}$$

搅拌功率 N（$Z=3$ 片）为：

$$N=\frac{N_P\rho n^3d^5}{102g}=\frac{0.32\times1000\times2.39^3\times0.8^5}{102\times9.81}=1.43\text{ (kW)}\approx N_Q$$

电动机功率 N_A（$\eta=0.9$，$K_g=1.2$）为：

$$N_A = \frac{K_g N}{\eta} = \frac{1.2 \times 1.43}{0.9} = 1.72 \text{ (kW)}$$

选用一次浓缩槽混合搅拌机（JBN 系列电动搅拌机）。

5.1.3 絮凝设施

需要处理的水经过混合后，进入絮凝设施。絮凝设施的功能主要是使混凝剂与水混合后产生微小的絮凝体，使其粒度、密度及强度达到一定的数值，为后续进行的澄清或沉淀创造良好的条件。

在絮凝阶段，主要靠机械或水力搅拌作用使颗粒碰撞凝聚，絮凝效果的好坏可用 G 和 GT 值来评价。G 值的计算公式如下：

$$G = \sqrt{\frac{p}{\mu}} \tag{5-6}$$

式中，μ 为水的动力黏度，$Pa \cdot s$；p 为单位体积水流所耗功率，W/m^3；G 为速度梯度，s^{-1}。

在实际絮凝过程中，当采用机械搅拌时，式（5-6）中的消耗功率由搅拌器提供；当采用水力絮凝时，上式中的消耗功率为水流自身能量的消耗，可用式（5-7）计算：

$$G = \sqrt{\frac{gh}{\nu T}} \tag{5-7}$$

式中，g 为重力加速度，$9.8m/s^2$；ν 为水的运动黏度，m^2/s；h 为混凝设备中的水头损失，m；T 为水流在混凝设备中的停留时间，s。

常用的絮凝池形式和特点见表 5-9。

表 5-9　絮凝池的类型及特点

类型			特点	适用条件
隔板絮凝池	往复式	优点	1. 絮凝效果好 2. 构造简单,施工方便	水量大于 30000m³/d 的水厂;水量变动小者
		缺点	1. 容积较大 2. 水头损失较大 3. 转折处絮凝体易破碎	
	回转式	优点	1. 絮凝效果好,水头损失小 2. 构造简单,管理方便	水量大于 30000m³/d 的水厂;水量变动小者;尤其适用于旧池的改扩建
		缺点	1. 出水流量易分配不均匀 2. 出口处容易有积泥	
旋流絮凝池		优点	容积小,水头损失小	中小型水厂
		缺点	池深较大,地下水位较高时施工较困难	
折板絮凝池		优点	絮凝时间短,效果较好	水量变化不大的水厂
		缺点	1. 构造较复杂 2. 水量变化影响絮凝效果	
涡流絮凝池		优点	1. 絮凝时间短,容积小 2. 造价低	水量小于 30000m³/d 的水厂
		缺点	池深较大,施工较困难	

类型		特点	适用条件
网格、栅条絮凝池	优点	1. 絮凝时间短,效果较好 2. 构造简单	水量变化不大的水厂;单池能力以 10000～25000m³/d 为宜
	缺点	1. 水量变化影响絮凝效果 2. 末端池底易积泥	
机械絮凝池	优点	1. 絮凝效果较好 2. 水头损失小 3. 可适应水质、水量的变化	大小水量均适宜;并能适应水量变较大的水厂
	缺点	需机械设备和经常维修	

5.1.3.1 基本要求

① 絮凝池应与沉淀池合建。这样聚集成的较大絮凝体不易破碎,而且布局紧凑,节省造价。

② 絮凝池形式的选择和絮凝时间的采用,应根据原水水质情况和相似条件下的运行经验或通过试验确定。

③ 在设计中,根据生产运行经验,水力停留时间 $t = 10 \sim 30\text{min}$,流速采用 $0.2 \sim 0.6\text{m/s}$ 时,平均 G 值控制在 $20 \sim 70\text{s}^{-1}$ 范围之内;平均 GT 值控制在 $1 \times 10^4 \sim 1 \times 10^5$ 范围之内。

5.1.3.2 隔板絮凝池

① 隔板絮凝池根据隔板的设置情况,分为往复式和回转式两种。为了节省占地面积,可在垂直方向上设置成双层或多层隔板絮凝池,如往复回转式多层隔板絮凝池。

② 池数不少于 2 个,絮凝时间一般宜为 $20 \sim 30\text{min}$,高色度、难沉淀的细颗粒较多时宜采用高值。

③ 絮凝池廊道的流速,应按由大到小的渐变流速进行设计,起端流速一般宜为 $0.5 \sim 0.6\text{m/s}$,末端流速一般宜为 $0.2 \sim 0.3\text{m/s}$。通常采用改变隔板的间距的方法来达到改变流速的目的。

④ 隔板间净距一般宜大于 0.5m。

⑤ 进水管口应设置挡水措施,避免水流直冲隔板。

⑥ 絮凝池超高一般 0.3m。

⑦ 隔板转弯处的过水断面面积,应为廊道断面面积的 $1.2 \sim 1.5$ 倍。

⑧ 池底坡向排泥口的坡度,一般为 $2\% \sim 3\%$,排泥管直径不应小于 150mm。

5.1.3.3 旋流絮凝池

① 旋流絮凝池利用进口较高的流速,使水体产生旋流运动来完成絮凝过程。根据絮凝级数不同,可分为单级和多级旋流絮凝池(图 5-10、图 5-11)。多级旋流絮凝池中最常用的是穿孔旋流絮凝池。

② 池数一般不少于 2 个。

③ 单级絮凝池絮凝时间一般宜为 $8 \sim 15\text{min}$,池内水深与直径之比宜为 $10:9$,喷嘴流速一般为 $2 \sim 3\text{m/s}$,池出口流速多采用 $0.3 \sim 0.4\text{m/s}$,池内水头损失(不包括喷嘴和出口处)一般为 $0.1 \sim 0.2\text{mH}_2\text{O}$。

④ 穿孔旋流絮凝池由若干个方格组成。方格数一般不小于 6 格。各格之间的隔墙上沿

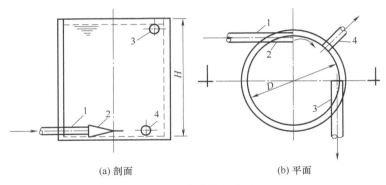

(a) 剖面　　　　　　　　　　　(b) 平面

图 5-10　旋流式絮凝池

1—进水管；2—喷嘴；3—出水管；4—排泥管；D—絮凝池直径

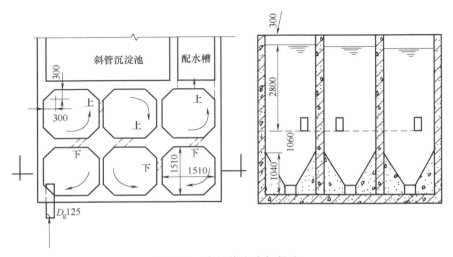

图 5-11　多级旋流式絮凝池

着池壁开孔，每格孔口应做上下对角交叉布置。平面常呈填角的方形，孔口采用矩形断面。池内积泥采用底部锥斗重力排除。一般按絮凝时间 15～25min、孔口流速由大到小渐变设计，起端流速一般宜为 0.6～1.0m/s，末端流速宜为 0.2～0.3m/s。

5.1.3.4　折板絮凝池

（1）常见形式

折板絮凝池具有多种形式，常用的有多通道和单通道的平折板、波纹板等，可布置成竖流式或平流式。

（2）平折板絮凝池

① 絮凝时间一般宜为 15～20min。

② 絮凝过程中的速度应逐段降低，分段数一般不宜少于三段，各段的流速可分别为：第一段，0.25～0.35m/s；第二段，0.15～0.25m/s；第三段，0.10～0.15m/s。

③ 折板夹角采用 90°～120°。

④ 第三段宜采用直板。

（3）波形板絮凝池

① 波形板絮凝池类似于多通道折板絮凝池（见图 5-12）。在各絮凝室中等间距地平行装

设波形板，形成几何尺寸相同、相互关联的水流通道。

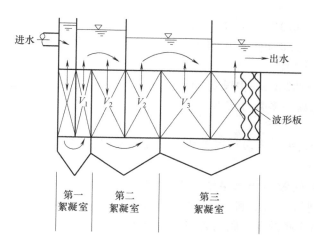

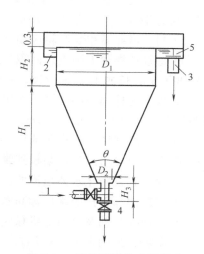

(a) 波形板絮凝池展开图　　　　(b) 相对波形板示意

图 5-12　波形板絮凝池示意

V_1，V_2，V_3—第一、第二、第三絮凝室容积；b_{min}—波形板谷距；b_{max}—波形板峰距

② 波形板可采用波长 200mm、波高 50mm（Ⅰ型）或波长 500mm、波高 100mm（Ⅱ型）。Ⅰ型适用于小规模装置化净化器，Ⅱ型适用于水厂构筑物。

③ 一般设计成 3 个连续絮凝室，形成三级絮凝。容积（停留时间）安排成逐级成倍递增，$V_1:V_2:V_3=t_1:t_2:t_3=1:2:4$，平均流速成倍递增，$v_1:v_2:v_3=4:2:1$。

④ 每一絮凝室波形板流程为 8～12m，波形板部分总流程为 24～30m。

⑤ 絮凝室的总水头损失约为 30～35cm。

5.1.3.5　涡流絮凝池

① 涡流絮凝池的平面形状一般为圆形（也可为方形或矩形），下部为锥体，上部为柱体（图 5-13）。水从底部进入向上形成扩散流动，流速逐渐减小，形成涡流，池子上部能够聚集较大的絮凝体，水流状态适于细小颗粒的接触凝聚作用。涡流絮凝池常与竖流沉淀池或澄清池配合使用。

② 单建涡流絮凝池，池数至少 2 个，絮凝时间宜为 5～10min，底部入口流速采用 0.7m/s，上部圆柱部分的上升流速采用 4～5m/s，底部锥体采用 30°～45°。出水可采用圆形集水槽、淹没式漏斗或淹没式穿孔管，其流速可采用 0.3～0.4m/s。

5.1.3.6　网格、栅条絮凝池

① 宜设计成多格竖流式。絮凝池分成许多面积相等的竖格，进水水流顺序从一格流向下一格，上下交错流动，直至出口。在全池 2/3 的分格内，水平放置网格或栅条。

② 絮凝时间宜为 12～20min，用于处理低温或低浊水时，絮凝时间可适当延长。

图 5-13　圆锥形涡流式絮凝池

1—进水管；2—圆周集水槽；3—出水管；
4—放水阀；5—栅条；
D_1—圆柱部分直径；D_2—圆锥底部直径；
H_1—圆锥部分高度；H_2—圆柱部分高度；
H_3—池底立管高度；θ—底部锥角

③ 絮凝池竖井流速、过栅（过网）、过孔流速逐段递减，分段数宜为三段，流速分别如下。

竖井平均流速：前段和中段 0.14～0.12m/s，末段 0.14～0.10m/s。

过栅（过网）流速：前段 0.30～0.25m/s，中段 0.25～0.22m/s，末段不安放栅条（网格）。

竖井之间孔洞流速：前段 0.30～0.250m/s，中段 0.20～0.15m/s，末段 0.14～0.10m/s。

④ 絮凝池分格数按照絮凝时间计算，多数分成 8～18 格，分格数宜均分成三段，前中段 3～5min，末段 4～5min。

⑤ 网格或栅条数前段较多，中段较少，末段可以不放。前段总数宜在 16 层以上，中段在 8 层以上，上下两层间距 60～70cm。

⑥ 网格或栅条的外框尺寸加安装间隙等于每格池的净尺寸。前段栅条缝隙为 50mm，网格孔眼为 80mm×80mm，中段分别为 80mm 和 100mm×100mm。

⑦ 一般排泥可用穿孔排泥管或单斗底排泥，阀门宜采用快开型，直径为 150～200mm，长度小于 5m。

⑧ 网格或栅条材料可用木料、扁钢、塑料、钢丝网水泥或钢筋混凝土预制件等。

⑨ 网格絮凝池，速度梯度 G 值前段宜为 70～100s^{-1}，中段 40～60s^{-1}，末段 10～20s^{-1}；栅条絮凝池，速度梯度 G 值前段宜为 70～100s^{-1}，中段 40～50s^{-1}，末段 10～20s^{-1}。

5.1.3.7 机械絮凝池

① 机械絮凝池是叶轮在水下搅拌的絮凝池。按照搅拌轴的安放位置，分为水平轴（卧）式和垂直轴（立）式。

② 絮凝时间一般宜为 15～20min。

③ 池内一般设 3～4 级搅拌机。

④ 搅拌机的转速应根据桨板边缘处的线速度通过计算确定，线速度宜自第一挡的 0.5m/s 逐渐变小至末端 0.2m/s。

⑤ 同一搅拌器相邻叶轮应相互垂直设计。

⑥ 每根搅拌轴上桨板总面积宜为水流截面积的 10%～20%，不宜超过 25%；每块桨板的宽度为桨板长的 1/15～1/10，一般采用 10～30cm。

⑦ 水平搅拌轴中心应设于池中水深 1/2 处，叶轮直径应比絮凝池水深小 0.3m，叶轮末端与池子侧壁间距不大于 0.2m。

⑧ 垂直搅拌轴中心设于池中间，上桨板顶端应设于池子水面 0.3m 处，下桨板底端设于距池底 0.3～0.5m 处，桨板外缘与池壁间距不大于 0.25m。

⑨ 池内宜设防止水体短流的设施，如垂直轴式宜设置固定挡板。

⑩ 絮凝池深度按照水厂标高系统布置确定，一般为 3～4m。

⑪ 全部搅拌轴及叶轮等机械设备，均应进行防腐处理。水平轴式的轴承与轴架宜设于池外，以避免池中泥砂进入导致磨损或折断。

【例题 5-3】 往复式隔板絮凝池设计

1. 已知条件

设计进水量 $Q=12.6×10^4$ m³/d（已包括 5% 的水厂自用水量）。

2. 设计计算

絮凝池设 2 座，根据《室外给水设计标准》（GB 50013—2018），絮凝时间宜为 20～30min，取 20min。

（1）设计水量计算

$$Q_1 = \frac{Q}{24n} = \frac{126000}{24 \times 2} = 2625 \ (\text{m}^3/\text{h}) = 0.729 \text{m}^3/\text{s}$$

（2）设计容积计算

① 絮凝池有效容积 $V = QT = 2625 \times 20/60 = 875$ （m³）。

② 絮凝池长度计算。考虑与平流沉淀池合建，絮凝池有效水深 H' 取 2.5m，池宽 B 取 16m。絮凝池长度 L' 为：

$$L' = \frac{V}{H'B} = \frac{875}{2.5 \times 16} = 21.9 \ (\text{m})$$

③ 隔板间距计算。流速分四段 $v_1 = 0.5$m/s，$v_2 = 0.4$m/s，$v_3 = 0.3$m/s，$v_4 = 0.2$m/s，则隔板间距 a_1 为：

$$a_1 = \frac{Q_1}{3600 v_1 H} = \frac{2625}{3600 \times 0.5 \times 2.5} = 0.583 \ (\text{m})$$

设计中：$a_1 = 0.6$m，实际流速 $v_1' = 0.486$m/s；$a_2 = 0.7$m，实际流速 $v_2' = 0.416$m/s；$a_3 = 1.0$m，实际流速 $v_3' = 0.292$m/s；$a_4 = 1.5$m，实际流速 $v_4' = 0.194$m/s。

各段隔板条数分别为 5、7、5、6，则池子长度 $L' = 5a_1 + 7a_2 + 5a_3 + 6a_4 = 21.9$ （m）。

隔板厚按 0.2m 计算，则池子总长 $L = 21.9 + (23-1) \times 0.2 = 26.3$ （m）。

④ 水头损失计算。n 取 0.013。

$R_1 = \dfrac{a_1 H'}{a_1 + 2H'} = \dfrac{0.6 \times 2.5}{0.6 + 2 \times 2.5} = 0.27$，$C_1 = \dfrac{1}{n} R_1^{\frac{1}{6}} = \dfrac{1}{0.013} \times 0.27^{\frac{1}{6}} = 61.8$，$C_1^2 = 3819.2$。

$R_2 = 0.31$，$C_2 = 63.3$，$C_2^2 = 4006.9$。

$R_3 = 0.42$，$C_3 = 66.6$，$C_3^2 = 4435.56$。

$R_4 = 0.58$，$C_4 = 70.2$，$C_4^2 = 4928.04$。

以上式中，R_i 为水力半径；n 为粗糙系数；C_i 为谢才系数。

廊道转弯处的过水断面面积为廊道断面积的 1.4 倍，则各段转弯处流速为：

$$v_{1t} = \frac{Q}{1.4 a_1 H' 3600} = 0.347 \ (\text{m/s})$$

同理求得 $v_{2t} = 0.298$m/s，$v_{3t} = 0.208$m/s，$v_{4t} = 0.139$m/s。

各段转弯处的宽度为 0.84m、0.98m、1.40m、2.10m。

各段廊道长度为：$l_1 = 5 \times (16-0.84) = 75.8$ （m），$l_2 = 7 \times (16-0.98) = 105.14$ （m），$l_3 = 5 \times (16-1.40) = 73$ （m），$l_4 = 6 \times (16-2.10) = 83.4$ （m）。

⑤ GT 值计算。隔板絮凝池计算简表见表 5-10。

表 5-10　隔板絮凝池计算简表

段数	m_i	l_i	R_i	v_{it}	v_i	C_i	C_{i2}	h_i
1	5	75.80	0.27	0.347	0.486	61.8	3819.20	0.109
2	7	105.14	0.31	0.298	0.416	63.3	4006.90	0.110
3	5	73.00	0.42	0.208	0.292	66.6	4435.56	0.036
4	5	83.40	0.58	0.139	0.194	70.2	4928.04	0.016
合计	$h = \sum h_i = 0.271$							

$$G = \sqrt{\frac{1000 \times 0.271}{60 \times 1.029 \times 10^{-4} \times 20}} = 47 \ (\text{s}^{-1})$$

$GT = 47 \times 20 \times 60 = 56400$，在 $10^4 \sim 10^5$ 之间，满足要求。

【例题 5-4】 折板絮凝池设计

1. 已知条件

设计进水量 $Q=5.5\times10^4\mathrm{m^3/d}$（已包括 10% 的水厂自用水量）。

2. 设计计算

（1）设计水量

设计水量（包括水厂自用水）为 $Q_\mathrm{d}=5.5\times10^4\mathrm{m^3/d}=0.636\mathrm{m^3/s}$；絮凝池与沉淀池合建。

（2）水力计算

根据设计标准，絮凝时间宜为 15~20min，絮凝时间取 18min，分三段絮凝。第一、二段采用相对折板，第三段采用平行直板。折板布置采用单通道。

流速梯度 G 要求由 $90\mathrm{s^{-1}}$ 渐减至 $20\mathrm{s^{-1}}$ 左右，絮凝池总 GT 值大于 2×10^4。

絮凝池有效水深 H_0，采用 3.5m。

絮凝池设两座，每座设计流量 q 为 $0.318\mathrm{m^3/s}$，每座设两组。每组分三段，每段絮凝区分为串联运行的三格。

每组絮凝池流量 $Q_\mathrm{d}=0.159\mathrm{m^3/s}=572.4\mathrm{m^3/h}$。

每组絮凝池容积 $W=Q_\mathrm{d}T/60=572.4\times18/60=171.72$（$\mathrm{m^3/h}$）。

每组絮凝池面积 $f=W/H=171.72/3.5=49$（$\mathrm{m^2}$）。

每组絮凝池净长 L 取 12.6m，絮凝池净宽 $B=f/L=49/12.6=3.9$（m）。

考虑到墙厚，则每座絮凝池净长 $=12.6+0.24\times8=14.52$（m），净宽 $=3.9\times2+0.2=8$（m）。

折板布置见图 5-14，板宽采用 0.5m，夹角 90°，板厚 60mm。第一段、第二段和第三段通道宽度分别为 1.2m、1.4m 和 1.6m。

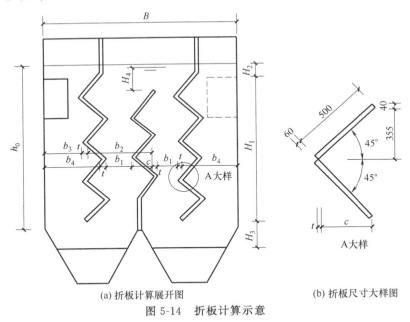

(a) 折板计算展开图   (b) 折板尺寸大样图

图 5-14 折板计算示意

（3）各段絮凝区计算

① 第一段絮凝区，取设计峰速为 0.3m/s。峰距 $b_1=\dfrac{每组絮凝池流量}{通道宽度\times设计峰速}=\dfrac{0.159}{1.2\times0.3}=0.442$

（m），取 $b_1=0.44$（m），则实际流速 $v_{1峰}=\dfrac{0.159}{1.2\times0.44}=0.301$（m/s）。

谷距 $b_2=b_1+2c=b_1+2\times0.5\sin45°=0.44+0.71=1.15$（m），则实际流速 $v_{1谷}=\dfrac{0.159}{1.2\times1.15}=$

0.115 （m/s）。

侧边峰距 $b_3 = \dfrac{B - 2b_1 - 3(t+c)}{2} = \dfrac{3.9 - 2 \times 0.44 - 3 \times (0.04 + 0.355)}{2} = 0.92$ （m）。

侧边峰速 $v'_{1峰} = \dfrac{0.159}{1.2 \times 0.92} = 0.144$ （m/s）。

侧边谷距 $b_4 = b_3 + c = 0.92 + 0.355 = 1.275$ （m），取 $b_4 = 1.28$m。

侧边谷速 $v'_{1谷} = \dfrac{0.159}{1.2 \times 1.28} = 0.104$ （m/s）。

a. 中间部分水头损失 h 的计算。渐放段水头损失为：

$$h_1 = \xi_1 \frac{v_1^2 - v_2^2}{2g} = \xi_1 \frac{v_{1峰}^2 - v_{1谷}^2}{2g} = 0.5 \times \frac{0.301^2 - 0.115^2}{2 \times 9.8} = 0.0019 \ (\text{m})$$

渐缩段水头损失为：

$$h_2 = \left[1 + \xi_2 - \left(\frac{F_1}{F_2}\right)^2\right] \frac{v_1^2}{2g} = \left[1 + 0.1 - \left(\frac{0.44}{1.15}\right)^2\right] \times \frac{0.301^2}{2 \times 9.8} = 0.0044 \ (\text{m})$$

式中，v_1 为峰速，m/s；v_2 为谷速，m/s；ξ_1 为渐放段阻力系数，$\xi_1 = 0.5$；F_1 为相对峰的断面积，m^2；F_2 为相对谷的断面积，m^2；ξ_2 为渐缩段阻力系数，$\xi_2 = 0.1$。

每格各有 6 个缩放组合，故 $h = 6 \times (h_1 + h_2) = 6 \times (0.0019 + 0.0044) = 0.0378$ （m）。

b. 侧边部分水头损失 h' 的计算。渐放段水头损失为：

$$h'_1 = \xi_1 \frac{v_1'^2 - v_2'^2}{2g} = \xi_1 \frac{v_{1峰}'^2 - v_{1谷}'^2}{2g} = 0.5 \times \frac{0.144^2 - 0.104^2}{2 \times 9.8} = 0.0003 \ (\text{m})$$

渐缩段水头损失为：

$$h'_2 = \left[1 + \xi_2 - \left(\frac{F_3}{F_4}\right)^2\right] \frac{v_1^2}{2g} = \left[1 + 0.1 - \left(\frac{0.92}{1.28}\right)^2\right] \times \frac{0.144^2}{2 \times 9.8} = 0.0006 \ (\text{m})$$

每格各有 6 个缩放组合，故 $h' = 6 \times (h'_1 + h'_2) = 6 \times (0.0003 + 0.0006) = 0.0054$ （m）。

c. 进口及转弯损失计算。共一个进口，1 个上转弯和 2 个下转弯。取上转弯处水深为 0.4m，下转弯处水深为 0.6m。则上转弯处流速 $v_0 = \dfrac{0.159}{0.4 \times 1.2} = 0.331$ （m/s），下转弯处流速 $v_0 = \dfrac{0.159}{0.6 \times 1.2} = 0.221$ （m/s）。上转弯的阻力系数 $\xi_3 = 1.8$，下转弯的阻力系数 $\xi_4 = 3.0$，另外 $\xi_{进口} = 3.0$，则每格进口及转弯损失：

$$h'' = \xi_{进} \frac{v_{进}^2}{2g} + \xi_3 \frac{v_0^2}{2g} + 2 \times \xi_4 \frac{v_0^2}{2g} = 3.0 \times \frac{0.3^2}{2 \times 9.8} + 1.8 \times \frac{0.331^2}{2 \times 9.8} + 2 \times 3.0 \times \frac{0.221^2}{2 \times 9.8} = 0.0389 \ (\text{m})$$

d. 总损失计算。每格总损失 $\sum h = h + h' + h'' = 0.0378 + 0.0054 + 0.0389 = 0.0821$ （m）。

第一絮凝区总损失 $H_1 = 3 \sum h = 3 \times 0.0821 = 0.2463$ （m）。

第一絮凝区停留时间 $T_1 = \dfrac{3 \times 1.2 \times 3.9 \times 3.5}{0.159 \times 60} = 5.15$ （min）。

第一絮凝区平均 $G_1 = \sqrt{\dfrac{\gamma H_1}{60 \mu T_1}} = \sqrt{\dfrac{1000 \times 0.2463}{60 \times 1.029 \times 10^{-4} \times 5.15}} = 88.01$ （s^{-1}）。

$G_1 T_1 = 88.01 \times 5.15 \times 60 = 2.72 \times 10^4$。

② 第二段絮凝区。峰距 $b_1 = \dfrac{0.159}{1.4 \times 0.2} = 0.568$ （m）。取 $b_1 = 0.57$ （m），则实际流速 $v_{2峰} = \dfrac{0.159}{1.4 \times 0.57} = 0.199$ （m/s）。

谷距 $b_2 = b_1 + 2 \times 0.5 \sin 45° = 0.57 + 0.71 = 1.28$ （m），则实际流速 $v_{2谷} = \dfrac{0.159}{1.4 \times 1.28} = 0.089$ （m/s）。

侧边峰距 $b_3 = \dfrac{B - 2b_1 - 3(t+c)}{2} = \dfrac{3.9 - 2 \times 0.44 - 3(0.04 + 0.355)}{2} = 0.92$ （m）。

侧边峰速 $v'_{2峰}=\dfrac{0.159}{1.4\times0.92}=0.123$（m/s）。

侧边谷距 $b_4=b_3+c=0.92+0.355=1.275$（m）。

侧边谷速 $v'_{2谷}=\dfrac{0.159}{1.4\times1.275}=0.089$（m/s）。

a. 中间部分水头损失计算。渐放段水头损失为：

$$h_1=\xi_1\frac{v^2_{2峰}-v^2_{2谷}}{2g}=0.5\times\frac{0.199^2-0.089^2}{2\times9.8}=0.0008\ （m）$$

渐缩段水头损失为：

$$h_2=\left[1+\xi_2-\left(\frac{F_1}{F_2}\right)^2\right]\frac{v^2_1}{2g}=\left[1+0.1-\left(\frac{0.57}{1.28}\right)^2\right]\times\frac{0.199^2}{2\times9.8}=0.0018\ （m）$$

每格各有 6 个缩放组合，故 $h=6\times(h_1+h_2)=6\times(0.0008+0.0018)=0.0156$（m）。

b. 侧边部分水头损失。渐放段水头损失为：

$$h'_1=\xi_1\frac{v^2_1-v^2_2}{2g}=\xi_1\frac{v'^2_{2峰}-v'^2_{2谷}}{2g}=0.5\times\frac{0.123^2-0.089^2}{2\times9.8}=0.0002\ （m）$$

渐缩段水头损失为：

$$h'_2=\left[1+\xi_2-\left(\frac{F_1}{F_2}\right)^2\right]\frac{v^2_1}{2g}=\left[1+0.1-\left(\frac{0.92}{1.275}\right)^2\right]\times\frac{0.123^2}{2\times9.8}=0.0004\ （m）$$

每格各有 6 个缩放组合，故 $h'=6\times(h'_1+h'_2)=6\times(0.0002+0.0004)=0.0036$（m）。

c. 进口及转弯损失计算。共一个进口，1 个上转弯和 2 个下转弯。取上转弯处水深为 0.4m，下转弯处水深为 0.6m。则上转弯处流速 $v_0=\dfrac{0.159}{0.4\times1.4}=0.284$（m/s），下转弯处流速 $v_0=\dfrac{0.159}{0.6\times1.4}=0.189$（m/s）。上转弯的阻力系数 $\xi_3=1.8$，下转弯的阻力系数 $\xi_4=3.0$，另外 $\xi_{进口}=3.0$，则

每格进口及转弯损失为：

$$h''=\xi_{进口}\frac{v^2_{进}}{2g}+\xi_3\frac{v^2_0}{2g}+2\times\xi_4\frac{v^2_0}{2g}=3.0\times\frac{0.2^2}{2\times9.8}+1.8\times\frac{0.284^2}{2\times9.8}+2\times3.0\times\frac{0.189^2}{2\times9.8}=0.0245\ （m）$$

d. 总损失。每格总损失 $\sum h=h+h'+h''=0.0156+0.0036+0.0245=0.0437$（m）。

第二絮凝区总损失 $H_2=3\sum h=3\times0.0437=0.1311$（m）。

第二絮凝区停留时间 $T_2=\dfrac{3\times1.4\times3.9\times3.5}{0.159\times60}=6.01$（min）。

第二絮凝区平均 $G_2=\sqrt{\dfrac{\gamma H_2}{60\mu T_2}}=\sqrt{\dfrac{1000\times0.1311}{60\times1.029\times10^{-4}\times6.01}}=59.44$（$s^{-1}$）。

$G_2T_2=59.44\times6.01\times60=2.14\times10^4$。

③ 第三段絮凝区。$b_1=\dfrac{0.159}{1.6\times0.11}=0.903$（m），取 $b_1=0.9$m，则实际流速为 $v_3=\dfrac{0.159}{1.6\times0.9}=0.11$（m/s）。

水头损失：共 1 个进口，3 个转弯，转弯的阻力系数 $\xi_4=3.0$，则：

$$h=4\times3.0\frac{0.11^2}{2g}=0.0074\ （m）$$

第三絮凝区总损失 $H_3=3\sum h=0.0126$（m）。

第三絮凝区停留时间 $T_3=\dfrac{3\times1.6\times3.9\times3.5}{0.159\times60}=6.87$（min）。

第三絮凝区平均 $G_3=\sqrt{\dfrac{\gamma H_3}{60\mu T_3}}=\sqrt{\dfrac{1000\times0.0126}{60\times1.029\times10^{-4}\times6.87}}=17.23$（$s^{-1}$）。

$G_3T_3=17.23\times6.87\times60=0.71\times10^4$。

④ GT 值。絮凝池总水头损失 $H = H_1 + H_2 + H_3 = 0.2463 + 0.1311 + 0.0126 = 0.39$（m）。

絮凝时间 $T = T_1 + T_2 + T_3 = 5.15 + 6.01 + 6.87 = 18.03$（min）。

$$G = \sqrt{\frac{\gamma H}{60 \mu T}} = \sqrt{\frac{1000 \times 0.39}{60 \times 1.029 \times 10^{-4} \times 18.03}} = 59.16 \ (\text{s}^{-1})。$$

总 $GT = 59.16 \times 18.03 \times 60 = 6.4 \times 10^4 > 2 \times 10^4$，满足要求。

（4）各絮凝段主要指标

折板絮凝池计算简表见表 5-11。

表 5-11　折板絮凝池计算简表

絮凝段	絮凝时间/min	水头损失/m	G/s^{-1}	GT 值
第一絮凝段	5.15	0.2463	88.01	2.72×10^4
第二絮凝段	6.01	0.1311	59.44	2.14×10^4
第三絮凝段	6.87	0.0126	17.23	0.71×10^4
合计	18.03	0.39	59.16	6.4×10^4

【例题 5-5】 栅条絮凝池设计

1. 已知条件：设计进水量 $Q = 7.15 \times 10^4 \ \text{m}^3/\text{d}$（已包括水厂自用水量）。

2. 设计计算

（1）设计水量

设计采用栅条絮凝池。设置 2 座絮凝池，单座并联两组，一组絮凝池的设计流量为：

$$Q_{单} = \frac{71500}{4} = 17875(\text{m}^3/\text{d}) = 744.79 \text{m}^3/\text{h} = 0.207 \text{m}^3/\text{s}$$

（2）设计参数

根据《室外给水设计标准》（GB 50013—2018），絮凝时间宜为 12～20min，选用栅条絮凝池的总絮凝时间 $t = 12$min，栅条絮凝池分前、中、后三段，前段栅条密实，中段栅条疏松，后段不设置栅条。前段过栅流速 $v_{1栅} = 0.25$m/s，竖井平均流速 $v_{1井} = 0.12$m，竖井过孔流速 0.2～0.3m/s；中段过栅流速 $v_{2栅} = 0.22$m/s，竖井平均流速 $v_{2井} = 0.12$m/s；竖井过孔流速 0.15～0.2m/s；后段竖井平均流速 $v_{3井} = 0.12$m/s，竖井过孔流速 0.1～0.14m/s。

（3）有效容积

$$V = \frac{Q_{单}}{60} = \frac{744.79 \times 12}{60} = 148.958 \ (\text{m}^3)$$

（4）平面面积

絮凝池与沉淀池通过过水廊道相互连接，考虑前后水处理构筑物间的配合，栅网絮凝池有效水深取 $H_{有效} = 4.2$m，则每座絮凝池平面面积 A 为：

$$A = \frac{V}{H_{有效}} = \frac{148.958}{4.2} = 35.466 \ (\text{m}^2)$$

（5）竖井设计

① 竖井的平面面积 $f = \frac{Q_{单}}{v_{井}} = \frac{0.207}{0.12} = 1.725 \ (\text{m}^2)$。

每个竖井平面尺寸 $L \times B = 1.4\text{m} \times 1.3\text{m}$，平面面积 $f_{实} = 1.4 \times 1.3 = 1.82 \ (\text{m}^2)$。

② 竖井的数量 $n = \frac{A}{f} = \frac{35.466}{1.82} = 19.487$，取 $n = 20$。

③ 竖井中栅条的布置。采用矩形钢筋混凝土竖井栅条，栅条宽度 50mm，厚度 50mm，预制拼装连接。

a. 前段栅条计算。设置密实栅条，竖井过水面积 $A_{1水} = \frac{Q_{单}}{v_{1栅}} = \frac{0.207}{0.25} = 0.828 \ (\text{m}^2)$。

竖井中栅条总面积 $A_{1栅} = 1.82 - 0.83 = 0.99 \ (\text{m}^2)$。

单栅过水断面面积 $a_{1栅} = 1.4 \times 0.05 = 0.07 \ (\text{m}^2)$。

栅条设置数量 $M_1 = \dfrac{A_{1栅}}{a_{1栅}} = \dfrac{0.99}{0.07} \approx 14.14$（根），取 $M_1 = 15$ 根。

絮凝池两侧的池壁各放置 1 根栅条，中间 13 根栅条并排放置，过水缝隙数为 14 个，则平均过水缝宽 S_1 为：

$$S_1 = \frac{1400 - 15 \times 50}{14} = 46.43 \text{（mm）}$$

实际过栅流速 $v'_{1栅}$ 为：

$$v'_{1栅} = \frac{0.207}{14 \times 1.3 \times 0.04633} = 0.245 \text{（m/s）}$$

b. 中段栅条计算。竖井过水面积 $A_{2水}$ 为：

$$A_{2水} = \frac{Q_单}{v_{2栅}} = \frac{0.207}{0.22} = 0.94 \text{（m}^2\text{）}$$

竖井中栅条总面积 $A_{2栅} = 1.82 - 0.94 = 0.88$（m^2）。

单栅过水断面面积 $a_{2栅} = 1.4 \times 0.05 = 0.07$（m^2）。

栅条设置数量 $M_2 = \dfrac{A_{2栅}}{a_{2栅}} = \dfrac{0.88}{0.07} \approx 12.57$（根），取 $M_2 = 13$ 根。

絮凝池两侧的池壁各放置 1 根栅条，中间 11 根栅条并排放置，过水缝隙数为 12 个，则平均过水缝宽 S_2 为：

$$S_2 = \frac{1400 - 13 \times 50}{12} = 62.5 \text{（mm）}$$

实际过栅流速 $v'_{2栅}$ 为：

$$v'_{2栅} = \frac{0.207}{12 \times 1.3 \times 0.0625} = 0.212 \text{（m/s）}$$

（6）絮凝池总高度

栅条絮凝池的有效高度 $H_{有效} = 4.2$m，絮凝池超高取 $H_{超高} = 0.3$m，絮凝池池底设有污泥斗和快开排泥阀进行排泥，污泥斗深度取 $H_{泥斗} = 0.5$m。

絮凝池总高度 $H = H_{有效} + H_{泥斗} + H_{超高} = 4.2 + 0.5 + 0.3 = 5.0$（m）。

（7）竖井隔墙孔洞尺寸

水流根据竖井编号依次通过竖井，竖井隔墙的上下侧合适位置开设孔洞。上部孔洞上边缘位于最高水位以下，下部孔洞下边缘与排泥槽齐平。

前段竖井过孔流速 0.3～0.2m/s，中段竖井过孔流速 0.2～0.15m/s，后段竖井过孔流速 0.14～0.1m/s。由竖井过孔流速与竖井过水面积确定孔洞尺寸，详见表 5-12。

表 5-12 竖井隔墙孔洞尺寸

竖井编号	孔洞高/m	孔洞宽/m	孔洞面积/m²	过孔流速/(m/s)	竖井编号	孔洞高/m	孔洞宽/m	孔洞面积/m²	过孔流速/(m/s)
1	0.60	1.20	0.72	0.288	11	0.90	1.20	1.08	0.192
2	0.60	1.20	0.72	0.288	12	0.90	1.20	1.08	0.192
3	0.60	1.20	0.72	0.288	13	0.90	1.20	1.08	0.192
4	0.60	1.20	0.72	0.288	14	0.90	1.20	1.08	0.192
5	0.60	1.20	0.72	0.288	15	1.50	1.20	1.80	0.115
6	0.60	1.20	0.72	0.288	16	1.50	1.20	1.80	0.115
7	0.60	1.20	0.72	0.288	17	1.50	1.20	1.80	0.115
8	0.90	1.20	1.08	0.192	18	1.50	1.20	1.80	0.115
9	0.90	1.20	1.08	0.192	19	1.50	1.20	1.80	0.115
10	0.90	1.20	1.08	0.192	20	1.50	1.20	1.80	0.115

（8）絮凝池尺寸

单座絮凝池并联两组，一组设 20 个竖井，按 4×5 布置，每个竖井的池壁厚度为 200mm，外墙按 300mm 考虑，可确定单座栅条絮凝池的平面结构尺寸（图 5-15），即：

$$L=1400×10+200×8+300×3=16.5mm=16.5（m）$$
$$B=1300×4+200×3+300×2=6400mm=6.4（m）$$

（9）水头损失计算

① 前段水头损失。前段竖井的数目 7 个，每个竖井内设置 3 层栅条，共有栅条 21 层。

$\xi_1=1.0$，过栅流速 $v_{1栅}=0.245m/s$，竖井隔墙 7 个孔洞，$\xi_2=3.0$，过孔流速分别为 $v_{1过孔}=v_{2过孔}=v_{3过孔}=v_{4过孔}=v_{5过孔}=v_{6过孔}=v_{7过孔}=0.295m/s$。前段水头损失为：

$$h=\sum h_1+\sum h_2=\sum \xi_1 \frac{v_1^2}{2g}+\sum \xi_2 \frac{v_2^2}{2g}$$
$$=21×1.0×\frac{0.245^2}{2×9.8}+7×3.0×\frac{0.295^2}{2×9.8}=0.158（m）$$

② 中段水头损失。中段竖井的数目 7 个，其中 4 个竖井设置 2 层栅条，3 个竖井设置 1 层栅条，共有栅条 11 层。

$\xi_1=0.9$，过栅流速 $v_{1栅}=0.212m/s$，竖井隔墙 7 个孔洞，$\xi_2=3.0$，过孔流速分别为 $v_{8过孔}=v_{9过孔}=v_{10过孔}=v_{11过孔}=v_{12过孔}=v_{13过孔}=v_{14过孔}=0.199m/s$。中段水头损失为：

$$h=\sum h_1+\sum h_2=\sum \xi_1 \frac{v_1^2}{2g}+\sum \xi_2 \frac{v_2^2}{2g}$$
$$=11×0.9×\frac{0.212^2}{2×9.8}+7×3.0×\frac{0.199^2}{2×9.8}=0.065（m）$$

③ 后段水头损失。后段竖井的数目 6 个，不设置栅条。

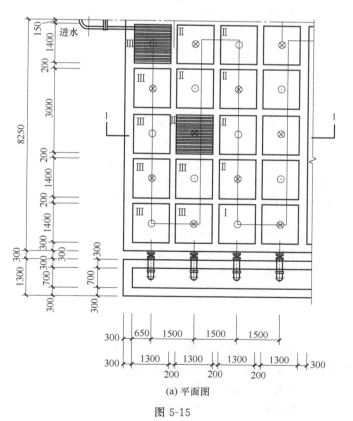

(a) 平面图

图 5-15

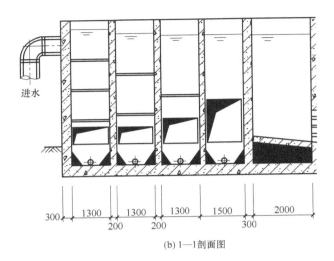

(b) 1—1剖面图

图 5-15　栅条絮凝池示意

竖井隔墙 6 个孔洞，$\xi_2=3.0$，过孔流速分别为 $v_{15过孔}=v_{16过孔}=v_{17过孔}=v_{18过孔}=v_{19过孔}=v_{20过孔}=0.114\text{m/s}$。后段水头损失为：

$$h=\sum h_2=\sum \xi_2\frac{v_2^2}{2g}=6\times3.0\times\frac{0.114^2}{2\times9.8}=0.012\ （\text{m}）$$

④ 总水头损失 $\sum h=0.158+0.065+0.012=0.235\ （\text{m}）$。

（10）各段停留时间

① 前段停留时间 $t_1=\dfrac{V_1}{Q}=\dfrac{1.4\times1.3\times4.2\times7}{0.207}=258.493\ （\text{s}）=4.31\text{min}$。

② 中段停留时间 $t_2=\dfrac{V_2}{Q}=\dfrac{1.4\times1.3\times4.2\times7}{0.207}=258.493\ （\text{s}）=4.31\text{min}$。

③ 后段停留时间 $t_3=\dfrac{V_3}{Q}=\dfrac{1.4\times1.3\times4.2\times6}{0.207}=221.565\ （\text{s}）=3.693\text{min}$。

（11）G 值的计算

设计池内水流温度为 20℃，$\mu=1.029\times10^{-4}\text{kg}\cdot\text{s/m}^2$，则 G 的平均值为：

$$\overline{G}=\sqrt{\frac{\rho\sum h}{60\mu T}}=\sqrt{\frac{1000\times0.235}{1.029\times10^{-4}\times(258.493+258.493+221.565)}}=55.588\ （\text{s}^{-1}）$$

$$\overline{G}T=55.588\times(258.493+258.493+221.565)=41054.57$$

$\overline{G}$ 值在 $20\sim70\text{s}^{-1}$ 范围之内，$\overline{G}T$ 值在 $1\times10^4\sim1\times10^5$ 范围之内，符合设计条件。

（12）排泥设计

栅条絮凝池池底布置穿孔排泥管，管径 $DN200\text{mm}$，排泥管上开设孔洞，其管径 $d=25\text{mm}$，排泥水通过穿孔排泥管上的孔洞进入排泥管内，由排泥管收集于排泥槽中，排泥槽底坡度 $i=0.5\%$，通过排泥管上的排泥阀对絮凝池排泥时间与排泥量进行控制。

5.2　沉淀池

沉淀池按其构造的不同可以布置成多种形式，在净水厂，一般设于絮凝之后、过滤之前，主要目的是降低浊度。沉淀池的类型有平流式沉淀池、竖流式沉淀池、辐流式沉淀池、斜管（板）沉淀池，其性能特点及适用条件见表 5-13。在设计中沉淀池型的选择，应根据水量规模、进水水质、气候条件、水厂平面和高程布置的要求，并结合絮凝池结构形式等因素确定。目前在供水厂应用较多的是平流式沉淀池和斜管（板）沉淀池。

表 5-13 沉淀池型式比较

型式	性能特点		适用条件
平流式沉淀池	优点	1. 可就地取材,造价低 2. 操作管理方便,施工较简单 3. 适应性强,潜力大,处理效果稳定 4. 带有机械排泥设备时,排泥效果好	1. 一般用于大中型净水厂 2. 原水含砂量大时,作预沉淀池
	缺点	1. 不采用机械排泥装置时,排泥较困难 2. 机械排泥设备维护较复杂 3. 占地面积较大	
竖流式沉淀池	优点	1. 排泥较方便 2. 一般与絮凝池合建,不需另建絮凝池 3. 占地面积较小	1. 一般用于小型净水厂 2. 常用于地下水位较低时
	缺点	1. 上升流速受颗粒下沉速度所限,出水量小,一般沉淀效果较差 2. 施工较平流式沉淀池困难	
辐流式沉淀池	优点	1. 沉淀效果好 2. 有机械排泥装置时,排泥效果好	1. 一般用于大中型净水厂 2. 在高浊度水地区,作预沉淀池
	缺点	1. 基建投资及经常费用大 2. 刮泥机维护管理较复杂,金属耗量大 3. 施工较平流式沉淀池困难	
斜管(板)沉淀池	优点	1. 沉淀效率高 2. 池体小,占地少	1. 宜用于大中型水厂 2. 宜用于旧沉淀池的扩建、改建和挖潜
	缺点	1. 斜管(板)耗用材料多,老化后尚需更换,费用较高 2. 对原水浊度适应性较平流式沉淀池差 3. 设机械排泥时,维护管理较平流式沉淀池麻烦	

　　沉淀池池体由进口区、沉淀区、出口区及泥渣区四部分组成。沉淀池的设计计算,主要应确定沉淀区和泥渣区的容积及几何尺寸,计算和布置进、出口及排泥设施等。

　　沉淀池排泥是否通畅关系到沉淀池的净水效果。排泥不畅、泥渣淤积过多,将严重影响出水水质。排泥方法有多斗重力排泥、穿孔管排泥和机械排泥三种,几种方法的比较见表 5-14。

表 5-14 几种排泥方法的比较

排泥方法	优　缺　点		适用条件
多斗重力排泥	优点	1. 可以分斗排泥,排泥均匀且无干扰 2. 与穿孔管排泥相比,排泥管不易堵塞 3. 排泥浓度较高	1. 原水浑浊度不高 2. 一般用于中小型水厂
	缺点	1. 池底结构复杂,施工较困难 2. 排泥不彻底,一般仍需定期人工清洗 3. 排泥操作劳动强度较大	
穿孔管排泥	优点	1. 池底结构较简单 2. 耗水量少 3. 少用机械设备	1. 原水浊度适应范围较广 2. 穿孔管长度不太长 3. 新建或改建的水厂
	缺点	1. 孔眼易堵塞,排泥效果不稳定 2. 检修不便 3. 原水浑浊度较高时排泥效果差	

排泥方法	优 缺 点		适用条件
机械排泥	优点	1. 排泥效果好 2. 可连续排泥 3. 池底结构较简单	1. 原水浑浊度较高 2. 排泥次数较多 3. 一般用于大中型水厂
	缺点	1. 设备和维修工作量较多 2. 排泥浓度较低	

沉淀池应尽量采用机械化排泥装置，有条件时，可对机械化排泥装置实施自动化控制。

5.2.1 平流式沉淀池

平流式沉淀池多为矩形水池，由进水区、沉淀区、储泥区、出水区四部分组成，构造见图 5-16。设计平流式沉淀池时应使进、出水均匀，池内水流稳定，提高水池的有效容积，同时减少紊动影响，以有利于提高沉淀效率。

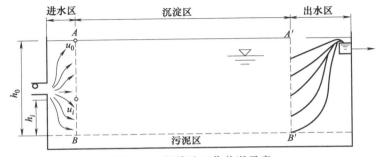

图 5-16　沉淀池工作状况示意

平流式沉淀池的主要设计参数如下。

① 沉淀池的池数或分格数一般不少于 2 座（对于原水浊度终年较低，经常低于 20NTU时，亦可设一座，但要设置超越管）。

② 池内平均水平流速，可采用 10~25mm/s；处理低温低浊水可采用 8~10mm/s；处理含藻水宜取 5~8mm/s。

③ 沉淀时间一般采用 1.5~3.0h。处理低温、低浊度水时可采用 2.5~3.5h，处理含藻水可取 2.0~4.0h。

④ 沉淀池有效水深一般为 3.0~3.5m。超高一般为 0.3~0.5m。池中水流应避免过多转折。

⑤ 池的长宽比应不小于 4：1，池的长深比不小于 10：1。每格宽度或导流墙间距一般采用 3~8m，最大为 15m。

⑥ 采用吸泥机排泥时，池底为平坡，当采用虹吸式或泵吸式桁车机械排泥时，池子分格宽度还应考虑机械桁架的宽度。

⑦ 沉淀池的进口布置要尽量做到在进水断面上水流均匀分布，在池子进水端宜采用穿孔墙配水，穿孔墙孔口流速不宜大于 0.1m/s。穿孔墙在池底积泥面以上 0.3~0.5m 处至池底部分不设孔眼，以免对沉泥造成扰动。

⑧ 沉淀池的出口布置要求在池宽方向均匀集水，集水槽溢流率不宜大于 $250m^3/(m \cdot d)$。当流速较大时，可考虑采用指形槽的出水方式。

⑨ 防冻可利用冰盖（适用于斜坡式池子）或加盖板（应有人孔、取样孔），有条件时可利用废热防冻。

⑩ 沉淀池应设放空管，泄空时间一般不超过 6h。

⑪ 沉淀池的水力条件用佛劳德数 Fr 复核控制。一般 Fr 控制在 $1 \times 10^{-4} \sim 1 \times 10^{-5}$ 之间。

⑫ 平流式沉淀池沉淀区主要几何尺寸的计算方法有以下 3 种。

a. 按沉淀时间和水平流速计算（此法目前多用）。

b. 按悬浮物在静水中的沉降速度及悬浮物去除百分率计算。

c. 按表面负荷率（溢流率）计算。

目前一般按第一种方法计算。

【例题 5-6】　平流沉淀池的设计计算

1. 已知条件

设计水量 $5.5 \times 10^4 \mathrm{m}^3/\mathrm{d}$（已包括水厂自用水量）。采用平流式沉淀池，设 2 座，则每座沉淀池的设计流量 $Q = 318 \mathrm{L/s}$。

按沉淀时间和水平流速计算方法计算，根据《室外给水设计标准》（GB 50013—2018）结合相关水厂运行经验，取沉淀时间 $T = 1.5 \mathrm{h}$，池内平均水平流速 $v = 17 \mathrm{mm/s}$，有效水深 $H = 3.1 \mathrm{m}$。

2. 设计计算

（1）池体尺寸

沉淀池净长 $L = 3.6vT = 3.6 \times 17 \times 1.5 = 91.8$（m）。

池平面面积 $F = QT/H = 0.318 \times 3600 \times 1.5/3.1 = 553.94$（m²）。

池宽 $B = F/L = 553.94/91.8 = 6.03$（m），取 6.0m。

实际有效水深 $H = \dfrac{QT}{BL} = 0.318 \times 3600 \times \dfrac{1.5}{6.0 \times 91.8} = 3.12$（m），取 3.1m。

校核过程如下。

长宽比 $L/B = 91.8/6 = 15.3 > 4$，满足要求。

长深比 $L/H = 91.8/3.1 = 29.61 > 10$，满足要求。

水力校核过程如下。

水流截面积 $\omega = 6 \times 3.1 = 18.6$（m²）。

水流湿周 $\chi = 6 + 2 \times 3.1 = 12.2$（m）。

水力半径 $R = \dfrac{\omega}{\chi} = 18.6/12.2 = 1.52$（m）。

弗劳德数 $Fr = \dfrac{v^2}{Rg} = \dfrac{1.7^2}{152 \times 981} = 1.94 \times 10^{-5}$（$Fr$ 在 $1 \times 10^{-4} \sim 1 \times 10^{-5}$ 之间）。

（2）沉淀池的进水设计

进水采用穿孔墙布置，尽量做到在进水断面上水流均匀分布，避免已形成的絮体破碎。穿孔墙过孔流速不宜大于 0.1m/s。

单座池墙长 6.0m，墙高 3.5m，有效水深 3.1m。

根据设计手册，一般当进水端用穿孔墙配水时，穿孔墙在池底积泥面以上 0.3 ~ 0.5m 处至池底部分不设孔眼，以免扰动沉泥。本设计采用 0.3m。

① 单个孔眼面积。孔眼尺寸考虑施工方便，采用尺寸：15cm × 8cm。

孔口面积 $w_0 = 0.15 \times 0.08 = 0.012$（m²）。

② 孔眼总面积。孔眼流速采用 $v_1 = 0.10 \mathrm{m/s}$，孔眼总面积 $\Omega_0 = \dfrac{q}{v_1} = \dfrac{0.318}{0.1} = 3.18$（m²）。

③ 孔眼总数 $n_0 = \dfrac{\Omega_0}{w_0} = \dfrac{3.18}{0.15 \times 0.08} = 265$（个）。

④ 孔眼布置。孔眼布置成 10 排，每排孔眼数为 265/10＝27（个）。为了方便施工，交错布置，每排有 26 个或 27 个孔眼。则实际孔口数 $n_0 = 5 \times 26 + 5 \times 27 = 265$（个），孔眼实际流速 $v_1' = \dfrac{q}{n_0 w_0} = \dfrac{0.318}{265 \times 0.012} = 0.1$（m/s）。

（3）沉淀池的集水系统

沉淀池的出口布置要求在池宽方向上均匀集水，采用指形槽出水。

① 指形槽的个数：$N = 4$。

② 指形槽的中心距：$a = B/N = 6/4 = 1.5$（m）。

③ 指形槽中流量 $q_0' = Q/N = 0.318/4 = 0.08$（m³/s）。

考虑到池子的超载系数为 20%，故槽中流量 $q_0 = 1.2q_0' = 1.2 \times 0.08 = 0.096$（m³/s）。

④ 指形槽的尺寸。槽宽 $b = 0.9q^{0.4} = 0.9 \times 0.096^{0.4} = 0.352$（m），为便于施工，取 $b = 0.4$m。

取溢流率为 250m³/(m·d)，则指形槽长度 $L = 55000/(2 \times 250 \times 4 \times 2) = 13.75$（m），取 14m。

起点槽中水深 $H_1 = 0.75b = 0.75 \times 0.4 = 0.3$（m）。

终点槽中水深 $H_2 = 1.25b = 1.25 \times 0.4 = 0.5$（m）。

为便于施工，槽中水深统一取 $H_2 = 0.5$m。

⑤ 槽的高度。集水方法采用锯齿形三角堰自由出流方式，跌落高度取 0.05m，槽的超高取 0.15m。则指形槽的总高度 $H_3 = H_2 + 0.15 + 0.05 = 0.70$（m），该高度为三角堰底到槽底的距离。

⑥ 三角堰的计算

a. 堰上水头取 0.06m，则每个三角堰的流量 q_1 为：

$$q_1 = 1.343H_1^{2.47} = 1.343 \times 0.06^{2.47} = 0.00129 \text{（m}^3\text{/s）}$$

b. 三角堰的个数

$n = q/q_1 = 0.318/0.00129 = 247$（个），考虑池子的超越系数为 20%，取 296 个。

池子总集水堰长＝$6 \times 2 \times 4 = 48$（m），则三角堰的中心距＝48/296＝0.16（m）。

⑦ 集水槽的设计。集水槽的槽宽 $b' = 0.9Q^{0.4} = 0.9 \times 0.318^{0.4} = 0.57$（m），为便于施工，取 0.6m。

起点槽中水深 $H_1 = 0.75 \times b' = 0.75 \times 0.6 = 0.45$（m）。

终点槽中水深 $H_2 = 1.25 \times b' = 1.25 \times 0.6 = 0.75$（m）。

为便于施工，槽中水深统一取 1.0m，自由跌水高度取 0.07m。

集水槽的总高度 $H = 0.7 + 0.07 + 1.0 = 1.77$（m）。

（4）沉淀池排泥

机械排泥具有排泥效果好、可连续排泥、操作方便等优点。设计采用虹吸式机械排泥装置。

（5）放空管管径确定

沉淀池放空时间取 3h，则放空管管径为：

$$d = \sqrt{\dfrac{0.7BLH^{0.5}}{T}} = \sqrt{\dfrac{0.7 \times 6 \times 91.8 \times 3.1^{0.5}}{1.5 \times 3600}} = 0.35 \text{（m），取 } DN350\text{mm}。$$

5.2.2　斜板与斜管沉淀池

5.2.2.1　斜板与斜管沉淀池的分类

斜板或斜管沉淀池，是一种在沉淀池内装有许多间隔较小的平行倾斜板，或直径较小的平行倾斜管的沉淀池。斜板（管）沉淀池，按进水方向的不同可分为三种类型。

（1）上向流斜板（管）沉淀池

上向流斜板（管）沉淀池的水，从斜板（管）底部流入，沿板（管）壁向上流动，上部出水，泥渣由底部滑出。此种形式，我国目前应用最多，尤其是斜管沉淀池。

（2）侧向流斜板沉淀池

侧向流斜板沉淀池的水，从斜板侧面平行于板面流入，并沿水平方向流动，而沉泥由底部滑出，水和泥呈垂直方向运动。

（3）下向流斜板（管）沉淀池

下向流斜板（管）沉淀池的水，从斜板（管）的顶部入口处流入，沿板（管）壁向下流动，水和泥呈同一方向运动，因此也叫下流式或同向流斜板（管）沉淀池。

斜板和斜管的水流断面形式有平行板、正六边形、矩形、方形、波纹网眼形等。斜管沉淀池从水力条件来看，比斜板的更优越，由于斜管的水力半径更小，因而雷诺数更低（一般小于 50），沉淀效果亦较显著。

斜板、斜管沉淀池的水力计算方法有分离粒径法、特性参数法和加速沉降法，见表 5-15。其中特性参数法偏于安全，亦较利于水质变化的条件。三种计算方式的区别在于对管内流速和颗粒沉降的假定不同。

表 5-15　斜板、斜管沉淀的水力计算方法及公式

流向	断面形式	分离粒径法	特性参数法	加速沉降法
上向流	圆管		$s=\dfrac{u_0}{v_0}\left(\dfrac{l}{d}\cos\theta+\sin\theta\right)=\dfrac{4}{3}$	$l=\dfrac{16}{15}v_0\sqrt{\dfrac{2d}{a\cos\theta}}-d\cdot tg\theta$
	平行板	$d_p^2=K\dfrac{Q}{A_f+A}$，或 $Q=\varphi u_0(A_f+A)$	$s=\dfrac{u_0}{v_0}\left(\dfrac{l}{d}\cos\theta+\sin\theta\right)=1$	$l=\dfrac{4}{5}v_0\sqrt{\dfrac{2d}{a\cos\theta}}-d\cdot tg\theta$
下向流	平行板	$d_p^2=K\dfrac{Q}{A_f-A}$，或 $Q=\varphi u_0(A_f-A)$	$s=\dfrac{u_0}{v_0}\left(\dfrac{l}{d}\cos\theta-\sin\theta\right)=1$	$l=\dfrac{4}{5}v_0\sqrt{\dfrac{2d}{a\cos\theta}}+d\cdot tg\theta$
侧向流		$d_p^2=K\dfrac{Q}{A_f}$，或 $Q=\varphi u_0 A_f$	$s=\dfrac{u_0}{v_0}\cdot\dfrac{l}{d}\cos\theta=1$	$l=v_大\sqrt{\dfrac{2d}{a\cos\theta}}$

注：d_p 为分离颗粒的粒径；K 为系数，由实验求得；φ 为沉淀池有效系数；Q 为池的进水流量；A_f 为斜板总投影面积；A 为斜板区表面积；u_0 为颗粒临界沉降速度；s 为特性参数；v_0 为板（管）内平均流速；l 为斜板（管）长度；θ 为斜板（管）倾角；a 为颗粒的沉降加速度；$v_大$ 为管内纵向最大流速；d 为相邻斜板的垂直距离或斜管管径。

采用此类沉淀池时，应注意絮凝的完善和排泥布置的合理等，排泥方式可采用穿孔管排泥或机械排泥。

5.2.2.2　设计要求

（1）颗粒沉淀速度

它与原水性质、出水水质的要求及絮凝效果等因素有关，宜通过试验或参照相似条件下的水厂运行经验确定。无数据时，侧向流斜板沉淀池设计颗粒沉速可采用 0.16～0.3mm/s。

（2）上升流速

它泛指斜板、斜管区平面面积上的液面上升流速，可根据表面负荷计算求得。上向流斜管沉淀池清水区液面负荷可采用 5.0～9.0m³/(m²·h)，低温低浊水处理液面负荷可采用 3.6～7.2m³/(m²·h)；侧向流斜板沉淀池清水区液面负荷可采用 6.0～12.0m³/(m²·h)，低温低浊水宜采用下限值。

（3）斜板（管）的倾角、管径和板距

管径指圆形斜管的内径，或是正方形的边长，或是六边形的内切圆直径。板距则指矩形

或平行板间的垂直距离。管径一般为 25~40mm。板距采用 80~100mm。倾角采用 60°。

（4）斜板（管）的长度

斜板（管）长一般为 1.0m。考虑到水流由斜管进口端的紊流过渡到层流的影响，斜管计算可另加 20~25cm 过渡段长度，作为斜管的总长度。

（5）有效系数（或利用系数）φ

它指斜板（管）区中有效过水面积（总面积扣除斜板或斜管的结构面积）与总面积之比。它由于材料厚度和性状不同而异。塑料与纸质六边形蜂窝斜管，$\varphi=0.92~0.95$；石棉水泥板 $\varphi=0.79~0.86$。

（6）配水及集水

上向流斜管沉淀池底部配水区高度不宜小于 2.0m，清水区保护高度不宜小于 1.2m。为均匀配水和集水，侧向流斜板沉淀池在进口与出口处应设置整流墙，其孔口可为圆形、方形、楔形、槽形等。一般开孔面积约占墙面积的 3%~7%。要求进口整流墙的穿孔流速不大于絮凝池的末档流速。整流墙与斜板进口的间距为 1.5~2.0m，距出口 1.2~1.4m。

（7）侧向流斜板沉淀池板内流速 v_0

侧向流斜板沉淀池板内流速 v_0 可按 10~20mm/s 设计。

（8）停留时间 T

停留时间指水流在斜管（板）内通过的时间，是根据管长或板距 P 和沉降速度 u_0 求得，而不是一个控制指标。水在上向流斜管沉淀池中的停留时间一般为 4~7min，在侧向流斜板沉淀池中的停留时间一般为 10~15min。

（9）雷诺数 Re 和佛劳德数 Fr

为判定沉淀效果的指数。普通斜板沉淀池的雷诺数一般为几百到 1000，基本上属层流区。斜管沉淀池的雷诺数往往在 200 以下，甚至低于 100。目前在设计斜板、斜管沉淀池时，一般只进行雷诺数的复核，而对佛劳德数往往不予核算。

【例题 5-7】 上向流斜板、斜管沉淀池的设计计算

1. 已知条件

设计进水量 $Q=7.15×10^4 m^3/d$（已包括水厂自用水量）。

2. 计算例题

（1）基本参数

设斜管沉淀池两座，每座设计流量 $Q_单$ 为：

$$Q_单 = \frac{71500}{2} = 35750 \ (m^3/d) \ = 1489.58 m^3/h = 0.414 m^3/s$$

（2）池体设计

① 清水区有效面积。根据《室外给水设计标准》（GB 50013—2018），斜管沉淀池清水区液面负荷可采用 5.0~9.0m³/(m²·h)，斜管沉淀区液面负荷取 $q=9m^3/(m^2·h)=2.5mm/s$，则斜管沉淀池清水区面积 $A' = \frac{Q_单}{q} = \frac{1489.58}{9} = 165.509 \ (m^2)$。

② 斜管区面积。斜管沉淀池的有效系数取 $\varphi=0.95$，则斜管区的有效面积 $A = \frac{A'}{\varphi} = \frac{165.509}{0.95} = 174.22 \ (m^2)$。

③ 进水方式确定。栅条絮凝池出水通过中央配水廊道流入斜管沉淀池，一座斜管沉淀池与一座絮凝池同宽设置。

④ 斜管管内流速。斜管沉淀池液面上升流速取 $v=2.5mm/s$，倾角 α 为 60°，则斜管管内流速

$$v_0 = \frac{v}{\sin\alpha} = \frac{2.5}{\sin60°} = 2.89 \text{（mm/s）}.$$

考虑到斜管沉淀池中水量波动，本设计取 $v_0 = 3\text{mm/s}$。

⑤ 斜管长度

a. 有效管长。参照《给水排水设计手册》（第 3 册）第 8 章，混凝处理后的颗粒沉降速度取 $u_0 = 0.35\text{mm/s}$，采用厚 0.4mm 聚丙烯塑料板热压六边形蜂窝管。内切圆直径（斜管管径）$d = 30\text{mm}$。查阅正六边形断面斜管计算曲线图得到 $l/d = 25$，则有效管长为 $l = 25d = 25 \times 30 = 750$（mm）。

b. 过渡段长度。考虑管端紊流、积泥因素，过渡段长度取 $l' = 250\text{mm}$。

c. 斜管总长度 $L = l + l' = 750 + 250 = 1000$（mm）。

⑥ 池宽设计。沉淀池应与絮凝池同宽，考虑絮凝池内的墙体，一座沉淀池的池长 L' 取 15.9m，则斜管沉淀池的宽度 B 为：$B = A'/L' = 174.22/15.9 = 10.957$（m）$\approx 11\text{m}$。

采用钢筋混凝土柱、小梁及角钢架设成钢管支撑系统。

⑦ 雷诺数 Re 复核。斜管管内水流速度 $v_0 = 3\text{mm/s} = 0.3\text{cm/s}$，当水温 20℃ 时，水的运动黏度系数 $\nu = 0.01\text{cm}^2/\text{s}$，水力半径 R 为：

$$R = \frac{d}{4} = \frac{30}{4} = 7.5 \text{（mm）} = 0.75\text{cm}$$

则管内水流的实际雷诺数 Re 为：

$$Re = \frac{v_0 R}{v} = \frac{0.3 \times 0.75}{0.01} = 22.5 < 500$$

⑧ 弗劳德数 Fr 复核。$Fr = \frac{v_0^2}{Rg} = \frac{0.3^2}{0.75 \times 9.81 \times 100} = 1.22 \times 10^{-4}$，介于 $10^{-3} \sim 10^{-4}$ 之间，基本符合设计要求。

⑨ 斜管内沉淀时间。已知斜管总长度 L 和斜管管内流速 v_0，可以求得实际斜管内沉淀时间 t 为：

$$t = \frac{L}{v_0} = \frac{1000}{3} = 333.33 \text{（s）} \approx 5.55\text{min}$$

因此符合设计规定 4～7min 的要求。

（3）沉淀池总高度设计

沉淀池超高取 $H_1 = 0.4\text{m}$；清水区高度取 $H_2 = 1.5\text{m}$；斜管区高度 H_3 为：

$$H_3 = L\sin\alpha = 1.0 \times \sin60° = 0.87 \text{（m）}$$

配水区高度按照泥槽顶设计，本设计取 $H_4 = 1.5\text{m}$。采用穿孔管进行排泥操作，V 形槽边与水平面之间的夹角成 45°，共设置槽数为 8 个，排泥管上安装有快开阀门，排泥槽高度取 $H_5 = 0.73\text{m}$。则斜管沉淀池的有效池深 H' 和沉淀池总高度 H 分别为：

$$H' = H_2 + H_3 + H_4 = 1.5 + 0.87 + 1.5 = 3.87 \text{（m）}$$
$$H = H_1 + H_2 + H_3 + H_4 + H_5 = 0.4 + 1.5 + 0.87 + 1.5 + 0.73 = 5.0 \text{（m）}$$

（4）进口配水系统设计

进口采用穿孔墙进行均匀配水，穿孔墙上开设许多进水孔，位于沉淀池斜管区下方。穿孔管的孔口流速 $v = 0.1\text{m/s}$，则孔口总面积 $A_{孔口} = Q_单/v = 0.414/0.1 = 4.14$（$\text{m}^2$）。

每个孔口的尺寸为 20cm×20cm，孔口数 104 个。进水孔位置应在斜管以下、沉泥区以上部位。布置成 4 层，采用梅花形布置，每行设 26 个孔。孔口区域高取为 0.9m，距离斜管底部和排泥槽顶部各 0.30m。

（5）集水及出水系统设计

① 淹没式集水槽设计。采用淹没式穿孔集水槽集水，设计出水孔口流速 $v_1 = 0.6\text{m/s}$，则穿孔总面积 $A = Q_单/v_1 = 0.414/0.6 = 0.69$（$\text{m}^2$）。

每个出水孔口孔径取 $d = 4\text{cm}$，则单个孔口面积 f 和出水孔口个数 n 分别为：

$$f = \frac{\pi d^2}{4} = \frac{3.14 \times 0.04^2}{4} = 0.001256 \text{ （m}^2\text{）}$$

$$n = \frac{A}{f} = \frac{0.69}{0.001256} = 549.36 \text{ （个）} \approx 550 \text{ 个}$$

设每条集水槽的宽度 0.3m，间距 1.30m，共设 10 条集水槽，两边开孔，每条集水槽一侧开孔数为 28 个，有效槽长为 11m，孔间距为 0.34m，孔与槽端间为 0.35m。

设穿孔集水槽的起端水流截面为正方形，已知 $q_0 = 0.0414\text{m}^3/\text{s}$，则穿孔集水槽水深与宽度为：$H_1 = B_1 = 0.9 \times 0.0414^{0.40} = 0.252$ （m），故取 $H_1 = B_1 = 0.25\text{m}$。

集水槽采用淹没式自由跌落，淹没深度取 5cm，跌落高度取 5cm，槽超高取 15cm，则集水槽总高度 $H = H_1 + 0.05 + 0.05 + 0.15 = 0.25 + 0.05 + 0.05 + 0.15 = 0.5$ （m）。

② 集水总渠设计。出水总渠宽 $B_2 = 0.70\text{m}$，流量超载系数 k 取 1.20，渠道底坡度为零，则渠道起端水深 $H_3 = 1.73 \times \sqrt{\dfrac{1.20 \times 0.414}{9.8 \times 0.7^2}} = 0.557$ （m），取 $H_3 = 0.56\text{m}$。

集水槽至集水总渠跌落高度 0.10m，设集水总渠顶面与沉淀池顶面平齐，则集水总渠总深度 1.0m，则沉淀池出水系统总水头损失为 0.2m。

③ 出水管线设计。每座斜管沉淀池设计流量 $Q_单 = 0.414\text{m}^3/\text{s}$，出水管管径取 $DN700\text{mm}$，$v = 1.076\text{m/s}$，查阅水力计算表，确定沿程水头损失 $1000i = 2.01$，斜管沉淀池出水管即滤池进水管。

（6）排泥系统设计

① 排泥阀选定。本设计采用自动兼手动复合排泥阀，保证沉淀池排泥阀正常工作。

② 排泥管设计。采用穿孔管排泥，每日排泥 1 次。操作简便，排泥历时短，耗水量少，排泥时不停水，排泥管兼作沉淀池的放空管。参照《给水排水设计手册》（第 3 册）第 8 章，首末端积泥比 $m_s = 0.5$，$K_w = 0.72$，穿孔管孔口直径 $d = 32\text{mm}$，则孔口面积 $f = \pi D^2/4 = 3.14 \times 0.032^2/4 = 0.0008$ （m^2）。

a. 孔眼数目。池内每根穿孔管长度 $L = 7.6\text{m}$，考虑双侧布孔，计算长度 $L_计 = 15.2\text{m}$；孔眼间距取 $s_1 = 0.38\text{m}$，孔眼与管端间距取 $s_2 = 0.28\text{m}$，则孔眼的数量 $m = \dfrac{L_计}{s} - 1 = \dfrac{15.2 - 0.28 \times 4}{0.38} - 1 = 36$ （个）。

b. 孔眼总面积。$\sum w_0 = mf = 36 \times 0.0008 = 0.0288$ （m^2）。

c. 孔管断面积 $w = \sum w_0 / K_w = 0.0288/0.72 = 0.04$ （m^2）。

d. 穿孔管直径 $D_0 = \sqrt{\dfrac{4w}{\pi}} = \sqrt{\dfrac{4 \times 0.04}{3.14}} = 0.225$ （m），取 $D_0 = 250\text{mm}$。

选用管径为 250mm，孔径为 $\varphi 32\text{mm}$，孔眼向下与垂直线成 45°，分两行交错排列。

e. 孔口阻力系数。已知穿孔管的壁厚 $\delta = 10\text{mm}$，穿孔管的孔口直径 $d = 32\text{mm}$，则 $K_\delta = \delta/d = 10/32 = 0.3125$。

因此可计算孔口阻力系数 $\delta_0 = 1/K_\delta^{0.7} = 1/0.3125^{0.7} = 2.26$

f. 穿孔管末段流速。参照《给水排水设计手册》（第 3 册）第 8 章，$DN250\text{mm}$ 穿孔排泥管摩阻系数 $\lambda = 0.042$；无孔输泥管直径 $D_1 = 250\text{mm}$，$l = 2.0\text{m}$；无孔输泥管局部阻力系数 $\xi = 5.0$（含进口、出口、阀门、弯头等）。

$m = 36 < 40$，则穿孔管末端流速 v 为：

$$v = \sqrt{\frac{2g(H - 0.20)}{\xi_0 \left(\dfrac{1}{K_w}\right)^2 + \left[2.5 + \dfrac{\lambda L}{D_0} \dfrac{(m+1)(2m+1)}{6m^2}\right] + \dfrac{\lambda l}{D_1} \times \dfrac{D_0^4}{D_1^4} + \xi \dfrac{D_0^4}{D_1^4}}} \tag{5-8}$$

式中，H 为沉淀池有效水深，取 3.40m；g 为重力加速度，取 9.8m/s^2；ξ_0 为孔眼阻力系数，2.26；K_w 为孔口总面积与穿孔管截面积之比，0.72；λ 为水管摩阻系数，0.042；L 为穿孔管长度，15.6m；D_0 为穿孔管直径，250mm；m 为孔眼个数，38；l 为无孔输泥管长度，取 2.0m；D_1 为无孔输泥管直径，250mm；ξ 为无孔输泥管局部阻力系数，5.0。

将上述各值代入公式计算得到 $v=2.19\mathrm{m/s}$。

g. 穿孔管末端流量 $Q=wv=0.0425\times 2.19=0.093$（$\mathrm{m^3/s}$）。

③ 排泥槽设计。沉淀池底部为排泥槽，絮凝池与沉淀池共用排泥槽，其底坡为 0.5%。槽中放置 10 根沉淀池排泥管。排泥槽为梯形，顶宽 2.1m。底宽设为 0.5m，斜面与水平夹角约为 45°，排泥槽斗高 0.735m。

④ 排泥渠道设计。排泥渠接纳排泥管排出的沉淀污泥。排泥总渠与反应池排泥渠相连，同样采用渠宽取 0.7m，渠内水深 0.5m，保护高度 0.3m。排泥渠设于反应池两侧，渠上设水泥盖板。斜管沉淀池的布置见图 5-17。

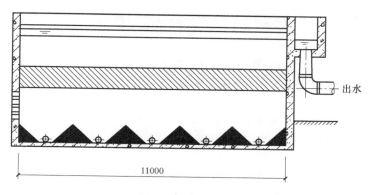

(a) 1—1剖面

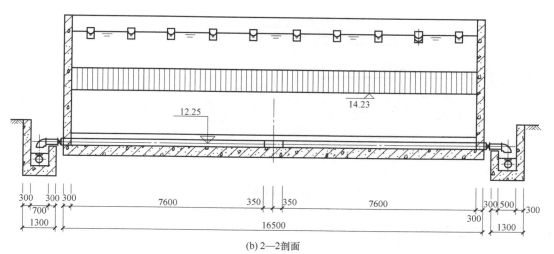

(b) 2—2剖面

图 5-17　斜管沉淀池布置示意图

【例题 5-8】　侧向流斜板沉淀池的计算

1. 已知条件

某给水处理厂，设计水量 $Q=10^4\mathrm{m^3/d}$（已包括水厂自用水量），采用侧向流斜板沉淀池，设计参数为：颗粒沉降速度 $u_0=0.3\mathrm{mm/s}=0.0003\mathrm{m/s}$，板内平均流速 $v_0=15\mathrm{mm/s}=0.015\mathrm{m/s}$。斜板装置分上下两段，每段斜板长 $l'=1\mathrm{m}$。斜板板距 $P=100\mathrm{mm}=0.1\mathrm{m}$，倾角 $\theta=60°$，有效系数 $\varphi=0.8$。

2. 设计计算

（1）斜板的计算

采用特性参数法设计计算（式中符号意义见表 5-15）。

① 水流方向上的板长 l。由侧向流平行板的特性参数公式求板长 l 得：

$$l=\frac{v_0 d}{u_0 \cos\theta}=\frac{v_0 P \sin\theta}{u_0 \cos\theta}=\frac{v_0 P}{u_0}\tan\theta=\frac{0.015\times 0.1}{0.0003}\tan 60°=8.66 \text{（m）}$$

若考虑有效系数 φ，按 $\varphi=0.8$ 计，则水流方向的斜板长度 $=l/\varphi=8.66/0.8=10.83$（m），取 10.8m。

② 斜板区横断面积 $A=Q/v_0=0.12/0.015=8$（m²）。

③ 斜板高度 h_1。斜板分上下两段，每段斜板高度 $h=l'\sin\theta=1\times\sin 60°=0.866$（m）。

两段斜板总高 $h_1=2h=2\times 0.866=1.732$（m）。

④ 池宽 $B=A/h_1=8/1.732=4.62$（m），取 5m。

⑤ 斜板总面积 $A'=2\dfrac{B}{P}l'l=2\times\dfrac{5}{0.1}\times 1\times 10.8=1080$（m²）。

（2）排泥

采用穿孔管排泥，与水流垂直敷设 6 条槽，在进、出水区另加 2 条，槽宽 1.4m，槽壁倾角 60°，槽壁斜高 1m。考虑到斜板支承系统的高度及维修要求，排泥槽顶距斜板底采用 1.2m。

（3）沉淀部分总长

整流墙距进口采用 1.5m，斜板区纵长为 10.8m，斜板出口至整流墙采用 1.2m，出水渠宽采用 1.0m，沉淀区总长为 14.5m。

（4）池子总高度

超高采用 0.3m，斜板全高（两段）为 1.73m，斜板底与排泥槽上口距离采用 1.20m，排泥槽高采用 1.00m，池子总高度为 4.23m。

侧向流斜板沉淀池的布置见图 5-18。

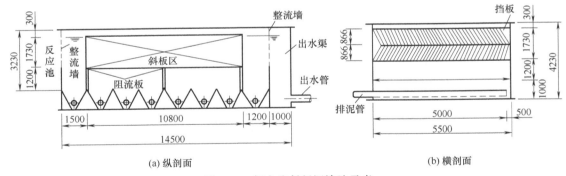

(a) 纵剖面　　　　　　　　　　　　(b) 横剖面

图 5-18　侧向流斜板沉淀池示意

5.2.3　迷宫式斜板沉淀池

迷宫式斜板沉淀池是在一般的斜板沉淀池的斜板垂直方向安装数道翼形叶片，翼形叶片将进入的水流分为主流区、漩涡区和环流区。如图 5-19 所示。位于主流区内的絮体，在流速和沉速的同时作用下逐步下沉。在漩涡区内的絮体，被强制输送到环流区，每经过一个翼片截留一些絮体。进入环流区的絮体，在环流作用下，呈螺旋形运动并沿翼片槽下沉到池底。迷宫式斜板沉淀漩涡区的漩涡强制输送和环流区的高效沉淀作用，使其具有较高的沉淀效率。

迷宫式斜板沉淀池有侧向流（见图 5-19）和上向流两种，侧向流优于上向流，并在工程上应用较多。

侧向流迷宫斜板沉淀池的池体包括进水区，迷宫斜板区和出水区，水流沿水平方向流动，其设计要点如下。

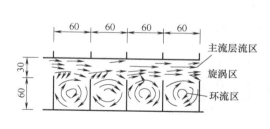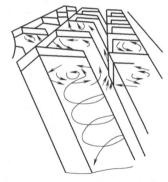

(a) 迷宫沉淀流态   (b) 迷宫沉淀立体展示

图 5-19 侧向流迷宫斜板沉淀池沉淀区示意

① 断面水平流速一般为 7～10mm/s，主流区流速可取 20～35mm/s。表面负荷率采用 10～14m³/(h·m²)，低温低浊水用下限。

② 迷宫斜板沉淀池的池深由迷宫斜板区高度、积泥区高度和超高组成。迷宫斜板区的有效高度约 2.6m，可设置 3 层斜板。斜板下积泥区高度一般不小于 1.4m，超高为 0.3m，池的总高度在 4.3～4.5m 左右。

③ 迷宫斜板沉淀池的斜板一般选用长为 1m、宽为 600～900mm、厚为 1.0～1.5mm 的聚氯乙烯平板。斜板的倾斜角为 60°，斜板间距 80～90mm。

④ 翼片斜板长度一般为 1.0～2.0m，沿池深方向分成 2～3 层，呈人字形折转布置。当原水浊度高时，选用的板材长度宜短，而折数增加。斜板上的翼片间距为 60mm，高为 60mm。

⑤ 斜板上的翼片间距为 60mm，高为 60mm。单元翼片区格分离系数 K 一般采用 0.08～0.09。

⑥ 迷宫斜板沉淀池的进口端一般应设穿孔或栅缝配水墙，孔口或栅缝的流速宜小于 0.1mm/s，配水墙距离迷宫斜板的距离为 0.5～2m；出口选用穿孔集水槽或孔口出流，出水区长度一般为 1.0～1.4m。

【例题 5-9】 迷宫式斜板沉淀池的设计计算

1. 已知条件

某水厂设计水量 $Q=2\times10^4 m^3/d=833.33 m^3/h$（已包括水厂自用水量），采用迷宫式斜板沉淀池，进入沉淀池时，水的浊度 $C_0=500$ 度，第 i 格翼片区残余浊度 $C_i=12$ 度，$i\sim\infty$ 格不能沉降的絮凝残余浊度 $C_\infty=3$ 度。设计参数：断面水平流速 $v_0=8mm/s$，迷宫斜板规格为长 $L=1000mm$，宽 $B=900mm$，板厚 $\delta=1.5mm$，斜板间距 $P=90mm$，倾角 $\theta=60°$，斜板翼片间距 $b_0=60mm$，高 60mm。单元翼片区格分离系数 $K=0.085$。

2. 设计计算

(1) 斜板区沿流向的翼片区格总数 i

$$i=\frac{\lg\left(\frac{C_i-C_0}{C_0-C_\infty}\right)}{\lg(1-K)}=\frac{\lg\left(\frac{12-3}{500-3}\right)}{\lg(1-0.085)}=44.74 \text{（格）}$$

沿流向设 3 块迷宫斜板，每块板上有 15 个叶片区格，则 $i=45$ 格。

(2) 沉淀池的总长度 L

$$L_2=il+l_0(n-1)=45\times0.06+0.1\times(3-1)=2.9 \text{（m）}$$

进水端采用配水花墙，进水区长度 L_1 取 1.4m，出水选用穿孔集水槽，出水区长度 L_3 取 1.4m。沉淀池总长 $L=L_1+L_2+L_3=1.4+2.9+1.4=5.7$（m）。

（3）沉淀池的宽度 B

翼片斜板在竖向设三层，布置 $N=3$。

迷宫斜板的有效高度 $H_1=NL\sin\theta=3\times1\times\sin60°=2.6$（m）。

迷宫斜板区宽度 $B_1=\dfrac{Q}{v_0\times10^{-3}\times H_1}=\dfrac{0.231}{8\times10^{-3}\times2.6}=11.11$（m）。

迷宫斜板区结构宽 $B_2=\left(\dfrac{B_1}{b_0\sin60°}+1\right)\delta=\left(\dfrac{11.11}{0.06\times0.866}+1\right)\times0.0015=0.32$（m）。

边壁滑泥区宽 $B_3=2\times0.07=0.14$（m）。

沉淀池的宽度 $B=B_1+B_2+B_3=11.11+0.32+0.14=11.57$（m），取 11.6m。

（4）沉淀池的高度 H

迷宫斜板的有效高度 $H_1=2.6$m，积沉区高度 H_2 取 1.4m，超高 H_3 取 0.3m，则沉淀池的总高度 $H=H_1+H_2+H_3=2.6+1.4+0.3=4.3$（m），布置见图 5-20。

（5）复核计算

① 表面负荷率 q 为：

$$q=\frac{Q}{BL}=\frac{833.33}{11.6\times5.7}=12.6\ [\text{m}^3/(\text{h}\cdot\text{m}^2)]$$

② 总停留时间 T 为：

$$T=\frac{BLH_1}{Q}=\frac{11.6\times5.7\times2.6}{0.231\times60}=12.4\text{（min）}$$

侧向流迷宫斜板沉淀池布置图见图 5-20。

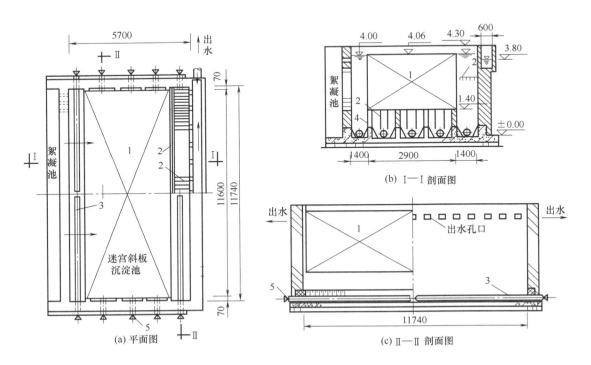

图 5-20　侧向流迷宫斜板沉淀池布置图

1—迷宫斜板；2—阻流薄板；3—穿孔排泥管；4—阻流墙；5—排泥阀

5.3　澄清池

澄清池是综合混凝和泥水分离过程的净水构筑物。具有生产能力高、处理效果较好等优点；但有些澄清池对原水的水量、水质、水温及混凝剂等因素的变化影响比较明显。澄清池按泥渣的情况，一般分为泥渣循环（回流）型澄清池和泥渣悬浮（泥渣过滤）型澄清池两大类。

5.3.1　机械搅拌澄清池

机械搅拌澄清池属泥渣循环型澄清池，其构造主要由第一絮凝室、第二絮凝室及分离室三部分组成（见图 5-21）。

机械搅拌澄清池的工作过程：原水由进水管 1 通过环形三角配水槽 2 的缝隙均匀流入第一絮凝室 I，与数倍于原水的回流泥渣在叶片的搅动下进行接触反应，然后经叶轮 5 提升至第二絮凝室 II 继续反应，以结成较大的絮粒，再通过导流室 III 进入分离室 IV 进行沉淀分离。清水向上经集水槽 7 流至出水管 8。向下沉降的泥渣沿锥底的回流缝再进入第一絮凝室，重新参加絮凝，一部分泥渣则自动排入泥渣浓缩室 9 进行浓缩，至适当浓度后经排泥管排出。

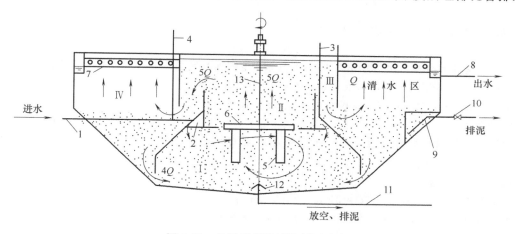

图 5-21　机械搅拌澄清池剖面示意

1—进水管；2—三角配水槽；3—透气管；4—投药管；5—搅拌桨；6—提升叶轮；7—集水槽；
8—出水管；9—泥渣浓缩室；10—排泥阀；11—放空管；12—排泥罩；13—搅拌轴；
I—第一絮凝室；II—第二絮凝室；III—导流室；IV—分离室；
Q—进水流量；4Q—回流量；5Q—提升流量

机械搅拌澄清池处理效率高，单位面积产水量较大；适应性较强，处理效果较稳定；采用机械刮泥设备后，对较高浊度水（进水悬浮物含量 3000mg/L 以上）处理也具有一定适应性；缺点是需要机械搅拌设备，维修较麻烦。适用于大中型水厂，进水悬浮物含量一般小于 1000mg/L，短时间内允许达 3000～5000mg/L。

机械搅拌澄清池的设计要求如下。

① 清水区的液面负荷，应按相似条件下的运行经验确定，可采用 2.9～3.6m³/(m²·h)。

② 水在机械搅拌澄清池中的总停留时间，可采用 1.2～1.5h。第一絮凝室和第二絮凝室的停留时间一般控制在 20～30min。第二絮凝室按计算流量计的停留时间 0.5～1min。

③ 搅拌叶轮提升流量可为进水流量的 3～5 倍，叶轮直径可为第二絮凝室内径的 70％～80％，并应设调整叶轮转速和开启度的装置。

④ 机械搅拌澄清池是否设置机械刮泥装置，应根据水池直径、底坡大小、进水悬浮物含量及其颗粒组成等因素确定。

⑤ 第一絮凝室、第二絮凝室（包括导流室）和分离室的容积比一般控制在 2：1：7 左右。第二絮凝室和导流室的流速一般为 40～60mm/s。

⑥ 加药点一般设于原水进水管处或三角配水槽中。原水进水管的管中流速一般在 1m/s 左右。配水槽和缝隙的流速均采用 0.4m/s 左右。

⑦ 清水区高度为 1.5～2.0m。池下部圆台坡角一般为 45°左右。池底以大于 5％的坡度坡向池中心排泥管口。当装有刮泥设备时，池底可做成弧底。

⑧ 集水方式可选用淹没孔集水槽或三角堰集水槽，过孔流速为 0.6m/s 左右，孔径可为 20～30mm。当单池出水量大于 400m³/h 时，应另加辐射槽，其条数可按：池径小于 6m 时用 4～6 条；池径为 6～10m 时用 6～8 条。集水槽中流速 0.4～0.6m/s，出水管流速为 1.0m/s 左右。

⑨ 根据池子大小设泥渣浓缩斗 1～3 个，小型池子可直接经池底放空管排泥。浓缩室总容积约为池子容积的 1％～4％。

【例题 5-10】 机械搅拌澄清池设计计算

1. 已知条件

设计处理能力 $Q_0 = 1.05 \times 10^5 \text{m}^3/\text{d}$（已包括水厂自用水）的机械搅拌澄清池。设计数据：清水区液面负荷 2.9～3.6m³/(m²·h)，取 3.6m³/(m²·h)=0.001m/s；水在机械搅拌澄清池中的总停留时间 1.2～1.5h，取 1.5；搅拌叶轮提升流量可为进水流量的 3～5 倍，取 5 倍。

2. 设计计算

设置 4 座机械搅拌澄清池，每座池子处理水量 $Q = Q_0/4 = 1.05 \times 10^5/4 = 26250$ （m³/d） $= 1093.75\text{m}^3/\text{h} = 0.3\text{m}^3/\text{s}$。

(1) 第二絮凝室

第二絮凝室提升流量 $Q' = 5Q = 5 \times 0.3 = 1.5$ （m³/s）。

第二絮凝室及导流室内流速 0.04～0.07m/s，采用 $u_1 = 0.04\text{m/s}$，则第二絮凝室及导流室过水面积

$$\omega_1 = \frac{Q'}{u_1} = \frac{1.5}{0.04} = 37.5 \text{（m}^2\text{）}$$

设第二絮凝室内导流板截面积 A_1 为 0.035m²，则直径 D_1 为：

$$D_1 = \sqrt{\frac{4(\omega_1 + A_1)}{\pi}} = \sqrt{\frac{4(37.5 + 0.035)}{3.14}} = 6.92 \text{（m）}$$

取 $D_1 = 6.9\text{m}$，壁厚 $\delta_1 = 0.25\text{m}$，则第二絮凝室外径 D_1' 为：

$$D_1' = D_1 + 2\delta_1 = 6.9 + 2 \times 0.25 = 7.4 \text{（m）}$$

第二絮凝室停留时间 0.5～1min，取 1min，第二絮凝室高度 H_1 为：

$$H_1 = \frac{Q't_1}{\omega_1} = \frac{1.5 \times 60}{\frac{\pi}{4} \times 6.9^2} = 2.41 \text{（m）}$$

考虑构造布置，选用 $H_1 = 2.5\text{m}$。

(2) 导流室

导流室中导流板截面积 $A_2 = A_1 = 0.035$ （m²），导流室面积 $\omega_2 = \omega_1 = 37.5\text{m}^2$。导流室内径 D_2 为：

$$D_2 = \sqrt{\frac{4}{\pi}\left(\frac{\pi D_1'^2}{4} + \omega_2 + A_2\right)} = \sqrt{\frac{4}{3.14}\left(\frac{3.14 \times 7.4^2}{4} + 37.5 + 0.035\right)} = 10.13 \text{ (m)}$$

取导流室直径 D_2 为 10.2m，导流室壁厚 $\delta_2 = 0.1$m，导流室外径 $D_2' = D_2 + 2\delta_2 = 10.2 + 2 \times 0.1 =$ 10.4 （m）。

出水窗高度 $H_2 = \dfrac{D_2 - D_1'}{2} = \dfrac{10.2 - 7.4}{2} = 1.4$ （m）。

取导流室出口流速 $u_6 = 0.05$m/s，出口面积 $A_3 = \dfrac{Q'}{u_6} = \dfrac{1.5}{0.05} = 30$ （m^2）。

出口截面宽 $H_3 = \dfrac{2A_3}{\pi(D_2 + D_1')} = \dfrac{2 \times 30}{3.14 \times (10.2 + 7.4)} = 1.09$ （m）。

出口垂直高度 $H_3' = \sqrt{2}H_3 = \sqrt{2} \times 1.09 = 1.54$ （m）。

（3）分离室

取清水区液面负荷 $u_2 = 0.001$m/s，分离室面积 $\omega_3 = Q/u_2 = 0.3/0.001 = 300$ （m^2）。

池子总面积 $\omega = \omega_3 + \pi D_2'^2/4 = 300 + 3.14 \times 10.4^2/4 = 384.91$ （m^2）。

澄清池直径 $D = \sqrt{4\omega/\pi} = \sqrt{4 \times 384.91/3.14} = 22.14$ （m）。

取池直径为 22m，半径 $R = 11$m。

（4）池深计算

池体和池深计算如图 5-22 所示。

取池中停留时间 $T = 1.5$h，有效容积 $V' = 3600QT = 3600 \times 0.3 \times 1.5 = 1620$ （m^3）。

考虑增加 4% 的结构容积，则池计算总容积 V 为

$$V = (1 + 0.04)V' = 1.04 \times 1620 = 1684.8 \text{ （m}^3\text{）}$$

取池的超高 $H_0 = 0.3$m，池直壁高 $H_4 = 1.6$m，则池直壁部分容积 $W_1 = \pi D^2 H_4/4 = 3.14 \times 22^2 \times$ 1.6/4 = 607.9 （m^3）。

池圆台容积 W_2 和池底球冠容积 W_3 之和为：

$$W_2 + W_3 = V - W_1 = 1684.8 - 607.9 = 1076.9 \text{ （m}^3\text{）}$$

取池圆台高度 $H_5 = 4.2$m，池圆台斜边倾角 45°，则池底直径 $D_T = D - 2H_5 = 22 - 2 \times 4.2 = 13.6$ （m）。

池底采用球壳式结构，取球冠高 $H_6 = 1.05$m，圆台容积 W_2 为：

$$W_2 = \frac{\pi H_5}{3}\left[\left(\frac{D}{2}\right)^2 + \frac{D}{2}\frac{D_T}{2} + \left(\frac{D_T}{2}\right)^2\right]$$

$$= \frac{4.2 \times 3.14}{3}\left[\left(\frac{22}{2}\right)^2 + \frac{22}{2} \times \frac{13.6}{2} + \left(\frac{13.6}{2}\right)^2\right] = 1064.01 \text{ （m}^3\text{）}$$

球冠半径 $R' = \dfrac{D_T^2 + 4H_6^2}{8H_6} = \dfrac{13.6^2 + 4 \times 1.05^2}{8 \times 1.05} = 22.54$ （m）。

球冠体积 $W_3 = \pi H_6^2\left(R' - \dfrac{H_6}{3}\right) = 3.14 \times 1.05^2\left(22.54 - \dfrac{1.05}{3}\right) = 76.82$ （m^3）。

池实际总容积 $V = W_1 + W_2 + W_3 = 607.9 + 1064.01 + 76.82 = 1748.73$ （m^3）。

池实际有效容积 $V' = V/1.04 = 1748.73/1.04 = 1681.47$ （m^3）。

实际总停留时间 $T = 1681.47 \times 1.5/1620 = 1.56$ （h）。

池总高度 $H = H_0 + H_4 + H_5 + H_6 = 0.3 + 1.6 + 4.2 + 1.05 = 7.15$ （m）。

（5）配水三角槽

进水流量考虑 10% 的排泥水量，槽中流速 u_3 为 0.5~1.0m/s，取 $u_3 = 0.5$m/s，则三角槽直角边长 B_1 为：

$$B_1 = \sqrt{\frac{1.10Q}{u_3}} = \sqrt{\frac{1.10 \times 0.3}{0.5}} = 0.81 \text{ （m）}$$

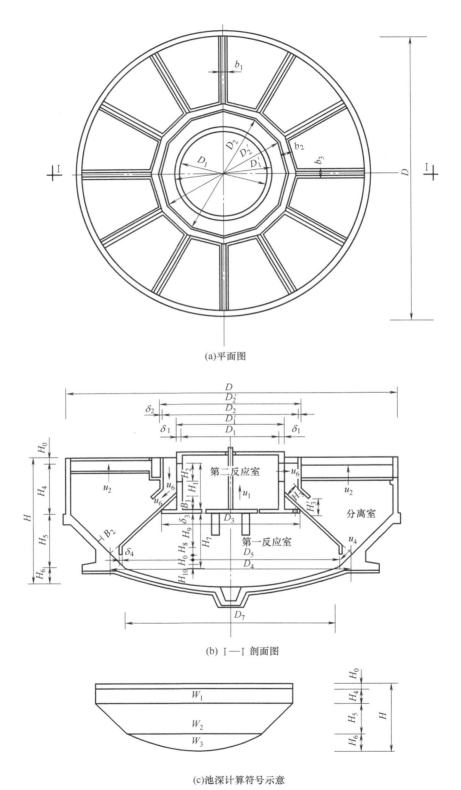

(a)平面图

(b) Ⅰ—Ⅰ 剖面图

(c)池深计算符号示意

图 5-22　机械搅拌澄清池池体和池深计算示意

三角配水槽采用孔口出流，孔口流速同 u_3，出水孔总面积 $=1.10Q/u_3=1.10\times0.3/0.5=0.66$（$m^2$）。

采用孔口 $d=0.1m$，每孔面积 $=\pi d^2/4=3.14\times0.1^2/4=0.00785$（$m^2$）。

$$出水孔数=\frac{4\times0.66}{3.14\times0.00785}=107.1（个）。$$

为施工方便，采取沿三角槽每 $4°$ 设置一孔，共 90 孔。

$$孔口实际流速\ u_3=\frac{1.10\times0.3\times4}{0.1^2\times90\times3.14}=0.48（m/s）。$$

（6）第一絮凝室

第二絮凝室底板厚 $\delta_3=0.15m$。

第一絮凝室上端直径 $D_3=D'_1+2B_1+2\delta_3=7.4+2\times0.81+2\times0.15=9.32$（m）。

第一絮凝室高度 $H_7=H_4+H_5-H_1-\delta_3=1.6+4.2-2.5-0.15=3.15$（m）。

伞形板延长线与池壁交点处直径 $D_4=(D_T+D_3)/2+H_7=(13.6+9.32)/2+3.15=14.61$（m）。

泥渣回流缝流速 u_4 为 $0.1\sim0.2m/s$，取 $u_4=0.15m/s$，泥渣回流量 $Q''=4Q$，回流缝宽度 B_2 为：

$$B_2=\frac{4Q}{\pi D_4 u_4}=\frac{4\times0.3}{3.14\times14.61\times0.15}=0.17（m）$$

取裙板厚 $\delta_4=0.06m$，伞形板下端圆柱直径 D_5 为：

$$D_5=D_4-2(\sqrt{2}B_2+\delta_4)=14.61-2(\sqrt{2}\times0.17+0.06)=14.01（m）$$

按等腰三角形计算，伞形板下檐圆柱体高度 $H_8=D_4-D_5=14.61-14.01=0.60$（m）。

伞形板离池底高度 H_{10} 为：$H_{10}=(D_5-D_T)/2=(14.01-13.6)/2=0.21$（m）。

伞形板锥部高度 H_9 为：$H_9=H_7-H_8-H_{10}=3.15-0.60-0.21=2.34$（m）。

（7）容积计算

第一絮凝室容积 V_1 为：

$$V_1=\frac{\pi H_9}{12}(D_3^2+D_3 D_5+D_5^2)+\frac{\pi D_5^2}{4}H_8+\frac{\pi H_{10}}{12}(D_T^2+D_T D_5+D_5^2)+W_3$$

$$=\frac{2.34\times3.14}{12}\times（9.32^2+9.32\times14.01+14.01^2）+\frac{3.14\times14.01^2}{4}\times0.60$$

$$+\frac{0.21\times3.14}{12}\times（13.6^2+13.6\times14.01+14.01^2）+76.82$$

$$=454.01（m^3）$$

第二絮凝室容积（含导流室容积）V_2 为：

$$V_2=\frac{\pi D_1^2}{4}H_1+\frac{\pi}{4}(D_2^2-D'^2_1)(H_1-B_1)$$

$$=\frac{3.14\times6.9^2}{4}\times2.5+\frac{3.14}{4}\times（10.2^2-7.4^2）\times（2.5-0.81）$$

$$=158.81（m^3）$$

分离室容积 V_3 为：

$$V_3=V'_1-(V_1+V_2)=1681.47-（454.01+158.81）=1068.65（m^3）$$

则实际各室容积比为：第二絮凝室：第一絮凝室：分离室 $=454.01：158.81：1068.65=2.85：1：6.73$。

各室停留时间计算如下：第二絮凝室停留时间 $=\dfrac{158.81}{0.3\times60}=8.82$（min）；第一絮凝室停留时间 $=8.82\times2.85=25.14$（min）；分离室停留时间 $=8.82\times6.73=59.36$（min）。

其中，第二絮凝室和第一絮凝室停留时间之和为 33.96min。

（8）集水系统

因本池池径较大，采用辐射式集水槽和环形集水槽集水，设计时辐射槽、环形槽、总出水槽之间按水面连接考虑。辐射槽计算如图5-23所示。

根据要求本池考虑加装斜板（管）的可能，所以对集水系统除按设计水量计算外，还以 $2Q$ 进行校核，决定槽断面尺寸。

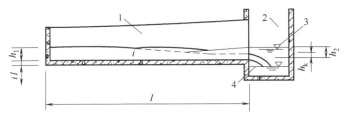

图 5-23　辐射槽计算示意

1—辐射集水槽；2—环形集水槽；3—淹没出流；4—自由出流

h_1—槽内起点水深；h_2—槽内终点水深；il—槽底坡度；h_k—槽内临界水深

辐射集水槽（全池共设16根）计算如下。

每个集水槽流量 $q_1 = Q/16 = 0.3/16 = 0.0188$ （m^3/s）。

设辐射槽宽 $b_1 = 0.25m$，槽内水流流速 $v_{51} = 0.4m/s$，槽底坡度 $il = 0.1m$，槽内终点水深 h_2 为：

$$h_2 = \frac{q_1}{v_{51}b_1} = \frac{0.0188}{0.4 \times 0.25} = 0.19 \text{（m）}$$

$$h_k = \sqrt[3]{\frac{aq_1^2}{gb^2}} = \sqrt[3]{\frac{1 \times 0.0188^2}{9.81 \times 0.25^2}} = 0.083 \text{（m）}$$

槽内起点水深 h_1 为：

$$h_1 = \sqrt{\frac{2h_k^3}{h_2} + \left(h_2 - \frac{il}{3}\right)^2} - \frac{2}{3}il$$

$$= \sqrt{\frac{2 \times 0.083^3}{0.188} + \left(0.188 - \frac{0.1}{3}\right)^2} - \frac{2}{3} \times 0.1 = 0.11 \text{（m）}$$

按 $2q_1$ 校核，取槽内水流流速 $v_{51}' = 0.6m/s$，则：

$$h_2 = \frac{2 \times 0.0188}{0.6 \times 0.25} = 0.25 \text{（m）}$$

$$h_k = \sqrt[3]{\frac{1 \times 0.0376^2}{9.18 \times 0.25^2}} = 0.132 \text{（m）}$$

$$h_1 = \sqrt{\frac{2 \times 0.132^3}{0.25} + \left(0.25 - \frac{0.1}{3}\right)^2} - \frac{2}{3} \times 0.1 = 0.19 \text{（m）}$$

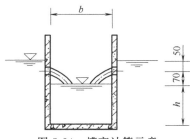

图 5-24　槽高计算示意

h—槽内水深；b—槽宽

设计取槽内起点水深为0.20m；槽内终点水深为0.30m。

孔口前水位为0.05m；孔口出流跌落为0.07m；槽超高为0.2m，槽高计算示意见图5-24。

槽起点断面高＝0.20＋0.07＋0.05＋0.20＝0.52（m）

槽终点断面高＝0.30＋0.07＋0.05＋0.20＝0.62（m）

环形水槽计算如下。$q_2 = Q/2 = 0.3/2 = 0.15$ （m^3/s），取环形槽起点流速 $v_{52} = 0.6m/s$。

槽宽 $b_2 = 0.5m$，考虑施工方便槽底取为平底，则 $il = 0$。

槽内终点水深 h_4 为：

$$h_4 = \frac{0.15}{0.6 \times 0.5} = 0.5 \text{ (m)}$$

$$h_k = \sqrt[3]{\frac{\alpha q_2^2}{g b_2^2}} = \sqrt[3]{\frac{1 \times 0.15^2}{9.81 \times 0.5^2}} = 0.21 \text{ (m)}$$

槽内起点水深 h_3 为：

$$h_3 = \sqrt{\frac{2h_k^3}{h_4} + h_4^2}$$

$$= \sqrt{\frac{2 \times 0.21^3}{0.5} + 0.5^2} = 0.54 \text{ (m)}$$

流量增加 1 倍时，设槽内流速：$v_{52}' = 0.8 \text{m/s}$。则：

$$h_k = \sqrt[3]{\frac{0.3^2}{9.81 \times 0.5^2}} = 0.33 \text{ (m)}$$

$$h_4 = \frac{0.3}{0.8 \times 0.5} = 0.75 \text{ (m)}$$

$$h_3 = \sqrt{\frac{2 \times 0.33^3}{0.75} + 0.75^2} = 0.81 \text{ (m)}$$

设计取用环形槽内水深为 0.8m，槽断面高度 $= 0.8 + 0.07 + 0.05 + 0.30 = 1.22$（m）。

总出水槽计算如下。设计流量 $Q = 0.3 \text{m}^3/\text{s}$，槽宽 $b_3 = 0.7 \text{m}$，总出水槽按矩形渠道计算，槽内水流流速 $v_{53} = 0.8 \text{m/s}$，槽底坡降 $il = 0.2 \text{m}$，槽长为 5.3m。

槽内终点水深 h_6 为：

$$h_6 = \frac{Q}{v_{53} b_3} = \frac{0.3}{0.8 \times 0.7} = 0.54 \text{ (m)}$$

$n = 0.013$，则：

$$A = \frac{Q}{v_{53}} = \frac{0.3}{0.8} = 0.375 \text{ (m}^2\text{)}$$

$$R = \frac{A}{\rho} = \frac{0.375}{2 \times 0.54 + 0.7} = 0.21 \text{ (m)}$$

$$y = 2.5\sqrt{n} - 0.13 - 0.75\sqrt{R}(\sqrt{n} - 0.10)$$

$$= 2.5\sqrt{0.013} - 0.13 - 0.75\sqrt{0.21}(\sqrt{0.013} - 0.1)$$

$$= 0.27$$

$$C = \frac{1}{n}R^y = \frac{1}{0.013} \times 0.21^{0.27} = 50.47$$

$$i = \frac{v_{53}^2}{RC^2} = \frac{0.8}{0.21 \times 5.47^2} = 0.0015$$

槽内起点水深：$h_5 = h_6 - il + 0.0015 \times 5.3 = 0.54 - 0.20 + 0.00795 = 0.35$（m）。

流量增加 1 倍时，总出水槽内流量 $Q = 0.6 \text{m}^3/\text{s}$，槽宽 $b_3 = 0.7 \text{m}$，取槽内流速 $v_{53}' = 0.9 \text{m/s}$，槽内终点水深 h_6' 为：

$$h_6' = \frac{0.6}{0.7 \times 0.9} = 0.95 \text{ (m)}$$

$n = 0.013$，则：

$$A = \frac{Q}{v_{53}'} = \frac{0.6}{0.9} = 0.667 \text{ (m}^2\text{)}$$

$$R = \frac{0.667}{2 \times 0.95 + 0.7} = 0.26 \text{ (m)}$$

$$y=2.5\sqrt{0.013}-0.13-0.75\sqrt{0.26}(\sqrt{0.013}-0.1)=0.15$$

$$C=\frac{1}{0.013}\times0.26^{0.15}=62.85$$

$$i=\frac{v'^2_{53}}{RC^2}=\frac{0.9^2}{0.26\times62.85^2}=0.00079$$

槽内起点水深 h'_5 为：

$$h'_5=0.95-0.2+0.00079\times5.3=0.75\text{（m）}$$

设计取槽内起点水深 0.8m，设计取槽内终点水深 1.0m。

槽超高为 0.3m，按设计流量计算的从辐射起点至总出水槽终点的水面坡降 h 为：

$$\begin{aligned}h&=(h_1+il-h_2)+(h_3-h_4)+il\\&=(0.11+0.1-0.19)+(0.54-0.5)+0.0015\times5.3\\&=0.07\text{（m）}\end{aligned}$$

设计流量增加 1 倍时，从辐射槽起点至总出水槽终点的水面坡降 h 为：

$$h=(0.19+0.1-0.25)+(0.81-0.75)+0.00079\times5.3=0.10\text{（m）}$$

辐射集水槽集水方式采用孔口。孔口出流，取孔口前水位高 0.05m，流量系数 $\mu=0.62$，则孔口面积 f 为：

$$f=\frac{q_1}{\mu\sqrt{2gh}}=\frac{0.0188}{0.62\times\sqrt{2\times9.81\times0.05}}=0.0306\text{（m}^2\text{）}$$

在辐射集水槽双侧及环形集水槽外侧预埋 $DN25$mm 的塑料管作为集水孔，如安装斜板（管）时，可将塑料管剔除，则集水孔径改为 $DN32$mm。

每侧孔口数目 n 为：

$$n=\frac{2f}{\pi d^2}=\frac{2\times0.0306}{3.14\times0.025^2}=31.18\text{（个）}$$

安装斜板（管）后流量为 $2q_1$，则孔口面积增加 1 倍为 0.0612m²。

每侧孔口数目 n 为：

$$n=\frac{2\times0.0612}{3.14\times0.032^2}=38.07\text{（个）}$$

设计采用每侧孔口数 36（包括环形集水槽 1/2 长度单侧开孔数目）。

（9）排泥及排水计算

污泥浓缩室的总容积根据经验按池总容积的 1% 考虑，则 V'_4 为：

$$V'_4=0.01V'=0.01\times1681.47=16.81\text{（m}^3\text{）}$$

分设三斗，每斗容积 $V'_4=V_4/3=16.81/3=5.60\text{（m}^3\text{）}$。

取污泥斗上缘距离圆台体顶面 1.2m，则污泥斗上底半径 $R_1=D/2-1.2=22/2-1.2=9.8\text{（m）}$。

排泥斗计算如图 5-25 所示。

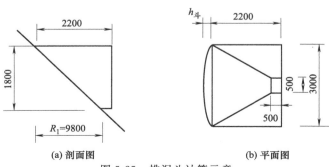

(a) 剖面图   (b) 平面图

图 5-25　排泥斗计算示意

R_1—污泥斗上底半径；$h_斗$—污泥斗上底高度

$$h_{\text{净}} = R_1 - \sqrt{R_1^2 - \left(\frac{3.0}{2}\right)^2} = 9.8 - \sqrt{9.8^2 - 1.5^2} = 0.12 \text{ （m）}$$

污泥斗上底面积 $S_{\text{上}}$ 为：

$$S_{\text{上}} = 3.0 \times 2.2 + \frac{2}{3} \times 3.0 \times h_{\text{净}} = 3.0 \times 2.2 + \frac{2}{3} \times 3.0 \times 0.12 = 6.84 \text{ （m）}$$

污泥斗下底面积 $S_{\text{下}} = 0.5 \times 0.5 = 0.25$ （m²）。

污泥斗容积 $V_{\text{斗}} = \dfrac{1.8}{3}(6.84 + 0.25 + \sqrt{6.84 \times 0.25}) = 5.04$ （m³）。

三斗容积 $V_4 = 5.04 \times 3 = 15.12$ （m³）。

污泥斗总容积占池容积的百分比 $= \dfrac{15.12}{1681.47} \times 100\% = 0.90\%$。

排泥周期：本池在重力排泥时进水悬浮物含量 S_1 一般 $\leq 1000\text{mg/L}$，出水悬浮物含量 S_4 一般 $\leq 5\text{mg/L}$，污泥含水率 $P = 98\%$，浓缩污泥密度 $\rho = 1.02\text{t/m}^3$。则：

$$T_0 = \frac{10^4 V_4 (100 - P)\rho}{(S_1 - S_4)Q} = \frac{10000 \times 15.15 \times (100 - 98) \times 1.02}{60(S_1 - S_4) \times 0.3} = \frac{17170}{S_1 - S_4}$$

$S_1 - S_4$ 与 T_0 的关系见表 5-16。

表 5-16 $S_1 - S_4$ 与 T_0 的关系

$(S_1 - S_4)$/(mg/L)	90	110	290	390	490	590	690	790	890	995
T_0/min	190.8	90.4	59.2	44.0	35.0	29.1	24.9	21.7	19.3	17.3

排泥历时：设污泥斗排泥管直径为 $DN100\text{mm}$，其断面积 $w_{01} = \dfrac{3.14 \times 0.1^2}{4} = 0.00785$ （m²）。

电磁排泥阀适用水压 $h \leq 0.04\text{MPa}$，取 $\lambda = 0.03$，管长 $l = 5\text{m}$，局部阻力系数为：进口 $\xi = 1 \times 0.5 = 0.5$，丁字管 $\xi = 1 \times 0.1 = 0.1$；出口 $\xi = 1 \times 1 = 1$，45°弯头 $\xi = 1 \times 0.4 = 0.4$；闸阀 $\xi = 0.15 + 4.3 = 4.45$（闸阀、截止阀各一个）；则 $\sum \xi = 6.45$。

流量系数 $\mu = \dfrac{1}{\sqrt{1 + \dfrac{\lambda l}{d} + \sum \xi}} = \dfrac{1}{\sqrt{1 + \dfrac{0.03 \times 5}{0.1} + 6.45}} = 0.33$。

排泥流量 $q_1 = \mu \dfrac{\pi 0.1^2}{4}\sqrt{2gh} = 0.33 \times \dfrac{3.14 \times 0.1^2}{4}\sqrt{2 \times 9.81 \times 4} = 0.0229$ （m³/s）。

排泥历时 $t_0 = \dfrac{V_{\text{斗}}}{q_1} = \dfrac{5.04}{0.0229} = 220.09$ （s）。

放空时间计算如下。

设池底中心排空管直径 $DN250\text{mm}$，$w_{02} = \dfrac{3.14 \times 0.25^2}{4} = 0.04909$ （m²）。

池子开始放空时水头为池运行水位到管中心高差 H_2'，见图 5-26。

取 $\lambda = 0.03$，管长 $l = 15\text{m}$。

局部阻力系数 ξ：

进口 $\xi_1 = 1 \times 0.5 = 0.5$，出口 $\xi_2 = 1 \times 1 = 1$；闸阀 $\xi_3 = 0.2 \times 2 = 0.4$，丁字管 $\xi_4 = 1 \times 0.1 = 0.1$；则 $\sum \xi = 2.0$。

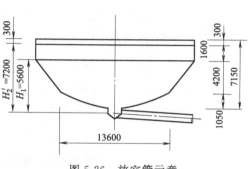

图 5-26 放空管示意

流量系数 $\mu = \dfrac{1}{\sqrt{1+\dfrac{\lambda l}{d}+\Sigma \xi}} = \dfrac{1}{\sqrt{1+\dfrac{0.03\times15}{0.25}+2}} = 0.46$。

瞬时排水量 $q = \mu w_{02}\sqrt{2gH_2'} = 0.46\times0.04909\sqrt{2\times9.81\times7.2} = 0.268$ (m/s)。

放空时间 $t = t_1 + t_2$

$$= 2k_1\left(H_2'^{\frac{1}{2}} - H_1'^{\frac{1}{2}}\right) + 2k_2\left(D_T^2 H_1'^{\frac{1}{2}} + \frac{4}{3}D_T H_1'^{\frac{3}{2}}\operatorname{ctg}\alpha + \frac{4}{5}H_1'^{\frac{5}{2}}\operatorname{ctg}^2\alpha\right)$$

$$k_1 = \frac{D^2}{\mu d^2\sqrt{2g}} = \frac{22^2}{0.46\times0.25^2\sqrt{2\times9.81}} = 3800.65$$

$$k_2 = \frac{1}{\mu d^2\sqrt{2g}} = \frac{1}{0.46\times0.25^2\sqrt{2\times9.81}} = 7.85$$

$\alpha = 45°$，$\operatorname{ctg}\alpha = 1$，$D_T = 13.6$m，代入得：

$$t = 2\times3800.65(\sqrt{7.2}-\sqrt{5.6}) +$$
$$2\times7.85\left(13.6^2\times\sqrt{5.6}+\frac{4}{3}\times13.6\times\sqrt[3]{5.6^2}\operatorname{ctg}\alpha+\frac{4}{5}\times\sqrt[5]{5.6^2}\times\operatorname{ctg}^2\alpha\right)$$
$$= 13985(s) = 3.88(h)$$

（10）机械搅拌设备计算

① 叶轮外径 d。叶轮外径 $d \leq (0.7\sim0.8)D_1$，取外径 $d = 4.5$m，则 $\dfrac{d}{D_1} = \dfrac{4.5}{6.9} = 0.65$，满足条件。

② 叶轮转速 n。叶轮外缘线速度 v 为 $0.4\sim1.2$m/s，取 $v = 1.2$m/s，则：

$$n = \frac{60v}{\pi d} = \frac{60\times1.2}{3.14\times4.5} = 5.10 \text{ (r/min)}$$

③ 叶轮出水口宽度 B。出水口宽度计算系数 C 一般采用 3，则出水口宽度 B 为：

$$B = \frac{60Q'}{Cnd^2} = \frac{60\times1.5}{3\times5.1\times4.5^2} = 0.29 \text{ (m)}$$

④ 叶轮提升消耗功率 N_1。泥渣水密度 ρ 一般采用 1010kg/m³，提升水头 H 一般采用 0.05m，叶轮提升的水力效率一般采用 0.6，则：

$$N_1 = \frac{\rho Q'H}{102\eta} = \frac{1010\times1.5\times0.05}{102\times0.6} = 1.24 \text{ (kW)}$$

⑤ 桨叶消耗功率 N_2。桨叶高度 h 取第一絮凝室高度 H_7 的 $1/3\sim1/2$，则 $h = 3.15/3 = 1.05$ (m)。

叶轮旋转的角速度 $\omega = \dfrac{2v}{d} = \dfrac{2\times1.2}{4.5} = 0.533$ (r/s)。

桨叶外径是叶轮直径的 $80\%\sim90\%$，则桨叶外缘半径 $R_1 = \dfrac{0.9d}{2} = \dfrac{0.9\times4.5}{2} = 2.025$ (m)，取 2.03m。

桨叶宽度 $b = h/3 = 1.05/3 = 0.35$ (m)。
桨叶内半径 $R_2 = R_1 - b = 2.03 - 0.35 = 1.68$ (m)。
桨叶数 Z 取 8，阻力系数 C 取 0.3，则：

$$N_2 = C\frac{\rho\omega^3 h}{400g}(R_1^4 - R_2^4)Z = 0.3\times\frac{1010\times0.533^3\times1.05}{400\times9.81}(2.03^4-1.68^4)\times8 = 0.89 \text{ (kW)}$$

⑥ 提升和搅拌功率 N。$N = N_1 + N_2 = 1.24 + 0.89 = 2.13$ (kW)。

⑦ 电动机功率 N_A。电动机工况系数 K_g 取 1.2，机械传动总效率 η 取 0.5，则：

$$N_A = \frac{K_g N}{\eta} = \frac{1.2\times2.13}{0.5} = 5.11 \text{ (kW)}$$

采用电磁调速电机，减速方式采用三角带和蜗轮减速器两级减速；选用 YCT200-4B 电动机，功率 7.5kW，转速 $125\sim1250$r/min。

5.3.2　高密度沉淀池

随着我国《生活饮用水卫生标准》（GB 5749—2006）的颁布与实施，生活饮用水水质指标已由 35 项增加至 106 项。水质标准的提高也带动了净水处理工艺的发展，特别在只能取用微污染地表水作为原水的地区，原水受污染状况严重，有机物含量较高，净水厂采用常规沉淀过滤和消毒处理工艺很难达到水质标准。目前，高效沉淀池池型有法国得利满的 DENSADEG、OTV 公司的 MULTIFLO 和 ACTIFLO 等多种，上海市政工程设计研究总院也在总结传统沉淀池长处的基础上，通过对加药点、混合和絮凝方式等技术点进行优化后开发出新型中置式高密度沉淀池。

高密度沉淀池是混合凝聚，絮凝反应、沉淀分离、污泥浓缩四个单元的综合体。其工艺构造参见图 5-27。它是在传统的斜管式混凝沉淀池的基础上，增加了污泥回流系统，充分利用加速混合原理、接触絮凝原理和浅池沉淀原理，把机械混合凝聚、机械强化接触絮凝、斜管沉淀分离、污泥浓缩四个过程进行优化组合，从而获得常规技术所无法比拟的优良性能。

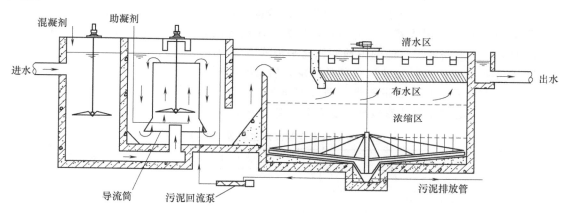

图 5-27　高密度沉淀池构造示意

高密度沉淀池的技术原理与污泥循环型澄清池基本相同，其絮凝形式为接触絮凝。二者都是利用污泥回流，在絮凝区产生足够的宏观固体，并利用机械搅拌保持适当的紊流状态，以创造最佳的接触絮凝条件。高密度沉淀池与普通平流式沉淀池以及污泥循环型澄清池相比，有其自身特点。

5.3.2.1　技术特点

① 絮凝到沉淀的过渡不用管渠连接，而采用宽大、开放、平稳、有序的直通方式紧密衔接，有利于水流条件的改善和控制。同时采用矩形结构，简化了池型，便于施工，布置紧凑，节省占地面积。

② 混合与絮凝均采用机械搅拌方式，便于调控运行工况。沉淀区装设斜管，以进一步提高表面负荷，增加产水量。

③ 采用池体外部的污泥回流管路和循环泵，辅以自动控制系统，可精确控制絮凝区混合絮体浓度，保持最佳接触絮凝条件。

④ 絮凝区设有导流筒，不仅有利于回流污泥与原水的混合，而且筒外和筒内不同的紊流强度有利于絮体的成长。

⑤ 沉淀池下部设有污泥浓缩区，底部安装带栅条刮泥机，有利于提高排出污泥的浓度，不仅可省去污泥脱水前的浓缩过程，而且有利于在絮凝区造成较高的悬浮固体浓度。

⑥ 促凝药剂采用有机高分子絮凝剂，并投加助凝剂 PAM，以提高絮体凝聚效果，加快泥水分离速度。

⑦ 对关键技术部位的运行工况，采用严密的高度自动监控手段，及时进行自动调控。例如，絮凝－沉淀衔接过渡区的水力流态状况，浓缩区泥面高度的位置，原水流量、促凝药剂投加量与污泥回流量的变化情况等。

5.3.2.2 性能特点

① 抗冲击负荷能力较强，对进水浊度波动不敏感，对低温低浊度原水的适应能力强。

② 絮凝能力强，絮体沉淀速度快，出水水质稳定。这主要得益于絮凝剂、助凝剂、活性污泥回流的联合应用以及合理的机械混凝手段。

③ 水力负荷大，产水率高，水力负荷可达 $23m^3/(m^2 \cdot h)$。因为沉淀速度快，絮凝沉淀时间短，分离区的上升流速高达 $6mm/s$，比普通斜管沉淀池和机械搅拌澄清池大很多。

④ 促凝药耗低。例如中置式高密度沉淀池的药剂成本较平流式沉淀池低 20%。

⑤ 排泥浓度高，一般可达 $20g/L$ 以上，高浓度的排泥可减少水量损失。

⑥ 占地面积小。因为其上升流速高，且为一体化构筑物布置紧凑，不另设污泥浓缩池。例如中置式高密度沉淀池的占地面积比平流式沉淀池少 50% 左右。

⑦ 自动控制程度高，工艺运行科学稳定，启动时间短，一般小于 $30min$。

⑧ 有资料显示，原水浊度较高（超过 1500NTU）时，此种沉淀池将不再适用。

高密度沉淀池主要设计参数列于表 5-17，供参考。

表 5-17　高密度沉淀池主要设计参数

名　　称	单　位	取值范围
混合时间	min	0.3～2
混合区速度梯度	s^{-1}	500～1000
絮凝时间	min	10～15
絮凝区速度梯度	s^{-1}	30～60
过渡区流速	m/s	0.05～0.1
沉淀区表面负荷	$m^3/(m^2 \cdot h)$	12～25
颗粒沉降速度	mm/s	0.3～0.6
污泥回流比	%	3～5
沉淀池内固体负荷	$kg/(m^2 \cdot h)$	6
浓缩污泥区深度	m	0.2～0.5

【例题 5-11】　高密度澄清池设计计算

1. 已知条件

设计处理能力 $Q_0 = 84000m^3/d$（已包括水厂自用水）的高密度澄清池。选用设计数据：沉淀区表面负荷 $q = 16m^3/(m^2 \cdot h) = 0.0044m/s$；泥渣回流比 $R_1 = 3\%$；絮凝时间 $t_2 = 10min$；混合时间 $t_1 = 1.62min$，混合区速度梯度 $G_1 = 500$。

2. 设计计算

设两组，每组设计水量 $Q = \dfrac{Q_0}{2} = 42000$（$m^3/d$）$= 1750m^3/h = 0.486m^3/s$。

（1）沉淀部分设计

为方便排泥，沉淀区下部安装中心传动泥渣浓缩机。沉淀区下部为圆形，上部为正方形。沉淀部分由进水区和清水区组成。

① 清水区。斜管结构占用面积取 4%，则沉淀池清水区面积 F_1 为：

$$F_1 = 1.04 \frac{Q}{q} = 1.04 \times \frac{0.486}{0.0044} = 114.87 \ (\text{m}^2)$$

清水区宽度 B 取 9.6m，则长度 L_1 为 11.96m，取 12m。清水区中间出水渠宽度 1.0m，出水渠壁厚 0.2m，清水区总长度 L_2 为：

$$L_2 = L_1 + 1.0 + 2 \times 0.2 = 12 + 1.0 + 2 \times 0.2 = 13.4 \ (\text{m})$$

② 进水区。絮凝区来水经淹没式溢流堰向下进入沉淀区的进水区，进水区与沉淀区的隔墙厚 0.5m，进水区宽度 $B_2 = 13.4 - 9.6 - 0.5 = 3.3 \ (\text{m})$。

进水区流速 $v_j = \dfrac{Q}{B_2 L_2} = \dfrac{0.486}{3.3 \times 13.4} = 0.0101 \ (\text{m/s})$。

沉淀区平面布置示意见图 5-28。

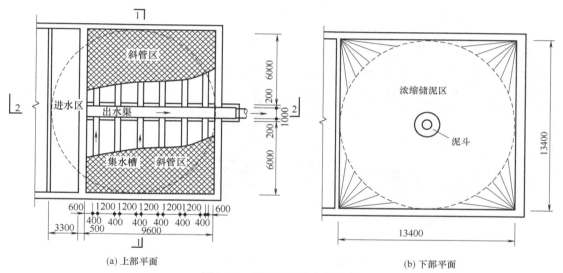

(a) 上部平面　　　　　　　　　　　　　　(b) 下部平面

图 5-28　沉淀区平面布置示意

③ 集水槽。采用小矩形出水堰集水槽，堰壁高度 $P = 0.28$m，堰宽 $b = 0.05$m。沉淀池布置集水槽 12 个，单个集水槽设矩形堰 48 个，总矩形堰数量 $n = 576$ 个。

每个小矩形堰流量 $q = \dfrac{Q}{n} = \dfrac{0.486}{576} = 0.00084 \ (\text{m}^3/\text{s})$。

矩形堰有侧壁收缩，流量系数 $m = 0.43$，堰上水头 H' 为：

$$H' = \sqrt[3]{\left(\frac{Q}{mb\sqrt{2g}}\right)^2} = \sqrt[3]{\left(\frac{0.00084}{0.43 \times 0.05 \sqrt{2 \times 9.81}}\right)^2} = 0.043(\text{m})$$

单个集水槽流量 $q' = \dfrac{Q}{12} = \dfrac{0.486}{12} = 0.041 \ (\text{m}^3/\text{s})$，集水槽宽 $b' = 0.4m$，则：

末端临界水深

$$h_k = \sqrt[3]{\frac{q'^2}{gb'^2}} = \sqrt[3]{\frac{0.041^2}{9.81 \times 0.4^2}} = 0.11 \ (\text{m})$$

集水槽起端水深 $h = 1.73 h_k = 1.73 \times 0.11 = 0.19 \ (\text{m})$。

集水槽水头损失 $\Delta h = h - h_k = 0.19 - 0.11 = 0.08 \ (\text{m})$；

集水槽水位跌落 0.1m，槽深 0.4m。

④ 池体高度。取超高 $H_1=0.4$m；斜管沉淀池清水区高度 $H_2=1.0$m；斜管倾角 $60°$，斜管长度 0.75m，斜管区高度 $H_3=0.75×\sin60°=0.65$（m）；布水区高度 $H_4=1.5$m；泥渣浓缩时间 $t_n=8$h，泥渣浓缩区高度 H_5 为：

$$H_5=\frac{R_1Qt_n}{F_1}=\frac{0.03×0.486×8×3600}{114.87}=3.66（m），取3.7m$$

储泥区高度 $H_6=0.95$m。

沉淀池总高

$$H=H_1+H_2+H_3+H_4+H_5+H_6$$
$$=0.4+1.0+0.65+1.5+3.7+0.95=8.2（m）$$

⑤ 出水渠。出水渠宽 $b=1.0$m，则：

末端临界水深

$$h_k=\sqrt[3]{\frac{Q^2}{gb^2}}=\sqrt[3]{\frac{0.486^2}{9.81×1.0^2}}=0.29（m）$$

出水渠起端水深 $h=1.73h_k=1.73×0.29=0.50$（m）

出水渠上缘与池顶平，水位低于清水区 0.2m，最大水深 0.5m，则：

渠高

$$H_c=H_1+0.2+0.5=0.4+0.2+0.5=1.1（m）$$

沉淀区剖面示意见图 5-29 [图 5-28 (a) 剖面图]。

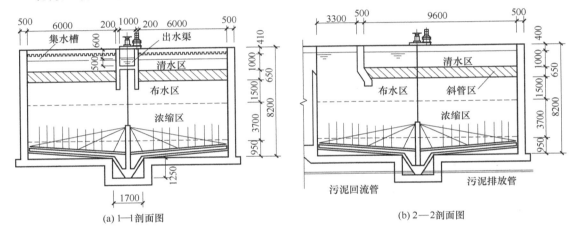

(a) 1—1剖面图　　　　　　　　　　　　(b) 2—2剖面图

图 5-29　沉淀区剖面示意

(2) 絮凝区设计

絮凝区由三部分组成：一是导流筒内区域，流速较大；二是导流筒外区域，流速适中；三是出口区，流速最小。导流筒内流速控制在 $0.5\sim0.6$m/s，导流筒外流速控制在 $0.1\sim0.3$m/s，出口区流速控制在 $0.05\sim0.1$m/s。

① 絮凝室尺寸。取絮凝区水深 $H_7=6$m，反应时间 $t_2=10$min，则：

絮凝室面积

$$F_2=\frac{Qt_2}{H_7}=\frac{0.486×10×60}{6}=48.6（m^2）$$

絮凝室分为两格，并联工作，每格均为正方形，则边长 L_3 为：

$$L_3=B_3=\sqrt{\frac{F_2}{2}}=\sqrt{\frac{48.6}{2}}=4.93（m）$$

② 导流筒。絮凝回流比 $R_2=10$，导流筒内设计流量 Q_n 为：

$$Q_n=\frac{1}{2}(1+R_2)Q=\frac{1}{2}(1+10)×0.486=2.673（m^3/s）$$

取导流筒内流速 $v_1=0.5$m/s，导流筒直径 D_1 为：

$$D_1=\sqrt{\frac{4Q}{\pi v_1}}=\sqrt{\frac{4×2.673}{3.14×0.5}}=2.61（m），取2.6m$$

导流筒下部喇叭口高度 $H_8=0.7$m，角度 $60°$，导流筒下缘直径 D_2 为：
$$D_2=D_1+2H_8\cot60°=2.6+2\times0.7\cot60°=3.41\ \text{(m)，取 3.4m}$$

取导流筒以上水平流速 $v_2=0.25$m/s，导流筒上缘距水面高度 H_9 为：
$$H_9=\frac{Q_n}{v_2\pi D_1}=\frac{2.673}{0.25\times3.14\times2.6}=1.31\ \text{(m)，取 1.3m}$$

导流筒外部喇叭口以上部分面积 F_{w1} 为：
$$F_{w1}=B_3^2-\frac{\pi D_1^2}{4}=4.93^2-\frac{3.14\times2.6^2}{4}=19.00\ \text{(m}^2\text{)}$$

导流筒外部喇叭口以上部分向下流速 v_3 为：
$$v_3=\frac{Q_n}{F_{w1}}=\frac{2.673}{19.00}=0.14\ \text{(m/s)}$$

导流筒外部喇叭口下缘部分面积 F_{w2} 为：
$$F_{w2}=B_3^2-\frac{\pi D_2^2}{4}=4.93^2-\frac{3.14\times3.4^2}{4}=15.23\ \text{(m}^2\text{)}$$

导流筒外部喇叭口下缘部分流速 v_3 为：
$$v_3=\frac{Q_n}{F_{w1}}=\frac{2.673}{15.23}=0.17\ \text{(m/s)}$$

取导流筒以上水平流速 $v_2=0.25$m/s 导流筒上缘距水面高度 H_9 为：
$$H_9=\frac{Q_n}{v_2\pi D_1}=\frac{2.673}{0.25\times3.14\times2.6}=1.31\ \text{(m)，取 1.3m}$$

取导流筒喇叭口以下部分水平流速 $v_5=0.15$m/s，导流筒下缘距池底高度 H_8 为：
$$H_8=\frac{Q_n}{v_5\pi D_2}=\frac{2.673}{0.15\times3.14\times3.4}=1.67\ \text{(m)}$$

③ 过水洞。取絮凝室出口过水洞流速 $v_6=0.06$m/s，过水洞口宽度同絮凝室，高度 H_{10} 为：
$$H_{10}=\frac{Q_{DG}}{v_6 B_3}=\frac{0.486/2}{0.06\times4.93}=0.82\ \text{(m)}$$

式中，Q_{DG} 为每格絮凝室的设计流量。

过水洞水头损失 $\quad h=\xi\frac{v_6^2}{2g}=1.06\times\frac{0.06^2}{2\times9.81}=0.00031\ \text{(m)}$

④ 出口区。出口区长度同絮凝室宽度，出口区上升流速 $v_7=0.06$m/s，出口区宽度 B_4 为
$$B_4=\frac{Q_{DG}}{v_7 B_3}=\frac{0.486/2}{0.06\times4.93}=0.82\ \text{(m)}$$

出口区停留时间 $\quad t_3=\frac{B_3 B_4 H_7}{60Q_{DG}}=\frac{4.93\times0.82\times6}{0.06\times0.243}=1.66\ \text{(min)}$

⑤ 出水堰高度。为配水均匀，出口区到沉淀区设淹没堰，取过堰流速 $v_8=0.05$m/s，堰上水深 H_{11} 为：
$$H_{11}=\frac{Q_{DG}}{v_8 B_3}=\frac{0.486/2}{0.05\times4.93}=0.99\ \text{(m)}$$

⑥ 搅拌机。搅拌机提升水量 $Q_t=Q_n=2.673\text{m}^3/\text{s}$，提升扬程 $H_t=0.15$m，效率取 0.8m，水的密度 $\gamma=1000\text{kg/m}^3$，搅拌轴功率 $N_\text{紊}=\frac{Q_t H_t\gamma}{102\eta}=\frac{2.673\times0.15\times1000}{102\times0.8}=4.91\ \text{(kW)}$。

⑦ 絮凝区 GT 值。絮凝区总停留时间 $T=t_2+t_3=10+1.66=11.66\ \text{(min)}=699.6\text{s}$。

水温按5℃，动力黏度 $\mu=1.51\times10^{-3}\text{Pa}\cdot\text{s}$，则：
$$GT=\sqrt{\frac{1000N_\text{紊}T}{\mu Q_{DG}}}=\sqrt{\frac{1000\times4.91\times699.6}{1.51\times10^{-3}\times0.486/2}}=9.68\times10^4<10\times10^4\text{，符合要求}$$

（3）混合区设计

① 混合池尺寸。混合池长 $L_4=3.0\text{m}$，宽 $B_4=2.54\text{m}$，水深 $H_{12}=6.2\text{m}$。

② 停留时间 $t_1=\dfrac{L_4 B_4 H_{12}}{Q}=\dfrac{3.0\times2.54\times6.2}{0.486}=97.21\ (\text{s})=1.62\ (\text{min})$。

③ 搅拌机功率。取 $G_1=500\text{s}^{-1}$，则搅拌机轴功率 $N_{混}$ 为：

$$N_{混}=\frac{\mu Q t_1 G^2}{1000}=\frac{1.51\times10^{-3}\times0.486\times97.21\times500^2}{1000}=17.83\ (\text{kW})$$

④ 水力计算。出水总管长度 $L_5=1.8\text{m}$，直径 $D_3=0.8\text{m}$，流速 v_9 为：

$$v_9=\frac{4Q}{\pi D_3^2}=\frac{4\times0.486}{3.14\times0.8^2}=0.97\ (\text{m/s})$$

出水总管沿程水头损失 $h_{11}=0.000912\times\dfrac{v_9^2}{D_3^{1.3}}\times\left(1+\dfrac{0.867}{v_9}\right)^{0.3}L_5$

$$=0.000912\times\frac{0.97^2}{0.8^{1.3}}\times\left(1+\frac{0.867}{0.97}\right)^{0.3}\times1.8=0.0025\ (\text{m})$$

出水总管局部水头损失 $h_{12}=(\xi_1+\xi_2)\times\dfrac{v_9^2}{2g}=(0.5+3.0)\times\dfrac{0.97^2}{2\times9.8}=0.1678\ (\text{m})$

混合池出水支管长度 $L_6=8\text{m}$，直径 $D_4=0.7\text{m}$，流速 v_{10} 为：

$$v_{10}=\frac{4Q}{\pi D_4^2}=\frac{4\times0.243}{3.14\times0.7^2}=0.63\ (\text{m/s})$$

出水支管沿程水头损失 $h_{21}=0.000912\times\dfrac{v_{10}^2}{D_4^{1.3}}\times\left(1+\dfrac{0.867}{v_{10}}\right)^{0.3}L_6$

$$=0.000912\times\frac{0.63^2}{0.7^{1.3}}\times\left(1+\frac{0.867}{0.63}\right)^{0.3}\times8=0.0060\ (\text{m})$$

出水支管局部水头损失 $h_{22}=(\xi_1+\xi_2)\times\dfrac{v_{10}^2}{2g}=(1.02+1.0)\times\dfrac{0.63^2}{2\times9.8}=0.0409\ (\text{m})$

出水管总水头损失 $h=h_{11}+h_{12}+h_{21}+h_{22}=0.0025+0.1678+0.0060+0.0409=0.2172\ (\text{m})$

絮凝区及混合区布置见图 5-30。

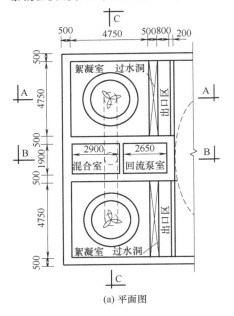

(a) 平面图

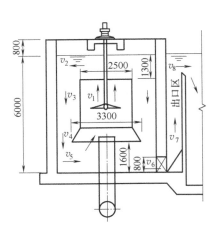

(b) A—A剖面图

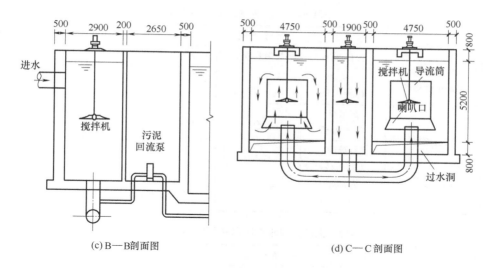

(c)B—B剖面图　　　　　　　　　　　　　(d)C—C剖面图

图 5-30　絮凝区及混合区布置示意

1—进水总管；2—进水支管；3—清水支管；4—冲洗水支管；5—排水阀；6—浑水渠；7—滤料层；8—承托层；
9—配水支管；10—配水干管；11—冲洗水总管；12—清水总管；13—冲洗排水槽；24—废水渠

5.4　过滤

5.4.1　一般规定

① 滤料应具有足够的机械强度和抗蚀性能，可采用石英砂、无烟煤和重质矿石等。

② 滤池形式的选择，应根据设计生产能力、运行管理要求、进出水水质和净水构筑物高程布置等因素，结合厂址地形条件，通过技术经济比较确定。

③ 滤池的分格数，应根据滤池形式、生产规模、操作运行和维护检修等条件通过技术经济比较确定，除无阀滤池和虹吸滤池外不得少于 4 格。

④ 滤池的单格面积应根据滤池形式、生产规模、操作运行、滤后水收集及冲洗水分配的均匀性，通过技术经济比较确定。

⑤ 滤料层厚度与有效粒径之比：细砂及双层滤料过滤应大于 1000；粗砂及三层滤料过滤应大于 1250。

⑥ 除滤池构造和运行时无法设置初滤水排放设施的滤池外，滤池宜设有初滤水排放设施。

5.4.1.1　滤速及滤料组成

① 滤池应按正常情况下的滤速设计，并以检修情况下的强制滤速校核。（正常情况系指水厂全部滤池均在进行工作；检修情况系指全部滤池中的一格或两格停运进行检修、冲洗或翻砂。）

② 滤池滤速及滤料组成的选用，应根据进水水质、滤后水水质要求、滤池构造等因素，通过试验或参照相似条件下已有滤池的运行经验确定，宜按表 5-18 采用。

③ 当滤池采用大阻力配水系统时，其承托层宜按表 5-19 采用。

④ 采用滤头配水（气）系统时，承托层可采用粒径 2～4mm 粗砂，厚度为 50～100mm。

表 5-18　滤池滤速及滤料组成

序号	滤料种类	滤料组成			设计滤速 /(m/h)	强制滤速 /(m/h)
		粒径/mm	不均匀系数 K_{80}	厚度/mm		
1	单层细砂滤料	石英砂 $d_{10}=0.55$	<2.0	700	6~9	9~12
2	双层滤料	无烟煤 $d_{10}=0.85$	<2.0	300~400	8~12	12~16
		石英砂 $d_{10}=0.55$	<2.0	400		
3	均匀级配 粗砂滤料	石英砂 $d_{10}=0.9~1.2$	<1.6	1200~1500	6~10	10~13

表 5-19　大阻力配水系统承托层材料、粒径与厚度

层次(自上而下)	材料	粒径/mm	承托层厚度/mm
1	砾石	2~4	100
2	砾石	4~8	100
3	砾石	8~16	100
4	砾石	16~32	本层顶面应高出配水系统孔眼100

5.4.1.2　配水、配气系统

① 滤池配水、配气系统，应根据滤池形式、冲洗方式、单格面积、配气配水的均匀性等因素考虑选用。采用单水冲洗时，可选用穿孔管、滤砖、滤头等配水系统；气水冲洗时，可选用长柄滤头、塑料滤砖、穿孔管等配水、配气系统。

② 大阻力穿孔管配水系统孔眼总面积与滤池面积之比宜为 0.20%~0.28%；中阻力滤砖配水系统孔眼总面积与滤池面积之比宜为 0.6%~0.8%；小阻力滤头配水系统缝隙总面积与滤池面积之比宜为 1.25%~2.00%。

③ 大阻力配水系统应按冲洗流量，并根据下列数据通过计算确定：

a. 配水干管（渠）进口处的流速为 1.0~1.5m/s；

b. 配水支管进口处的流速为 1.5~2.0m/s；

c. 配水支管孔眼出口流速为 5~6m/s。

干管（渠）顶上宜设排气管，排出口需在滤池水面以上。

④ 长柄滤头配气配水系统应按冲洗气量、水量，并根据下列数据通过计算确定：

a. 配气干管进口端流速为 10~20m/s；

b. 配水（气）渠配气孔出口流速为 10m/s 左右；

c. 配水干管进口端流速为 1.5m/s 左右；

d. 配水（气）渠配水孔出口流速为 1~1.5m/s。

配水（气）渠顶上宜设排气管，排出口需在滤池水位以上。

5.4.1.3　冲洗

① 滤池冲洗方式的选择，应根据滤料层组成、配水配气系统形式，通过试验或参照相似条件下已有滤池的经验确定，宜按表 5-20 选用。

② 单水冲洗滤池的冲洗强度及冲洗时间宜按表 5-21 采用。

当增设表面冲洗设备时，表面冲洗强度宜采用 2~3L/(s·m²)（固定式）或 0.50~0.75L/(s·m²)（旋转式），冲洗时间均为 4~6min。

表 5-20　冲洗方式和程序

滤料组成	冲洗方式、程序
单层细砂级配滤料	水冲 气冲-水冲
单层粗砂均匀级配滤料	气冲-气水同时冲-水冲
双层煤、砂级配滤料	水冲 气冲-水冲

表 5-21　水冲洗强度及冲洗时间（水温 20℃时）

滤料组成	冲洗强度/[L/(s·m²)]	膨胀率/%	冲洗时间/min
单层细砂级配滤料	12～15	45	7～5
双层煤、砂级配滤料	13～16	50	8～6

注：1. 当采用表面冲洗设备时，冲洗强度可取低值。

　　2. 应考虑由于全年水温、水质变化因素，有适当调整冲洗强度的可能。

　　3. 选择冲洗强度应考虑所用混凝剂品种的因素。

　　4. 膨胀率数值仅作设计计算用。

③ 气水冲洗滤池的冲洗强度及冲洗时间，宜按表 5-22 采用。

表 5-22　气水冲洗强度及冲洗时间

滤料种类	先气冲洗		气水同时冲洗			后水冲洗		表面扫洗	
	强度/[L/(s·m²)]	时间/min	气强度/[L/(s·m²)]	水强度/[L/(s·m²)]	时间/min	强度/[L/(s·m²)]	时间/min	强度/[L/(s·m²)]	时间/min
单层细砂级配滤料	15～20	3～1	—	—	—	8～10	7～5	—	—
双层煤砂级配滤料	15～20	3～1	—	—	—	6.5～10	6～5	—	—
单层粗砂均匀级配滤料	13～17 (13～17)	2～1 (2～1)	13～17 (13～17)	3～4 (1.5～2)	4～3 (5～4)	4～8 (3.5～4.5)	8～5 (8～5)	1.4～2.3	全程

注：表中单层粗砂均匀级配滤料中，无括号的数值适用于无表面扫洗的滤池；括号内的数值适用于有表面扫洗的滤池。

④ 单水冲洗滤池的冲洗周期，当为单层细砂级配滤料时，宜采用 12～24h；气水冲洗滤池的冲洗周期，当为粗砂均匀级配滤料时，宜采用 24～36h。

5.4.1.4　滤池配管（渠）

滤池应有下列管（渠），其管径（断面）宜根据表 5-23 所列流速通过计算确定。

表 5-23　各种管渠和流速

名称	流速/(m/s)	名称	流速/(m/s)
进水	0.8～1.2	冲洗水	2.0～2.5
出水	1.0～1.5	排水	1.0～1.5
初滤水排放	3.0～4.5	输气	10～20

5.4.2　普通快滤池

普通快滤池有成熟的运转经验，运行稳妥可靠；采用砂滤料，材料易得，价格便宜；采用大阻力配水系统，单池面积可做得较大，池身较浅；可采用降速过滤，水质较好。缺点是阀门多，必须设有全套冲洗设备。普通快滤池适用于大、中、小型水厂，构造见图5-31。

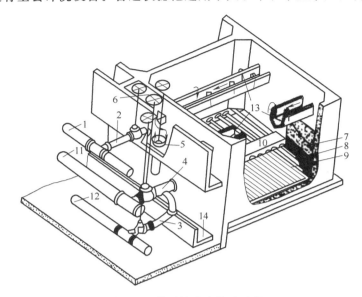

图5-31　普通快滤池构造示意

1—进水总管；2—进水支管；3—清水支管；4—冲洗水支管；5—排水阀；6—浑水渠；
7—滤料层；8—承托层；9—配水支管；10—配水干管；11—冲洗水总管；
12—清水总管；13—冲洗排水泵；14—废水渠

① 单层、双层滤料滤池冲洗前水头损失宜采用2.0～2.5m；三层滤料滤池冲洗前水头损失宜采用2.0～3.0m。

② 滤层表面以上的水深，宜采用1.5～2.0m。

③ 单层滤料滤池宜采用大阻力或中阻力配水系统；三层滤料滤池宜采用中阻力配水系统。

④ 冲洗排水槽的总平面面积，不应大于过滤面积的25%，滤料表面到洗砂排水槽底的距离，应等于冲洗时滤层的膨胀高度。

⑤ 滤池冲洗水的供给可采用水泵或高位水箱（塔）。

当采用高位水箱（塔）冲洗时，水箱（塔）有效容积应按单格滤池冲洗水量的1.5倍计算，水箱（塔）及出水管路上应设置调节冲洗水量的设施。

当采用水泵冲洗时，宜设1.5～2.0倍单格滤池冲洗水量的冲洗水调节池；水泵的能力应按单格滤池冲洗水量设计；水泵的配置应适应冲洗强度变化的需求，并应设置备用机组。

【例题5-12】 普通快滤池设计计算

1. 已知条件

设计处理能力 $Q=1.05\times80000=84000\text{m}^3/\text{d}$（已包括水厂自用水）的快滤池。设计数据如下：设计滤速 $v=6\sim9\text{m/h}$，取9m/h；冲洗强度12～15L/($\text{m}^2\cdot\text{s}$)，取14L/($\text{m}^2\cdot\text{s}$)；膨胀率 $e=45\%$；冲洗时间5～7min，设计采用水反冲洗，冲洗时间取6min；冲洗周期取12h。

2. 设计计算

(1) 滤池面积及尺寸

① 滤池总面积。滤池工作时间为24h，冲洗周期为12h，滤池实际工作时间：

$$T = T_0 - nt_1 = 24 - \frac{24}{12} \times \frac{6}{60} = 24 - 2 \times 0.1 = 23.8 \text{ (h)}$$

注意：式中只考虑反冲洗停用时间，不考虑排放初滤水时间。滤池面积为：

$$F = \frac{Q}{vT} = \frac{84000}{9 \times 23.8} = 392.2 \text{ (m}^2)$$

② 单池面积。采用滤池数为 $N = 8$，布置成对称双行排列，每个滤池面积为：

$$f = \frac{F}{N} = \frac{392.2}{8} = 49 \text{ (m}^2)$$

当单个滤池面积 $>30\text{m}^2$ 时，滤池长宽比可选用（2∶1）～（4∶1），采用滤池长宽比 $L/B = 2.04$。

采用滤池尺寸：$L = 10.0\text{m}$，$B = 4.9\text{m}$。

当一座滤池检修时，其余滤池的强制滤速为：$v' = \frac{Nv}{N-1} = \frac{8 \times 9}{8-1} = 10.3$（m/h），满足强制滤速 9～12m/h 的要求。

（2）滤池高度

承托层高度采用 400mm；滤料层高度采用 700mm；滤层表面以上水深，宜采用 1.5～2.0m，设计采用 1.8m；保护高度，即超高，一般采用 0.3m。$H = H_1 + H_2 + H_3 + H_4 = 0.40 + 0.70 + 1.80 + 0.30 = 3.20$（m）。

（3）配水系统（每个滤池）

① 干管。干管流量为：$q_g = fq = 49 \times 14 = 686$（L/s）。

采用管径 $d_g = 900\text{mm}$（干管应埋入池底，顶部设滤头或开孔布置或采用渠道）。

干管始端流速 $v_g = 1.08\text{m/s}$，满足 1.0～1.5m/s。

② 支管。支管中心间距：支管中心距约 0.25～0.30m，采用 $a_j = 0.26\text{m}$。

每池支管数 $n_j = 2 \times \frac{L}{a_j} = 2 \times \frac{4.9}{0.26} \approx 38$（根）。

每根支管入口流量 $q_j = \frac{q_g}{n_j} = \frac{686}{38} = 18$（L/s）。

采用管径 $d_j = 110\text{mm}$。

支管始端流速 $v_j = 1.9\text{m/s}$，满足支管进口流速 1.5～2.0m/s。

每根支管长度 $l_j = \frac{1}{2}(L - d_g) = \frac{1}{2}(10 - 0.9) = 4.55$（m）。

③ 孔眼布置。大阻力穿孔管配水系统孔眼总面积与滤池面积之比 K 宜为 0.20%～0.28%，取 $K = 0.25\%$。

孔眼总面积 $F_k = Kf = 0.25\% \times 49 = 0.1225$（m²）$= 122500$（mm²）。

采用孔眼直径 $d_k = 9\text{mm}$。

每个孔眼面积 $f_k = \frac{\pi}{4}d_k^2 = \frac{3.14}{4} \times 9^2 = 63.6$（mm²）。

孔眼总数 $N_k = \frac{F_k}{f_k} = \frac{122500}{63.6} \approx 1926$（个）。

每根支管孔眼数 $n_k = \frac{N_k}{n_j} = \frac{1926}{38} \approx 51$（个）。

支管孔眼布置设两排，与垂线成 45°夹角向下交错排列。

每排孔眼中心距 $a_k = \frac{l_j}{\frac{1}{2}n_k} = \frac{4.55}{\frac{1}{2} \times 51} = 0.178$（m）。

配水支管上孔口流速 $v_k=\dfrac{q_g}{F_k}=\dfrac{686\times10^{-3}}{0.1225}=5.6$ （m/s），满足 5～6m/s 的要求。

④ 孔眼水头损失。支管壁厚采用 $\delta=5$mm，流量系数采用 $\mu=0.68$。

水头损失 $h_k=\dfrac{1}{2g}\left(\dfrac{q}{10\mu K}\right)^2=\dfrac{1}{2\times9.8}\left(\dfrac{14}{10\times0.68\times0.25}\right)^2=3.5$ （m）。

⑤ 复算配水系统。对穿孔管式大阻力配水系统，支管长度 l_j 与直径 d_j 之比不应大于 60，验证为：

$$\frac{l_j}{d_j}=\frac{4.55}{0.11}=41.4<60$$

孔眼总面积 F_k 与支管总横截面积之比小于 0.5，验证为：

$$\frac{F_k}{n_j f_j}=\frac{0.1225}{38\times\dfrac{3.14}{4}\times0.11^2}=0.34<0.5$$

干管横截面积与支管总横截面积之比，一般为 1.75～2.0，验证为：

$$\frac{f_g}{n_j f_j}=\frac{\dfrac{3.14}{4}\times0.9^2}{38\times\dfrac{3.14}{4}\times0.11^2}=1.76$$

孔眼中心距应小于 0.2，验证为 $a_k=0.178$m<0.2m。

(4) 洗砂排水槽

洗砂排水槽中心距 a_0 为 1.5～2.1m，采用 $a_0=2.0$m。

排水槽根数 $n_0=L/a_0=10/2.0=5$ （根）。

排水槽长度 $l_0=B=4.9$ （m）。

每槽排水量 $q_0=ql_0a_0=14\times4.9\times2.0=137.2$ （L/s）。

排水槽采用三角形标准断面。

槽中流速，采用 $v_0=0.6$m/s。

槽断面尺寸 $x=\dfrac{1}{2}\sqrt{\dfrac{q_0}{1000v_0}}=\dfrac{1}{2}\sqrt{\dfrac{137.2}{1000\times0.6}}=0.24$ （m）。

排水槽底厚度，采用 $\delta=0.05$ （m）。

洗砂排水槽顶距砂面高度为：

$$H_e=eH_2+2.5x+\delta+0.075$$
$$=0.45\times0.7+2.5\times0.24+0.05+0.075=1.04\text{(m)}$$

洗砂排水槽总平面面积 $F_0=2xl_0n_0=2\times0.24\times4.9\times5=11.76$ （m^2）。

复核：排水槽总平面面积与滤池面积之比，一般小于 25%，复核为 $\dfrac{F_0}{f}=\dfrac{11.76}{49}=24\%$。

(5) 滤池各种管渠计算

① 进水。进水总流量 $Q_1=84000$m^3/d$=0.972$m^3/s，采用进水管直径 $D_1=1100$mm。

管中流速 $$v_1=4\frac{Q_1}{\pi D_1^2}=4\times\frac{0.972}{3.14\times1.1^2}=1.02$$ （m/s）

各个滤池进水管流量 $Q_2=0.972/8=0.122$ （m^3/s），采用进水管直径 $D_2=400$mm。

管中流速 $$v_2=\frac{4Q_2}{\pi D_2^2}=4\times\frac{0.122}{3.14\times0.4^2}=0.97$$ （m/s）

② 冲洗水。冲洗水流量 $Q_3=qf=686$L/s，采用管径 $D_3=600$mm，计算得管中流速 $v_3=2.43$m/s。

③ 清水。清水总水量 $Q_4=Q_1=0.972$m^3/s，采用出水管直径 DN1100，计算得管中流速 $v_1=1.02$m/s。

每个滤池清水管流量 $Q_5=Q_2=0.122\text{m}^3/\text{s}$，采用管径 $D_5=350\text{mm}$，计算得管中流速 $v_5=1.27\text{m/s}$。

④ 排水。排水流量：$Q_6=Q_3=686\text{L/s}$，排水渠断面宽度 $B_6=0.75\text{m}$，渠中水深 0.76m，计算得渠中流速 $v_6=1.2\text{m/s}$。

（6）冲洗水箱

冲洗水箱容积 $W=1.5qft=1.5\times14\times49\times6\times60/1000=370.44$（$\text{m}^3$）。

水箱底至滤池配水间的沿途及局部水头损失之和 $h_1=1.0\text{m}$，配水系统水头损失 $h_2=h_k=3.5\text{m}$。承托层水头损失 $h_3=0.022H_0q=0.022\times0.4\times14=0.12$（m）。滤料层水头损失计算如下。采用水的相对密度 $\gamma=1$，石英砂滤料的相对密度 $\gamma_1=2.65$；石英砂滤料膨胀前孔隙率 $m_0=0.41$，则：

$$h_4=\left(\frac{\gamma_1}{\gamma}-1\right)(1-m_0)H_2=\left(\frac{2.65}{1}-1\right)(1-0.41)\times0.7=0.68\ (\text{m})$$

安全富裕水头，取 $h_5=1.5\text{m}$。

冲洗水箱底应高出洗砂排水槽面高度 $H_0=h_1+h_2+h_3+h_4+h_5=1.0+3.5+0.12+0.68+1.5=6.8$（m）。

5.4.3 虹吸滤池

虹吸滤池系变水头恒速过滤的重力式快滤池，其过滤原理与普通快滤池相同，所不同的是操作方法和冲洗设施。它采用进水虹吸管和排水虹吸管代替原大型阀门，并以真空系统进行控制（即用抽真空来沟通虹吸管，以连通水流；用进空气来破坏虹吸作用，以切断水流），进水管和排水虹吸管均安装在滤池中，布置紧凑，避免建造占地面积较大的管廊；利用滤池本身的滤后水和水头进行反冲洗，不需要专门的冲洗水箱或水泵；滤出水水位永远高于滤层，可保持正水头过滤，不至于发生负水头现象。

虹吸滤池一般是由 6~8 个单元滤池组成的一个整体，其平面形状有圆形、矩形或多边形，从有利施工和保证冲洗效果方面考虑，矩形多被采用。目前我国设计的虹吸滤池深度多为 4.5~5.0m；单元滤池面积不宜过大；冲洗强度随滤池出水量的降低而降低，反冲洗时会浪费一部分水量。图 5-32 为虹吸滤池剖面图。

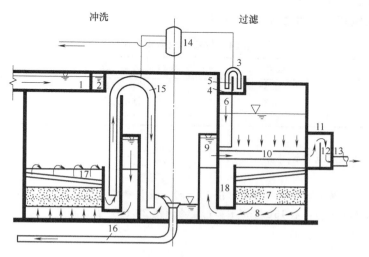

图 5-32　虹吸滤池剖面图

1—进水总槽；2—环形配水槽；3—进水虹吸管；4—单个滤池进水槽；5—进水堰；6—布水管；7—滤层；
8—配水系统；9—环形集水槽；10—出水管；11—出水井；12—控制堰；13—清水管；14—真空系统；
15—冲洗排水虹吸管；16—冲洗排水管；17—冲洗排水槽；18—汇水槽

图 5-32 中右侧表示过滤时的水流情况，左侧表示冲洗时的水流情况。过滤时水流路径为：原水→进水总槽→环形配水槽→进水虹吸管→进水槽→进水堰→布水管→滤层→配水系统→环形集水槽→出水管→出水井→控制堰→清水管→（清水池）。

在过滤运行中，池内水位将随着滤层阻力的逐渐增大而上升，以使滤速恒定。当池内水位由过滤开始时的最低水位（其值等于出水井控制堰顶水位与滤料层、配水系统及出水管等的水头损失之和）上升到预定最高水位时，滤池就需冲洗。上述最低与最高水位之差，便是其过滤允许水头损失。

冲洗时，先破坏进水虹吸管的真空，以终止进水。此时该格滤池仍在过滤，但随着池内水位的下降，滤速逐渐降低，接着就可开始冲洗操作。先利用真空泵或水射器，使冲洗虹吸管形成虹吸，把池内存水通过冲洗虹吸管和排水管排走。当池内水位低于环形集水槽内水位，并且两者的水位差足以克服配水系统和滤料层的水头损失时，反冲洗就开始。冲洗水的流程如图 5-32 左侧箭头所示。由于环形集水槽把各格滤池出水相互沟通，当一格冲洗时，过滤水通过环形集水槽源源不断流过来，由下向上通过滤层后，经排水槽汇集，由冲洗虹吸管吸出，再由排水管排走。当冲洗废水变清时，可破坏冲洗虹吸管真空，使冲洗停止，然后启动进水虹吸管，滤池又开始过滤。

虹吸滤池的进水浊度、设计滤速、滤料、工作周期、冲洗强度、滤层膨胀率等，与普通快滤池类同。其他主要设计参数如下。

① 虹吸滤池的最少分格数，应按滤池在低负荷运行时，仍能满足一格滤池冲洗水量的要求确定。一般至少为 6～8 格。为保证水厂运行初期（可能达不到设计负荷）每格滤池有足够的冲洗强度，两座滤池的清水集水槽应设连通管。

② 虹吸滤池冲洗前的水头损失可采用 1.5m。冲洗水头可通过计算确定，宜采用 1.0～1.2m，并应有调整冲洗水头的措施。

③ 排水堰上水深一般为 0.1～0.2m 并应能调节。

④ 滤池底部集水空间的高度一般为 0.3～0.5m。滤池超高一般采用 0.3m。

⑤ 池深一般在 5m 左右。

⑥ 各种管渠流速，可参考表 5-24 采用。

表 5-24　虹吸滤池中管渠流速

名　　称	流速/(m/s)	名　　称	流速/(m/s)
进水总管	0.3～0.5	冲洗虹吸管	1.4～1.6
环形配水渠	0.3～0.5	排水总管	1.0～1.5
进水虹吸管	0.6～1.0	出水总管	0.5～1.0

【例题 5-13】 虹吸滤池设计计算

1. 已知条件

某水厂日设计产水量为 8 万吨（自用水按 5% 计），设计参数：设计滤速 $v = 6～9m/h$，取 9m/h；冲洗强度 12～15L/(m² · s)，取 15L/(m² · s)；过滤周期 23.5h，设计虹吸滤池。

2. 设计计算

(1) 滤池面积及尺寸

① 设计水量 $Q_1 = \dfrac{Q}{24n} = \dfrac{1.05 \times 80000}{24 \times 2} = 1750$ (m³/h) $= 0.486$m³/s。

滤池过滤周期 $T = 23.5h$，冲洗时间 $t = 24 - T = 24 - 23.5 = 0.5h$。

② 滤池总面积计算，过水面积为：滤池为两组，形式和工艺参数相同，可进行一组系统的设计

计算。

$$F=\frac{\frac{24}{23.5}\times Q_1}{v}=\frac{1.021\times 1750}{9}=198.53\ (\text{m}^2)$$

③ 滤池分格数计算。冲洗强度采用 $q=15\text{L/(s}\cdot\text{m}^2)$，相当于上升流速为 $v_q=15\times 3.6=54\ (\text{m/h})$。当某格冲洗时，设其冲洗水量由其他几格的过滤出水量供给。

分格数为：$N\geqslant\frac{v_q}{v}=54/9=6$（个）。

④ 单格滤池面积 $f=\frac{F}{N}=\frac{198.53}{6}=33.1\ (\text{m}^2)$。

取单格长 L 为 6.0m，宽 B 为 5.5m，单格实际面积 $f'=BL=6.0\times 5.5=33\ (\text{m}^2)$。

6格滤池每3格为一组（见图5-33），两组并列连通。检修时，可停一组池子，使运行的每格池子增加50%的出水量，则3格池子可供 $3\times 1.5/6=75\%$ 原设计水量。

⑤ 正常过滤时的实际滤速 $v=\frac{Q_1}{Nf'}=\frac{1750}{6\times 33}=8.8\ (\text{m/h})$。

⑥ 一格冲洗时其他格的滤速：$v_n=\frac{Q_1}{(N-1)f'}=\frac{1750}{(6-1)\times 33}=10.6\ (\text{m/h})$。

一格滤池反冲洗时，其他滤格可以提供的最大冲洗强度为：

$$q=\frac{Q_1}{f}\times\frac{1000}{3600}=\frac{1750\times 1000}{33\times 3600}=14.73[\text{L/(s}\cdot\text{m}^2)]$$

（2）进水系统

① 进水渠道设计。进水渠道内的流速 v_w 一般为 0.8~1.2m/s，并应扣除进水虹吸管所占断面，为便于施工，渠道宽度应不小于 0.7m。在条件许可时流速可取低值以减少渠道内的水头损失，使各格滤池能均匀进水。

采用 2 条钢筋混凝土矩形进水渠道，每条渠道的设计流量 Q_2 为：

$$Q_2=\frac{Q_1}{2}=\frac{0.486}{2}=0.243\ (\text{m}^3/\text{s})$$

② 进水虹吸管设计计算。每格滤池的进水量为：

$$Q_i=\frac{Q_1}{N}=\frac{0.486}{6}=0.081\ (\text{m}^3/\text{s})$$

进水虹吸管断面面积计算如下。虹吸管内流速一般采用 0.6~1.0m/s，设计中取 $v_i=0.6\text{m/s}$，则虹吸管计算断面积为：

$$S_s=\frac{Q_i}{v_i}=\frac{0.081}{0.6}=0.135\ (\text{m}^2)$$

进水虹吸管采用钢制矩形管，取其长 L_1 为 0.45m，宽 B_1 为 0.30m；进水虹吸管实际断面面积 $S_s'=B_1L_1=0.30\times 0.45=0.135\ (\text{m}^2)$。

虹吸管内实际流速 $v=Q_i/S_s'=0.081/0.135=0.6\ (\text{m/s})$。

设最不利情况为一格检修，一格反冲洗，则强制冲洗时进水量为：

$$Q_{强制}=\frac{Q_1}{N-2}=\frac{0.486}{6-2}=0.122\ (\text{m}^3/\text{s})$$

强制冲洗时虹吸管内流速为：

$$v_{强制}=\frac{Q_{强制}}{S_s'}=\frac{0.122}{0.135}=0.9\ (\text{m/s})$$

③ 正常过滤时进水虹吸管的水头损失计算

a. 进水虹吸管局部水头损失计算如下。

$$h_\xi = 1.2(\xi_i + 2\xi_e + \xi_0)\frac{v^2}{2g}$$

设计中取进口局部阻力系数 $\xi_i = 0.25$，弯头局部阻力系数 $\xi_e = 0.8$，出口局部阻力系数 $\xi_0 = 1.0$；矩形系数 1.2，则：

$$h_\xi = 1.2(\xi_i + 2\xi_e + \xi_0)\frac{v^2}{2g} = 1.2 \times (0.25 + 2 \times 0.8 + 1.0) \times \frac{0.6^2}{2 \times 9.8} = 0.063 \ (\text{m})$$

b. 进水虹吸管的沿程水头损失计算如下。水力半径为：

$$R = \frac{S_s}{x} = \frac{0.135}{2 \times (0.45 + 0.30)} = 0.09 \ (\text{m})$$

查表可得粗糙系数 $n = 0.012$，根据谢才公式得：

$$C = \frac{1}{n}R^{\frac{1}{6}} = \frac{1}{0.012} \times 0.09^{\frac{1}{6}} = 55.78$$

设计中取 $L = 1.2\text{m}$，则：

$$h_l = \frac{v^2}{C^2 R} \times L = \frac{0.6^2}{55.78^2 \times 0.09} \times 1.2 = 0.002 \ (\text{m})$$

进水虹吸管总水头损失 $H_{16} = h_\xi + h_l = 0.063 + 0.002 = 0.065 \ (\text{m})$。

④ 强制冲洗时进水虹吸管的水头损失计算。强制冲洗时虹吸管内流速为 0.9m/s，根据水头损失和流速的平方成正比的关系，即可求出强制冲洗时的水头损失 $= (0.9/0.6)^2 \times 0.065 = 0.146 \ (\text{m})$。

强制冲洗时水位壅高 $= 0.146 - 0.06 = 0.086 \ (\text{m})$，设计取 0.09m。

⑤ 堰上水头计算。计算公式如下：

$$H_{12} = \sqrt[3]{\left(\frac{Q_i}{1.84 l_a}\right)^2}$$

式中，H_{12} 为堰上水头，m，一般以不超过 0.1m 为宜；l_a 为堰板长度，m，为减少堰上水头，应尽量采用较大的堰板长度，一般采用 1.0～1.2m。

设计中取 $l_a = 1.2\text{m}$，则：

$$H_{12} = \sqrt[3]{\left(\frac{0.081}{1.84 \times 1.2}\right)^2} = 0.11 \ (\text{m})$$

强制冲洗时的堰上水头为：

$$H'_{12} = \sqrt[3]{\left(\frac{0.122}{1.84 \times 1.2}\right)^2} = 0.15 \ (\text{m})$$

强制冲洗时堰上水头增加 $0.15 - 0.11 = 0.04 \ (\text{m})$。

⑥ 强制冲洗时总水位壅高计算。强制冲洗时总水位壅高 H_{17} 为强制冲洗时水位壅高与强制冲洗时堰上水头增加值之和，即：

$$H_{17} = 0.09 + 0.04 = 0.13 \ (\text{m})$$

⑦ 虹吸管安装高度计算。凹槽底在强制冲洗时水位以上的高度 0.04m，虹吸管顶部转弯半径 0.06m，则：

$$H_{19} = H_{16} + H_{17} + 0.04 + 0.06 = 0.065 + 0.13 + 0.04 + 0.06 = 0.295 \ (\text{m})$$

⑧ 虹吸水封高度计算。计算公式为：

$$H_{14} = \frac{H_{19} \times S_s}{S_i} + 0.02$$

进水斗横截面积 $S_i = 0.6 \times 1.2 = 0.72 \ (\text{m}^2)$。则：

$$H_{14} = \frac{0.295 \times 0.135}{0.72} + 0.02 = 0.075 \ (\text{m})$$

⑨ 进水渠道水头损失计算。

a. 所需渠道过水断面面积为：

$$\omega=\frac{Q_2}{v_w}=\frac{0.243}{0.80}=0.304\ (\text{m}^2)$$

假定活动堰板高度 $H_{13}=0.05\text{m}$，虹吸进水管管底距进水斗底的高度 $H_{15}=0.2\text{m}$，由此可以推出进水渠道的末端水深为：

$$H_{end}=H_{15}+H_{14}+H_{13}+H_{12}+H_{16}=0.2+0.075+0.05+0.11+0.065=0.5\ (\text{m})$$

进水渠道的宽度为：

$$W_w=\frac{\omega}{H_{end}}=\frac{0.304}{0.5}=0.608\ (\text{m})$$

假设进水虹吸管采用的钢板厚度为 0.01m，则整个虹吸管所占的宽度 $=0.30+2\times0.01=0.32$（m）。

设计中取 $W_w=0.61\text{m}$，则进水渠道整个宽度 $=0.61+0.32=0.93$（m）。

b. 进水渠道的水头损失计算。设计中根据平面布置，取 $l_c=21\text{m}$，则：

$$R=\frac{\omega}{x}=\frac{0.304}{2\times(0.5+0.61)}=0.137\ (\text{m})$$

$$C=\frac{1}{n}R^{\frac{1}{6}}=\frac{1}{0.012}\times0.137^{\frac{1}{6}}=59.83$$

$$h_{1c}=\frac{v_w^2}{C^2R}\times l_c=\frac{0.61^2}{59.83^2\times0.137}\times21=0.0159\ (\text{m})$$

⑩ 进水渠道总高计算。活动堰高 H_{13} 一般采用 $\leq0.1\text{m}$；进水渠道的超高 H_{18} 一般采用 $0.1\sim0.3\text{m}$。设计中取 $H_{18}=0.135\text{m}$，$H_{13}=0.05\text{m}$。则：

$$H_{10}=H_{15}+H_{14}+H_{13}+H_{12}+H_{16}+H_{1c}+H_{17}+H_{18}$$
$$=0.2+0.075+0.05+0.11+0.065+0.016+0.13+0.15=0.796(\text{m})，取0.8\text{m}$$

⑪ 降水管水头损失计算。

a. 降水管中流速计算。设计中取 $d=0.5\text{m}$，则：

$$v_{11}=\frac{4Q_i}{\pi d^2}=\frac{4\times0.081}{3.14\times0.5^2}=0.413\ (\text{m/s})$$

b. 降水管的水头损失计算。降水管的水头损失包括局部损失和沿程损失，其中沿程损失很小，可以忽略不计，其局部损失即可代表降水管的水头损失。

设计中取进口局部阻力系数 $\xi_i=0.5$，出口局部阻力系数 $\xi_o=1.0$，则：

$$H_{11}=\sum\xi\frac{v_{11}^2}{2g}=(\xi_i+\xi_o)\frac{v_{11}^2}{2g}=(0.5+1.0)\times\frac{0.413^2}{2\times9.8}=0.013\ (\text{m})$$

（3）出水系统

出水系统包括清水室、出水孔洞、清水渠和堰板。过滤后的清水首先经过清水室垂直向上，通过出水孔洞进入清水渠，然后再经堰板跌落到池外。冲洗时清水由清水渠向下经出水孔洞进入清水室，然后进入到滤池底部的配水室进行滤池反冲洗；为满足单格检修的要求，每格滤池单独设置清水室和出水（检修）孔洞。设置堰板的目的是为了保证一定的冲洗水头，设置活动堰板的目的是为了适应不同水温时反冲洗强度的变化。

① 清水室和出水渠宽度的确定。清水室按构造配置，宽度取 0.8m。清水渠宽度按照两个清水室宽度和它们之间隔墙的厚度确定，设计中隔墙厚度取 0.2m，则整个清水渠的宽度为 1.8m。

② 出水堰堰上水头。为降低堰上水头，设计中取 $b=6\text{m}$，则：

$$\Delta h_e=\sqrt[3]{\left(\frac{Q_1}{1.84b}\right)^2}=\sqrt[3]{\left(\frac{0.486}{1.84\times6}\right)^2}=0.125\ (\text{m})$$

（4）反冲洗系统

① 配水系统。虹吸滤池通常采用中、小阻力配水系统。

② 反冲洗水到滤池的局部损失和沿程损失。这部分水头损失包括水经过检修孔洞的水头损失和水流经底部配水空间的水头损失，因为沿程水头损失很小，可以忽略不计，因而主要计算局部水头损失。

一格滤池设计两个 $\phi500mm$ 的检修孔洞。设计中取局部阻力系数 $\xi=0.5$，反冲洗强度 $q=0.015m^3/(s \cdot m^2)$，单格滤池的面积 $f=33m^2$，检修孔洞的直径 $d=500mm$。

反冲洗时检修孔洞的过孔流速 $v_0=\dfrac{qf}{2\times\dfrac{\pi d^2}{4}}=\dfrac{0.015\times33}{2\times\dfrac{3.14}{4}\times0.5^2}=1.26$（m/s）

检修孔洞的局部水头损失 $h_h=\xi\dfrac{v_0^2}{2g}=0.5\times\dfrac{1.26^2}{2\times9.8}=0.041$（m）

设计中取滤池底部配水空间的高度 $H_1=0.40m$，局部阻力系数 $\xi=0.5$，则：

$$u_1=\frac{qf}{H_1W}=\frac{0.015\times33}{0.4\times5.0}=0.248 （m/s）$$

滤池底部配水空间进口部分的局部阻力 $h_x=\xi\dfrac{u_1^2}{2g}=0.5\times\dfrac{0.248^2}{2\times9.8}=0.0016$（m）

③ 水流经小阻力配水系统的水头损失计算。以双层孔板为例，假设滤板的开孔比上层为 1%，下层为 1.7%，则：

$$上层的开孔面积 \omega_上=33\times1\%=0.33 （m^2）$$
$$下层的开孔面积 \omega_下=33\times1.7\%=0.561 （m^2）$$

冲洗时孔口内流速分别为：

$$v_上=\frac{qf}{\omega_上}=\frac{0.015\times33}{0.33}=1.5 （m/s）$$
$$v_下=\frac{qf}{\omega_下}=\frac{0.015\times33}{0.561}=0.88 （m/s）$$

设计中取上层滤板的孔口流量系数 $\mu_上=0.76$，下层滤板的孔口流量系数 $\mu_下=0.69$，则：

双层滤板中上层滤板的水头损失 $h_上=\dfrac{v_上^2}{2g\mu_上^2}=\dfrac{1.5^2}{2\times9.8\times0.76^2}=0.198$（m）

双层滤板中下层滤板的水头损失 $h_下=\dfrac{v_下^2}{2g\mu_下^2}=\dfrac{0.88^2}{2\times9.8\times0.69^2}=0.083$（m）

滤板内水头损失 $h_p'=h_上+h_下=0.198+0.083=0.281$（m）

考虑滤板制作及安装使用中的堵塞等因素，取 $h_p'=0.3m$。

④ 反冲洗水流经承托层的水头损失计算。水温20℃时，水的黏度系数 $\mu'=1.0\times10^{-3}kg/(s \cdot m)$；设计中取承托层厚度 $H_3=0.2m$，承托层平均粒径 $D=0.0032m$，孔隙率 $m=0.38$，形状系数 $\phi=0.81$，则承托层水头损失为：

$$h_g'=200H_3\frac{\mu'u(1-m)^2}{\rho g\phi^2D^2m^3}=200\times0.2\times\frac{1.0\times10^{-3}\times0.015\times(1-0.38)^2}{1000\times9.8\times0.81^2\times0.0032^2\times0.38^3}=0.065 （m）$$

⑤ 水流经滤料时的水头损失计算。设计中取石英砂滤料的密度 $\rho_f=2650kg/m^3$，水的密度 $\rho=1000kg/m^3$，滤料层厚度 $H_8=0.7m$，滤料膨胀前的孔隙率 $m_0=0.41$，则过滤层水头损失为：

$$h_f'=\frac{\rho_f-\rho}{\rho}(1-m_0)H_8=\frac{2650-1000}{1000}(1-0.41)\times0.7=0.68 （m）$$

⑥ 总水头损失 $h'=h_h+h_x+h_p'+h_g'+h_f'=0.028+0.001+0.3+0.065+0.68=1.074$（m）。

考虑到反冲洗时仍有部分的滤过水需经堰板流出池体，所以固定堰顶设在比排水槽顶高 $1.0m$ 处，这样可以保证最低水位时反冲洗强度的要求。同时，考虑到在给定膨胀率的条件下，水温每增加1℃，所需的冲洗强度会相应增加 1% 的变化规律，在固定堰上增设一个活动堰板，其高度设为 $250mm$，这样就能保证最高水温时的反冲洗强度的要求。活动堰板采用木叠梁结构。反冲洗时为防止冲洗水挟带空气，清水渠道内的最小水深设为 $1.0m$。

（5）滤池高度

采用小阻力配水系统，底部配水空间高度 H_1 取 0.40m；滤板厚 H_2 取 0.12m；石英砂滤料层厚 H_3 取 0.70m；滤料膨胀 45% 的高度 H_4 取 0.32m；冲洗排水槽高度 H_5 取 0.92m；滤料层水头损失≈滤料层厚 H_6，取 0.70m；滤板水头损失 H_7 取 0.30m；排水槽上水头 H_8 取 0.05m；最大过滤水头 H 取 2m；池子超高 H_{10} 取 0.3m。则滤池总高度为：

$$H_总 = H_1 + H_2 + H_3 + H_4 + H_5 + H_6 + H_7 + H_8 + H_9 + H_{10}$$
$$= 0.4 + 0.12 + 0.7 + 0.32 + 0.92 + 0.7 + 0.3 + 0.05 + 2 + 0.3 = 5.81 \text{（m）}$$

取 $H = 5.8$m。

（6）排水系统

① 洗砂排水槽设计。采用槽底为三角形的标准排水槽，每格池宽 5.5m，每格布置 2 个排水槽，见图 5-33。

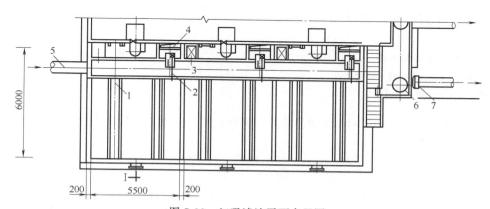

图 5-33　虹吸滤池平面布置图

1—洗砂排水槽；2—进水槽；3—计时水槽；4—配水槽；5—进水管；6—人孔；7—出水管

两槽中心间距 $a = 5.5/2 = 2.75$（m），排水槽出口流速 $v = 0.6$m/s。排水槽形状见图 5-34，断面模数为：

$$x = \frac{1}{2}\sqrt{\frac{qla}{1000v}} = \frac{1}{2}\sqrt{\frac{15 \times 6 \times 2.75}{1000 \times 0.6}} = 0.32 \text{（m）}$$
$$槽宽 = 2x = 2 \times 0.32 = 0.64 \text{（m）}$$

水面上 5cm 保护高度，槽厚采用 0.05m，则槽子总高度为：

$$H_槽 = 0.05 + x + 1.5x + 0.05\sqrt{2} = 0.05 + 0.32 + 1.5 \times 0.32 + 0.05 \times 1.41 = 0.92 \text{（m）}$$

洗砂排水槽总平面面积为：

$$F_0 = 2xln = 2 \times 0.32 \times 6 \times 2 = 7.68 \text{（m}^2\text{）}$$

复算：排水槽总平面面积与滤池面积之比 $\dfrac{F_0}{f} = \dfrac{7.68}{33} = 23\% \approx 25\%$，满足要求。

② 排水虹吸管设计

a. 断面面积计算。排水虹吸管流速采用 1.5m/s，则断面面积为：

$$\omega_并 = Q_并/1.5 = 0.495/1.5 = 0.33 \text{（m}^2\text{）}$$

采用矩形断面 50cm×66cm，面积为 0.33m²。虹吸管进口端距池子进水渠底 0.2m，和出口水封堰顶平。虹吸管顶的下部和滤池水面平，出口伸进排水渠距渠底 0.1m，其最小淹没深度为 0.4m，见图 5-35。

b. 水头损失计算。设计中取进口局部阻力系数 $\xi_i = 0.25$，弯头局部阻力系数 $\xi_e = 0.8$，出口局部阻力系数 $\xi_0 = 1.0$，矩形系数 1.2，则排水虹吸管局部水头损失为：

$$h_\xi = 1.2(\xi_i + 2\xi_e + \xi_0)\frac{v^2}{2g} = 1.2 \times (0.25 + 2 \times 0.8 + 1.0) \times \frac{1.5^2}{2 \times 9.8} = 0.39 \text{（m）}$$

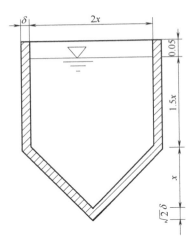

图 5-34　洗砂排水槽

x—断面模数；δ—洗砂排水槽槽
底厚度；D—排水管直径

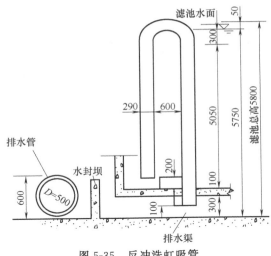

图 5-35　反冲洗虹吸管

排水虹吸管总长度 $L=10.8\text{m}$，水力半径 R 计算得 0.142m，谢才系数 C 计算得 60.19，则排水虹吸管的沿程水头损失为：

$$h_1=\frac{v^2}{C^2R}L=\frac{1.5^2}{60.19^2\times0.142}\times10.8=0.047\ (\text{m})$$

排水虹吸管总水头损失　$H_{\text{总}}=h_\varepsilon+h_1=0.39+0.047=0.437\ (\text{m})$

所以流速为 1.5m/s 时，虹吸管进水端的水面应比出口水封堰至少高 0.44m。并且最小淹没深度也是 0.44m。

③ 集水渠设计。滤池反冲洗水量 $Q=qf=0.015\times33=0.495\ (\text{m}^3)$，集水渠的宽度 B 取 0.8m，集水渠采用矩形断面，起端水深为：

$$H_c=1.73\sqrt[3]{\frac{Q^2}{gB^2}}=1.73\sqrt[3]{\frac{0.495^2}{9.8\times0.8^2}}=0.587\ (\text{m})$$

集水渠内的水头损失为：

$$h_c'=1.73H_c-H_c=0.73H_c=0.587\times0.73=0.25\ (\text{m})$$

④ 排水管设计。采用直径为 500mm 的排水管。为了在反冲洗虹吸管的出水端形成水封，在底部排水渠和直径 500mm 的排水管间设一道堰，堰高可以调节，最低时可以和反冲虹吸管进口端、排水管顶相平，为 0.6m。

5.4.4　V 型滤池

V 型滤池因两侧（或一侧）进水槽设计成 V 字形而得名，V 型滤池的构造如图 5-36 所示。通常一组滤池由数只滤池组成。每只滤池中间为双层中央渠道，将滤池分格。渠道上层是排水渠供冲洗排污用；下层是气、水分配渠，过滤时汇集滤后清水，冲洗时分配气和水。其采用均质滤料，气水反冲洗系统。冲洗水的供给一般采用水泵直接向滤池出水渠取水，冲洗空气可由鼓风机或空气压缩机与储气罐组合两种方式来供应。

5.4.4.1　工作过程

过滤过程：待滤水由进水总渠经进水气动隔膜阀和方孔后，溢过堰口再经侧孔进入 V 形槽。待滤水通过 V 形槽底小孔和槽顶溢流，均匀进入滤池，而后通过滤层和长柄滤头流

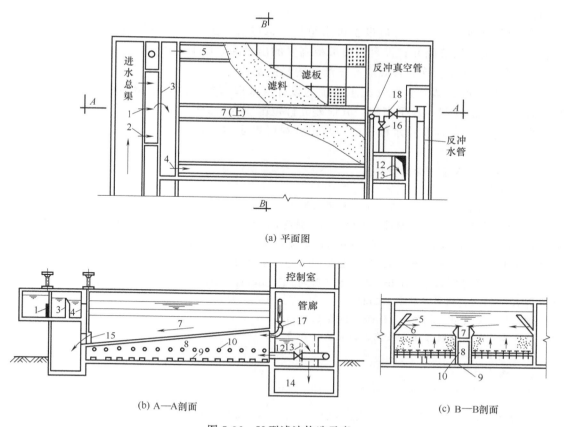

(a) 平面图

(b) A—A剖面

(c) B—B剖面

图 5-36　V 型滤池构造示意

1—进水气动隔膜阀；2—方孔；3—堰口；4—侧孔；5—V 形槽；6—小孔；7—排水槽；8—气水分配渠；
9—配水方孔；10—配气小孔；11—底部空间；12—水封井；13—出水堰；
14—清水渠；15—排水阀；16—清水阀；17—进气阀；18—冲洗水阀

入底部空间，再经方孔汇入中央气水分配渠内，最后由管廊中的水封井、出水堰、清水渠流入清水池。

冲洗过程如下。首先关闭进水阀，但两侧方孔常开。之后开启排水阀将池面水从排水渠中排出直至滤池水面与 V 形槽顶相平。一般经过气冲-气、水同时反冲-水冲三步，再加上横向扫洗，将杂质冲入排水槽。

5.4.4.2　设计要点

① V 型滤池冲洗前水头损失可采用 2.0～2.5m。

② 为使滤池保持足够的过滤水头，避免滤层出现负压，根据国内设计和运行经验，规定滤层表面以上的水深不应小于 1.2m。

③ V 型滤池宜采用长柄滤头配气、配水系统。

④ V 型滤池冲洗水的供应应采用水泵，并应设置备用机组；水泵的配置应适应冲洗强度变化的需求。

⑤ V 型滤池冲洗气源的供应，应采用鼓风机，并应设置备用机组。

⑥ V 型滤池两侧进水槽的槽底配水孔口至中央排水槽边缘的水平距离宜在 3.5m 以内，不得大于 5m。表面扫洗配水孔的纵向轴线应保持水平。

⑦ V 型进水槽断面应按非均匀流满足配水均匀性要求计算确定，其斜面与池壁的倾斜

度宜采用 45°～50°。

⑧ V 型滤池的进水系统应设置进水总渠，每格滤池进水应设可调整高度的进水堰；每格滤池出水应设调节阀并宜设可调整堰板高度的出水堰，滤池的出水系统宜设置出水总渠。

⑨ 反冲洗空气总管的管底应高于滤池的最高水位。

⑩ V 型滤池长柄滤头配气配水系统的设计应采取有效措施，控制同格滤池所有滤头滤帽或滤柄顶表面在同一水平高程，其误差允许范围应为 ±5mm。

⑪ V 型滤池的冲洗排水槽顶面宜高出滤料层表面 500mm。

【例题 5-14】 V 型滤池设计计算

1. 已知条件

某水厂日设计产水量为 6.5 万吨（自用水按 10% 计），设计参数：滤速 $v＝9m/h$，强制滤速 10～13m/h，过滤周期 $T＝24h$；单独气洗时，气洗强度 $q_{气1}＝16L/(s \cdot m^2)$；气水同洗时，气洗强度 $q_{气2}＝16L/(s \cdot m^2)$，水洗强度 $q_{水1}＝4L/(s \cdot m^2)$；单独水洗时，水洗强度 $q_{水2}＝4.5L/(s \cdot m^2)$；反洗过程始终伴随表面扫洗，反冲横扫强度 $1.8L/(s \cdot m^2)$。冲洗时间 $t＝12min＝0.2h$；单独气洗时间 $t_{气}＝2min$；气水同洗时间 $t_{气水}＝4min$；单独水洗时间 $t_{水}＝6min$。滤料：石英砂，粒径 0.9～1.2mm，不均匀系数 $K_{60}＜1.6$，滤层厚度取 1.2m。

承托层：石英砂，粒径 2～4mm，厚度 0.10m。

集配水系统：小阻力配水系统，设置滤板和滤头。

2. 设计计算

(1) 滤池面积

① 设计水量 $Q＝\alpha Q_d＝1.1×65000＝71500（m^3/d）＝0.828 m^3/s$。

② 滤池实际工作时间 $T'＝24－\dfrac{24t}{T}＝24－\dfrac{24×0.2}{24}＝23.8（h）$。

③ 滤池计算面积 $F＝\dfrac{Q}{vT'}＝\dfrac{71500}{9×23.8}＝333.8（m^2）$。

④ 滤池分格。设计 V 型滤池两组，每组滤池两座，则滤池总座数 $N＝4$，采用双床 V 型滤池，每组滤池共用一条进水总渠，2 座滤池轮流反冲洗，近似实现等水头变速过滤，保证滤后水水质优越。

每座 V 型滤池面积 f 为：

$$f＝\frac{F}{N}＝\frac{333.8}{4}＝83.45（m^2）$$

每座 V 型滤池的宽度通过其中间的气水分配槽平均分成两格，单格 V 型滤池宽度 $B＝3.5m$，长度 $L＝12m$，则每座 V 型滤池的实际面积 $f_{修}$ 修正为：$f_{修}＝2LB＝2×12×3.5＝84（m^2）$。

⑤ 滤池的设计总面积 F' 为：

$$F'＝Nf_{修}＝4×84＝336（m^2）$$

实际滤速为：

$$v＝\frac{Q}{F'T'}＝\frac{71500}{336×23.8}＝8.94（m/h）$$

对强制滤速进行校核为：

$$v_{强}＝\frac{vN}{N-1}＝\frac{8.94×4}{4-1}＝11.92（m/h）$$

满足正常滤速在 6～10m/h 范围之内，强制滤速在 10～13m/h 范围之内的设计要求。

(2) 进出水管渠设计

① 进水总渠设计。进水总渠流速 $v_{进总}$ 取 1.2m/s，水流断面积 $A_{进总}$ 为：

$$A_{进总}＝\frac{Q}{v_{进总}}＝\frac{0.828}{1.2}＝0.69（m^2）$$

进水总渠宽取 0.9m，水深取 0.8m，超高取 0.3m。

② 进水孔设计。单格滤池强制滤速时进水量 $Q_强$ 为：

$$Q_强 = v_强 f = 11.92 \times 84 = 1001.28 \; (m^3/h) = 0.278 m^3/s$$

每座滤池由进水总渠侧壁开三个进水孔。两侧进水孔在反冲洗时关闭，中间进水孔供给反冲洗时表面扫洗用水，反冲洗时不关闭。中间进水孔设手动调节闸板，调节闸门的开启度，调节表面扫洗用水量。孔口总面积 $A_孔$ 按孔口淹没出流公式 $Q = 0.8A\sqrt{2gh}$ 计算，孔口两侧水位差取 0.05m，则孔口总面积 $A_孔$ 为：

$$A_孔 = \frac{Q_强}{0.8\sqrt{2gh}} = \frac{0.278}{0.8 \times \sqrt{2 \times 9.8 \times 0.05}} = 0.352 \; (m^2) \approx 0.35 m^2$$

其中单座滤池两侧进水孔用作表面扫洗，表面扫洗用水量 $Q_{表水} = 0.151 m^3/s$，则每个进水孔面积 $A_侧$ 为：

$$A_侧 = \frac{1}{2} \times \frac{Q_{表水}}{Q_{单进}} \times A_孔 = \frac{1}{2} \times \frac{0.151}{0.207} \times 0.35 \approx 0.128 \; (m^2)$$

两侧进水孔设计尺寸为：$B \times H = 0.4m \times 0.3m$。

则中间进水孔面积 $A_中 = A_孔 - 2A_侧 = 0.35 - 0.128 \times 2 = 0.094 \; (m^2)$。

中间进水孔设计尺寸为：$B \times H = 0.3m \times 0.3m$。

③ 进水堰设计。进水总渠引来的浑水经过溢流堰进入每座滤池内的配水渠，再经滤池内的配水渠分配到两侧的 V 形槽。溢流进水堰与进水总渠平行设置，与进水总渠侧壁相距 0.5m。溢流进水堰堰宽 $b_堰$ 取 3.5m，堰上水头 $H_堰$ 为：

$$H_堰 = \sqrt[3]{\left(\frac{Q_强}{1.84 b_堰}\right)^2} = \sqrt[3]{\left(\frac{0.278}{1.84 \times 5}\right)^2} = 0.097 \; (m)$$

④ 配水渠设计。进入每座滤池的浑水溢流至配水渠，由配水渠两侧的进水孔进入滤池内 V 形槽。水流由中间向两侧分流，每侧流量 $Q_强/2$。滤池配水渠宽 $b_{配渠}$ 取 0.5m，渠高 1m，渠长 $L_{配渠}$ 等于单格滤池宽度，即为 3.0m。当渠内水深 $h_{配渠}$ 为 0.6m，则流速 $v_{配渠}$ 为：

$$v_{配渠} = \frac{Q_强}{2 b_{配渠} h_{配渠}} = \frac{0.278}{2 \times 0.5 \times 0.6} = 0.463 \; (m/s)$$

⑤ 出水渠设计。出水渠设在 4 座滤池中间，总设计流量为 0.828 m^3/s，设计取清水总渠宽为 0.8m，有效深度为 1.2m，此时实际设计流速为 0.86m/s。

（3）反冲洗管渠设计

① 用水流量计算。V 型滤池单独水洗时反冲洗水强度最大，水洗强度 $q_{水2}$ 为 4.5L/(s·m^2)，此时反冲洗用水流量 $Q_{反水} = q_{水2} f = 4.5 \times 84 = 378 \; (L/s) = 0.378 m^3/s$。

V 型滤池反冲洗时，表面扫洗同时进行，其表面横扫强度 $q_{表水}$ 为 1.8L/(s·m^2)，此时表面扫水流量 $Q_{表水} = q_{表水} f = 0.0018 \times 84 = 0.151 \; (m^3/s)$。

因此 V 型滤池的反冲洗设计用水流量 $Q_反 = Q_{反水} + Q_{表水} = 0.378 + 0.151 = 0.529 \; (m^3/s)$。

② 配水系统设计。反冲洗供水管管径设计为 DN500mm，其实际管内流速 $v_{水干}$ 为：

$$v_{水干} = \frac{4 Q_{反水}}{\pi d_{水干}^2} = \frac{4 \times 0.378}{3.14 \times 0.5^2} = 1.93 \; (m/s)$$

反冲洗水由反洗供水管输送至气水分配渠，由气水分配渠底侧的布水方孔配水到滤池底部布水区。反冲洗水通过配水方孔的流速 $v_{水支}$ 取 1.0m/s，则配水支管（渠）的截面积 $A_{方孔}$ 为：

$$A_{方孔} = \frac{Q_{反水}}{v_{水支}} = \frac{0.378}{1.0} = 0.38 \; (m^2)$$

沿渠长方向两侧各均匀布置 30 个配水方孔，共计 60 个，孔中心间距 0.4m，每个孔口的面积 $A_{小孔}$ 为：

$$A_{小孔}=\frac{A_{方孔}}{n}=\frac{0.38}{60}=0.0063\ (m^2)$$

每个孔口尺寸取 $0.1m\times0.1m$，$A_{小孔}$ 修正为 $0.01m^2$，实际最大过孔流速 $v_{水支}$ 修正为：

$$v_{水支}=\frac{Q_{反水}}{nA_{小孔}}=\frac{0.38}{60\times0.01}=0.63\ (m/s)$$

③ 用气量计算。当 V 型滤池的气洗强度最大时，$q_{气}=16L/(s\cdot m^2)$，此时反冲洗用气量 $Q_{反气}$ 为：

$$Q_{反气}=q_{气}f=16\times84=1344\ (L/s)=1.344m^3/s$$

④ 配气系统断面设计。反冲洗供气管管径设计为 $DN350mm$，供气管管内流速 $v_{气干}$ 为：

$$v_{气干}=\frac{4Q_{反气}}{\pi d_{气干}^2}=\frac{4\times1.344}{\pi\times0.35^2}=13.98\ (m/s)$$

供气管内流速规定为 $10\sim15m/s$，满足要求。

反冲洗用气由反冲洗配气干管输送至气水分配渠，由气水分配渠两侧的布气小孔配气到滤池底部布水区。布气小孔紧贴滤板下缘，间距与布水方孔相同，共计 60 个。反冲洗用气通过配气小孔的流速取 $10m/s$，则配气支管（渠）的截面积 $A_{气支}=Q_{反气}/v_{气支}=1.344/10=0.134\ (m^2)$。

每个布气小孔面积 $A_{气孔}=A_{气支}/60=0.134/60=0.0022\ (m^2)$。

孔口直径 $d_{气孔}=\sqrt{4A_{气孔}/\pi}=\sqrt{4\times0.0022/3.14}=0.053\ (m)$。

每个气孔配气量 $Q_{气孔}=Q_{反气}/60=1.344/60=0.0224\ (m^3/s)=80.64m^3/h$。

⑤ 气水分配渠断面设计。气水分配渠的断面应按气水同时反冲洗的情况设计。此时反冲洗水的流量 $Q_{反气水}=q_{水1}f=4\times84=336\ (L/s)=0.336m^3/s$。

此时反冲洗用气量 $Q_{反气}=q_{气}f=16\times84=1344\ (L/s)=1.344m^3/s$。

此时 $v_{水干}$ 取 $1.5m/s$，$v_{气干}$ 取 $5m/s$，气水分配干渠的断面积 $A_{气水}$ 为：

$$A_{气水}=\frac{Q_{反气水}}{v_{水干}}+\frac{Q_{反气}}{v_{气干}}=\frac{0.336}{1.5}+\frac{1.344}{5}=0.493\ (m^2)$$

设计气水分配渠宽度 $B=0.8m$，则此时渠内有效水深 H 为：

$$H=\frac{A_{气水}}{B}=\frac{0.493}{0.6}=0.616\ (m)$$

（4）滤池的高度

V 型滤池滤板下布水区的高度 $H_1=0.9m$，滤板厚度 $H_2=0.1m$，滤层厚度 $H_3=1.2m$，滤层上水深 $H_4=1.3m$，滤层超高 $H_5=0.5m$，则滤池总高 H 为：

$$H=H_1+H_2+H_3+H_4+H_5=0.9+0.1+1.2+1.3+0.50=4.0\ (m)$$

（5）排水集水槽

排水集水槽顶端高出滤料层顶面 $0.5m$，气水分配渠起端高度 $1.5m$，则排水集水槽起端槽深度 $H_{起}$ 为：

$$H_{起}=H_1+H_2+H_3+0.5-1.5=0.9+0.1+1.2+0.5-1.5=1.2\ (m)$$

气水分配渠末端高度 $1.1m$，排水集水槽末端深度 $H_{末}$ 为：

$$H_{末}=H_1+H_2+H_3+0.5-1.0=0.9+0.1+1.2+0.5-1.1=1.6\ (m)$$

集水槽底坡 i 为：

$$i=\frac{H_{末}-H_{起}}{L_{单}}=\frac{1.6-1.2}{7.5}=0.053$$

（6）V 形槽设计

V 形槽倾角 $45°$，垂直高度 $0.8m$，V 形槽槽底设表面扫洗出水孔，直径取 $d_{V孔}=0.020m$，每槽共计 140 个。则单侧 V 形槽出水孔总面积 $A_{表孔}$ 为：

$$A_{表孔}=\frac{\pi d_{V孔}^2}{4}=\frac{3.14\times0.02^2}{4}\times140=0.044\ (m^2)$$

表扫水出水孔低于排水集水槽堰顶 0.15m，即 V 形槽槽底高度低于集水槽堰顶 0.15m。表面扫洗时 V 形槽内水位高出滤池反冲洗时液面 $h_{V液}$ 为：

$$h_{V液} = \frac{\left(\dfrac{Q_{表水}}{2 \times 0.8 A_{表孔}}\right)^2}{2g} = \frac{\left(\dfrac{0.151}{2 \times 0.8 \times 0.044}\right)^2}{2 \times 9.8} = 0.235 \text{（m）}$$

集水槽长 b 为 8m，反冲洗时排水集水槽的堰上水头 $h_{排槽}$ 为：

$$h_{排槽} = \sqrt[3]{\left(\frac{Q_{反}}{2 \times 1.84 b}\right)^2} = \sqrt[3]{\left(\frac{0.571}{2 \times 1.84 \times 8}\right)^2} = 0.072 \text{（m）}$$

V 形槽倾角 45°，垂直高度 0.8m，反冲洗时 V 形槽顶高出滤池内液面的高度为：

$$0.8 - 0.15 - h_{排槽} = 0.8 - 0.15 - 0.072 = 0.578 \text{（m）}$$

反冲洗时 V 形槽顶高出槽内液面的高度为：

$$0.8 - 0.15 - h_{排槽} - h_{V液} = 0.8 - 0.15 - 0.072 - 0.235 = 0.343 \text{（m）}$$

气水反冲洗，气源由鼓风机提供，冲洗水由水泵提供。

5.5　消毒设施

为了保障人民的健康，防止水致疾病的传播，《室外给水设计标准》（GB 50013—2018）规定，生活饮用水必须消毒。消毒是为了消除水中致病微生物的致病作用，是生活饮用水安全、卫生的最后保障措施。常用的消毒方法分物理消毒和化学消毒两大类，物理消毒法有紫外线、超声波消毒等，化学消毒法有氯、二氧化氯、氯胺、次氯酸钠、臭氧消毒等。常用的消毒方法优缺点及适用条件见表 5-25。

表 5-25　常用的消毒方法优缺点及适用条件

消毒方法	优　点	缺　点	适用条件
氯（液氯）Cl_2	1. 具有优良灭菌、灭病毒效果，灭活微生物效果较好 2. 消毒效果随 pH 值增大而减小，最佳消毒范围 pH=7 左右 3. 在管网中，具有余氯持续消毒作用 4. 易操作、投量准确，设备简单成本较低	1. 原水有机物含量较高时，可生成消毒副产物 THM 2. 可产生氯化和氧化中间产物氯酚、氯胺等 3. 原水中含酚时，可产生氯酚味 4. 有毒，应确保使用安全	国内应用广泛，绝大多数水厂采用氯消毒
氯胺 NH_2Cl $NHCl_2$	1. 灭菌效果适中；消毒效果受 pH 值影响小 2. 不会产生氯臭味，能减低三氯甲烷和氯酚的产生 3. 可延长管网中较长的余氯持续时间，抑制细菌滋生	1. 灭病毒效果差，消毒作用较氯慢，需较长接触时间 2. 需增加加氨设备，操作管理复杂	原水中有机物含量较多以及输配水管线较长时宜使用，国内应用较少
次氯酸钠 $NaClO$	1. 具有余氯持续消毒作用 2. 使用安全、操作简单	1. 需现场制备，不易储存，成本高 2. 设备小，产气量小，使用受限制	适用于小型水厂或管网中途加氯
二氧化氯 ClO_2	1. 具有优良灭菌、灭病毒、灭活微生物效果，且投加量小 2. 受 pH 值影响小，pH>7 时为佳； 3. 接触时间短，余氯持续时间长 4. 具有强氧化作用，可除臭、去色，不会产生有机氯化物	1. 需现场制备，制取设备复杂，成本高 2. 可产生氯酸盐和亚氯酸盐等消毒中间产物	适用于有机物污染严重时，目前国内水厂尚未使用

消毒方法	优　点	缺　点	适用条件
臭氧消毒 O_3	1. 具有优良灭菌、灭病毒、灭活微生物效果 2. 消毒效果好、接触时间短，pH 值影响小 3. 能除臭、去色、除酚，不会产生有机氯化物和氯酚味	1. 制水成本高，基建投资大，高耗电，管理复杂 2. 臭氧在水中不稳定，易挥发，无持续消毒作用，需补加氯，以保证管网中余氯量	国内应用较少，适用于有机物污染严重时
紫外线消毒	1. 具有良好灭菌、灭病毒、灭活微生物效果 2. 对 pH 值不敏感，杀菌效率高，接触时间短 3. 不会生成有机氯化物和氯酚味	1. 无持续消毒作用，需补加氯，以保证管网中余氯量，易受重复污染 2. 电耗高，灯管寿命短	国内运用少，且仅限于小水量处理；工矿企业等集中用户用水处理时宜采用

5.5.1　液氯消毒

氯消毒目前是国内外广泛采用的消毒技术，氯具有消毒、氧化双重作用。加氯消毒经济有效，而且余氯在管网中具有持续消毒杀菌作用。

氯是一种具有强烈刺激性、有毒的黄色液体，密度 3.2g/L，约为空气密度的 2.5 倍；常温常压下，氯极易液化，6～8 个大气压下，可压缩成琥珀色的液氯；氯气溶于水，与水发生水解反应，迅速生成次氯酸，并进一步离解成离子。

（1）一般加氯量计算

设计加氯量应根据试验或相似条件下水厂运行经验，按最大用量确定。余氯量应满足《生活饮用水卫生标准》（GB 5749—2006），出厂水中余氯量不低于 0.3mg/L，管网末梢不低于 0.05mg/L。

加氯量 Q（kg/h）的计算公式为：

$$Q = 0.001aQ_1 \tag{5-9}$$

式中，a 为最大投氯率，mg/L；Q_1 为需消毒的水量，m^3/h。

（2）氯与水的有效接触时间

不小于 30min，杀菌作用随氯与水的接触时间增加而增加；接触时间短时，应适当加大投氯量。

（3）加氯点的确定

加氯点应根据原水水质，并适当考虑水质变化而定。

水源水质较好时，大多采用滤后加氯，加氯点可选择在清水池管道或清水池进口处；给水管网延伸很长时，可考虑管网中途加氯（一般设在中途加压泵站或水泵站内）。

（4）氯的储存、使用、安放及运输

氯的储存、使用、安放及运输必须确保安全。

① 氯的储存与安放。通常储存在氯瓶中（钢瓶），氯瓶不能在烈日下曝晒，或靠近高温处；目前采用卧式钢瓶，常见氯瓶的规格见表 5-26。

② 液氯投加。液氯气化过程吸收热量，需用自来水喷淋；氯气投加必须注意安全，不允许水体与氯瓶直接接触，必须设置加氯装置。氯瓶安放在磅秤上，核对瓶中的剩余量，防止用空，加氯间内磅秤面宜与地面相平，便于氯瓶放置。

表5-26 常见氯瓶的规格

容量/kg	直径/mm	长度/mm	瓶自重/kg	氯瓶总重/kg
350	350	1335	350	700
500	600	1800	400	900
1000	800	2020	300	1800

（5）加氯设备

① 为保证液氯消毒安全、计量准确，需使用加氯机投加液氯，常用的加氯设备有：加氯机（转子加氯机、自动真空加氯机）、液氯蒸发器、自动真空加氯系统和漏氯吸收装置。

② 加氯机台数应按最大加氯量选用，一般应安装2台以上，备用台数不少于1台。

③ 加氯机和氯瓶之间宜有中间氯瓶，既可沉淀氯气中的杂质，又可在加氯机发生故障时，防止水流进入氯瓶。

（6）加氯间布置

① 加氯间设计要求

a. 一般尽量靠近加氯地点，尽量缩短加氯管线的长度，且布置在水厂最小频率风向的上风向。

b. 因氯气密度大于空气密度，加氯间低处应设置排风扇，每小时换气8～12次。

c. 加氯间必须和其他工作室分离，并设置通向外部且向外开的门以及观察室内情况的观察孔；加氯间外应设有工具箱、防毒面具等。照明、通气设备在室外。

d. 加氯机内管线不宜露出地表，铺设在沟槽中；管材应具有防氯腐蚀性能。

e. 加氯间给水管应保证不间断供水，且要求水压稳定。

f. 加氯间和氯库宜采用暖气采暖或无明火方式保暖，如用火炉时火口设置在室外，暖气散热片、火炉应远离氯瓶和加氯机。

g. 加氯间与氯库可单独建造，也可合建，但均应有独立外开的门，以便于运输。

② 氯库设计要求

a. 液氯储备量按供应或运输条件确定，一般按最大用量的7～15d计算。

b. 氯库应设置在水厂最小频率风向的上方，并与经常有人的建筑物保持距离。

c. 氯库应设有漏氯报警仪和吸收装置以及强制通风设施。

d. 氯库建筑应防止强烈光线照射（考虑百叶窗），库外应设有检查漏气的观测孔。

【例题5-15】 氯消毒设计计算

1. 已知条件

西安北郊某水厂，原水水质为Ⅱ类水标准，日处理水量为100000m³/d，采用常规净水工艺，其中消毒工艺选用氯消毒方法；根据相似条件下水厂运行经验，加氯量为1.0～2.0mg/L。水厂所在地常年最小频率风向NE。

2. 设计计算

（1）水厂设计水量（需消毒水量）

$Q_1 = 100000 \times 1.05 = 105000$ （m³/d）$= 4375$m³/h（包括水厂自用水量5%）

（2）加氯点的确定

由于水源水质为Ⅱ类水质，拟采用滤后加氯，加氯点选择在清水池无压管道处。

（3）加氯量计算

设计加氯量按最大用量确定，a 取2.0mg/L，则：

$$Q = 0.001aQ_1 = 0.001 \times 2.0 \times 4375 = 8.75 \text{ （kg/h）}$$

（4）液氯储备量计算

按 15d 考虑：

$$W = 15 \times 24Q = 15 \times 24 \times 8.75 = 3150 \text{（kg/月）}$$

（5）氯瓶数量

氯瓶数量 4 只，加氯机和氯瓶之间另设 1 个中间氯瓶，用于沉淀氯气中杂质，防止水流进入氯瓶。氯瓶规格见表 5-27。

表 5-27 氯瓶的规格

容量/kg	直径/mm	长度/mm	瓶自重/kg	氯瓶总重/kg
1000	800	2020	300	1800

（6）加氯设备

为保证液氯消毒安全、计量准确，选择 ZJ 型转子加氯机投加液氯，加氯机台数按最大加氯量选用，安装 2 台，其中 1 台备用，交替工作。

（7）液氯吸收装置

选用立式液氯吸收装置，并配有漏氯监测仪表和自动控制系统，保证加氯间氯气含量超标时能自动开启装置，保障人身安全。

（8）加氯间布置

① 加氯间设计。由于最小频率风向 NE，故加氯间布置在上风向处，即水厂 NE 方向，靠近滤池、清水池附近（滤后加氯）。

加氯间低处设置排风扇 1 个，排风扇每小时换气 8～12 次；并设置通向外部且向外开的门，加氯间设置 $DN50$mm 给水管，给水管保证不间断供水，水压大于 20mH₂O，供加氯机加氯使用。加氯间外设有工具箱、防毒面具。加氯间平面布置见图 5-37。

② 氯库。氯库与加氯间合建，氯库低处设置排风扇 1 个，排气量每小时换气 8～12 次，设有立式液氯吸收装置及漏氯监测仪，保障人身安全；氯瓶及中间氯瓶并联放置在磅秤上，磅秤与地坪相平；为了便于氯瓶搬运氯库设有 WA2 型手动单轨小车，轨道位于氯瓶正上方，且通向氯库外大门；氯库内设 $DN40$mm 给水管，水压大于 10mH₂O，通向氯瓶上空，供喷淋使用。

加氯间布置见图 5-37。

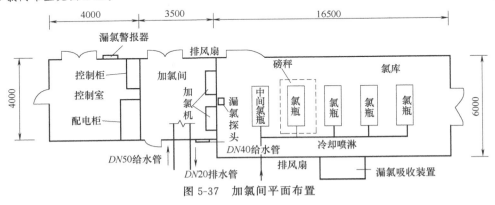

图 5-37 加氯间平面布置

5.5.2 氯胺消毒

水中投氯后生成次氯酸，与加入的氨（NH₃）作用生成一氯胺或二氯胺。氯胺消毒作用缓慢，杀菌持续时间长，维持水中余氯较久，可抑制管网内细菌的滋生，产生较少（或抑制）氯酚臭味，消毒作用受氨氯比、水温、pH 值等因素的影响。当原水有机物含量较多，供水管网较长时采用氯胺消毒更为有效。

（1）一般加氨量计算

正确的氨氯比（质量比）应通过试验确定，一般为（1:3）～（1:6）（按纯氨和纯氯计）。

（2）氨与水接触时间及消毒方式

消毒接触时间不小于 2h。

消毒方式有"先氨后氯""先氯后氨"两种。水中含酚或原水中有机物含量较多时，宜"先氨后氯"，此时氯主要与氨作用，可避免氯酚味。"先氯后氨"可较长时间维持出厂水中余氯，杀菌效果好。

（3）氨的储存、使用、安放

① 通常储存在氨瓶中，氨瓶加温同氯瓶加温方式相同，采用自来水喷淋氨瓶。

② 严禁将氨瓶置于日光下暴晒。

③ 氨的投加除液氨外，也可硫酸铵（按 25％纯氨计）、氯化铵等。

（4）加氨设备

① 液氨投加与液氯投加相同。加氨机有真空投加和压力投加两种，压力投加设备出口压力小于 0.1MPa，投加过程防止水体进入加氨管路；也可采用加氯机投加。

② 氨中有含水分时对铜及铜合金具有腐蚀，投加系统的管路和管材不能采用铜质材料。

③ 硫酸铵易溶于水，具有腐蚀性，故不需要溶药池等设备，调制、投药系统必须采取防腐措施。

（5）加氨间及氨库

① 氨具有刺激性，易爆炸，液氨仓库和加氨间电气设备需采用防爆电器，保证安全。

② 加氨间必须具有通风设施，由于氨的密度小于空气，故加氨间排气孔应设在最高处，进气孔设在最低处。

③ 氨库与氯库要完全隔开。

④ 液氨、硫酸铵、氯化铵的储备量和仓库的面积参照液氯设计要求。

【例题 5-16】 氯胺消毒设计计算

1. 已知条件

某水厂日处理水量为 60000m³/d，原水中有机物含量 3.8mg/L，采用氯胺消毒工艺，加氯量为 2.0mg/L。水厂所在地最小频率风向 NE。

2. 氯胺消毒工艺设计计算

（1）水厂设计水量（需消毒水量）

$$Q' = 60000 \times 1.05 = 63000 \ (m^3/d) = 2625 m^3/h \ （包括水厂自用水量 5\%）$$

（2）消毒方式

采用"先氯后氨"的消毒方式，消毒接触时间 3h。

（3）加氯量 Q_1、加氨量 Q_2 计算

① 设计加氯量按最大用量确定，a 取 2.0mg/L。加氯量为：

$$加氯量 Q_1 = 0.001aQ' = 0.001 \times 2.0 \times 2625 = 5.25 \ （kg/h）$$

② 加氨量计算。一般按氨氯比（质量比）（1:3）～（1:6）（按纯氨和纯氯计），设计中采用 1:4，加氨量 $Q_2 : Q_1 = 1:4$，则：$Q_2 = Q_1/4 = 5.25/4 = 1.325 \ （kg/h）$。

（4）氯、氨储备量计算

城镇水厂最大用量 7～15d，按 15d 考虑。

储氯量 $W_1 = 15 \times 24Q_1 = 15 \times 24 \times 5.25 = 1890 \ （kg/月）$。

储氨量 $W_2 = 15 \times 24Q_2 = 15 \times 24 \times 1.325 = 477$ （kg/月）。

（5）氯瓶、氨瓶数量

① 氯瓶数量：设置氯瓶 4 只，加氯机和氯瓶之间另设 1 个中间氯瓶，用于沉淀氯气中杂质，防止水流进入氯瓶。

② 氨瓶数量：设置氨瓶 2 只，中间氨瓶 1 只，用于沉淀氨气中杂质，防止水流进入氨瓶。

③ 氯瓶、氨瓶规格、尺寸见表 5-28。

表 5-28　氯瓶、氨瓶的规格、尺寸

名称	容量/kg	直径/mm	长度/mm	瓶自重/kg	氯瓶总重/kg	数量/只
氨瓶	350	350	1335	350	700	2
氯瓶	500	600	1800	400	900	4

（6）加氯、加氨设备

选择 ZJ 型转子加氯机投加液氯，加氯机台数按最大加氯量选用，安装 2 台，其中 1 台备用，交替工作。

加氨设备亦选择 ZJ 型转子加氯机，安装 2 台，其中 1 台备用，交替工作。

（7）加氯间、氯库、加氨间、氨库布置

① 加氯间、氯库布置参见【例题 5-15】加氯间、氯库布置。

② 加氨间、氨库布置。与加氯间、氯库布置类似，不同之处在于加氨间、氨库的高处各设排风扇 1 个，换气量满足 8～12 次/h 要求，氨气漏气探测器位于屋顶。

加药间设 DN50mm 给水管，水压大于 $20mH_2O$，供加氯机加氯、加氨使用。

氯库、氨库设 DN40mm 给水管，水压大于 $10mH_2O$，供氯瓶、氨瓶冷却喷淋。

加药间平面布置见图 5-38。

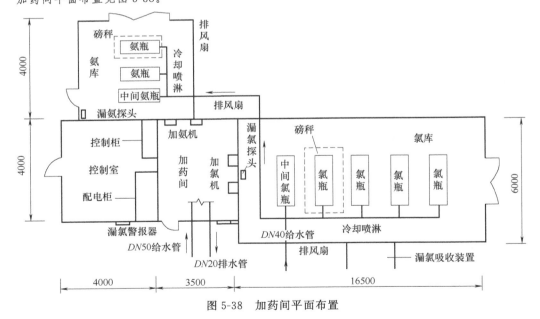

图 5-38　加药间平面布置

5.5.3　次氯酸钠消毒

次氯酸钠（NaClO）为强氧化剂，淡黄色透明状液体，水解可生成次氯酸，产生消毒、氧化作用，但效果不如 Cl_2；具有余氯持续消毒效果；次氯酸钠中所含有效氯 6～11mg/mL，受光易分解。

一般采用次氯酸钠发生器（利用电解食盐水）现场制取，就地投加，且设备简单，操作便易，常用于小型水厂（如农村给水、游泳池给水等）。

设计要求如下。

① 生产 1kg 有效氯，耗食盐量 3～4.5kg，电解时盐水浓度以 3%～3.5% 为宜。

② 次氯酸钠不宜久存，夏日当日制取，当日用完；冬日储存时间不超过 1 星期，且避光储存。

③ 投配方式同一般药液投加方式；常见重力投加和压力投加两种。

【例题 5-17】 次氯酸钠消毒设计计算

1. 已知条件

某市一游泳池给水量为 1800m³/d，原水为地下深层热水，采用次氯酸钠消毒，以增大安全保证，降低成本。拟选用 SMC-1500 次氯酸钠发生器，盐耗 3.8kg/kg，耗电量 4.6kW·h/kg。

2. 次氯酸钠消毒工艺设计计算

（1）设计水量计算

$$Q'=1800×1.05=1890（m^3/d）=78.8m^3/h（包括自用水量 5\%）$$

（2）加药量计算

次氯酸钠所含有效氯，加氯量计算参照：滤后或地下水加氯为 0.5～1.0mg/L；设计中采用 1.0mg/L，则：

$$加药量 Q=0.001aQ_1=0.001×1.0×78.8=0.08（kg/h）$$

（3）耗盐量储盐量及计算

耗盐量 $G=0.08×3.8=0.304（kg/h）$。储盐量（按 15d 计）W 为：$W=30×24×G=15×24×0.034=109.44（kg/月）$。

（4）投加设备

选用 SMC-1500 次氯酸钠发生器 2 台，交替使用；药液投加方式采用水射器压力投加。

5.5.4 二氧化氯消毒

二氧化氯是一种黄绿色到橙黄色的气体，有类似氯气般的窒息性臭味，比氯气更刺激，更毒，密度是空气的 2.3 倍，易溶于水、不与水发生化学反应，易挥发、易爆炸；消毒效果不受水的 pH 值、水中氨氮的影响，对酚的破坏能力极强，且具有较高的余氯，可做氧化剂和漂白剂。

国外水厂广泛使用，我国也有使用，受污染水源消毒较适宜。设计要求如下。

① 投加量。投加量与原水水质和用途有关，一般为 0.1～2.0mg/L。

a. 仅作饮用水消毒时：投加量一般为 0.1～0.5mg/L，投加量必须保证管网末梢 ≥0.02mg/L 的剩余二氧化氯量。

b. 兼作除臭时：投加量一般为 0.5～1.5mg/L。

c. 除铁、除锰、除藻预处理时：投加量一般为 0.5～3.0mg/L。

② 二氧化氯投加浓度必须控制在防爆浓度以下，一般水溶液浓度采用 6～8mg/L。

③ 接触时间：为保证二氧化氯与水充分混合，有效接触时间不少于 30min。

④ 二氧化氯的原材料库房储存量不大于最大用量 10d。

⑤ 宜采用现场制备。制备二氧化氯原材料（氯酸钠、亚氯酸钠、盐酸、氯气等）严禁接触。

⑥ 二氧化氯制备、储备、投加设备、管材配件等必须具备防腐性和密封性。

⑦ 设备间应与储存库房毗邻。设备间内应有每小时换气 8～12 次的通风设施及检漏报

警设施；执行相关规范的防毒、防火、防爆要求。

【例题 5-18】 二氧化氯消毒设计计算

1. 已知条件

某水厂需消毒水量 50000m³/d，为避免受污染水源采用液氯消毒可能产生的氯酚味和三卤甲烷等副产物，故采用二氧化氯消毒，拟选用 JSN-FZ3000 型二氧化氯发生器，技术参数：有效氯产量 3000g/h；装机容量 2.0kW；耗电量 0.25kW；动力水进水管径 ϕ40mm、压力 ≥0.25MPa；消毒剂投加管径 ϕ40mm；设备尺寸（长×宽×高）为 650mm×500mm×1400mm。

生产 1g 有效氯，用氯酸钠 0.65g，用盐酸 1.20g。氯酸钠为工业一级品，含量大于 99%；盐酸为工业一级品，浓度 31%。

2. 二氧化氯消毒工艺设计计算

（1）设计水量计算

$$Q' = 50000 \times 1.05 = 52500 \ (m^3/d) = 2187.5 m^3/h \ （包括自用水量 5\%）$$

（2）加药量计算

用于饮用水消毒时，产气量经实验确定：0.5～1.3mg/L；设计中采用 1.3mg/L，共需产气量（加药量）为：

$$Q = 0.001aQ' = 0.001 \times 1.3 \times 2187.5 = 2.844 \ (kg/h) = 2844 g/h$$

（3）耗盐量（G）及耗酸量（W）计算

耗盐量 $G = 10 \times 24 \times 0.65 \times Q = 10 \times 24 \times 0.65 \times 2844 = 44366.4 \ (g/月) = 443.7 kg/月$。

即氯酸钠储量按 10d 计，为 443.7kg，（氯酸钠为工业一级品，含量大于 99%）。

耗酸量 $W = 10 \times 24 \times 1.2 \times Q = 10 \times 24 \times 1.2 \times 2844 = 819072 \ (g/月) = 819.1 kg/月$。

即盐酸储量按 10d 计，为 918.1kg，盐酸（工业一级品，浓度 31%）。

（4）设备选型

选用 JSN-FZ3000 型二氧化氯发生器 2 台，交替使用。另设氯酸钠、盐酸溶液池各 1 座，二氧化氯加药间与原料药库合建。

氯酸钠水溶液与盐酸溶液定量由进口计量泵投加至二氧化氯反应系统中，产生的二氧化氯和氯气混合气体，在正压作用下进入水体，进行杀菌消毒。

5.5.5 臭氧消毒

臭氧（O_3）是一种具有特殊气味的无色气体，具有很高的氧化电位（2.076V）。臭氧溶解在水里，自行分解成羟基自由基，间接地氧化有机物、微生物，从而达到杀菌消毒的效果。

臭氧化消毒的优点是：应用范围广，消毒杀菌作用极强，杀灭速度快，约为氯的百倍以上。消毒过程中产生的氧化物是无毒、无味、能生物降解的物质，且臭氧能很快分解成为氧，不会产生二次污染。臭氧的消毒作用受 pH 值和温度影响较小。

臭氧灭菌的缺点是：臭氧对物体有氧化性，主要是对天然橡胶或天然橡胶制品以及铜制品（有水汽存在时）有一定的腐蚀。

臭氧的工艺系统由气源系统、臭氧发生系统、臭氧-水接触反应系统、尾气处理系统组成。臭氧作为消毒剂具有广阔前途，国外应用广泛，但由于与其他消毒剂相比，臭氧消毒成本高，且在管网中无法维持剩余量臭氧，故我国城市水厂中作为消毒剂使用尚少。

臭氧消毒设施的设计要求如下。

① 臭氧用于饮用水、泳池水消毒，投量一般为 1～2mg/L 水，与水接触时间一般为 6～15min。

② 为保证持续消毒作用，臭氧消毒后的出厂水中须投加少量的氯。

③ 臭氧投加量 Q_1（kgO_3/h）为：

$$Q_1 = 1.06aQ \tag{5-10}$$

式中，Q 为实际水量，m^3/h；1.06 为安全系数；a 为臭氧投加量，kg/m^3。

④ 按臭氧实际投加量，选择臭氧发生器的型号与台数。考虑 25%～30% 的备用，不得少于 1 台。

⑤ 臭氧由臭氧发生器制取，臭氧发生器工作时，不宜导入超过爆炸极限的易燃性气体。其气源有空气和氧气两类，其中多以空气为气源，气源发生器应设在室外。

⑥ 臭氧接触反应系统有微气泡扩散器、涡轮注入器、固定混合器、喷射器等。目前水厂运行较多的为微气泡扩散器（鼓泡塔、接触反应池）。

a. 鼓泡塔（接触氧化塔）：水量较小或受场地限制时采用。

b. 接触反应池：水量较大时采用。

⑦ 鼓泡塔（接触氧化塔）设计计算（连续处理时），塔体尺寸计算如下。

$$V = \frac{tQ_水}{60} \tag{5-11}$$

式中，V 为塔体体积，m^3；t 为水力接触时间，min；$Q_水$ 为所处理的水量，m^3/h。

塔截面积为：

$$F_t = \frac{tQ_水}{60H_t} \tag{5-12}$$

式中，F_t 为塔截面积，m^2；H_t 为塔内有效水深，m，一般可取 4～5.5m。

塔径为：

$$D = \sqrt{\frac{4F_t}{\pi}}$$

式中，D 为塔径，m。

径高比为：

$$K_t = \frac{D}{H_t}$$

式中，K_t 为径高比，一般采用（1:4）～（1:3）。

塔总高 $H_塔 = (1.25～1.35) H_t$。

⑧ 接触反应池

a. 采用臭氧接触反应池时，池体个数或单独排空分格数不宜少于 2 个。

b. 接触池由二到三段接触室串联组成，每室均可投加臭氧，且投加量可以不等；如为两室时，前室可投加所需臭氧耗量的 60%，后室投加 40%。

c. 接触反应池设计计算（连续处理时）。池体体积为：

$$V = \frac{tQ_水}{60} = F_c H_c = LBH_c \tag{5-13}$$

式中，V 为池体体积，m^3；H_c 为扩散器以上水深，一般 5～7m；F_c 为池面积，m^2；L 为池长度，m；B 为池宽，m，按场地布置条件扩散器均匀布置。

接触反应室停留时间为：

$$t = \sum t_i \tag{5-14}$$

式中，t_i 为各接触反应室停留时间，min。

第一段接触室的接触时间宜为 2min，第二段接触室的接触时间≥4min；总接触时间根据工艺目的而定，宜控制在 6～15min 之间。

⑨ 臭氧发生器工作压力 H 为：

$$H \geqslant h_1 + h_2 + h_3 \tag{5-15}$$

式中，h_1 为接触池（塔）水深，m；h_2 为布气装置水头损失，m；h_3 为臭氧化空气输送管道水头损失，m。

⑩ 臭氧消毒（接触池）排除的尾气，不允许直接进入大气，应进行必要的处置，如设臭氧发生器尾气消除装置等。

【例题 5-19】 臭氧化消毒设计计算

1. 已知条件

某城市水厂需消毒水量 50000m³/d，滤后水拟采用臭氧消毒，出厂前补加少量余氯，入城市供水管网。臭氧投加量为 1mgO₃/L，采用微气泡臭氧接触反应池工艺。

2. 设计计算

（1）设计水量计算

$Q = 50000 \times 1.05 = 52500$ （m³/d）＝2187.5m³/h（包括自用水量 5%）。

（2）臭氧投加量 Q_1（所需臭氧量）

$Q_1 = 1.06aQ = 1.06 \times 1 \times 10^{-3} \times 2187.5 = 2.32$ （kgO₃/h）。

（3）臭氧发生器选择

选择 CF-G-2-1Gg 型臭氧发生器 4 台，3 台工作 1 台备用，每台臭氧发生器臭氧产量 1kgO₃/h，以空气为气源。

（4）接触反应池设计

接触反应池总接触时间宜控制在 6～15min，设计中取 $t = 10$min。

接触反应池有效容积 $V = \dfrac{tQ_{水}}{60} = \dfrac{10 \times 2187.5}{60} = 364.6$ （m³）。

接触反应池有效水深：一般 5～7m，设计中有效水深取 $H_c = 5.0$m。

接触反应池有效面积 $F_c = \dfrac{tQ_{水}}{60H_c} = \dfrac{V}{H_c} = \dfrac{364.6}{5.0} = 72.92$ （m²）。

设池宽为 6m，则池长为 12.2m，接触池采用双格串联布置，第一格池长 7.2m，第二格池长 5.0m。

第一格接触时间为 2min，臭氧投加量一般为 0.4～0.6g/m³，设计中取 0.6g/m³。

第二格接触时间为 8min，臭氧投加量一般不小于 0.4g/m³，设计中取 0.4g/m³。

（5）臭氧化气流量

标准状态下 $Q_{气} = \dfrac{1000Q_1}{Y_1} = \dfrac{1000 \times 2.32}{20} = 116$ （m³/h）。

工作状态下 $Q'_{气} = 0.614Q_{气} = 0.614 \times 116 = 71.2$ （m³/h）。

式中，Q_1 为所需臭氧量，kg/h；Y_1 为发生器产生臭氧气流量，一般为 10～20gO₃/m³；$Q'_{气}$ 为发生器工作状态下（$t = 20$℃，$p = 0.08$MPa），水中投加所需臭氧化气流量，m³/h；0.614 为考虑实际温度、压力、大气压不同状态时的气体体积修正系数。

（6）微孔扩散板数

臭氧化气通过设在池底部的布气扩散板，扩散成微气泡与进入的水流进行接触反应。

选择国产 BSD 系列微孔陶瓷扩散器，曝气器尺寸：外径×高度×厚度＝178mm×55mm×14mm。微孔孔径 200μm，阻力损失 30～80mmH₂O，服务面积 0.3～0.75m²/个。

第一格微孔陶瓷扩散器数 $n_1 = \dfrac{F_{c1}}{f} = \dfrac{7.2 \times 6}{0.75} = 58$ （个）。

第二格微孔陶瓷扩散器数 $n_2 = \dfrac{F_{c2}}{f} = \dfrac{5 \times 6}{0.75} = 40$（个）。

（7）臭氧发生器工作压力 H

接触池水深 $h_1 = 5.0\text{m}$，布气装置水头损失 $h_2 = 80\text{mmH}_2\text{O}$。

臭氧化空气输送管道水头损失 h_3 按 $0.5\text{mH}_2\text{O}$ 考虑，则：$H \geqslant h_1 + h_2 + h_3$。

$h_1 + h_2 + h_3 = 5 + 0.08 + 0.5 = 5.58$（m），即 $H \geqslant 5.58\text{m}$。

（8）接触池尾气处理

采用霍加拉特剂催化分解法处理。

5.5.6　紫外线消毒

紫外线消毒特点是高效率杀菌、接触时间短，杀菌广谱性高，可连续大水量消毒，且无二次污染，运行维护简单，成本费用低，应用领域广。

消毒使用的紫外线是 C 波紫外线，其波长范围是 $200 \sim 275\text{nm}$，杀菌作用最强的波段是 $250 \sim 270\text{nm}$，常见设备有紫外线消毒灯和紫外线消毒器等。消毒用的紫外线光源必须能够产生辐照值达到国家标准的杀菌紫外线灯。

紫外线灯使用过程中其辐照强度逐渐降低，故应经常测定消毒紫外线的强度，一旦降到要求的强度以下时，应及时更换。紫外线消毒灯的使用寿命，即由新灯的强度降低到 $70\mu\text{W/cm}^2$ 的时间（功率 $\geqslant 30\text{W}$），或降低到原来新灯强度的 70%（功率 $< 30\text{W}$）的时间，应不低于 1000h。

在水消毒处理中，水与紫外线的接触时间一般为 $10 \sim 100\text{s}$，要求水的色度低，悬浮物少，胶体物质少；处理过程中要求水不可过深，一般不超过 12cm，否则光线的穿透能力将受到影响，影响消毒效果。

虽然紫外线消毒可省去药剂，不产生异味，但耗费电能较大；为防止水体在管网中产生二次污染，紫外线消毒后的出厂水中还需补加氯，以保持一定浓度的余氯。

第6章

微污染水源饮用水
预处理、深度处理设施

6.1　微污染水源水质处理概述

（1）我国微污染水源水质特点

近年来，由于水污染的日趋严重，许多饮用水处理厂的水源也受到不同程度的污染，我国微污染饮用水源的水质特点为：有机物综合指标（BOD、COD、TOC）和氨氮浓度在升高，嗅味明显，致突变性的 Ames 试验结果呈阳性。因此，对微污染水源饮用水主要去除物质应是有机物、氨氮和产生嗅味的物质。

（2）微污染水源水质净化处理技术

① 预处理技术。在常规处理工艺前面，采用适当物理、化学和生物的处理方法，对水中的污染物进行初级去除，同时可以使常规处理更好地发挥作用。常用的预处理方法有化学氧化预处理、吸附预处理和生物预处理。

a. 化学氧化预处理。主要利用化学药剂的氧化作用去破坏水中的污染物的结构，达到转化或分解污染物的目的。目前研究比较多的氧化剂有氯气、臭氧、高锰酸钾、高铁酸钾等。通过使用这些药剂，对水中有机物和其他污染物的去除有明显的效果。

b. 吸附预处理。主要利用吸附剂的吸附能力去除水中有机物。最有代表性的是活性炭吸附预处理工艺。随着吸附工艺的发展，吸附剂的种类越来越多，常用的吸附剂还有沸石、活性氧化铝、吸附树脂、硅胶、纤维活性炭等。

c. 生物预处理。主要利用贫营养型微生物，工艺过程基本上是沿用污水处理工艺中的传统生物处理工艺，如生物滤池、生物流化床、生物转盘和生物接触氧化法等。

② 强化传统处理工艺

a. 强化混凝。强化混凝是指向水中投加过量的混凝剂并控制一定的 pH 值，从而提高常规处理中天然有机物的去除效果，最大限度地去除消毒副产物的前体物，保证饮用水消毒副产物符合饮用水质标准的方法。强化混凝作用的主要去除对象是水中的天然有机物，主要以微粒、胶体或溶解状态存在。

b. 强化沉淀。在现有沉淀工艺基础上，优化工艺参数和运行操作条件，改进处理单元本身的不足，使其对污染物特别是有机物去除达到最佳。

c. 强化过滤。强化过滤是对普通滤池进行生物强化，由生物滤料与石英砂滤料组合而成，该工艺既可以起生物、过滤作用，又不增加任何新的设施，因而具有非常重要的意义。

③ 深度处理技术。在常规处理之后，采用适当的物理、化学和生物处理方法，将常规处理工艺不能有效去除的污染物或消毒副产物加以去除，从而改善和保证饮用水水质。深度处理技术主要有活性炭吸附、生物活性炭深度处理、臭氧-生物活性炭联用、高级氧化法等。

a. 生物活性炭深度处理。在适当的设计和运行条件下，活性炭表面形成微生物膜，在活性炭对水中污染物进行物理吸附的同时，充分发挥微生物对水中有机物的分解作用，进行水质净化。

b. 臭氧-生物活性炭联用法。在炭前或炭层中投加臭氧后，一方面可使水中大分子转化为小分子，改变其分子结构形态，提供了有机物进入较小孔隙的可能性；另一方面可使大孔内与炭表面的有机物得到氧化分解，减轻了活性炭的负担，使活性炭能充分吸附未被氧化的有机物，从而达到水质深度净化的目的。采取先臭氧氧化后活性炭吸附，可以充分发挥两者的优势，使活性炭的吸附作用发挥得更好。

6.2　设计要求

6.2.1　臭氧氧化的设计要点

① 臭氧氧化工艺的设置应根据其净水工艺目的的不同确定，并宜符合下列规定。

a. 以去除溶解性铁、锰、色度、藻类，改善嗅味以及混凝条件，替代前加氯以减少氯消毒副产物为目的的预臭氧，宜设置在混凝沉淀（澄清）之前。

b. 以降解大分子有机物、灭活病毒和消毒或为其后续生物氧化处理设施提高溶解氧为目的的后臭氧，宜设置在沉淀、澄清后或砂滤池后。

② 臭氧氧化工艺设施的设计应包括气源装置、臭氧发生装置、臭氧气体输送管道、臭氧接触池以及臭氧尾气消除装置。

③ 臭氧设计投加量宜根据待处理水的水质状况并结合试验结果确定，也可参照相似水质条件下的经验选用，预臭氧宜为 $0.5\sim1.0\text{mg/L}$，后臭氧宜为 $1.0\sim2.0\text{mg/L}$。当原水溴离子含量较高时，臭氧投加量的确定应考虑防止出厂水溴酸盐超标，必要时，尚应采取阻断溴酸盐生成途径或降低溴酸盐生成量的工艺措施。

④ 臭氧氧化系统中必须设置臭氧尾气消除装置。

⑤ 输送臭氧气体的管道直径应满足最大输气量的要求，管道设计流速不宜大于 15m/s。

⑥ 臭氧接触池的个数或能够单独排空的分格数不宜少于 2 个。

⑦ 臭氧接触池的接触时间应根据工艺目的和待处理水的水质情况，通过试验或参照相似条件下的运行经验确定。当无试验条件或可参照经验时，可按有关标准规定选取。

⑧ 预臭氧接触池应符合下列规定。

a. 接触时间宜为 $2\sim5\text{min}$。

b. 臭氧气体应通过水射器抽吸后注入设于接触池进水管上的静态混合器，或经设在接触池的射流扩散器直接注入接触池内。

c. 抽吸臭氧气体水射器的动力水，可采用沉淀（澄清）后、过滤后或厂用水，不宜采用原水，动力水应设置专用动力水增压泵供水。

d. 接触池设计水深宜采用 $4\sim6\text{m}$。

e. 用射流扩散器投加时，设置扩散器区格的平面形状宜为弧角矩形或圆形，扩散器应设于该反应区格的平面中心。

f. 接触池顶部应设尾气收集管。

g. 接触池出水端水面处宜设置浮渣排除管。

⑨ 臭氧接触池应全密闭。池顶应设臭氧尾气排放管和自动双向压力平衡阀，池内水面与池内顶宜保持 $0.5\sim0.7\text{m}$ 距离，接触池入口和出口处应采取防止接触池顶部空间内臭氧

尾气进入上下游构筑物的措施。

⑩ 臭氧接触池水流应采用竖向流，并应设置竖向导流隔板将接触池分成若干区格。导流隔板间净距不宜小于 0.8m，隔板顶部和底部应设置通气孔和流水孔。接触池出水宜采用薄壁堰跃水出流。

⑪ 后臭氧接触池应符合下列规定。

a. 接触池宜由二段到三段接触室串联而成，由竖向隔板分开。

b. 每段接触室应由布气区格和后续反应区格组成，并应由竖向导流隔板分开。

c. 总接触时间应根据工艺目的确定，宜为 6～15min，其中第一段接触室的接触时间宜为 2～3min。

d. 臭氧气体应通过设在布气区底部的微孔曝气盘直接向水中扩散；微孔曝气盘的布置应满足该区格臭氧气体在 ±25％ 的变化范围内仍能均匀布气，其中第一段布气区格的布气量宜占总布气量的 50％ 左右。

e. 接触池的设计水深宜采用 5.5～6m，布气区格的水深与水平长度之比宜大于 4。

f. 每段接触室顶部均应设尾气收集管。

6.2.2 颗粒活性炭吸附设计要点

① 颗粒活性炭吸附池的设计参数应通过试验或参照相似条件下的运行经验确定。

② 颗粒活性炭吸附池的过流方式应根据其在工艺流程中的位置、水头损失和运行经验等因素确定，可采用下向流（阵流式）或上向流（升流式）。当颗粒活性炭吸附池设在砂滤之后且其后续无进一步除浊工艺时，宜采用下向流；当颗粒活性炭吸附池设在砂滤之前时，宜采用上向流。

③ 颗粒活性炭吸附池分格数及单池面积应根据处理规模和运行管理条件比较确定，分格数不宜少于 4 个。

④ 颗粒活性炭吸附池的池型应根据处理规模确定。除设计规模较小时可采用压力滤罐外，宜采用单水冲洗的普通快滤池、虹吸滤池或气水联合冲洗的普通快滤池、翻板滤池等形式。

⑤ 下向流颗粒活性炭吸附池的设计要求

a. 处理水与活性炭层的空床接触时间宜采用 6～20min，炭床厚度宜为 1.0～2.5m，空床流速宜为 8～20m/h。炭床最终水头损失应根据活性炭粒径、炭层厚度和空床流速确定。

b. 经常性的冲洗周期宜采用 3～6d。

采用单水冲洗时，常温下经常性冲洗强度宜采用 11～13L/(m² · s)，历时宜为 8～12min，膨胀率宜为 15～20％；定期大流量冲洗强度宜采用 15～18L/(m² · s)，历时宜为 8～12min，膨胀率宜为 25～25％。

采用气水联合冲洗时，应采用先气冲后水冲的模式；气冲强度宜采用 15～17L/(m² · s)，历时宜为 3～5min，常温下水冲洗强度宜采用 7～12L/(m² · s)，历时宜为 8～12min，膨胀率宜为 15％～20％。

c. 采用单水冲洗时，宜采用中阻力滤砖配水系统；采用气水联合冲洗时，宜采用适合于气水冲洗的专用穿孔管或小阻力滤头配水配气系统；滤砖配水系统承托层宜采用砾石分层级配，粒径宜为 2～16mm，厚度不宜小于 250mm；专用穿孔管配水配气系统承托层及滤头配水配气系统承托层可按有关标准执行。

⑥ 上向流颗粒活性炭吸附池的设计要求

a. 处理水与活性炭层的空床接触时间宜采用 6～10min，空床流速宜为 10～12m/h，炭层厚度宜为 1.0~2.0m。炭层最终水头损失应根据活性炭粒径、炭层厚度和空床流速确定。

b. 最高设计水温时，活性炭层膨胀率应大于 25%；最低设计水温低时，正常运行和冲洗时炭层膨胀面应低于出水槽底或出水堰顶。

c. 出水可采用出水槽和出水堰集水，溢流率不宜大于 250m³/(m·d)。经常性的冲洗周期宜采用 7~15d。冲洗可采用先气冲冲后水冲，冲洗强度应满足不同水温时炭层膨胀度限制要求，冲洗水可采用滤池进水或产水。

配水配气系统宜采用适合于气水冲洗的专用穿孔管或小阻力滤头。专用穿孔管配水配气系统承托层可按有关标准或通过试验确定，滤头配水配气系统承托层可按有关标准执行。

【例题 6-1】　人工合成填料（YDT 弹性立体填料）生物接触氧化池预处理设计计算

1. 已知条件

某地微污染水源水 COD_{Mn} 约为 3.06~5.98mg/L，氨氮 0.12~1.24mg/L，色度 23~34 度。试验结果表明生物接触氧化池对有机物的去除率为 18%~28%，对氨氮的去除率为 70%~90%，对色度的去除率为 30%~60%。Ames、AOC、GC-MS 试验[1]结果表明，经过生物处理单元处理的出水生物稳定性大大提高。拟在传统处理工艺之前增建处理水量 $Q = 7200m^3/d$（包括水厂自用水）的 YDT 弹性立体填料下向流生物接触氧化池。

试验所得设计参数如下：①水力停留时间 $t = 1.5h$；②曝气气水比取 1:1。

2. 设计计算

（1）生物接触氧化池填料的容积 W

$$W = Qt = 7200/24 \times 1.5 = 450 \ (m^3)$$

（2）生物接触氧化池总高

取超高 $H_1 = 0.3m$；填料层上部集水区 $H_2 = 0.5m$；填料层高度取 $H_3 = 3m$；填料层下部布水区 $H_4 = 0.5m$；则填料池总高为：

$$H = H_1 + H_2 + H_3 + H_4 = 0.3 + 0.5 + 3 + 0.5 = 4.3 \ (m)$$

（3）生物接触氧化池平面布置

生物接触氧化池的总面积 $F = W/H_3 = 450/3 = 150 \ (m^2)$。

生物接触氧化池每座面积 f 取 25m²，平面尺寸为 5m×5m。

生物接触氧化池的座数 $N = F/f = 150/25 = 6$（座）。

（4）曝气量 $Q_气$

取气水比为 1:1，则 $Q_气 = Q = 7200m^3/d = 300m^3/h$。

每池曝气量 $q_气 = Q_气/N = 300/6 = 50 \ (m^3/h) = 13.9L/s$。

（5）布气系统

① 布气干、支管始端流速均采用 10m/s，则配气干管的截面积 $A = Q_气/v_气 = 0.0139/10 = 0.0014 \ (m^2)$。选取干管管径 $DN50mm$。

曝气器间隔取 0.625m，则共 49 个，布置见图 6-1。支管总数为 14 根，每根支管配气量 $q_支气 = q_气/14 = 0.0139/14 = 0.001 \ (m^3/s)$。

支管截面积 $q_支气/v_支气 = 0.001/10 = 0.0001 \ (m^2)$。

选取支管管径 $DN15mm$。

② 微孔曝气器的选择。布气采用微孔曝气器型号为 BQLY-215Q，直径为 215mm，空气流量为 1.5~3.0m³/h，服务面积 0.25~0.55m²/个。

（6）排泥系统

---

❶　Ames 试验为污染物致突变试验；AOC 为生物可同化有机碳；GC-MS 为气相色谱-质谱联用。

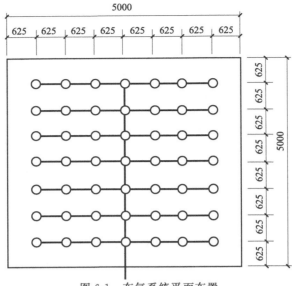

图 6-1　布气系统平面布置

为保证生物接触氧化池内沉积的生物膜及时排除，在池底设两条斗式排泥槽，每槽内设一条穿孔排泥管，排泥管上安装电动阀门。由设在池内的超声波污泥浓度计输出的信号控制电动阀门的启动。

图 6-2 为生物接触氧化池示意。

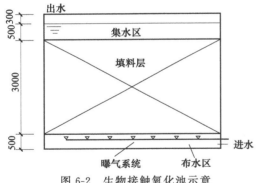

图 6-2　生物接触氧化池示意

【例题 6-2】 臭氧-生物活性炭深度处理设计计算

1. 已知条件

某地微污染水源水质各项指标中有高锰酸盐指数（≤7mg/L）和 COD_{cr}（≤23mg/L）超过《地表水环境质量标准》（GB 3838—2002）Ⅲ类水标准，新建净水厂供水规模 $Q=6500m^3/d$，拟采用臭氧-生物活性炭联合工艺进行深度处理。

2. 设计计算

（1）臭氧投量

设计参数如下。本设计为后臭氧，据《室外给水设计标准》（GB 50013—2018），臭氧投加量取 $a=1.0mg/L=0.0010kg/m^3$，接触池由三段接触室串联，总接触时间取 $t=8min$，第一段接触时间 $t=2min$。

设计计算如下。水厂自用水系数取 1.1，则设计流量 Q 为：

$$Q=aQ_d=1.1\times65000=71500 （m^3/d）=2979.167 （m^3/h）$$

① 所需臭氧量 $C_0=1.1aQ=1.1\times0.001\times65000=2.979 （kgO_3/h）$。

根据的臭氧的有效利用率 60%～80%，确定选用臭氧发生器的产率可按 5kg/h 计。

② 设备选型。选用某厂生产的空气源臭氧发生器，产品型号及参数见表 6-1。

表 6-1　臭氧发生器设备参数

型号	臭氧产量	臭氧浓度	空气流量	电源	冷却水量	配套容量	工作压力	进气压力
JZCF-G-2-5000	5000g/h	20～35mg/L	150～250m³/h	380V/50Hz	7.5～15t/h	100kVA	0.04～0.1MPa	0.5～0.7MPa

安装环境要求：室内工作温度≤35℃；空气露点≤−50℃；次级电压 4～5kV；耗电量 12～16kW·h/kgO₃；冷却水温度≤25℃。

③ 接触装置设计。接触池容积 $V_池$ 计算如下。设置两座臭氧接触池，单座容积：

$$V_{单池}=Q_tT/2\times60=2979.167\times8/2\times60\approx198.611 \text{（m}^3\text{）}$$

池内有效水深 H_A 取5.5m，则 $F_池=V/H_A=198.611/5.5\approx36.111$ （m²）。

池宽取 $B=3$ m，池长 $L=F_池/B=12.037$ m，取12m。

第一接触段池长 $L_1=2\times12/8=3$ （m），第二接触段池长 $L_2=3\times12/8=4.5$ （m），第三接触段池长 $L_3=3\times12/8=4.5$ （m）。

④ 臭氧化气流量 $Q_气=1000C/Y=1000\times2.979/18=165.5$ （m³/h）。

折算成发生器工作状态下的臭氧化气流量 $Q'_气=0.614Q_气=0.614\times165.5=101.617$ （m³/h）。

⑤ 微孔扩散板个数 n 的计算。根据产品样本提供的资料，所选微孔板的直径 $d=0.2$ m，则每个扩散板的面积：

$$f=\frac{\pi d^2}{4}=\frac{3.14\times0.2^2}{4}=0.0314 \text{（m}^2\text{）}$$

使用微孔钛板，微孔孔径为 $R=40\mu m$，系数 $a=0.19$，$b=0.066$，气泡直径取 $d_气=2$ mm，则气泡扩散速度为：

$$w=\frac{d_气-aR^{1/3}}{b}=\frac{2-0.19\times40^{1/3}}{0.066}=20.5 \text{（m/h）}$$

微孔扩散板的个数为：

$$n=\frac{Q'_气}{wf}=\frac{101.617}{20.5\times0.0314}\approx158 \text{（个）}$$

两个接触池各79个。

⑥ 所需臭氧发生器的工作压力 H_y 计算。池内水柱高为 $h_1=5.5\text{mH}_2\text{O}$，布水元件水头损失 $h_2=0.2\text{kPa}\approx0.02\text{mH}_2\text{O}$。

臭氧化气输送管道水头损失和工作压力计算如下。臭氧化气输送管道选用 $DN15$ mm管道输送，总长30m，气体流量较小，输送管道的沿程及局部水头算是按 $h_3=0.5\text{mH}_2\text{O}$ 考虑。

臭氧发生器的工作压力 H_y 为：

$$H_y=h_1+h_2+h_3=4+0.02+0.5=4.52 \text{（mH}_2\text{O）}$$

⑦ 尾气处理。余臭氧消除器采用壁挂式活性炭余臭氧消除器吸附催化剩余臭氧。

（2）活性炭滤池

由于生物活性炭是在贫营养的环境下降解有机物的，氧气需要量不大；原水中含有一定的溶解氧，原水在进入活性炭滤池之前经过了落差0.5m跌水曝气供氧，同时臭氧分解产生的氧气也增加了水中溶解氧的含量。因此，在活性炭滤池内水的溶解氧是足够的，不需设置曝气系统。池形采用普通快滤池形式。

设计参数如下。活性炭滤池滤速取 $v_L=9$ m/h，活性炭滤层厚度 $H_n=1.8$ m，单层滤料，颗粒活性炭的粒径为 $0.5\sim0.7$ mm。滤池冲洗周期为72h（3d），反冲洗强度取 $15\text{L/（s·m}^2\text{）}$，冲洗历时10min，初滤水排除时间10min，设计计算如下。

① 活性炭滤池总面积计算。按72h工作考虑，则：

滤池实际工作时间 $T=$ 滤池冲洗周期—冲洗时间—初滤水排除时间 $=72-\frac{10}{60}-\frac{10}{60}=71.667$ （h）

$$F=Q/v_L=\frac{\dfrac{71500\times3}{71.667}}{9}=332.557 \text{（m}^2\text{）}$$

② 滤池尺寸设计。滤池个数 $N=8$ 个，布置成对称双行排列，每个滤池面积 $f=\frac{F}{N}=\frac{332.557}{8}=41.47$ （m²），取41.5m²。

每池平面尺寸为：$L\times B=9.2\text{m}\times4.5\text{m}$，池的长宽比：$\frac{L}{B}=\frac{9.2}{4.5}=2.04$，在2~4之间，符合要求。

接触时间 $T_1 = \dfrac{H_n}{v_1} = \dfrac{1.8}{9} = 0.2$ （h）$=12$min。

③ 活性炭填充体积 $V = fH_n = 41 \times 1.80 = 73.8$ （m³）。

活性炭填充密度 $\rho = 0.5$t/m³，则每池填充活性炭质量 $G = \rho V = 0.5 \times 73.8 = 36.9$ （t）。

④ 活性炭滤池的高度 H_L 计算。活性炭层高 $H_n = 1.80$m，颗粒活性炭的粒径为 $0.5 \sim 0.7$mm，中阻力滤砖高度 $H_{0层} = 0.25$m，承托层高度 $H_{承托层} = 0.30$m，活性炭以上的水深 $H_1 = 1.70$m，活性炭滤池的超高 $H_2 = 0.30$m，则活性炭滤池的总高为：

$$H_L = H_n + H_{0层} + 0.30 + H_1 + H_2 = 1.80 + 0.25 + 1.70 + 0.30 = 4.35 \text{（m）}$$

⑤ 单池反冲洗流量 $q_{冲}$ 计算。反冲洗强度取 15L/(s·m²)，冲洗时间为 10min，则 $q_{冲} = fq = 41 \times 15 = 615$ （L/s）$= 0.615$m³/s。

⑥ 冲洗排水槽设计。两槽中心距采用 $a = 1.84$m，排水槽个数 $n_1 = \dfrac{L}{a} = \dfrac{9.2}{1.84} = 5$ （个）。

槽长 $l = 4.5$m，则每槽排水流量 $q_0 = qla = 15 \times 4.5 \times 1.8 = 121.5$ （L/s）$= 0.122$m³/s。

采用三角形标准断面，槽中流速采用 $v_0 = 0.6$m/s，槽断面尺寸为：

$$x = \frac{1}{2}\sqrt{\frac{q_0}{1000v_0}} = \frac{1}{2}\sqrt{\frac{121.5}{1000 \times 0.6}} = 0.225 \text{（m）}$$

x 取 0.2m，冲洗排水槽底厚度采用 $\delta = 0.05$m，保护高 0.07m，冲洗膨胀率 e 取 30%，则槽顶距滤层面的高度为：

$$H = eH_n + 2.5x + \delta + 0.07 = 0.3 \times 1.8 + 2.5 \times 0.2 + 0.05 + 0.07 = 1.16 \text{（m）}$$

冲洗排水槽的总面积与滤池面积之比 $= 5l \times (2x)/f$

$$= \frac{5 \times 4.5 \times 2 \times 0.2}{41} = 0.219 < 0.25 \text{（符合要求）}$$

⑦ 集水渠采用矩形断面。渠宽 b 采用 0.5m，则：

$$\text{集水渠始端水深}\, H_q = 0.81\sqrt[3]{\left(\frac{fq}{1000b}\right)^2} = 0.81\sqrt[3]{\left(\frac{41 \times 15}{1000 \times 0.5}\right)^2} = 0.93 \text{（m）}$$

$$\text{集水渠底低于排水槽底的高度}\, H_m = H_q + 0.2 = 0.93 + 0.2 = 1.13 \text{（m）}$$

⑧ 配水系统采用中阻力两次配水滤砖系统，外形尺寸 600mm$\times 280$mm$\times 250$mm。开孔比为：一次配水 1.37，二次配水 0.72。

⑨ 冲洗设施。设冲洗水泵，滤池有效的冲洗历时 $t_0 = 10$min $= 0.167$h。

水泵的流量 $q_{冲} = fq = 41 \times 15 = 615$ （L/s）$= 0.615$m³/s。

所需水泵扬程 $\qquad H = H_0 + h_1 + h_2 + h_3 + h_4 + h_5$

$$h_3 = \left(\frac{\rho_2}{\rho_1} - 1\right)(1 - m_0)H_n$$

式中，H_0 为洗砂排水槽顶与吸水池最低水位高差，mH₂O，约为 10mH₂O；h_1 为吸水池至滤池配水管间的沿程及局部损失之和，$h_1 = 10$mH₂O；h_2 为配水系统水头损失，mH₂O；h_3 为滤料层水头损，mH₂O；h_4 为备用水头损失，取 $h_4 = 1.5$mH₂O。

反冲洗强度为 15L/(s·m²)，两次配水滤砖的水头损失 $h_2 = 0.25 + 0.64 = 0.89$ （mH₂O）。

代入数据得：

$$h_3 = \left(\frac{\rho_2}{\rho_1} - 1\right)(1 - m_0)H_n = (2.1/1 - 1)(1 - 0.66) \times 1.8 = 0.67 \text{（mH₂O）}$$

$$H = H_0 + h_1 + h_2 + h_3 + h_4 = 10 + 1.0 + 0.89 + 0.67 + 1.5 = 14.06 \text{（mH₂O）}$$

式中，ρ_2 为滤料的密度，ρ_1 为水的密度；m_0 为滤料膨胀前的孔隙率。

第7章

给水工程系统设计计算举例

7.1 净水厂工艺改造设计实例

A 水厂原有供水规模 $30 \times 10^4 \mathrm{m}^3/\mathrm{d}$，净水工艺是以混凝、沉淀、过滤及氯消毒为主的常规处理工艺。虽然该工艺对原水中的浊度、大肠菌群和细菌等有去除能力，但对于原水中的藻类处理效率不高。由于处理藻类时加大了投药量和加氯量，致使水的色度、铁等指标增加，导致加氯副产物的增加，影响出厂水口感，导致健康安全性降低。另外，随着经济社会的发展，需水量也不断增加，需要对现有处理工艺进行改造。

7.1.1 改造技术方案研究

7.1.1.1 改造技术方案确立的基本原则

① A 水厂的更新改造方案，必须保证水厂能够继续运行，保证工程实施时水厂供水 $30 \times 10^4 \mathrm{m}^3/\mathrm{d}$。

② 确定改造工艺时，应考虑既能适应当前的水源水质条件，同时也能有一定的适应未来水源变化的能力。保留平流沉淀池及第一、第三滤站，以适应不同水质原水的处理。

③ 改造以后的水处理工艺能满足出厂水浊度小于 0.5NTU 的要求，同时也对今后水质标准进一步提高、增加深度处理留有余地。

④ 要对净水生产工艺过程进行连续监测和数据采集，以满足科学运营管理的要求。

⑤ 改造方案要做到全面规划，统筹考虑，实施时可以结合条件分期分阶段进行。本次更新改造的重点是净水工艺设施，以期通过工艺改造解决供水水质问题，保证供水安全稳定。

7.1.1.2 工程目标

（1）水质目标

A 水厂改造工程建成后，其出厂水除了必须符合现行国家《生活饮用水卫生标准》（GB 5749—2006）外，还应满足世界先进水质标准。

在平面布置和构筑物设计中，为今后进一步提高水质，预留增设臭氧-生物活性炭处理的位置。

将 A 水厂原水主要指标与《地表水环境质量标准》（GB 3838—2002）Ⅲ类水体比较后可知：原水的粪大肠菌群超标，氨氮偶有超标，其中粪大肠菌群和氨氮超标均为使用 H 水源时期。对于 H 水源原水，将采用相应的处理工艺技术，将其处理成优于《生活饮用水卫生标准》（GB 5749—2006）的合格水，达到表 7-1 所列各项水质指标要求。

表 7-1 A 水厂出厂水水质标准

指标	单位	100%达标	95%不超过	生活饮用水卫生标准
浊度	NTU	1	0.5	<1,特殊情况<0.5
色度	Hazen	10	10	<15
pH 值	—	7.8～8.5	7.8～8.5	6.5～8.5
铁	mg/L	0.2	0.1	<0.3
铝	mg/L	0.2	0.1	<0.2
锰	mg/L	0.05	0.05	<0.1
总大肠菌群	CFU/mL	0	0	不得检出
菌落总数	CFU/mL	50	50	<100

（2）水压指标

水厂出水压力在高峰供水时达到 0.37MPa。

（3）产水能力

改造后产水能力达到 $50 \times 10^4 m^3/d$，在改造工程期间产水能力为 $30 \times 10^4 m^3/d$。

7.1.1.3 净水工艺流程的选择与确定

在总结该地区多个水厂多年净水技术的基础上，进行调研考察，经过多种方案比选，初步选定了混凝-气浮-过滤-消毒工艺方案，并在夏季原水高藻期和冬季低温低浊期进行了模型实验，验证了选定方案的技术可靠，结合建设场地条件，确定了工艺流程。

（1）混凝

以三氯化铁为混凝剂，以聚合电解质为助凝剂，投加于进水室，投加石灰调节 pH 值。

（2）气浮

气浮工艺在原水浊度低于 45NTU 时，出水浊度可保证在 1NTU 以下。

气浮去除藻类十分有效，根据叶绿素指数测定试验，除藻率达到 96%～97%。水厂运行时除藻率可达到 95%，去除色度可达 75%～90%。

（3）过滤

选用双层滤料快速重力滤池，滤料上层为无烟煤，下层为石英砂，配水系统为滤板滤头。滤池冲洗采用气水反冲洗方式，反冲洗效果好，耗水少。

在正常混凝、气浮工况下，滤站出水浊度小于 0.1NTU，出水余铁浓度小于 0.1mg/L。

（4）消毒

选用液氯为消毒剂。设预加氯、滤前加氯和滤后加氯，水出厂前加氯以延长余氯持续时间，在此工艺流程中三氯甲烷含量低。

7.1.2 工艺设计

7.1.2.1 水厂工艺流程

水厂工艺流程见图 7-1。

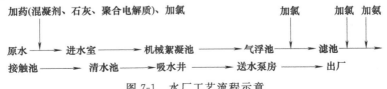

图 7-1 水厂工艺流程示意

7.1.2.2　进水系统

进水系统设计规模 $50 \times 10^4 m^3/d$，考虑水厂自用水系数，设计水量为 $518538m^3/d$，分为两个系列，每个系列设计规模 $25 \times 10^4 m^3/d$，设计水量 $259269m^3/d$。由两条 $DN2000mm$ 进水管与水厂原有 $DN2200mm$ 原水管道相接，将水分别输送到两个系列的进水室内。

7.1.2.3　进水室设计

（1）进水室的功能与作用

原水通过 $DN2000mm$ 进水管输送到进水室内；通过喷射混合装置将三氯化铁、氯气充分与原水混合，进入进水室；在进水室内投加液体聚合物、石灰等药液，通过安装在进水室内的混合搅拌器均匀搅拌。进水室起到水处理工艺中加药和混合的作用。

（2）进水室的尺寸与设备

进水室共两座，分别用于两个系列（两条净水生产线）。每个进水室总容积 $487.1m^3$，平面尺寸 $14100mm \times 6300mm$，水深 $7.383m$，停留时间 $2.7min$。两座进水室中分别装有一台搅拌器，叶轮直径 $DN2375mm$，速度 $31r/min$。

7.1.2.4　絮凝气浮池

整个絮凝气浮系统分为两个系列，每个系列有 4 个相互独立的单元，每个单元有 2 组絮凝池对应 1 个气浮池，每组絮凝池分两级絮凝，工艺构造见图 7-2。

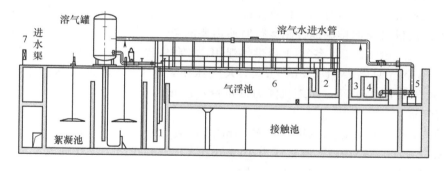

图 7-2　水厂絮凝气浮工艺构造示意
1—溶气释放器；2—排渣槽；3—出水槽；4—溢流口；5—回流水泵；
6—喷淋水管；7—溶气罐及气动阀压缩空气控制系统

（1）絮凝池

每个单元的每组絮凝池有 2 个池子（分为一级和二级），每个池子内安装高效螺旋桨搅拌机。在最大流量下水在絮凝池内保持 $20min$ 总停留时间。池顶高程 $8.6m$，池底高程 $0.7m$，有效水深 $7.219m$。进水渠来水通过进水提板闸进入一级絮凝池中，经堰顶下流再经通道进入二级絮凝池。

① 一级絮凝池。一级絮凝池共 16 个，每个絮凝池最大设计水量 $1350.4m^3/h$，单池总容积 $244.3m^3$，单池尺寸 $3.725m \times 7.8m \times 7.219m$。最大流量时反应时间 $9.32min$，速度梯度 $G = 100s^{-1}$，搅拌机数量 16 个，桨板直径 $D = 2.4m \approx 0.65 \times$ 池长，轴功率 $2.092kW$，桨板速度 $100m/min$，向下流速 $0.06m/s$。

② 二级絮凝池。二级絮凝池共 16 个，每个絮凝池最大设计水量 $1350.4m^3/h$，单池总容积 $209.17m^3$，单池尺寸 $3.725m \times 7.8m \times 7.199m$。最大流量时反应时间 $9.29min$，速度梯度 $G = 100s^{-1}$，搅拌机数量 16 个，桨板直径 $D = 2.4m \approx 0.65 \times$ 池长，轴功率 $2.092kW$，

桨板速度 100m/min，向下流速 0.06m/s。

粉末聚合电解质通过喷射管投加到二级絮凝池，投加量 0.1～0.25mg/L。

一级絮凝后水通过二级絮凝池流到气浮池。

（2）气浮池

水流在气浮池接触室与释放器溶气水充分混合后进入气浮池分离区，气泡挟杂质上浮，清水向下流，而后上流汇入出水槽引至过滤工序。每组气浮池出水槽各设一个 $DN900mm$ 溢流管。气浮池最高设计水位 7.87m，池底标高 5.1m，池顶标高 8.6m。单池平面尺寸 16m×16m。

气浮池共设 8 个，则每个气浮池最大设计水量 64818m^3/d。单池最大回流量 6075m^3/d（回流比≈9.37%），停留时间 16min，最大流量下水力负荷 10.5m/h。上升流速 2.5mm/s。控制水温 0.5～33℃，pH 值 5.5～8.5。单池有效容积 709m^3/d，有效水深 2.769m，向下流速 246m/h，挡板角度 85°。

（3）回流水泵（循环水泵）

作用是将一部分澄清水压入气浮池的溶气罐，它可以变速以维持溶气罐一定液位。每个气浮池配备一台，共 8 台。水泵流量 $Q = 180～253m^3$/h，扬程 $H = 78～48.4m$，功率 $N = 90kW$。

（4）压缩空气系统

压缩空气系统一方面为溶气罐提供压缩空气，以保证在运行条件下溶气罐内有空气饱和水；另一方面提供气浮池排泥提板闸运行时所需要的空气。

共需压缩机 3 台（2 用 1 备），1 台供气浮用，1 台供提板闸执行器；储气罐 3 台（2 用 1 备）。溶气罐空气总需要量 228m^3/h（1 大气压下，20℃），提板闸执行器空气需要量 2m^3/h（1 大气压下，20℃），压缩机能力（每台）170m^3/h（1 大气压下，20℃）。

（5）溶气罐

溶气罐共 8 个，设计进水流量 180～253m^3/h，运行压力 6～7.5bar（0.6～0.75MPa），设计压力 8.5bar（0.85MPa），测试压力 10.63bar（1.063MPa），设计进气流量 28.5m^3/h，空气压力 4～7.5bar（0.4～0.75MPa），填料高度 1.3m。

（6）气浮溶气释放器

作用是将溶气回流水输入水中，产生捕捉絮粒的微气泡。

每个气浮池设有 160 个释放器，共 1280 个。压力范围一般为 400～650kPa，最大 1000kPa。每个释放器最大流量 1.6m^3/h，最小流量 1.23m^3/h。

（7）排泥泵

作用是将气浮池排渣槽内的浮渣通过 2 台排泥泵输至污泥处理厂，共设 2 台，泵流量 $Q = 500m^3$/h，扬程 $H = 6m$，电机功率 $N = 22kW$。

（8）排水泵

作用是将絮凝气浮池放空水通过每单元一级絮凝放空底阀重力流入反冲洗排水池进口处，由两台排水泵提升至池内。共设 2 台，泵流量 $Q = 150m^3$/h，扬程 $H = 4.3m$，电机功率 $N = 1.5kW$。

（9）排泥系统

污泥定期从每个气浮池采用水力排渣法去除，即污泥积聚到一定厚度时，暂时停止出水，使池内水位升高，这样漂浮的污泥层高过排泥堰溢流到排泥渠过滤段，打开排泥阀，污泥进入排泥渠。每个排泥渠末端各设一台污泥泵，打开排泥渠内气动阀门，排泥渠很快排空，从排泥渠底部收集的污泥，由污泥泵打到污泥处理厂进一步处理。污泥泵的运行依据气浮排泥渠内仪表对水位的控制进行。喷淋水在气浮池排泥时辅助排泥。在喷淋阀门打开后，启动喷淋计时器，喷淋管除泥，时间一到，开启气动排泥阀，启动排泥计时器。

排泥槽宽 0.4m，深 1.66m；排泥渠宽 1.8m，深 2.45m。

7.1.2.5　滤站

（1）滤站设计参数

滤站为双层滤料滤池，设计处理总流量 $Q=51.087\times10^4\,\mathrm{m^3/d}$，设计滤速 $v=9.676\mathrm{m/h}$，强制滤速 $v=10.136\mathrm{m/h}$，分为 22 组滤池，单池设计流量 $Q=967.558\mathrm{m^3/h}$，单池平面尺寸 $L\times B=13.9\mathrm{m}\times7.2\mathrm{m}$，单池过滤面积 $A=100\mathrm{m^2}$，总过滤面积 $A=2200\mathrm{m^2}$。

反冲洗方式为先气冲洗再气水联合冲洗最后水高速冲洗。气冲洗强度 $q=11.11\mathrm{L/(s\cdot m^2)}$ $[40\mathrm{m^3/(h\cdot m^2)}]$，冲洗历时 $t=1\mathrm{min}$；气水联合冲洗：水冲洗强度 $q=2.78\mathrm{L/(s\cdot m^2)}$ $[10\mathrm{m^3/(h\cdot m^2)}]$，气冲洗强度 $q=11.11\mathrm{L/(s\cdot m^2)}$ $[40\mathrm{m^3/(h\cdot m^2)}]$，冲洗历时 $t=5.4\mathrm{min}$；水高速冲洗：水冲洗强度 $q=11.11\mathrm{L/(s\cdot m^2)}$ $[40\mathrm{m^3/(h\cdot m^2)}]$，冲洗历时 $t=6\mathrm{min}$。反冲洗周期为 24h。

滤池采用双层滤料，上层为无烟煤，下层为石英砂，参数为：无烟煤厚 $H=600\mathrm{mm}$，粒径 $d=1.2\sim2.5\mathrm{mm}$；石英砂厚 $H=400\mathrm{mm}$，粒径 $d=0.5\sim1.0\mathrm{mm}$；承托层为砾石厚 $H=100\mathrm{mm}$，粒径 $d=8\sim10\mathrm{mm}$。

滤池配水系统采用滤板滤头，滤板滤头密度为 42 个/$\mathrm{m^2}$，单池滤头数量 4200 个。

滤池反冲洗水从接触池旁通管取水，在线水泵数量由反冲洗阶段和水温决定。

滤池气水反冲洗采用变速水泵，共 3 台（2 用 1 备），水泵 $Q=278\sim556\mathrm{L/s}$，扬程 $H=6.4\sim10.3\mathrm{m}$，功率 $N=90\mathrm{kW}$；鼓风机 2 台（1 用 1 备），性能 $Q=4000\mathrm{m^3/h}$（标况），$P=0.45\mathrm{bar}$（45kPa），功率 $N=55\mathrm{kW}$。

（2）滤站布置

滤站由两部分组成，一部分为设备管廊，在设备管廊里布置有鼓风机、空压机、冲洗水泵、污泥输送泵、高压水泵等，另一部分为滤池部分。

滤池为双排布置，滤池的进水渠、排水渠布置在每排滤池的外侧，滤池内侧为清水渠及管廊。滤池清水渠设有两条出水管，一条为 $DN2700\mathrm{mm}$ 将清水渠的水送至接触池，另一条 $DN1800\mathrm{mm}$ 为紧急出水管，与室外清水管线相接。

滤站总平面尺寸 109.86m×47.20m，池体为钢筋混凝土结构。为检修方便，在设备廊道及滤池管廊均设有电动单梁悬挂起重机。

（3）滤池运行

滤池设计运行水位 7.625m，池底设计标高 3.50m，滤池清水渠水位 4.767m。按照恒定过滤水位和恒定流量运行的原则，滤池进水渠内安装超声波液位计探头，控制水位在预设的范围内波动。滤池的进水和排水采用电动提板闸控制，冲洗管、气冲管和放气管上安装电动蝶阀，清水管安装电动调节阀。为便于控制，在每个滤池出水管上安装流量计，可保证每个滤池的流量相同。在滤池内设有液位计和水头损失仪，滤池运行由 PLC 控制，在过滤过程中根据池内水位变化情况，自动调节滤池出水管上的电动调节阀。当滤池过滤时间或水头损失达到设定值时，滤池自动反冲洗，滤池反冲洗排水排入净化车间排水沟内，通过排水泵排至新建污泥系统。

7.1.2.6　接触池

接触池作用是将滤池出水加氯后重力流入接触池，使氯与清水接触一定时间，保证消毒效果。接触池内设隔板防止短流。

7.1.2.7　冲洗排水池

反冲洗排水池接收滤池反冲洗排水、絮凝气浮池放空水及滤池廊道排水。滤池冲洗周期为24h，每日反冲洗排水量8800m^3/d，反冲洗排水最大流量1111L/s，每组滤池每次反冲洗排水总量400m^3；气浮池放空水流量150m^3/h；滤池渠道放空流量200m^3/h，其他方面（如池体本身冷凝、渗漏等）流量5m^3/h。

反冲洗排水池分为两组，每组长×宽为11.05m×10.05m，有效水深4.5m，每组反冲洗排水池可容纳一次滤池反冲洗排水。每组反冲洗排水池内安装电动潜水搅拌器一台，功率$N=10W/m^3$，通过液位控制开停，用以保持池内污水中固体颗粒呈悬浮状态。正常情况下两组反冲洗排水池同时使用，两组水池在检修维护时能够通过阀门分隔。正常状态下反冲洗排水泵一用一备，反冲洗排水泵性能$Q=55.6\sim222.2$L/s，扬程$H=3.7\sim11.5$m，功率$N=45$kW。反冲洗排水泵将池内水排至污泥处理厂。

7.1.2.8　加药系统设计

加药系统包括加药间、石灰间。

（1）加药间

加药间投加的药液包括三氯化铁、液体聚合物等药液。

① 投加三氯化铁。由于原水中含有各种悬浮物、胶体和溶解物等杂质，造成水浑浊、色、嗅和味等，选三氯化铁作为混凝剂，具有使胶粒脱稳和吸附架桥的作用，通过它的水解产物压缩胶体颗粒的扩散层，达到胶粒脱稳而相互聚结，或者通过它的水解和缩聚反应而形成的高聚物的强烈吸附架桥作用，使胶粒被吸附黏结，使原水中含有的悬浮物、胶体和部分溶解物与投加的三氯化铁絮凝形成与水分离的絮体，从水中分离去除达到净水要求。三氯化铁药液为深褐色液体，Fe^{3+}的投加量为1.8~12mg/L（$FeCl_3$为5.2~34.8mg/L，或13~87mg/L的40%的$FeCl_3$），药液投加点位置设在两个系列进水室的两条进水管上。其投加系统包括4座储药池、4台隔膜计量泵等，应用在两条生产线上，分别为一用一备。储药池最小工作容积33m^3，平面尺寸（长×宽）4.0m×2.5m，高度4.23m，满足最大流量下投加Fe^{3+} 7mg/L的7d用量，选用的隔膜计量泵流量为41.2~675.7L/h，功率1.5kW，压力4bar（0.4MPa）。加药管线共4条，应用于两条生产线，分别为一用一备。喷射混合系统包括4台高压水泵，应用于两座进水室，各为一用一备，流量22L/s，功率22kW。

② 投加液态聚合物。选用液态聚合物作为助凝剂，以吸附架桥作用为主，与混凝剂同时使用，既可保证水质，又可减少混凝剂用量，处理后水质得到改善。液态聚合物为琥珀色液体，投加量为0.25~2.0mg/L有效成分。投加点分别在两座进水室中。投加系统包括1座储存罐，2台隔膜计量泵等设施，分别应用在两条生产线上。储存罐有效容积18m^3，平面尺寸2.5m×2.5m，高度3.6m。选用的隔膜计量泵流量为2.5~48.6L/h，功率1.5kW。加药管线共2条，分别用于投加到两座进水室。

（2）石灰间

石灰间投加的药剂包括石灰、盐酸和粉末聚合物等。

① 投加石灰。目的是调节原水的pH值和碱度及出厂水的pH值。石灰为白色粉末状，含98%的$Ca(OH)_2$，投加量为4.1~29.8mg/L，投加浓度为3%。投加点设两处，一处为两座进水室，另一处为气浮池出水渠。投加系统包括2套石灰袋分离装置、1座石灰储仓、2座石灰浆池、4台螺旋输送器、7台蠕动泵等设备。石灰袋分离装置能力为200×25kg/h，功率7.5kW；螺旋输送器规格分别为$L=4$m和6m，$d=260$mm，45°，功率分别为5.5kW

和 7.5kW；石灰储仓容积 10m³，石灰浆池单池有效容积 76m³，平面尺寸（长×宽）4.4m×4.4m，高度 5.0m；对应两座进水室投加点分别设置 4 台（2 用 2 备）蠕动泵，气浮池出水渠投加点设置 3 台（2 用 1 备）蠕动泵，流量分别为 612～10656L/h 和 360～6804L/h，压力 3bar（0.3MPa），功率 2.2kW。

② 投加盐酸。目的是中和滤后水的碱度，防止氨气投加点结垢。盐酸为淡黄色状液体，投加浓度为 28%。投加点设在加氨系统的压力水管上。投加系统包括 1 套盐酸储存罐、2 台隔膜泵。盐酸储存罐直径 2.2m，容积 20m³，隔膜泵 1 用 1 备，流量 15～180L/h，功率 2.2kW。

③ 投加粉末聚合物。粉末聚合物主要起助凝作用。粉末聚合物为白色粒状固体颗粒，投加量 0.1～0.25mg/L，配置浓度为 0.25%，投加时由滤后升压水稀释到 0.0125% 的浓度进行投加。投加点设在 2 级絮凝池中或澄清水渠或气浮池旁通渠中。粉末聚合物投加系统包括 1 套制备系统（包括进料斗、螺旋输送器、鼓风机等），1 个 DN2745mm 搅拌罐，1 个 DN2000mm 储存罐，3 台隔膜计量泵（2 用 1 备）等。搅拌罐有效容积 15 m³，高度 3.0m；储存罐有效容积 5m³，高度 2.0m，选用的隔膜计量泵流量 174～1070.8L/h，压力 6bar（0.6MPa），功率 2.2kW。

7.1.2.9　加氯系统设计

（1）加氯点

设预加氯点、滤前加氯点和滤后加氯点。预加氯点设在进水室前的进水管上，共 2 点，设计加氯量为 12mg/L，每点每小时加氯量 128.5kg/h；滤前加氯点设在气浮澄清水渠上，共 2 点，设计加氯量为 2mg/L，每点每小时加氯量 21.4kg/h；滤后加氯点设在滤池出水管上，1 点加氯，设计加氯量为 1～3mg/L，每小时加氯量 67.5kg。氯氨比例控制在 3∶1 和 6∶1（典型的是 4∶1）之内。

（2）加氯设备

预加氯选用 3 台真空加氯机，2 用 1 备，单机加氯量 160kg/h，控制方式为流量配比，余氯复合环控制；滤前加氯选用 3 台真空加氯机，2 用 1 备，单机加氯量 30kg/h，控制方式为流量配比，余氯复合环控制；滤后加氯利用原有 2 台真空加氯机，1 用 1 备，单机加氯量 75kg/h，控制方式为流量配比，余氯复合环控制。

液氯蒸发器的选用：利用原有 2 台蒸发器，再购置 1 台，共 3 台，2 用 1 备，单机产氯量 190kg/h。

真空调节器的选用：利用原有 2 台调节器（160kg/h），再购置 1 台，共 3 台。

7.1.2.10　加氨系统设计

在水中投氯后生成的次氯酸，能与加入的氨作用生成一氯胺或二氯胺，能减少三氯甲烷和氯酚的产生，延长管网中剩余氯的持续时间，抑制细菌生成，可降低加氯量，减轻氯消毒时所产生的氯酚味或氯味。根据实际运行经验考虑，确定滤后投氯量 0.5～1mg/L，氯氨比例控制在 4∶1 投加氨。投加点设为三处：一处投加到新建系统接触池进水管上或清水池进水管上，另两处分别投加到老系统中一、三滤站的清水管处。加氨间内设备包括氨瓶、蒸发器、真空调节器、加氨机等，其中 4 台 5kg/h 加氨机为原有净水系统服务，2 用 2 备，高压水利用原系统；水射器 4 台，2 用 2 备。新建净水系统加氨投加系统包括 2 台高压水泵，1 用 1 备，流量 12.6L/s，$H=46$m；1 座高架水罐，$V=4$m³，都安置于石灰间的盐酸投加系统中；2 台加氨机，1 用 1 备，容量 30kg/h；2 台水射器，1 用 1 备。

7.1.2.11 水厂平面布置

J 水厂改造工程由于地势所限，在满足工艺布置和结构布置的基础上充分利用地势，尽可能发挥现有水厂的综合效益。工艺总体布置流畅合理，分为两组净化系统，由两条 DN2000mm 进水管分别进入两组净化系统的进水室；投药点设置在进水管闸室内，通过进水室进行水力混合，由北向南顺序流经机械絮凝池、气浮池、滤池、接触池，通过 DN2700mm 出水管进入厂区清水池，由厂内原有送水泵房送至厂外供水管网。其中，进水室、机械絮凝池、气浮池、滤池、接触池、加药间、低压配电间及控制室等合建在一座净化车间内，使整个处理工艺流程更加紧凑，布局合理。

7.2 给水工程设计计算例题

7.2.1 设计资料与设计任务

华南某市新城区，地势西北高，东南低，一条铁路从区域中部穿越，基本上把城区分成两个区域，且城区北部和东部分别有河流流过，北部河流河面较宽，河床稳定，河水流量大，东部河流河面较窄，流量较小，两河流在城市东北部汇流后流向下游。随着社会经济的快速发展，该市急需要建造新的给水工程。

7.2.1.1 设计资料

(1) 气象资料

① 气温：年平均 21.3℃，极端最高 37.9℃，极端最低 0.4℃，最热月月平均最高 31.6℃，最冷月月平均最低 10.1℃。

② 降水量：年平均总量 1554.9mm，最大日 297.4mm，最大时 83.0mm。

③ 相对湿度：最热月平均 84%。

④ 主导风向：夏季 SSW，冬季 ENE。

⑤ 风速：冬季平均 2.9m/s，夏季平均 2.5m/s。

⑥ 平均气压：1005.5mbar（100.55kPa）。

⑦ 最大冻土深度：0cm。

⑧ 最大积雪深度：0cm。

(2) 工程地质与地震资料

① 地面高程：17.0m。

② 土壤承载力：140kPa。

③ 地下水位：2.0m。

④（基本烈度值）抗震设防烈度：7 度。

(3) 河流水文资料

① 流量：历年平均 $600m^3/s$；历年最大 $1200m^3/s$；历年最小 $120m^3/s$。

② 水位：历年平均常水位 12.1m（相对标高）；历年最高（$P=1\%$）15.7m（相对标高）；历年最低（$P=90\%$）9.8m（相对标高），最低水位时河宽 220.0m。

③ 流速：历年平均 1.6m/s；历年最大 2.8m/s；历年最小 1.2m/s。

④ 河水冰冻资料：最大冰冻厚度 0cm；无流冰情况。

⑤ 河流含砂量：平均最大含砂量 $2.0kg/m^3$；平均最小含砂量 $0.3kg/m^3$；历年平均含砂量 $0.8kg/m^3$。

(4) 原水水质资料

河水水质满足《地表水环境质量标准》II 类水体要求，水温 15～32℃；浑浊度 120～500NTU，平均 160NTU；色度 10～25 度。

（5）城市总体规划资料

① 城市地形与总体规划平面图一张（比例尺为 1：10000）。

② 城市规划人口与建筑规划见表 7-2。

表 7-2　城市规划人口与建筑规划

规划人口/万人	建筑物层数	卫生设备情况
30	6	普遍有卫生设备

城市公共绿化 432ha，道路、广场 288ha。

③ 大型工业企业用水。表 7-3 为工业企业用水资料。

表 7-3　工业企业用水资料

企业名称	生产用水/(m^3/d)	水压要求/MPa	一般车间人数/(人/班)		重污染车间人数/(人/班)		倒班次数
			生活用水	淋浴用水	生活用水	淋浴用水	
工厂甲	5000	0.24	300	300	200	200	3
工厂乙	3000	0.24	200	200	100	100	3

④ 铁路车站用水量 300m^3/d。

⑤ 净水厂出水水质要求：达到《生活饮用水卫生标准》（GB 5749—2006）要求。

7.2.1.2　设计任务

根据城市总体规划图和所给设计资料进行给水工程设计。给水工程设计范围包括取水工程、净水工程和输配水工程。具体内容如下：

① 设计规模确定；

② 给水系统的选择及方案确定（包括水源选择、取水口、净水厂位置确定及输水管网布置）；

③ 取水工艺设计；

④ 净水厂工艺设计；

⑤ 泵站工艺设计；

⑥ 输配水管网设计；

⑦ 城市给水工程的投资估算及制水成本计算。

7.2.2　给水工程设计计算

7.2.2.1　最高日用水量预测及设计规模确定

城市最高日用水量计算时，为设计年限内给水系统所供应的全部用水，包括：居住区综合用水，工厂企业生产用水，工业企业职工生活淋浴用水，浇洒道路、广场和绿地用水，管网漏损水量和未预见用水以及消防用水。

（1）最高日用水量预测

设计水量采用分类计算的方法，先按照用水的性质对用水进行分类，然后分析各类用水的特点，确定各自的用水量标准，并按用水量标准计算各类用水量，最后汇总出总用水量。由于消防用水量是偶然发生的，不累积到设计用水量中，仅作为设计校核使用。

① 城市最高日综合生活用水量（包括公共设施生活用水量）Q_1。计算中的参数包括城市各用水分区的最高日综合生活用水定额 [L/（人·d）] 和城市各用水分区的规划用水人口数。本次设计的地区为华南某市，根据《室外给水设计标准》（GB 50013—2018）4.0.3，该城市属于一区，综合生活用水定额为 230～420L/（人·d），结合当地实际情况，采用综合生活用水定额 360L/（人·d）；城区的规划用水人口数为 30 万。则最高日综合生活用水量为：

$$Q_1 = q_1 N f_1 = 0.36 \times (30 \times 10^4) \times 100\% = 108000 \ (m^3/d)$$

式中，q_1 为最高日综合生活用水定额，m^3/（人·d）；N 为设计年限内计划人口数，人；f_1 为自来水普及率，%。

② 工业企业用水量 Q_2

a. 工业企业生产用水量 Q_{21}。由设计资料，$Q_{21} = 5000 + 3000 = 8000 \ (m^3/d)$。

b. 工业企业职工的生活用水和淋浴用水 Q_{22}。计算参数有一般车间的生活水定额和淋浴用水定额，高温车间的生活用水定额和淋浴用水定额。本设计中采用一般车间生活和淋浴用水定额为 25L/（人·班）和 40L/（人·班），高温车间为 35L/（人·班）和 60 L/（人·班）。工厂甲一般车间生活用水人数 300 人/班，淋浴用水人数 300 人/班，重污染车间生活用水人数 200 人/班，淋浴用水人数 200 人/班；工厂乙一般车间生活用水人数 200 人/班，淋浴用水人数 200 人/班，重污染车间生活用水人数 100 人/班，淋浴用水人数 100 人/班，则职工生活和淋浴用水量为：

$$Q_{22} = (25 \times 300 + 40 \times 300 + 35 \times 200 + 60 \times 200) \times 3 +$$
$$(25 \times 200 + 40 \times 200 + 35 \times 100 + 60 \times 100) \times 3$$
$$= 183000(L/d) = 183 m^3/d$$

故工业企业用水量为：

$$Q_2 = Q_{21} + Q_{22} = 8000 + 183 = 8183 \ (m^3/d)$$

c. 铁路车站用水量 Q_2'。由设计资料，$Q_2' = 300 m^3/d$。

③ 浇洒道路和大面积绿化用水量 Q_3。《室外给水设计标准》（GB 50013—2018）4.0.6 规定浇洒道路和广场用水可按浇洒面积以 2.0～3.0L/（m^2·d）计算；浇洒绿地用水可按浇洒面积以 1.0～3.0L/（m^2·d）计算，本次设计城区浇洒道路广场和大面积绿化用水量分别取 2.5L/（m^2·d）和 1.5 L/（m^2·d）；而城区浇洒道路广场面积为 288ha，浇洒绿化面积为 432ha，则浇洒道路和大面积绿化用水量为：

$$Q_3 = 2.5 \times 288 \times 10^4 \times 10^{-3} + 1.5 \times 432 \times 10^4 \times 10^{-3} = 13680 \ (m^3/d)$$

④ 管网漏损水量 Q_4 和未预见用水量 Q_5。《室外给水设计标准》（GB 50013—2018）4.0.7 规定城镇配水管网的漏损水量按①～③款水量之和的 10% 计算，本设计采用 10%，则管网漏损水量 Q_4 为：

$$Q_4 = 10\% \times (Q_1 + Q_2 + Q_3) = 10\% \times (108000 + 8183 + 300 + 13680) = 13016.3 \ (m^3/d)$$

《室外给水设计标准》（GB 50013—2018）4.0.8 规定未预见水量应根据水量预测时难以预见因素的程度确定，宜按①～④款水量之和的 8%～12% 确定，本设计采用的是 11%，则未预见用水量 Q_5 为：

$$Q_5 = 11\% \times (Q_1 + Q_2 + Q_3 + Q_4) = 11\% \times (108000 + 8183 + 300 + 13680 + 13016.3)$$
$$= 15749.72 \ (m^3/d)$$

⑤ 消防用水量 Q_6。查表得消防用水量定额为 60L/s，同时火灾次数为 2 次，则消防用水量为：

$$Q_6 = 60 \times 2 = 120 \ (\text{L/s})$$

⑥ 最高日设计用水量为：

$$Q_d = Q_1 + Q_2 + Q_3 + Q_4 + Q_5 = 108000 + 8183 + 300 + 13680 + 13016.3 + 15749.72$$
$$= 158929.02 \ (\text{m}^3/\text{d})$$

（2）设计规模确定

根据最高日用水量预测值，本供水工程确定的设计供水规模为 $Q_d = 16 \times 10^4 \ \text{m}^3/\text{d}$。

7.2.2.2　给水系统的选择及方案确定

（1）总体方案的形成

① 城市地形及河流状况分析。本次给水工程设计地区规划人口 30 万，城区地势比较平坦，西南部地势偏高，东北部地势偏低。城区中南部有一条铁路穿过，且设有一座火车站。两条河流分别在城区北部和东部流过，在城区东北部汇合后流向下游，城区北部河流河面较宽，流量较大。另外，城区内分布有两家工厂，分别位于城区的西北部和东南部。

② 方案比较。本次设计根据整个城区的街区分布和地形情况拟采用以下两方案进行比较。

方案一：将净水厂设置在城区北部河流的上游，采用统一给水系统，整个城区布置成由 14 个环构成的环状管网，详见图 7-3。

优点：系统不用分区，统一供应生活、生产、市政绿化等各类用户用水，可总体进行调控，管理方便，送水泵站工艺简单。

缺点：管网首末端压差较大，可能导致管网漏失率增加；需多次穿越铁路，造价高。

方案二：将净水厂设置在城区北部河流的上游，采用分区给水系统，北部城区布置成 10 个环构成的环状管网，南部城区布置成 5 个环构成的环状管网，详见图 7-4。

优点：避免局部水压过高，减少爆管的概率；降低多次穿越河流的工程费用。

缺点：送水泵站工艺复杂，管理、调度麻烦，造价高。

③ 供水方案的确定。经综合分析比较，城区北部区域面积较南部区域面积大，考虑到城区的发展，若采用分区供水一次穿越铁路，一方面运行管理受限，送水泵站工艺复杂，造价高；另一方面，供水安全性不如方案一高，因此本设计采用方案一。

（2）取水工程方案

① 给水水源的选择。根据《室外给水设计标准》（GB 50013—2018），水源的选用应通过技术经济比较后综合考虑确定，并应符合下列要求：a. 水体功能区划所规定的取水地段；b. 可取水量充沛可靠；c. 原水水质符合国家有关现行标准；d. 与农业、水利综合利用；e. 取水、输水、净水设施安全经济和维护方便；f. 具有施工条件；g. 用地下水作为供水水源时，取水量必须小于允许开采量，地下水开采后，不引起水位持续下降、水质恶化及地面沉降；用地表水作为城市供水水源时，其设计枯水流量的保证率宜采用 90%～97%，确定水源、取水地点和取水量等应取得有关部门同意。

该设计以城市地表水为水源，原水水质达到《地表水环境质量标准》（GB 3838—2002）Ⅱ类水水质标准，可作为饮用水水源。

② 取水构筑物位置的选择。取水构筑物位置的选择是否合理，直接影响取水的水质、水量、安全可靠性及工程的投资、施工、管理等，根据《室外给水设计标准》（GB 50013—2018）5.3.1，地表水取水构筑物位置的选择，应根据下列基本要求，通过技术经济比较确定：a. 位于水质较好的地带；b. 靠近主流，有足够的水深，有稳定的河床及岸边，有良好的工程地质条件；c. 尽可能不受泥砂、漂浮物、冰凌、冰絮等影响；d. 不妨碍航运和排洪

并符合河道、湖泊、水库整治规划的要求；e. 尽量靠近主要用水地区；在保证取水安全的前提下，取水构筑物应靠近主要用水地区，以缩短输水管线长度，减少输水管的投资和输电费；f. 供生活饮用水的地表水取水构筑物的位置，应位于城镇和工业企业上游的清洁河段。

考虑以上综合因素，取水构筑物的位置布置选择在城区北部河流的上游，详见图7-3。

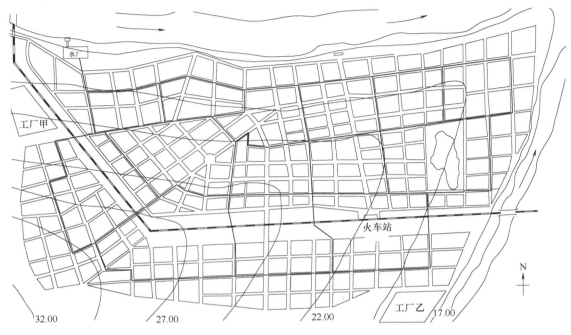

图7-3 给水系统方案布置图一

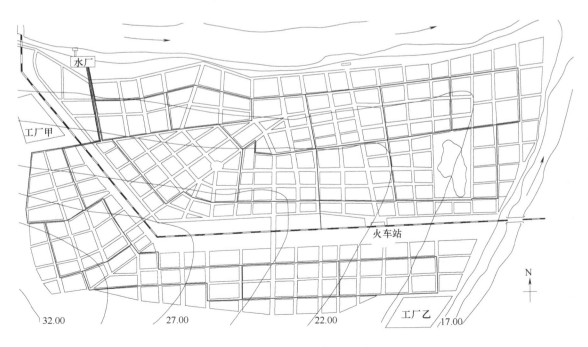

图7-4 给水系统方案布置图二

③ 取水构筑物类型的确定。地表水取水构筑物的类型很多，一般有固定式取水构筑物和活动式取水构筑物之分。固定式取水构筑物具有取水安全可靠、维修管理较简单、适用范围较广等优点，但投资大，水下工程量较大，施工期较长，在水源水位变幅较大时，尤为如此，扩建困难；在水源水位变幅大，供水要求急和取水量不大时，考虑采用移动式取水构筑物。

固定式取水构筑物按照取水点的位置和特点，可分为岸边式和河床式两种。岸边式取水构筑物适用于河岸边较陡，主流近岸，岸边有足够水深，水质和地质条件较好，水位变幅不大的情况。河床式取水构筑物与岸边式取水构筑物基本相同，其适用条件为：河床稳定，河岸较平坦，枯水期主流离岸较远，岸边水深不够和水质不好，而河流中又具有足够水深或较好水质时。

经过工程地质与地震资料的考察，结合河流断面分析，该河流段河岸平缓，地势低，采用河床自流管式取水较合适，取水头部采用箱式取水头部。

④ 取水泵房的确定。本工程取水泵房拟建为合建式取水泵房，即集水井与取水泵房合建。因为集水井与泵房建造在一起，在取水量大时，给水安全性高，占地面积小，水泵吸水管路短，运行管理方便等；但泵房一般都较深，土建费用较高，通风以及防潮条件差，操作管理不方便。分建式取水，进水间设在河岸边，而泵房建在岸内地质条件较好的地点，土建结构简单，施工较容易，但操作管理不方便，其吸水管过长，增加了水头损失，运行安全性不如合建式，故本设计采用合建式取水构筑物。

（3）净水工程方案

① 净水厂厂址选择。根据《室外给水设计标准》（GB 50013—2018），水厂厂址的选择，应符合城镇总体规划和相关专项规划，并根据下列要求综合确定：a. 给水系统布局合理；b. 不受洪水威胁；c. 有较好的废水排除条件；d. 有良好的工程地质条件；e. 有便于远期发展控制用地的条件；f. 有良好的卫生环境，并便于设立防护地带；g. 少拆迁，不占或少占农田；h. 施工、运行和维护方便。经综合考虑决定净水厂厂址选择在城区西北部河流上游处，详见图7-3。

② 净水厂工艺流程确定。合理的净水工艺是水厂保证供水水质的关键，给水处理方法和工艺流程应根据原水水质及设计生产能力等因素通过调查研究、必要的试验，并参考相似条件下处理构筑物运行条件，经经济技术比较后确定。由所给资料可知：该水源在该区的河段水质良好，水质基本符合《地表水环境质量标准》（GB 3838—2002）Ⅱ类水源的水质要求，只有浊度、色度和粪大肠菌群数量超标，因此，在净水厂中采用常规净化工艺（混凝-沉淀-过滤-消毒）即可保证出厂水水质达到《生活饮用水卫生标准》（GB 5749—2006）标准。

在满足出水水质要求的同时，针对原水为江河水这一特性，选用高效、对水源浊度适应性强的处理构筑物；确保出水水质的同时，积极慎重地采用新技术、新设备、新材料。

a. 混凝剂选择、溶解和溶液配制。给水处理中常用的混凝药剂有固体硫酸铝、液体硫酸铝、明矾、硫酸亚铁、三氯化铁、碱式氯化铝等。碱式氯化铝具有以下特点：净化效率高，耗药量少，出水浊度低，色度小，过滤性能好，原水高浊度时尤为显著；温度适应性高；pH值适用范围宽（可在pH值为5~9的范围内），因而可不投加碱剂；使用时操作方便，腐蚀性小，劳动条件好；设备简单，操作方便，腐蚀性小，劳动条件好；设备简单，操作方便，成本较三氯化铁低；是无机高分子化合物。根据设计地区的水源水质以及邻近地区经验，本设计中采用碱式氯化铝作混凝药剂。

混凝剂的投加分为干投法和湿投法两种，其优缺点比较见表7-4。

表7-4　投药方法的优缺点比较

投加方法	优　点	缺　点
干投法	设备占地小；设备被腐蚀的可能性较小；当要求加药量突变时，易于调整投加量；药液较为新鲜	当用药量较大时，需一套破碎混凝剂的设备；混凝剂用量少时，不易调节，劳动条件差；药剂与水不易混合均匀
湿投法	容易与原水充分混合；不易堵塞入口，管理方便；投量易于调节	设备占地大；人工调剂时，工作量较繁重；设备容易受腐蚀；当要求加药量突变时，投药量调整较慢

由于湿投法可以使药液与原水充分混合，反应效果比干投法要好，且投加量易于调节，投加时管理方便，故采用湿投法。

投药方式分为重力投加和压力投加两种，各种投加方式的优缺点及适用情况见表7-5。

表7-5　各种投药方式的优缺点及适用情况

投加方式		作用原理	优缺点	适用情况
重力投加		建造高位溶液池，利用重力作用将药液投入水内	优点：操作较简单，投加安全可靠 缺点：必须建造高位药液池，增加加药间层高	中小型水厂；考虑到输液管线的沿程水头损失，输液管线不宜过长
压力投加	水射器	利用高压水在水射器喷嘴处形成的负压将药液吸入并将药液射入压力水管	优点：设备简单，使用方便，不受药液池高程所限 缺点：效率较低，如药液浓度不当，可能引起堵塞	各种水厂规模均可适用
	加药泵	泵在药液池内直接吸取药液，加入压力水管内	优点：可以定量投加，不受压力管压力所限 缺点：价格较贵，养护较麻烦	适用于大中型水厂

多数情况下，水厂的投药系统多采用压力投加，压力投加可采用水射器或计量泵，计量泵投加可以实现定量投加，且不受药液池高程或压力管压力限制，本设计采用计量泵投加方式。

b. 混合方式的确定。混合是将药剂充分、均匀地扩散于水体的工艺过程，对于取得良好的混凝效果具有重要作用，影响混合效果的因素很多，而采用的混合方式是最主要的因素之一。混合方式基本分为两大类：水力混合和机械混合，常见的水力混合有水泵混合、管式静态混合器等，混合方式的比较见表7-6。

表7-6　混合方式的比较

方式	优缺点	适用条件
水泵混合	优点：设备简单，混合充分，效果良好，不另消耗动能 缺点：吸水管较多时，投药设备要增加，安装、管理较麻烦；配合加药自动控制较困难；G值相对较低	适用于一级泵房离处理构筑物120m以内的水厂
管式静态混合器	优点：设备简单，维护管理方便；不需要土建构筑物；在设计流量范围，混合效果较好，不需外加动力设备 缺点：运行水量变化影响效果；水头损失较大；混合器构造较复杂	适用于水量变化不大的各种规模水厂
机械混合	优点：混合效果较好，水头损失较小，混合效果基本不受水量变化影响 缺点：需消耗动能，管理维护较复杂，需建混合池	适用于各种规模的水厂

可见，水泵混合和管式静态混合器混合设备简单，但不能适应流量的变化，相比较而言，机械混合较管式静态混合器受水量变化影响小，混合效果较好，设计中采用机械混合。

c. 絮凝池工艺选择和确定。絮凝和沉淀是给水处理中最为重要的环节，絮凝效果和沉淀效果的好坏直接影响滤池处理效果和出水水质，由于水厂对出水水质提高和制水成本降低的要求越来越高，因此，选择高效节能、出水效果稳定的反应池和沉淀池就显得尤为重要。

絮凝与混合一样，可分为水力和机械两大类：水力絮凝简单，但不能适应流量的变化；机械絮凝能进行调节，适应流量变化，但机械维修工作量大。目前，我国在水力絮凝池方面有较高水平。

ⅰ. 隔板絮凝池。这是应用历史悠久，目前仍常应用的一种水力搅拌絮凝池，有往复式和回转式两种。通常适用于大、中型水厂，因水量过小时，隔板间距过狭不便施工和维修。其优点是构造简单，管理方便；缺点是流量变化大时，絮凝效果不稳定，与折板以及网格絮凝池相比，因水流条件不甚理想，能量消耗中的无效部分比例较大，故需较长絮凝时间，池子容积较大。

ⅱ. 折板絮凝池。是在隔板絮凝池基础上发展起来的，目前已经得到广泛应用。主要适用于水量变化不大的水厂。其主要优点是，水流在同波折板之间曲折流动或在异波折板之间缩、放流动且连续不断，以至形成众多的小涡旋，提高了颗粒碰撞的絮凝效果。其絮凝时间较短，絮凝效果好；但其构造较复杂，水量变化影响絮凝效果。

ⅲ. 网格（栅条）絮凝池。适用于水量变化不大的水厂，且单池能力以 $1.0 \times 10^4 \sim 2.5 \times 10^4 \, \mathrm{m^3/d}$ 为宜。网格（栅条）絮凝池絮凝时间短，絮凝效果较好，构造简单；缺点是水量变化影响絮凝效果。但是根据已经建成的网格（栅条）絮凝池运行经验，还存在末端池底积泥现象，少数水厂发现格网上滋生藻类、堵塞网眼现象。网格（栅条）絮凝池目前尚在不断发展和完善之中。

机械絮凝池大小水量均适用，并适应水量变动较大的水厂，优点是絮凝效果好，水头损失小，可适应水质、水量的变化；缺点是需机械设备和经常维修。

从以上比较可以看出，折板絮凝池絮凝时间较短，絮凝效果好，故本设计中采用折板絮凝池。

d. 沉淀池工艺选择和确定。沉淀是指通过重力沉降作用自悬浮液中去除固体颗粒。常见的沉淀池池型有平流沉淀池和斜管沉淀池。

平流沉淀池是一种传统成熟的沉淀池型，应用较广。平流沉淀池运行时间长久，有丰富的运行管理经验。其优点是该池型对原水浊度适应性强，处理效果稳定，构造简单，运行管理方便，但是占地面积大。

斜管沉淀池是浅池技术的发展，由于斜管间距小，抑制了水流的脉动，加上沉淀距离小，矾花可快速沉淀；水力阻力大，沉淀池中流量分布均匀，避免局部矾花泄漏；无侧向约束，沉淀面积与排泥面积相等，大幅度提高了沉淀负荷，利于排泥。存在的主要问题是排泥困难，即便是设机械排泥，维护管理也较麻烦。

根据综合比较，采用异向流斜管沉淀池的方式，并在斜管沉淀池设计时考虑和折板絮凝池合建的问题。

排泥是否通畅关系到沉淀池净水效果，当排泥不畅、泥渣淤积过多时，将严重影响出水水质。常见的排泥方法有多斗重力排泥、穿孔管排泥和机械排泥。多斗重力排泥主要适用于原水浊度不高的中小型水厂。穿孔管排泥对原水浊度适应范围较广，耗水量少，池底结构较简单，缺点是孔眼易堵塞，排泥效果不稳定；原水浊度较高时，排泥效果差。机械排泥的排泥效果好，可连续排泥；池底结构较简单；劳动强度小，操作方便可以配合自动化，但设备和维修工作量较多。综合考虑，配合斜管沉淀池建设，本设计选用穿孔管排泥。

e. 过滤工艺选择和确定。常规水处理过程中，过滤一般是指以石英砂等粒状滤料层截留水中悬浮杂质，从而使水获得澄清的工艺过程。滤池有多种形式，以石英砂作为滤料的普通快滤池使用历史最久。在此基础上，人们从不同的工艺角度发展了其他形式快滤池。为充分发挥滤料层截留杂质能力，出现了滤料粒径循水流方向减小或不变的过滤层，如双层、多层及均质滤料滤池，上向流和双向流滤池等；为减少滤池阀门，出现了虹吸滤池、无阀滤池、移动冲洗罩滤池等；在冲洗方式上，有单纯水冲洗和气水反冲洗。上述滤池虽名称不同，但从过滤机理上都属于快滤池的范畴，仅是池体形式有所不同。本设计在多方案比较中选择适用于较大工程规模的两种滤池进行比较。

普通快滤池是过滤工艺的传统池型，也是国内水厂中普遍应用的一种滤池。其优点是有成熟的运行经验，运行稳妥可靠；采用砂滤料，材料易得，价格便宜；采用大阻力配水系统，单池面积可做得较大，池身较浅；可采用降速过滤，水质较好。其缺点是阀门多，必须设有全套反冲洗设备，反冲洗耗水量大。

V 型滤池是一种新型滤池，其优点是运行稳妥可靠，采用砂滤料，材料易得；滤床含污量大、周期长、滤速高、水质好；气水反洗和水表面扫洗冲洗效果好。该滤池的缺点是配备设备多，如鼓风机等，土建较复杂，池深比普通快滤池深，自控要求高。目前该滤池在我国已有较广泛应用，并取得了成功的运行经验。

本设计中采用 V 型滤池，因为在技术上 V 型滤池冲洗耗水量明显低于普通快滤池，V 型滤池构造和过滤方式更符合过滤机理，出水水质好，技术上优于普通快滤池。

f. 消毒工艺的确定。常用消毒方法有氯、二氧化氯、臭氧、紫外线等。

氯胺、二氧化氯、臭氧更适用于原水中有机物多或有机污染严重时，相对来水，传统液氯消毒法具有余氯的持续消毒作用，价格成本低；操作简单，投量准确；不需要庞大的设备等，结合原水水质特点，本设计采用液氯消毒法。

g. 排泥水处理工艺的确定。净水厂排泥水处理包括沉淀池排泥水、滤池反冲洗废水等，为了避免这部分生产废水直接排放可能对环境产生影响以及节省水资源，考虑滤池反冲洗排水的调节回流和沉淀池排泥水的调节浓缩处理。

净水厂排泥水处理调节构筑物按其功能可划分为以接纳和调节沉淀池排泥水为主的排泥池和以接纳和调节滤池反冲洗排水为主的排水池两类。根据两者的组合关系，又可划分为分建式调节池和合建式调节池两类。分建式调节池是排水池与排泥池分开建设；合建式调节池是排水池与排泥池合建，也称综合排泥池。

一般情况下宜采用分建式，主要原因如下。

第一，沉淀池排泥水和滤池反冲洗废水污泥浓度相差较大，当滤池排放初滤水时，初滤水污泥浓度更低，与沉淀池排泥浓度相差更大。滤池反冲洗废水和初滤水一般可直接回收，或执行国家相关标准排入水体；进入浓缩池的排泥水，初始浓度越大，对浓缩越有利，达到同样的浓缩目标值，初始浓度越大，所需要的浓缩时间越短，浓缩池的体积越小。

第二，如果采用合建式综合排泥池，大幅度增加了进入浓缩池的水量，增加了浓缩池的体积。

第三，采用综合排泥池延长了滤池反冲洗废水回收或排放的流程长度，不但增加了浓缩池的体积，而且管道长度也要增加，增加了工程造价。

第四，有利于回流水质的提高：如果采用合建式，则滤池反冲洗废水变成滤池浓缩池上清液后才能回用，如果在浓缩前处理中投加了聚丙烯酰胺，或是含有聚丙烯酰胺成分的滤液回流到浓缩池，则浓缩池上清液中不可避免地含有聚丙烯酰胺单体成分；另外，如果回流水水质中含有隐孢子虫、贾第鞭毛虫等原生动物孢囊、消毒副产物及前驱物和锰等有害物质，这些有害物质的含量与回用水中悬浮物含量呈正相关，沉淀池排泥水悬浮物含量远高于滤池反冲洗排水，因此，沉淀池排泥水中上述有害物质含量高。

第五，净水厂先期建成投产，而排泥水处理系统后建，但回收滤池反冲洗废水的回流水池（排水池）与净水厂净化构筑物同步建成投产，一般应采用分建式，这种情况只有在水厂附近有大江大河，水体环境容量近期允许排入，不至于造成河道、河渠堵塞、淤积才有可能。如果采用综合排泥池，投资大，近期得不到充分利用，浪费了投资，而且能耗也高。

第六，净水厂沉淀池排泥水送往厂外集中处理，而滤池反冲洗废水经排水池调节后，回流到净水工艺流程中重复利用，或因水质不宜回收而排放，一般应采用分建式调节构筑物。

下列情况下宜采用合建式调节构筑物（综合排泥池）。

第一，当净水厂污泥全部送往厂外集中处理，而不考虑在厂内回收生产废水时，此时，采用合建式和分建式总的调节容积相当，但分建式调节池个数是综合排泥池的2倍，池数多，池与池之间有一定间隔，占地面积比采用综合排泥池大，池中均质设备也多；综合排泥池均质均量输出，只设一个泵站，而分建式要设两个泵站，两条输泥管，或者一条输泥管，但要另设混合，因此，基建投资与能耗比综合排泥池高。

第二，当排泥水处理系统规模较小时，可采用合建式：若采用分建式，调节池尺寸很小，设备选型比较困难，设备日常运转效率低，能耗高，且池子多，占地面积也要增大。

第三，生产废水不回收利用，需经沉淀处理后排放：滤池反冲洗排水平均浊度较高，超过受纳水体排放标准，需建后续沉淀池去除部分浊度方能排放；滤池反冲洗排水不能以重力流入受纳水体，需设泵房提升，不如采用综合排泥池，一次提升至浓缩池。

第四，生产废水回收利用，若采用分建式调节池，排水池后需再建一沉淀池，去除部分浊度方能回用，可采用合建式，利用浓缩池沉降浓缩功能，去除部分浊度。

第五，净水厂运行方式一年中有改变时。

根据上述分析，采用分建式调节池，即分别设置排水池和排泥池。

分建式调节池又可分为Ⅰ型和Ⅱ型，二者应用都较多（表7-7）。

排水池Ⅰ型：当净水厂排泥水处理系统未与净水厂同步建设，但回收滤池反冲洗废水的排水池与净水厂同步建成投产，可建成此型，经调节后，均质均量送往水厂净化构筑物，若采用排水池Ⅱ型，池中不设扰流设备，虽可节省能耗，但池底沉泥要不定期取出，排往附近水体，由于浓度太高，超标排放，易造成沟渠淤塞；排水池Ⅰ型用于当滤池反冲洗废水水质不满足回用水水质要求，造成净水厂出水水质部分超标，需在调节池后加沉淀池或滤池去除浊度才能回用时。

排水池Ⅱ型可在下列条件下采用：排泥水处理系统与净水厂同步建成投产，而不是只先建排水池回收滤池反冲洗废水；当滤池反冲洗废水因水质问题不能回用，需排入附近水体或城市市政排水系统，但反冲洗废水中悬浮物含量又超过了相关排放标准时。

排泥池Ⅰ型：当净水厂沉淀池排泥水送往厂外集中处理，而滤池反冲洗废水经排水池调节后回收或就近排放；当沉淀池排泥水经排泥池调节后送往下一道工序浓缩池时，可采用Ⅰ型，也可采用Ⅱ型，由于Ⅱ型不仅具有调节功能，而且还具有沉淀浓缩功能，效果更好。

排泥池Ⅱ型：充分利用调节池容积，在满足水量调节的基础上，拓展浓缩功能。

表 7-7　调节构筑物的分类及特点

分类及名称	分建式				合建式	
	排水池		排泥池		综合排泥池	
	Ⅰ	Ⅱ	Ⅰ	Ⅱ	Ⅰ	Ⅱ
功能	调量＋调质	调量＋沉淀	调量＋调质	调量＋浓缩	调量＋调质	调量＋浓缩
	单一调节功能		单一调节功能	间歇式浓缩	单一调节功能	
构造特点	设搅拌机等扰流设备进行均质　利用池容进行调量	不设扰流设备均质，允许部分污泥沉淀，但应有污泥取出设施　利用池容进行调量	设搅拌机等扰流设备进行均质　利用池容进行调量	充分利用池容进行量的调节和浓缩作用		
备注						一般不用

通过以上分析，采用排水池Ⅰ型，厂区预留排泥处理场地。

通过上述方案的分析论证，本设计采用的工艺流程如图 7-5 所示。

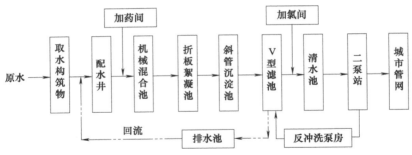

图 7-5　本设计采用的工艺流程示意

③ 水厂布置。水厂总体布置应结合工程目标和建设条件，在确定的工艺组成和处理构筑物形式的基础上进行。布置的原则是流程合理、管理方便、节约用地、美化环境，并考虑日后留有发展的可能。

a. 工艺流程布置。由于厂址地形和进出水管方向等的不同，流程布置可以有不同方案，应考虑下列原则。

ⅰ. 流程力求简短，避免迂回重复，使净水过程中水头损失最小，构筑物应尽量靠近，便于操作管理和联系活动。

ⅱ. 尽量适应地形，因地制宜地考虑流程，力求减少土石方量，地形自然坡度较大时，应尽量顺等高线布置。

ⅲ. 注意构筑物朝向：净水构筑物一般无朝向要求，但如滤池的操作管廊、二级泵房、加药间、化验室、检修间、办公楼则有朝向要求，尤其散发大量热量的二泵房对朝向和通风的要求更应注意，水厂建筑物以接近南北向布置较为理想。

ⅳ. 考虑近远期的协调。

b. 流程布置。水厂流程布置通常有三种基本类型：直线型、折角型和回转型，这里选用折角型布置。

c. 平面布置。当水厂主要构筑物的流程布置确定后，即可将各项生产和辅助设施进行组合布置，水厂的平面布置应符合下列要求。

第一，在满足各构筑物和管线施工要求前提下，水厂各构筑物应布置紧凑。

第二，生产构筑物间连接管道的布置，宜水流顺直、避免迂回。

第三，附属生产建筑物（机修间、电修间、仓库等）应结合生产要求布置。

第四，生产管理建筑物和生活设施宜集中布置，力求位置和朝向合理，并与生产构筑物分开布置，采暖地区锅炉房应布置在水厂最小频率风向的上风向。

第五，并联运行的净水构筑物间应配水均匀，构筑物间宜根据工艺要求设置连通管或超越管。

第六，水厂内应根据需要，在适当的地点设置滤料、管配件等露天堆放场地。

第七，水厂内应设置通向各构筑物和附属建筑物的道路：宜设置环形道路；大型水厂可设双车道，中、小型水厂可设单车道；主要车行道的宽度：单车道为 3.5m，双车道为 6m，支道和车间引道不小于 3m，车行道尽头处和材料装卸处应根据需要设置回车道，车行道转弯半径 6~10m，人行道路的宽度为 1.5~2.0m。

第八，水厂应设置大门和围墙，围墙高度不宜小于 2.5m，有排泥水处理的水厂，宜设置脱水泥渣专用通道及出入口。

第九，水厂应进行绿化。

水厂西面为生产区，东面为生活及办公区。

d. 高程布置。水厂高程布置应根据厂址地形、地质条件、周围环境以及进水水位标高确定。

由于净水厂构筑物高程受流程控制，各构筑物之间的高差应按流程计算决定。辅助建筑物以及生活设施则可根据具体场地条件灵活布置，但应保持总体的协调。

净水构筑物的高程布置一般有四种类型。

ⅰ. 高架式。主要净水构筑物池底埋设地面下较浅，构筑物大部分高出地面。高架式为目前采用最多的一种布置形式。

ⅱ. 低架式。净水构筑物大部分埋设地面以下，池顶离地面约 1m。这种布置操作管理较为方便，厂区视野开阔，但构筑物埋深较大，增加造价和带来排水困难。当厂区采用高填土或上层土质较差时可考虑采用。

ⅲ. 斜坡式。当场区原地形高差较大，坡度又较平缓时，可采用斜坡式布置。设计地面高程从进水端坡向出水端，以减少土石方工程量。

ⅳ. 台阶式。当场区原地形高差较大，而起落又呈台阶时，可采用台阶式布置。台阶式布置要注意道路交通的畅通。

根据水厂地形及构筑物的布置，水厂采用高架式布置。

（4）输配水工程方案

① 输水工程方案。输水方式一般有重力流和压力流两种形式，压力流又可分为自流式压力流和水泵加压压力流。由本工程的地形条件可知输水方式只能采用水泵提升压力流输水方式。

按《室外给水设计标准》（GB 50013—2018）规定"原水输水管道应采用 2 条以上。多水源或设置了调蓄设施并能保证事故用水量的条件下，可采用单管输水"，为保证供水安全，采用双管输水。

② 配水工程方案。管网布置应满足供给用户所需的水量、保证配水管网足够的水压、

保证不间断供水的原则。供水管网按环状布置，当任一段管线损坏时，可用阀门和其余管线隔开，进行检修，水还可以从另外管线供应用户，断水的地区可以缩小，供水可靠性增加，环状网还可以大大减轻水锤作用产生的危害。根据规划道路布局，本设计采用统一供水，共布置 14 个环，管网定线时需穿越铁路。

7.2.2.3 河床式取水构筑物设计计算

（1）设计水量

设计供水规模为 $Q_d = 160000 \text{m}^3/\text{d}$，考虑水厂自用水量 8%，则设计取水量为：

$$Q = 160000 \times 1.08 = 172800（\text{m}^3/\text{d}）= 2.0 \text{m}^3/\text{s}$$

（2）取水头部设计计算

格栅的面积为：

$$F_0 = \frac{Q}{k_1 k_2 v_0}$$

$$k_1 = \frac{b}{b+s}$$

式中，F_0 为进水孔或格栅的面积，m^2；Q 为进水孔的设计流量，m^3/s，按 $Q = 1.0 \text{m}^3/\text{s}$ 计算；v_0 为设计流速，m/s，当有冰絮时宜为 $0.12 \sim 0.3 \text{m/s}$，无冰絮时宜为 $0.2 \sim 0.6 \text{m/s}$，取 0.4m/s；k_1 为栅条引起的面积减少系数；b 为栅条净距，mm，一般采用 $30 \sim 120 \text{mm}$，取 $b = 50 \text{mm}$；s 为栅条厚度（或直径），mm，一般采用 10mm；k_2 为格栅阻塞系数，取 0.75。

代入数据，得：

$$k_1 = \frac{b}{b+s} = \frac{50}{50+10} = 0.833$$

$$F_0 = \frac{2.0}{0.833 \times 0.75 \times 0.4} = 8.00（\text{m}^2）$$

进水孔设 4 个，每个进水孔面积 $f = F_0/4 = 8.00/4 = 2.00（\text{m}^2）$。

进水孔尺寸采用：$B_1 \times H_1 = 2000 \text{mm} \times 1000 \text{mm}$，总面积为 8.00m^2。格栅尺寸为 $B \times H = 2100 \text{mm} \times 1100 \text{mm}$。通过格栅的水头损失取 0.1m。

取水头部上缘的最小淹没深度取 1.2m，进水孔下缘距河底高度取 1.0m，进水箱底部埋入河床下深 1.0m。该处与集水间距离 $L = 96 \text{m}$。

取水头部用隔墙分成两格，以便清洗和检修，钢筋混凝土预制，吊装下沉水下拼装，周围抛石，防止河床冲刷。

（3）自流管设计计算

自流管设置两条，每条管的设计水量 $q = Q/2 = 2.0/2 = 1.0（\text{m}^3/\text{s}）$，自流管中的流速采用 $v = 1.0 \text{m/s}$，自流管的管径为：

$$D = \sqrt{\frac{4q}{\pi v}} = \sqrt{\frac{4 \times 1.0}{3.14 \times 1.0}} = 1.129（\text{m}）$$

采用 $D = 1100 \text{mm}$ 的钢管，计算得管内实际流速 $v = 1.053（\text{m/s}）$。

自流管的水力半径 $R = D/4 = 1.1/4 = 0.275（\text{m}）$，考虑到自流管日后可能结垢或淤积，粗糙系数采用 $n = 0.016$，则谢才系数

$$C = \frac{1}{n} R^{\frac{1}{6}} = \frac{1}{0.016} \times 0.275^{\frac{1}{6}} = 50.4$$

故自流管沿程水头损失

$$h_1 = iL = \frac{v^2}{C^2 R} = \frac{1.053^2}{50.4^2 \times 0.275} \times 96 = 0.15 \text{（m）}$$

局部阻力系数：喇叭管进口 $\xi_1 = 0.2$，焊接 $90°$ 弯头 $\xi_2 = 1.05$，阀门 $\xi_3 = 0.1$，出口 $\xi_4 = 1.0$，则自流管局部水头损失为：

$$h_2 = (\xi_1 + \xi_2 + \xi_3 + \xi_4)\frac{v^2}{2g} = (0.2 + 1.05 + 0.1 + 1.0)\frac{1.053^2}{2 \times 9.8} = 0.13 \text{（m）}$$

正常工作时，自流管的总水头损失 $h = h_1 + h_2 = 0.15 + 0.13 = 0.28$（m）。

（4）集水间设计计算

① 集水间平面尺寸。集水间用纵向隔墙分为进水室和吸水室，为清洗和检修方便，进水室用隔墙分为四格，中间设连通管和阀门，吸水室用隔墙分为四格，根据布置水泵吸水管路和阀门、格网等的要求确定吸水室和进水室的尺寸。

② 格网计算。拟采用平板格网，平板格网的面积为：

$$F_1 = \frac{Q}{k_1 k_2 \varepsilon v_1}$$

$$k_1 = \frac{b^2}{(b+d)^2}$$

式中，F_1 为平板格网的面积，m^2；Q 为通过格网的流量，m^3/s；v_1 为通过格网的流速，m/s，取 $v_1 = 0.5\text{m/s}$；k_1 为网丝引起的面积减少系数；b 为网眼尺寸，mm；d 为金属直径，mm；k_2 为格网阻塞系数，一般采用 0.5；ε 为水流收缩系数，一般采用 $0.64 \sim 0.80$，取 0.80。

b 取 5mm，d 取 2mm，则

$$k_1 = \frac{5^2}{(5+2)^2} = 0.51$$

$$F_1 = \frac{2.0}{0.51 \times 0.5 \times 0.80 \times 0.5} = 19.61 \text{（m}^2\text{）}$$

设置四个格网，每个格网需要的面积为 4.90m^2。进水口尺寸为 $B_1 \times H_1 = 200\text{mm} \times 2500\text{mm}$，面积为 5.0m^2，格网尺寸为 $B \times H = 2130\text{mm} \times 2630\text{mm}$，通过格网的水头损失取 0.2m。

③ 集水间标高计算。集水间采用非淹没式。

集水间顶面标高＝河流设计最高水位＋浪高（取0.4m）＋超高（取0.5m）

$$= 15.70 + 0.4 + 0.5 = 16.60 \text{（m）}$$

进水间内最低动水位标高＝河流最低水位标高－取水头部到进水间的水头损失

$$= 9.80 - (0.28 + 0.1) = 9.80 - 0.38 = 9.42 \text{（m）}$$

吸水间内最低动水位标高＝进水间内最低动水位标高－进水间到吸水间的水头损失

$$= 9.42 - 0.2 = 9.22 \text{（m）}$$

平板格网净高 2.5m，其上缘应淹没在吸水间内最低动水位以下，取 0.1m，其下缘高出底部取 0.2m，故：

集水间底部标高＝$9.22 - (0.1 + 2.5 + 0.2) = 6.42$（m）。

集水间深度＝集水间顶部标高－集水间底部标高＝$16.60 - 6.42 = 10.16$（m）

一根自流管停止工作时的核算如下。

按一根自流管清洗或检修而停止工作时，另一根自流管在最低水位时仍需通过全部水量的 70% 计算，此时管中流速为：

$$v' = \frac{4Q'}{\pi D^2} = \frac{4 \times 2.0}{3.14 \times 1.1^2} \times 0.7 = 1.47 \ (\text{m/s})$$

自流管沿程水头损失

$$h_1' = i'L = \frac{v'^2}{C^2 R} = \frac{1.47^2}{50.4^2 \times 0.275} \times 96 = 0.30 \ (\text{m})$$

局部水头损失

$$h_2' = (\xi_1 + \xi_2 + \xi_3 + \xi_4)\frac{v'^2}{2g} = (0.2 + 1.05 + 0.1 + 1.0)\frac{1.47^2}{2g} = 0.26 \ (\text{m})$$

一根自流管停止工作时的总水头损失

$$h' = h_1' + h_2' = 0.30 + 0.26 = 0.56 \ (\text{m})$$

假定水流通过取水头部进水格栅和平板格网的水头损失基本不变，则吸水间最低动水位 = $9.22 + 0.28 - 0.56 = 8.94$（m），此时，吸水间中水深 = 8.94 - 集水间底部标高 = 8.94 - 6.42 = 2.50（m），可满足水泵吸水要求。

（5）取水泵房设计

① 设计流量。设计流量 $Q = 160000 \times 1.08 = 172800 (\text{m}^3/\text{d}) = 2.0 \text{m}^3/\text{s}$。

② 设计扬程 H 估算

a. 水泵所需静扬程 H_{ST}。在最不利情况下（即一根自流管停止工作，另一条自流管通过 70% 的设计流量时），从取水头部到泵房吸水间的总水头损失 = $0.1 + 0.56 + 0.2 = 0.86$（m），则吸水间中最高水面标高为 $15.70 - 0.86 = 14.84$（m），最低水面标高为 $9.8 - 0.86 = 8.94$（m），而净水厂给水处理构筑前端配水井的水面标高为 21.43m，故水泵所需静扬程 H_{ST} 计算如下。

洪水位时：$H_{ST} = 21.43 - 14.84 = 6.59$（m）。

枯水位时：$H_{ST} = 21.43 - 8.94 = 12.49$（m）。

b. 输水干管中的水头损失 $\sum h$。从取水泵站到配水井采用两条管径 $DN1200\text{mm}$ 的钢管作为输水管，当一条输水管检修时，另一条输水管应通过 70% 设计流量，即：$Q = 0.70 \times 2.0 = 1.40 (\text{m}^3/\text{s}) = 1400 \text{L/s}$。

查水力计算表得管内流速 $v = 1.238\text{m/s}$，$1000i = 1.294$，取水泵站到净水厂配水井的输水管长度为 120m，则 $\sum h = 1.1 \times \frac{1.294}{1000} \times 120 = 0.17$（m），式中 1.1 系包括局部损失而加大的系数。

c. 泵站内管路中水头损失。泵站内管路中的水头损失粗估为 2m。另外，取安全工作水头为 2m，则水泵设计的扬程 $H_{\max}$ 的计算如下。

洪水位时：$H_{\max} = 6.59 + 0.17 + 2 + 2 = 10.76$（m）。

枯水位时：$H_{\min} = 12.49 + 0.17 + 2 + 2 = 16.66$（m）。

③ 初选水泵和电机。采用 4 台 24SA-18J 型离心泵，3 用 1 备，其性能为 $Q = 2600\text{m}^3/\text{h}$，$H = 17.5\text{m}$，$n = 730\text{r/min}$，泵轴功率 $N = 134\text{kW}$，配套电机型号 Y355M-6，功率 160kW，效率 $\eta = 89\%$，汽蚀余量 $\text{NPSH}_r = 4.4\text{m}$，进口法兰尺寸 $DN_1 = 600\text{mm}$，出口法兰尺寸 $DN_2 = 500\text{mm}$，泵重 3300kg，电动机重 1565kg。

查水泵和电机样本，24SA-18J 型号水泵机组基础平面尺寸 3200mm×1200mm，基础高

度 H 为：

$$H=\frac{3W}{LB\gamma}=\frac{3\times4865}{3.2\times1.2\times2400}=1.58\ (\text{m})$$

式中，W 为机组总重，kg；γ 为混凝土基础密度，2400kg/m^3；L，B 为基础平面尺寸，m。

④ 吸水管路和压水管路计算。每台水泵单独一条吸水管，共设 4 条，其中 1 条备用。每条吸水管设计水量 $Q=2400\text{m}^3/\text{h}=0.667\text{m}^3/\text{s}$，采用 $DN800\text{mm}$ 钢管，$v=1.32\text{m/s}$，$1000i=2.52$；压水管管径 $DN600\text{mm}$ 钢管，$v=2.28\text{m/s}$，$1000i=10.61$。

⑤ 机组、管道布置。为布置紧凑，充分利用建筑面积，将四台机组交错并列布置成两排，两台为正常转向，两台为反常转向，每台水泵有单独的吸水管，四条压水管路合并为一条压水管路后用两条平行干管输水到净水厂的配水井。

⑥ 吸水管路和压水管路中水头损失的计算。取一条最不利线路，从吸水口到输水干管上切换用蝶阀处为计算线路。

a. 吸水管路中的水头损失计算如下。

$$\sum h_\text{s}=\sum h_\text{fs}+\sum h_\text{ls}$$

$$\sum h_\text{fs}=L_1i=\frac{1.6\times2.52}{1000}=0.004\ (\text{m})$$

$$\sum h_\text{ls}=(\xi_1+\xi_2)\frac{v_2^2}{2g}+\xi_3\frac{v_1^2}{2g}$$

$$=(0.56+0.15)\frac{1.32^2}{2\times9.8}+0.20\times\frac{2.35^2}{2\times9.8}=0.182\ (\text{m})$$

式中，ξ_1 为吸水管喇叭口进水局部阻力系数，$\xi_1=0.56$；ξ_2 为 $DN800\text{mm}$ 闸阀局部阻力系数，按开启度 $a/d=1/8$ 考虑，$\xi_2=0.15$；ξ_3 为 $DN800\text{mm}\times600\text{mm}$ 偏心渐缩管局部阻力系数，$\xi_3=0.20$；V_2 为吸水管设计流速，m/s；V_1 为管径渐缩后的流速，m/s。

故 $\sum h_\text{s}=0.004+0.182=0.186\ (\text{m})$。

b. 压水管路中的水头损失计算如下。

$$\sum h_\text{d}=\sum h_\text{fd}+\sum h_\text{ld}$$

$$\sum h_\text{fd}=L_2i_2+L_3i_3+L_4i_4=11.32\times\frac{10.61}{1000}+1.5\times\frac{5.95}{1000}+1\times\frac{1.294}{1000}=0.130\ (\text{m})$$

$$\sum h_\text{ld}=\xi_4\frac{v_1^2}{2g}+(\xi_5+\xi_6+\xi_7+\xi_8+\xi_9)\frac{v_2^2}{2g}+(\xi_{10}+\xi_{11})\frac{v_3^2}{2g}+\xi_{12}\frac{v_4^2}{2g}$$

$$=0.11\times\frac{3.28^2}{2\times9.8}+4.16\times\frac{2.28^2}{2\times9.8}+1.55\times\frac{2.10^2}{2\times9.8}+0.05\times\frac{1.18^2}{2\times9.8}$$

$$=0.060+1.103+0.349+0.004$$

$$=1.516\ (\text{m})$$

式中，ξ_4 为 $DN600\text{mm}\times500\text{mm}$ 渐扩管局部阻力系数，取 0.11；ξ_5 为 $DN600\text{mm}$ 止回阀局部阻力系数，取 1.7；ξ_6 为 $DN600\text{mm}$ 闸阀局部阻力系数，取 0.15；ξ_7 为 $DN600\text{mm}$ 弯头局部阻力系数，取 1.01；ξ_8 为 $DN600\text{mm}$ 弯头局部阻力系数，取 1.01；ξ_9 为 $DN600\text{mm}\times900\text{mm}$ 渐扩管局部阻力系数，取 0.29；ξ_{10} 为 $DN900\text{mm}$ 的三通局部阻力系数，取 1.5；ξ_{11} 为 $DN900\text{mm}\times1200\text{mm}$ 渐扩管局部阻力系数，取 0.05；ξ_{12} 为 $DN1200\text{mm}$ 闸阀局部阻力系数，取 0.05；v_1 为压水管路 $DN500$、$Q=2400\text{m}^3/\text{h}$

$(0.667\text{m}^3/\text{s})$ 时的流速；v_2 为压水管路 $DN600\text{mm}$、$Q=2400\text{m}^3/\text{h}$ $(0.667\text{m}^3/\text{s})$ 时的流速，m/s；v_3 为压水管路 $DN900\text{mm}$，$Q=2\times0.667\text{m}^3/\text{s}$ 时的流速，m/s；v_4 为 $DN1200\text{mm}$、$Q=2\times0.667\text{m}^3/\text{s}$ 时的流速，m/s。

故 $$\sum h_\text{d}=0.130+1.516=1.646\ (\text{m})$$

从水泵吸水口到输水干管上切换闸阀间的全部水头损失为：$\sum h=\sum h_\text{s}+\sum h_\text{d}=0.186+1.646=1.832$ （m），小于泵站内管路中粗估的水头损失 2m。可见，初选水泵机组符合要求。

⑦ 水泵安装高度的确定和泵房筒体高度计算。泵房机器间底板与吸水间底板放在同一标高上，吸水间最低动水位 8.94m，吸水间底部标高 6.43m，吸水间中水深 2.51m，吸水管中心标高 7.68m，采用自灌式工作。

集水间顶部标高 16.60m，则泵房筒体高度 10.17m。

⑧ 附属设备的选择

a. 起重设备。最大起重设备为 24SA-18J 型离心泵，重 3300kg，最大起吊高度为 12.2m，选用 SDQ-1 型单梁起重机一台。

b. 引水设备。水泵自灌式工作，不需引水设备。

c. 排水设备。采用水泵排水，沿泵房内壁设排水沟；将水汇集到集水坑内，然后用泵抽回到吸水间去。

选用 2BA-9B 型水泵两台，一台工作，一台备用，配套电动机型号为 JO₂-21-2。

d. 通风设备。考虑到当地气候条件和泵房内电动机功率较大，采用水冷加机械抽风的通风方式，将风机放在泵房上层窗户顶上，通过接到电动机排风口的风道将热风抽出室外，冷空气自然补充。

7.2.2.4 净水厂设计计算

进水系统设计规模 $16\times10^4\text{m}^3/\text{d}$，考虑水厂自用水系数，设计水量为 $17.28\times10^4\text{m}^3/\text{d}$，分为两个系列，每个系列设计规模 $8\times10^4\text{m}^3/\text{d}$，设计水量 $8.64\times10^4\text{m}^3/\text{d}$。由两条 $DN1200\text{mm}$ 输水管将水分别输送到两个系列的配水井内。

（1）配水井

① 设计水量。设计水量 $Q=80000\times1.08=86400(\text{m}^3/\text{d})=1.0\text{m}^3/\text{s}=60\text{m}^3/\text{min}$。

② 设计计算。设水在配水井中停留时间为 2.5min，井中有效水深取 4m，则配水井面积为：

$$A=\frac{Qt}{H}=\frac{60\times2.5}{4}=37.5\ (\text{m}^2)$$

故其直径为

$$D=\sqrt{\frac{4A}{\pi}}=\sqrt{\frac{4\times37.5}{3.14}}=6.91\ (\text{m})$$

取直径 $D=7.0\text{m}$，超高取 0.3m，故配水井高 4.3m，井体采用钢筋混凝土结构。

（2）加药间

絮凝剂选用碱式氯化铝，药剂最大投加量 $u=18\text{mg/L}$，药剂溶液浓度 10%，每日调制 3 次。分为平行的两个系列，分别对应两个净水生产工艺，但合建在一起。

① 溶液池容积计算。溶液池容积 W_1 为：

$$W_1=\frac{aQ}{417cn}=\frac{18\times3600}{417\times10\times3}=5.18\ (\text{m}^3)$$

式中，W_1 为溶液池容积，m^3；Q 为处理的水量，m^3/h；a 为混凝剂最大投加量，

mg/L；c 为溶液浓度，％，一般采用 $5\% \sim 20\%$，取 $c = 10\%$；n 为每日调制次数，一般不超过 3 次，取 $n = 3$。

取 $W_1 = 6m^3$。设两个池子，一用一备，有效高度 1.5m，超高 0.3m，沉渣高度 0.3m，每格实际尺寸 $2m \times 2m \times 2.1m$，置于室内地面上。池底坡度 2％，底部设 $DN100mm$ 硬聚氯乙烯塑料放空管，池体采用钢筋混凝土结构，池内壁用环氧树脂做防腐处理，接入 $DN80mm$ 药剂稀释用给水管一根，按 1h 放满考虑。

② 溶解池容积。溶解池容积 $W_2 = (0.2 \sim 0.3)W_1 = 0.3 \times 6 = 1.8$（$m^3$）。

与溶液池相对应，设两个池子，一用一备，有效高度 1.25m，超高 0.3m，底部沉渣高 0.3m，每格实际尺寸 $1.2m \times 1.2m \times 1.85m$，池底坡度采用 3％，底部设 $DN100mm$ 硬聚氯乙烯塑料排渣管一根。

溶解池放水时间采用 $t = 10min$，则放水流量 $q = \dfrac{w_2}{60t} = \dfrac{1.8 \times 1000}{60 \times 10} = 3$（L/s），选放水管直径 $DN50mm$。搅拌设备采用中心固定式平桨板式搅拌机，桨叶直径 $D = 470mm$，桨板深度 $L = 920mm$，搅拌机重 150kg。溶解池置于地下，池顶高出室内地面 0.2m。

③ 投药管。投药管流量 $q = \dfrac{W_1 \times 3 \times 1000}{24 \times 3600} = 0.208$（L/s），选投药管直径 $DN25mm$。

④ 计量设备。计量泵每小时投加量 $q = 0.75m^3/h$，单台投加量 375L/h。设四台 J-DM 型隔膜计量泵，两用两备。

⑤ 加药间及药库

a. 加药间。各种管线布置在管沟内，给水管采用镀锌钢管，设两处冲洗地坪用水龙头 $DN25mm$，为便于冲洗水集流，地坪坡度不小于 0.005，并坡向集水坑。

b. 药库。药库与加药间合建，药库储备量按最大投药量的 $7 \sim 15d$ 考虑，这里取 15d。

碱式氯化铝用量 $T = \dfrac{a}{1000} \times Q \times 15 = \dfrac{18}{1000} \times 86400 \times 2 \times 15 = 46656$（kg）$= 46.656t$

碱式氯化铝相对密度为 1.21，则所占体积为 $46.656/1.21 = 38.6$（m^3），取 $39m^3$。

药品堆积高度采用 1.5m，考虑药剂运输、搬运和磅秤等所占面积采用系数 1.3，则药库所需面积 $= \dfrac{39 \times 1.3}{1.5} = 33.8$（$m^2$），取 $34m^2$。

（3）混合

每个系列设两座机械混合池，选用桨式搅拌器，每座混合池的设计水量为：
$$Q = 86400/2 = 43200(m^3/d) = 0.5m^3/s$$

① 混合池池体设计。混合时间选用 30s，则每座混合池的容积 $W = Qt = 0.5 \times 30 = 15m^3$，平面尺寸 $L \times B = 2.2m \times 2.2m$，有效水深 $h = 3.10m$，超高取 0.3m，则混合池总高度 $H = 3.40m$。

② 搅拌器设计计算。当搅拌池为矩形时，其当量直径 D 为：
$$D = \sqrt{\dfrac{4lw}{\pi}}$$

式中，l 为搅拌池长度；w 为搅拌池宽度。

代入数据得：$D = \sqrt{\dfrac{4lw}{\pi}} = \sqrt{\dfrac{4 \times 2.2 \times 2.2}{3.14}} = 2.48$（m）

$\dfrac{h}{D} = \dfrac{3.1}{2.48} = 1.25$

h/D 值在 $1.2\sim1.3$ 范围内，故 $e=1$，则搅拌器层数设一层。

垂直轴上装设两个叶轮，每个叶轮装一对桨板，桨板数 $Z=4$。

搅拌器直径 $d=\left(\dfrac{1}{3}\sim\dfrac{2}{3}\right)D=0.79\sim1.58\mathrm{m}$，选用 $d=1.40\mathrm{m}$；桨板长度 $l=0.4\mathrm{m}$。

桨板宽度 $b=(0.1\sim0.25)d=0.14\sim0.35\mathrm{m}$，选用 $b=0.3\mathrm{m}$。

搅拌器距混合池底高度 $H_6=(0.5\sim1.0)d=0.70\sim1.40\mathrm{m}$，选用 $H_6=0.8\mathrm{m}$。

③ 垂直轴转速。搅拌器外缘线速度 $v=1.0\sim5.0\mathrm{m/s}$，选用 $v=4.0\mathrm{m/s}$，则转速为：

$$n=\frac{60v}{\pi d}=\frac{60\times4.0}{3.14\times1.40}=54.6\ (\mathrm{r/min})$$

④ 搅拌功率计算如下。

$$N=C\frac{\rho w^3 Zeb(R^4-r^4)}{408g}$$

$$=0.4\times\frac{1000\times5.71^3\times4\times1\times0.3\times(0.7^4-0.3^4)}{408\times9.8}=5.187\ (\mathrm{kW})$$

式中，C 为阻力系数，$C\approx0.2\sim0.5$，取 0.4；ρ 为水的密度，$\rho=1000\mathrm{kg/m^3}$；b 为桨板宽度，m，取 $0.3\mathrm{m}$；w 为搅拌器旋转角速度，$w=2v/d=2\times4.0/1.4=5.71\mathrm{rad/s}$；$Z$ 为搅拌器桨叶数，$Z=4$；e 为搅拌器层数，$e=1$；R 为垂直轴中心至桨板外缘距离，m，$R=d/2=1.4/2=0.7\mathrm{m}$；$r$ 为垂直轴中心至桨板内缘距离，m，$r=R-l=0.7-0.4=0.3\mathrm{m}$。

⑤ 校核搅拌功率。根据搅拌速度梯度 $G=\sqrt{\dfrac{1000N_{\mathrm{Q}}}{\mu Qt}}$，假定 $N\approx N_{\mathrm{Q}}$，则：

$$G=\sqrt{\frac{1000N_{\mathrm{Q}}}{\mu Qt}}=\sqrt{\frac{1000\times5.187}{1.14\times10^{-3}\times0.5\times30}}=550.77\ (\mathrm{s^{-1}})$$

G 在 $500\sim1000\mathrm{s^{-1}}$ 范围内。

电动机工况系数 K_{g} 取 1.2；传动机械效率取 $\eta=0.85$，电动机功率为：

$$N_{\mathrm{A}}=\frac{K_{\mathrm{g}}N}{\eta}=\frac{1.2\times5.187}{0.85}=7.323\ (\mathrm{kW})$$

（4）折板絮凝池

① 主要设计参数

a. 根据标准，絮凝时间宜为 $15\sim20\mathrm{min}$，取 $t=16\mathrm{min}$。

b. 絮凝池有效水深 $H=4.4\mathrm{m}$。

c. 絮凝过程中的速度应逐段降低，分段数不宜少于三段，各段的流速可分别为：第一段 $0.25\sim0.35\mathrm{m/s}$，取 $v_1=0.3\mathrm{m/s}$；第二段 $0.15\sim0.25\mathrm{m/s}$，取 $v_2=0.2\mathrm{m/s}$；第三段 $0.10\sim0.15\mathrm{m/s}$，取 $v_3=0.1\mathrm{m/s}$。

d. 折板夹角宜采用 $90°\sim120°$，取折角 $90°$。

e. 第三段宜采用直板。

② 池体设计

a. 絮凝池面积的确定。每个系列设两座絮凝池，每座絮凝池的设计水量为：

$$Q=\frac{86400}{2}=43200(\mathrm{m^3/d})=0.5\mathrm{m^3/s}$$

每座絮凝池的容积　　$W=Qt=0.5\times16\times60=480\ (\mathrm{m^3})$

每座絮凝池的面积 $$A=\frac{W}{H}=\frac{480}{4.4}=109.09 \text{（m}^2)$$

b. 絮凝池的布置。将每座絮凝池分为并联运行的 4 组，每组设计流量＝0.5/4＝0.125（m³/s），每组又分为串联运行的三段，第一段和第二段采用单通道相对折板，第三段采用平行直板。折板采用钢丝水泥板，折板宽度 0.5m，厚度 35mm，折角 90°。

c. 絮凝池的尺寸。絮凝池与沉淀池合建，絮凝池净长度 $L＝21$m。絮凝池内壁厚度采用 0.2m，外壁厚度采用 0.3m，则

$$每组絮凝池长=\frac{21-0.2\times3}{4}=5.1 \text{（m）}$$

$$净宽度 B=\frac{A}{5.1\times4}=\frac{109.09}{5.1\times4}=5.35 \text{（m）}$$

取 $B＝5.5$m，第一段和第二段采用折板长度 1.75m，第三段采用直板长度 2m。

③ 各段絮凝区计算

a. 第一段絮凝区。峰距 $b_1=\frac{0.125}{1.75\times0.3}=0.238$（m），取 $b_1=0.24$m，则实际流速为：

$$v_{1峰}=\frac{0.125}{1.75\times0.24}=0.298 \text{（m/s）}$$

谷距 $$b_2=b_1+2c=b_1+2\times0.5\sin45°=0.24+0.71=0.95 \text{（m）}$$

实际流速 $$v_{1谷}=\frac{0.125}{1.75\times0.95}=0.075 \text{（m/s）}$$

侧边峰距 $$b_3=\frac{B-(2b_2+2b_1+5t+c)}{2}$$
$$=\frac{5.1-(2\times0.95+2\times0.24+5\times0.025+0.355)}{2}=1.12 \text{（m）}$$

侧边峰速 $$v'_{1峰}=\frac{0.125}{1.75\times1.12}=0.064 \text{（m/s）}$$

侧边谷距 $$b_4=b_3+c=1.12+0.355=1.475 \text{（m），取 } 1.48\text{m}$$

侧边谷速 $$v'_{1谷}=\frac{0.125}{1.75\times1.48}=0.048 \text{（m/s）}$$

ⅰ. 中间部分水头损失。渐放段水头损失为：

$$h_1=\xi_1\frac{v_{1峰}^2-v_{1谷}^2}{2g}=0.5\times\frac{0.298^2-0.075^2}{2\times9.8}=0.0021 \text{（m）}$$

渐缩段水头损失为：

$$h_2=\left[1+\xi_2-\left(\frac{F_1}{F_2}\right)^2\right]\frac{v_1^2}{2g}=\left[1+0.1-\left(\frac{0.24}{0.95}\right)^2\right]\frac{0.298^2}{2\times9.8}=0.0047 \text{（m）}$$

式中，v_1 为峰速；v_2 为谷速；ξ_1 为渐放段阻力系数，$\xi_1=0.5$；F_1 为相对峰的断面积；F_2 为相对谷的断面积；ξ_2 为渐缩段阻力系数，$\xi_2=0.1$。

每格各有 16 个缩放组合，故 $h=16\times(h_1+h_2)=16\times(0.0021+0.0047)=0.1088$（m）

ⅱ. 侧边部分水头损失。渐放段水头损失和渐缩段水头损失分别为：

$$h_1' = \xi_1 \frac{v_{1峰}'^2 - v_{1谷}'^2}{2g} = 0.5 \times \frac{0.064^2 - 0.048^2}{2 \times 9.8} \approx 0$$

$$h_2' = \left[1 + \xi_2 - \left(\frac{F_1}{F_2} \right)^2 \right] \frac{v_1^2}{2g} = \left[1 + 0.1 - \left(\frac{1.12}{1.48} \right)^2 \right] \frac{0.064^2}{2 \times 9.8} = 0.0001 \ (m)$$

每格各有 8 个缩放组合，故 $h' = 8 \times (h_1' + h_2') = 8 \times (0 + 0.0001) = 0.0008$（m）。

ⅲ. 进口及转弯损失。共一个进口，3 个上转弯和 2 个下转弯，转弯处的过水断面面积为折板间断面面积的 1.2～1.5 倍，取转弯处水深为 0.3m，则转弯处流速为：

$$v_0 = \frac{0.125}{0.3 \times 1.75} = 0.238 \ (m/s)$$

上转弯的阻力系数 $\xi_3 = 1.8$，下转弯的阻力系数 $\xi_4 = 3.0$，另外 $\xi_{进口} = 3.0$，则每格进口及转弯损失为：

$$h'' = \xi_{进} \frac{v_{进}^2}{2g} + 3 \times \xi_3 \frac{v_0^2}{2g} + 2 \times \xi_4 \frac{v_0^2}{2g} = 3.0 \frac{0.3^2}{2g} + 3 \times 1.8 \frac{0.238^2}{2g} + 2 \times 3.0 \frac{0.238^2}{2g} = 0.0467 \ (m)$$

ⅳ. 总损失计算如下。

每格总水头损失 $\sum h = h + h' + h'' = 0.1088 + 0.0008 + 0.0467 = 0.1563$（m）

第一絮凝区总水头损失 $H_1 = \sum h = 0.1563$（m）

第一絮凝区停留时间 $T_1 = \dfrac{1.75 \times 5.1 \times 4.4 - 0.035 \times 0.5 \times 1.75 \times 40}{0.125 \times 60} = 5.07$（min）

第一絮凝区平均 $G_1 = \sqrt{\dfrac{\gamma H_1}{60 \mu T_1}} = \sqrt{\dfrac{1000 \times 0.1563}{60 \times 1.029 \times 10^{-4} \times 5.07}} = 70.64$（$s^{-1}$）

$$G_1 T_1 = 70.64 \times 5.07 \times 60 = 2.15 \times 10^4$$

b. 第二段絮凝区。峰距 $b_1 = \dfrac{0.125}{1.75 \times 0.2} = 0.357$（m），取 $b_1 = 0.36$m。则实际流速为：

$$v_{2峰} = \frac{0.125}{1.75 \times 0.36} = 0.198 \ (m/s)$$

谷距 $b_2 = b_1 + 2 \times 0.5 \sin 45° = 0.36 + 0.71 = 1.07$（m），则实际流速为：

$$v_{2谷} = \frac{0.125}{1.75 \times 1.07} = 0.067 \ (m/s)$$

$$侧边峰距 \ b_3 = \frac{B - (2b_2 + 2b_1 + 5t + c)}{2}$$

$$= \frac{5.1 - (2 \times 1.07 + 2 \times 0.36 + 5 \times 0.025 + 0.355)}{2}$$

$$= 0.88 \ (m)$$

$$侧边峰速 \ v_{2峰}' = \frac{0.125}{1.75 \times 0.88} = 0.084 \ (m/s)$$

$$侧边谷距 \ b_4 = b_3 + c = 0.88 + 0.355 = 1.235 \ (m)$$

$$侧边谷速 \ v_{2谷}' = \frac{0.125}{1.75 \times 1.235} = 0.058 \ (m/s)$$

ⅰ. 中间部分水头损失计算如下。

$$渐放段水头损失 \ h_1 = \xi_1 \frac{v_{2峰}^2 - v_{2谷}^2}{2g} = 0.5 \times \frac{0.198^2 - 0.067^2}{2 \times 9.8} = 0.0009 \ (m)$$

渐缩段水头损失 $h_2 = \left[1 + \xi_2 - \left(\dfrac{F_1}{F_2}\right)^2\right]\dfrac{v_1^2}{2g} = \left[1 + 0.1 - \left(\dfrac{0.36}{1.07}\right)^2\right] \times \dfrac{0.198^2}{2 \times 9.8} = 0.0020$ （m）

每格各有 16 个缩放组合，故 $h = 16 \times (h_1 + h_2) = 16 \times (0.0009 + 0.0020) = 0.0464$ （m）。

ⅱ. 侧边部分水头损失计算如下。

渐放段水头损失 $h_1' = \xi_1 \dfrac{v_{2峰}'^2 - v_{2谷}'^2}{2g} = 0.5 \times \dfrac{0.084^2 - 0.058^2}{2 \times 9.8} = 0.0001$ （m）

渐缩段水头损失 $h_2' = \left[1 + \xi_2 - \left(\dfrac{F_1}{F_2}\right)^2\right]\dfrac{v_1^2}{2g} = \left[1 + 0.1 - \left(\dfrac{0.88}{1.235}\right)^2\right] \times \dfrac{0.084^2}{2 \times 9.8} = 0.0002$ （m）

每格各有 8 个缩放组合，故 $h' = 8 \times (h_1' + h_2') = 8 \times (0.0001 + 0.0002) = 0.0024$ （m）。

ⅲ. 进口及转弯损失计算如下。共一个进口，3 个上转弯和 2 个下转弯，转弯处的过水断面面积为折板间断面面积的 1.2～1.5 倍，取转弯处水深为 0.45m，则转弯处流速为：

$$v_0 = \dfrac{0.125}{0.45 \times 1.75} = 0.159 \text{ （m/s）}$$

上转弯的阻力系数 $\xi_3 = 1.8$，下转弯的阻力系数 $\xi_4 = 3.0$，另外 $\xi_{进口} = 3.0$，则每格进口及转弯损失为：

$$h'' = \xi_{进} \dfrac{v_{进}^2}{2g} + 3 \times \xi_3 \dfrac{v_0^2}{2g} + 2 \times \xi_4 \dfrac{v_0^2}{2g}$$

$$= 3.0 \dfrac{0.2^2}{2 \times 9.8} + 3 \times 1.8 \dfrac{0.159^2}{2 \times 9.8} + 2 \times 3.0 \dfrac{0.159^2}{2 \times 9.8} = 0.0208 \text{ （m）}$$

ⅳ. 总损失计算如下。

每格总损失 $\sum h = h + h' + h'' = 0.0464 + 0.0024 + 0.0208 = 0.0696$ （m）

第二絮凝区总损失 $H_2 = \sum h = 0.0696$ （m）

第二絮凝区停留时间 $T_2 = \dfrac{1.75 \times 5.1 \times 4.4 - 0.035 \times 0.5 \times 1.75 \times 40}{0.125 \times 60} = 5.07$ （min）

第二絮凝区平均 $G_2 = \sqrt{\dfrac{\gamma H_2}{60 \mu T_2}} = \sqrt{\dfrac{1000 \times 0.0696}{60 \times 1.029 \times 10^{-4} \times 5.07}} = 47.15$ （s^{-1}）

$$G_2 T_2 = 47.15 \times 5.07 \times 60 = 1.43 \times 10^4$$

c. 第三段絮凝区。

峰值 $b_1 = \dfrac{0.125}{2.0 \times 0.1} = 0.625$ （m）

取 $b_1 = 0.63$m，则实际流速 $v_3 = \dfrac{0.125}{2.0 \times 0.63} = 0.10$ （m/s）

因路程较短，流速较低，沿程损失忽略不计。考虑局部水头损失：共 1 个进口，2 个 180°上转弯和 2 个 180°下转弯，转弯的阻力系数 $\xi_4 = 3.0$，另外 $\xi_{进口} = 3.0$，则：

$$h = \xi_{进} \dfrac{v_{进}^2}{2g} + 4 \times \xi_4 \dfrac{v_0^2}{2g} = 5 \times 3.0 \times \dfrac{0.10^2}{2 \times 9.8} = 0.0077 \text{ （m）}$$

第三絮凝区总损失 $H_3 = \sum h = 0.0077$ （m）

第三絮凝区停留时间 $T_3 = \dfrac{2.0 \times 5.1 \times 4.4 - 0.035 \times 2.0 \times 3.45 \times 4}{0.125 \times 60} = 5.86$ （min）

第三絮凝区平均 $G_3 = \sqrt{\dfrac{\gamma H_3}{60 \mu T_3}} = \sqrt{\dfrac{1000 \times 0.0077}{60 \times 1.029 \times 10^{-4} \times 5.86}} = 14.60$ （s^{-1}）

$$G_3 T_3 = 14.60 \times 5.86 \times 60 = 0.51 \times 10^4$$

d. GT 值计算如下。

絮凝池总水头损失 $H = H_1 + H_2 + H_3 = 0.1563 + 0.0696 + 0.0077 = 0.23$ （m）

絮凝时间 $T = T_1 + T_2 + T_3 = 5.07 + 5.07 + 5.86 = 16$ （min）

$$G = \sqrt{\frac{\gamma H}{60 \mu T}} = \sqrt{\frac{1000 \times 0.23}{60 \times 1.029 \times 10^{-4} \times 16}} = 48.25 \ (\mathrm{s}^{-1})$$

总 $GT = 48.25 \times 16 \times 60 = 4.6 \times 10^4 > 2 \times 10^4$ （满足要求）

④ 排泥系统。第三段絮凝区流速小，可能产生积泥问题，考虑采用穿孔管重力排泥。设置两根排泥管，分别单侧排泥至絮凝池两侧，每根排泥管池内部分长 10.3m。

排泥管孔眼布置采用等距布孔，孔眼直径 $d = 0.025$m，孔眼间距 $S = 0.5$m，则孔眼个数 $m = \dfrac{L}{S} - 1 = \dfrac{10.3}{0.5} - 1 = 19.6$，取 20 个。孔眼向下与垂线成 45°交叉排列；孔口总面积为：

$$\sum w_0 = m \times \frac{\pi d^2}{4} = 20 \times \frac{3.14 \times 0.025^2}{4} = 0.0098 \ (\mathrm{m}^2)$$

取积泥均匀度 $M_s = 0.5$，可查得 $K_w = 0.72$，则穿孔管截面积为：

$$w = \frac{\sum w_0}{K_w} = \frac{0.0098}{0.72} = 0.0136 \ (\mathrm{m}^2)$$

穿孔管直径 $D = \sqrt{\dfrac{4w}{\pi}} = \sqrt{\dfrac{4 \times 0.0136}{3.14}} = 0.132$ （m）

选管径为 150mm 的排泥管排泥。

（5）斜管沉淀池

斜管沉淀池与折板絮凝池合建。

① 主要设计参数

a. 采用塑料片热压六边形蜂窝管内径斜管，内切圆直径 $d = 30$mm，斜管厚 0.4mm，水平倾角 $\theta = 60°$，斜管长 $l = 1.0$m，斜管高度 $h_1 = 1.0 \times \sin 60° = 0.87$ （m）。

b. 根据规范，液面负荷可采用 $5.0 \sim 9.0 \mathrm{m}^3/(\mathrm{m}^2 \cdot \mathrm{h})$，取 $9.0 \mathrm{m}^3/(\mathrm{m}^2 \cdot \mathrm{h})$，即 2.5mm/s。

c. 清水区保护高度不宜小于 1.2m，采用 1.2m。

d. 底部配水区高度不宜小于 2.0m，采用 2.0m。

② 池体设计

a. 沉淀池面积的确定。根据前面的计算，每个系列设两座沉淀池，每座沉淀池的设计水量 $0.5 \mathrm{m}^3/\mathrm{s}$，清水区面积为：

$$A = \frac{Q}{v} = \frac{0.5}{2.5 \times 10^{-3}} = 200 \ (\mathrm{m}^2)$$

采用斜管区平面尺寸 $L \times B = 21.00\mathrm{m} \times 9.52\mathrm{m}$，为配水均匀，进水区沿 21.00m 长度方向一侧。考虑斜管结构占用面积（按 3% 计），在 9.52m 的长度中扣除 0.5m 的无效长度，则清水区净出口面积为：

$$A' = \frac{(9.52 - 0.5) \times 21}{1.03} = 183.90 \ (\mathrm{m}^2)$$

b. 沉淀池高度的确定。底部穿孔排泥斗槽高 $H_1 = 0.8$m；底部配水区高度 $H_2 = 2.0$m；斜管高度 $H_3 = 0.87$m；清水区高度 $H_4 = 1.2$m；保护高度 $H_5 = 0.3$m；沉淀池总高 $H = H_1 + H_2 + H_3 + H_4 + H_5 = 0.8 + 2.0 + 0.87 + 1.2 + 0.3 = 5.17$ （m）。

③ 沉淀池配水系统。沉淀池进口采用穿孔花墙，穿孔墙孔眼流速为 $v_2=0.1\text{m/s}$，总孔眼面积 $\Omega=Q/v_2=0.5/0.1=5$（m^2），每个孔眼面积取 $w=15\text{cm}\times8\text{cm}=0.012$（$\text{m}^2$），则孔眼个数 $n=\Omega/w=5/0.012\approx416$（个），孔眼布置设 4 层，每层 104 个。

④ 沉淀池集水系统

a. 集水槽数量：采用淹没孔口式集水槽，集水槽个数 $N=14$ 个，集水槽中心距 $a=L/N=21/14=1.50$（m）。

b. 集水槽流量。计算流量为：$q=Q/N=0.5/14=0.0357$（m^3/s）。

考虑池子超载系数 0.2，则实际槽中流量为：$q_0=1.2q=0.0357\times1.2=0.0428$（$\text{m}^3/\text{s}$）。

c. 集水槽中水深。槽宽 $b=0.9q_0^{0.4}=0.9\times0.0428^{0.4}=0.255$（m），为便于施工，取 $b=0.26\text{m}$。起点槽中水深 $H_1=0.75b=0.75\times0.26=0.195$（m），终点槽中水深 $H_2=1.25b=1.25\times0.26=0.325$（m）。为便于施工，槽中水深统一取 0.33m。

d. 集水槽高度。集水方法采用淹没式自由跌落，淹没深度取 5cm，跌落高度取 5cm，槽的超高为 0.15m，则集水槽总高度 $H_3=0.33+0.05+0.05+0.15=0.58$（m）。

e. 集水槽孔眼计算如下。所需孔眼总面积为：

$$w=\frac{q_0}{\mu\sqrt{2gh}}=\frac{0.0428}{0.62\sqrt{2\times9.8\times0.05}}=0.07(\text{m}^2)$$

孔眼直径采用 $d=25\text{mm}$，则单孔面积 $w_0=\frac{\pi}{4}d^2=\frac{3.14}{4}\times0.025^2=0.00049$（$\text{m}^2$）。

孔眼数量 $N=\dfrac{w}{w_0}=\dfrac{0.07}{0.00049}\approx142$（个）则集水槽每侧孔眼数量为 71 个，孔眼中心距 $s=B/12=9.52/71=0.134$（m），取 0.13m，孔眼从中心向两边排列。

f. 集水渠计算如下。渠中流速取 $v=0.6\text{m/s}$，渠宽 $b=1.0\text{m}$，考虑施工方便，渠底取为平底，则 $il=0$。渠内终点水深为：

$$H_5=q/(vb)=0.5/(0.5\times1.0)=1.0\ (\text{m})$$

$$h_k=\sqrt[3]{\frac{\alpha Q^2}{gb^2}}=\sqrt[3]{\frac{1\times0.5^2}{9.8\times1.0^2}}=0.294\ (\text{m})$$

渠内起点水深 $H_4=\sqrt{\dfrac{2h_k^3}{H_5}+\left(H_5-\dfrac{il}{3}\right)^2}-\dfrac{2}{3}il=\sqrt{\dfrac{2\times0.294^3}{1.0}+(1.0-0)^2}=1.025$（m）

H_4 取 1.03m。考虑到集水槽水流进入集水渠应自由跌水，跌落高度取 0.08m，集水槽顶与集水渠顶相平，集水渠总高度为 $0.58+0.08+1.03=1.69$（m）。

g. 出水管计算如下。出水管水流速度取 1.2m/s，则管径 $D=\sqrt{\dfrac{4Q}{\pi v}}=\sqrt{\dfrac{4\times0.5}{3.14\times1.2}}=0.728$（m），选用 $DN700\text{mm}$ 的管径。

⑤ 沉淀池排泥系统。采用穿孔管重力排泥，沿水流方向平行布置 12 根穿孔管，其中心距为 1.75m，每根排泥管池内部分长 9.32m。

排泥管孔眼布置采用等距布孔，孔眼直径 $d=0.03\text{m}$，孔眼间距 $S=0.5\text{m}$，则孔眼个数 $m=\dfrac{L}{S}-1=\dfrac{9.32}{0.5}-1\approx18$（个），孔眼向下与垂线成 45°交叉排列；孔口总面积为：

$$\sum w_0=m\times\frac{\pi d^2}{4}=18\times\frac{3.14\times0.03^2}{4}=0.0127\ (\text{m}^2)$$

取积泥均匀度 $M_s=0.6$，可查得 $K_w=0.54$，则：

穿孔管截面积 $\qquad w=\dfrac{\sum w_0}{K_w}=\dfrac{0.0127}{0.54}=0.0235$（$m^2$）

穿孔管直径 $\qquad D=\sqrt{\dfrac{4w}{\pi}}=\sqrt{\dfrac{4\times0.0235}{3.14}}=0.173$（m）

选管径 200mm 的排泥管排泥，则：

$$排泥管实际断面积 \ w=\dfrac{\pi}{4}D^2=\dfrac{3.14}{4}\times0.2^2=0.0314 （m^2）$$

排泥管沿程阻力系数 $\lambda=0.03$，管长 9.32m，局部阻力系数：进口 $\xi=0.5$，出口 $\xi=1.0$，闸阀 $\xi=0.15$，弯头 $\xi=0.72$，则流量系数为：

$$\mu=\dfrac{1}{\sqrt{1+\dfrac{\lambda l}{d}+\sum\xi}}=\dfrac{1}{\sqrt{1+\dfrac{0.03\times9.32}{0.2}+2.37}}=0.46$$

排泥管排泥流量 $q_泥=\mu\dfrac{\pi d^2}{4}\sqrt{2gh}=0.46\times\dfrac{3.14\times0.2^2}{4}\sqrt{2\times9.8\times4.3}$

$\qquad\qquad =0.13$（m^3/s）$=468m^3/h$

⑥ 复算管内雷诺数及沉淀时间。管内流速为：

$$v_0=\dfrac{v}{\sin\theta}=\dfrac{Q}{A'\sin\theta}=\dfrac{0.5}{206\times\sin60°}=2.80 （mm/s）$$

$$斜管水力半径 \ R=d/4=30/4=7.5 （mm）$$

当 $t=20℃$ 时，运动黏度系数为 $0.01cm^2/s$，则雷诺数为：

$$Re=\dfrac{0.75\times0.28}{0.01}=21$$

沉淀时间 $t=l/v_0=1000/2.80=357.1$（s）$\approx5.95min$（符合要求）

（6）V 型滤池

① 主要设计参数。滤速一般为 6～10m/h，采用 $v=9m/h$，强制滤速 10～13m/h；冲洗周期 $T=36h$。

冲洗方式和程度：第一步气冲，冲洗强度 13～17L/（$m^2\cdot s$），采用 $q_{气1}=15L/（m^2\cdot s）$，气冲时间 2～1min，采用 $t_气=2min$；第二步气-水同时反冲，空气强度 13～17L/（$m^2\cdot s$），采用 $q_{气2}=15L/（m^2\cdot s）$，水强度 1.5～2L/（$m^2\cdot s$），采用 $q_{水1}=1.5L/（m^2\cdot s）$，气-水同时反冲时间 5～4min，采用 $t_{气水反冲}=5min$；第三步单独水冲，冲洗强度 3.5～4.5L/（$m^2\cdot s$），采用 $q_{水2}=4L/（m^2\cdot s）$，单独水冲时间 5～8min，采用 $t_水=5min$。表面扫洗时间共计 $t=12min=0.2h$；反冲表面扫洗强度 1.4～2.3L/（$m^2\cdot s$），采用 1.8L/（$m^2\cdot s$）。

② 池体设计

a. 滤池工作时间 T' 计算如下。

$$T'=24-t\times\dfrac{24}{T}=24-0.2\times\dfrac{24}{36}=23.87 （h）$$

b. 滤池面积 F。同样，整个过滤工艺也分成平行的两个系列，每个系列水量为设计总水量的一半，则每个系列滤池总面积 $F=\dfrac{Q}{VT'}=\dfrac{86400}{9\times23.87}=402.2$（$m^2$）。

c. 滤池的分格。为节省占地，选双格 V 型滤池，池底板用混凝土，单格板宽 $B=$

3.5m，单长 $L=15$m，单格面积为 52.5m^2。每个系列分为并列的两组，每组 2 座，共 4 座，每座面积 $f=105$m^2，总面积 $f=420$m^2。实际滤速 $v=8.62$m/h。

d. 校核强制滤速 v'。

$$v'=\frac{nv}{n-1}=\frac{4\times 8.62}{4-1}=11.49（m/h）（满足要求）$$

e. 滤池高度的确定。滤板下布水区高度一般为 $0.7\sim 0.9$m，取 $H_1=0.9$m；滤板厚度 $H_2=0.13$m；承托层厚度一般为 $0.05\sim 0.10$m，取 $H_3=0.07$m；滤料厚度为 $1.2\sim 1.5$m，取 $H_4=1.2$m；滤层上水深 $H_5=1.5$m；进水系统跌差 $H_6=0.4$m；进水总渠超高 $H_7=0.3$m；滤池总高度为：$H=H_1+H_2+H_3+H_4+H_5+H_6+H_7=0.9+0.13+0.07+1.2+1.5+0.4+0.3=4.50$（m）。

f. 水封井的设计。滤池采用单层加厚均粒滤料，粒径 $0.90\sim 1.20$mm，不均匀系数 $1.2\sim 1.4$。

均粒滤料清洁滤料层的水头损失按下式计算：

$$\Delta H_{清}=180\frac{\gamma}{g}\times\frac{(1-m_0)^2}{m_0^3}\left(\frac{1}{\varphi d_0}\right)l_0 v$$

$$=180\times\frac{0.0101}{981}\times\frac{(1-0.5)^2}{0.5^3}\times\left(\frac{1}{0.8\times 0.1}\right)^2\times 120\times 0.24=16.68（cm）$$

式中，$\Delta H_{清}$ 为水流通过清洁滤料层的水头损失，cm；γ 为水的运动黏度，cm^2/s，$20℃$ 时为 0.0101cm^2/s；g 为重力加速度，981cm/s^2；m_0 为滤料孔隙率，取 0.5；d_0 为与滤料体积相同的球体直径，cm，根据厂家提供数据为 0.1cm；l_0 为滤层厚度，cm，$l_0=120$cm；v 为滤速，cm/s，$v=8.62$m/h$=0.24$cm/s；φ 为滤料颗粒球度系数，天然砂粒为 $0.75\sim 0.8$，取 0.8。

根据经验，滤速为 $8\sim 10$m/h 时，清洁滤料层的水头损失一般为 $30\sim 40$cm，计算值比经验值低，取经验值的低限 30cm 为清洁滤料层的过滤水头损失，正常过滤时通过长柄滤头的水头损失 $\Delta h\leqslant 0.22$m，忽略其他水头损失，则每次反冲洗后刚开始过滤时，水头损失 $H_{开始}=0.3+0.22=0.52$（m）。

为保证滤池正常过滤时池内的液面高出滤料层，水封井出水堰顶标高与滤料层相同。

设计水封井平面尺寸 2m$\times 2$m，堰底板比滤池底板低 0.3m。

水封井出水堰总高 $H_{水封}=0.3+H_1+H_2+H_3+H_4=0.3+0.9+0.13+0.07+1.2=2.60$（m）。

因为每座滤池过滤水量 $Q_{单}=vf=8.62\times 105=905.1$（m^3/h）$=0.25$m^3/s，所以水封井出水堰上水头由矩形堰的流量公式 $Q=1.84bh^{2/3}$ 计算得：

$$H_{水封}=[Q_{单}/(1.84b_{堰})]^{2/3}=[0.25/(1.84\times 2)]^{2/3}\approx 0.17（m）$$

则反冲洗完毕，清洁滤料层过滤时，滤池液面比滤料层高 $0.17+0.52=0.69$（m）。

③ 水反冲洗管渠系统

a. 反冲洗用水量 $Q_{反水}$ 的计算。反冲洗用水流量按水洗强度最大时计算，单独水洗时反冲洗强度最大，为 4L/(s·m^2)，则：$Q_{反水}=q_水 f=4\times 105=420$（L/s）$=0.42m^3/s=1512$m^3/h。

V 型滤池反冲洗时，表面扫洗同时进行，其流量 $Q_{表水}=q_{表水} f=0.0018\times 105=0.189$（m^3/s）。

b. 反冲洗配水系统的断面计算。根据设计标准，配水干管进口端流速为 1.5m/s 左右，配水干管的截面积 $A_{水干}=Q_{反水}/v_{水干}=0.42/1.5=0.28$（m^2）。

反冲洗配水干管用钢管 DN600mm，流速 $v=1.44$m/s，$1000i=4.21$。反冲洗水由反冲洗配水干管输至气水分配渠，由气水分配渠底侧的布水方孔配水到滤池底部布水区，反冲洗水通过配水方孔的流速为 1～1.5m/s，取 $v_{水支}=1.0$m/s，则配水方孔总面积为：

$$A_{方孔}=Q_{反水}/v_{水支}=0.42/1.0=0.42（m^2）$$

沿渠长方向两侧各均匀布置 20 个配水方孔，共 40 个，孔中心间距 0.75m，每个孔口面积 $A_{小}=0.42/40=0.011$（m^2），每个孔口尺寸取 0.1m×0.1m。

反冲洗水过孔流速 $v=0.42/(40×0.1×0.1)=1.05$m/s，满足要求。

c. 反冲洗用气量的计算。反冲洗用气流量按气冲强度最大时的空气流量计算，这时气冲的强度为 15L/(s·m^2)，则 $Q_{反气}=q_气 f=15×105=1575$(L/s)$=1.575$m^3/s。

d. 配气系统的断面计算。根据设计标准，配气干管进口端流速为 10～20m/s，取 10m/s，则配气干管的截面积为：$A_{气干}=Q_{反气}/v_{水干}=1.575/10=0.158$（m^2）。

查手册，反冲洗配气干管用钢管 DN400mm，流速 12.55m/s。反冲洗用空气由反冲洗配气干管输送至气水分配渠，由气水分配渠两侧的布气小孔配气到滤池底部布水区，布气小孔紧贴滤板下缘，间距与布水方孔相同，共计 40 个。反冲洗用空气通过配气小孔的流速为 10m/s 左右，则配气方孔总截面积 $A_{气支}=Q_{反气}/v_{水气}=1.575/10≈0.16$（m^2），每个布气小孔面积 $A_{气孔}=A_{气支}/40=0.16/40=0.004$（m^2）。

孔口直径 $d_{气孔}=\sqrt{\dfrac{4×0.004}{3.14}}≈0.07$（m），取 7cm。

反洗空气过孔流速 $v=\dfrac{1.575}{32×\dfrac{3.14}{4}×0.07^2}=10.24$（m/s）（满足要求）。

每孔配气量 $Q_{气孔}=Q_{反气}/40=1.575/40=0.039$（m^3/s）$=140.4$m^3/h。

e. 气水分配渠的断面设计。对气水分配渠断面面积要求的最不利条件发生在气水同时反冲洗时，亦即气水同时反冲洗时要求气水分配渠断面面积最大。因此，气水分配渠的断面设计按气水同时反冲洗的情况设计。

气水同时反冲洗时反冲洗水流量 $Q_{反气水}=q_水 f=1.5×105=157.5(L/s)=0.158$m^3/s

气水同时反冲洗时反冲洗用空气流量 $Q_{反气}=q_气 f=15×105=1575$(L/s)$=1.575$m^3/s

气水分配渠的气、水流速均按相应的配气、配水干管流速取值，则气水分配渠的断面积为：

$A_{气水}=Q_{反气水}/v_{水干}+Q_{反气}/v_{气干}=0.158/1.44+1.575/12.55=0.11+0.13=0.24$（m^2）

④ 滤池管渠的布置

a. 反冲洗管渠

ⅰ. 气水分配渠。气水分配渠起端宽 0.4m，高取 1.0m，末端宽取 0.4m，高取 0.6m，则起端截面积 0.4m^2，末端截面积 0.24m^2，两侧沿程各布置 20 个配气小孔和 20 个布水方孔，孔间距 0.75m。

ⅱ. 排水集水槽。排水集水槽顶端高出滤料层顶面 0.5m，则排水集水槽起端槽高为：

$H_{起}=H_1+H_2+H_3+H_4+0.5-1.0=0.9+0.13+0.07+1.2+0.5-1.0=1.80$（m）

排水集水槽末端高为：

$H_{末}=H_1+H_2+H_3+H_4+0.5-0.6=0.9+0.13+0.07+1.2+0.5-0.6=2.20$（m）

底坡 $i=(2.20-1.80)/L=0.40/15=0.027>0.02$ （满足要求）

ⅲ. 排水集水槽排水能力校核。由矩形断面暗沟（非满流 $n=0.013$）计算公式校核集水槽排水能力。设集水槽超高 0.3m，则槽内水位高 $h_{排集}=1.80-0.3=1.50$（m），槽宽 $b_{排集}=0.4$m。

$$湿周\ \chi=b+2h=0.4+2\times1.50=3.40（m）$$

$$水流断面\ A_{排集}=b\times h=0.4\times1.50=0.6（m^2）$$

$$水力半径\ R=A_{排集}/\chi=0.6/3.40=0.17（m）$$

$$水流速度\ v=(R^{2/3}i^{1/2})/n=(0.17^{2/3}\times0.027^{1/2})/0.013=3.86（m/s）$$

$$过流能力\ Q_{排集}=A_{排集}\ v=A_{排集}\ v=0.6\times3.86=2.32（m^3/s）$$

$$实际过水量\ Q_{反}=Q_{反水}+Q_{表水}=0.42+0.189\approx0.61（m^3/s）（<过流能力\ Q_{排集}）$$

b. 进水管渠

ⅰ. 进水总渠。4 座滤池分为独立的两组，每组进水总渠过水流量按强制过滤流量设计，流速 0.8～1.2m/s，取 $v=1.0$m/s，则强制过滤流量为：

$$Q_{强}=\frac{86400}{3}\times2=57600（m^3/d）=0.667m^3/s$$

进水总渠水流断面积 $A_{进总}=Q_{强}/v=0.667/1.0=0.67（m^2）$

进水总渠宽 1.0m，水面高 0.7m。

ⅱ. 每座滤池的进水孔。每座滤池由进水侧壁开三个进水孔，进水总渠的浑水通过这三个进水孔进入滤池。两侧进水孔孔口在反冲洗时关闭，中间进水孔孔口设手动调节闸板，在反冲洗时不关闭，供给反冲洗表扫用水，调节闸门的开启度，使其在反冲洗时的进水量等于表扫水用水量。

孔口面积按孔口淹没出流公式 $Q=0.64A\sqrt{2gh}$ 计算，其总面积按滤池强制过滤水量计，孔口两侧水位差取 0.1m，则孔口总面积

$$A_{孔}=\frac{Q_{强}}{0.64\sqrt{2gh}}=\frac{0.667}{0.64\sqrt{2\times9.8\times0.1}}\approx0.74（m^2）$$

中间孔面积按表面扫洗水量设计 $A_{中孔}=A_{孔}\times(Q_{表水}/Q_{强})=0.74\times(0.189/0.667)\approx0.21（m^2）$，孔口宽 $B_{中孔}=0.35$m，高 $H_{中孔}=0.6$m。

两侧孔口设闸门，采用橡胶囊充气阀，每个侧孔面积 $A_{侧}=(A_{孔}-A_{中孔})/2=(0.74-0.21)/2=0.27（m^2）$，孔口宽 $B_{侧孔}=0.45$m，高 $H_{侧孔}=0.6$m。

ⅲ. 每座滤池内的宽顶堰。为保证进水稳定性，进水总渠引来的浑水经过宽顶堰进入每座滤池内的配水渠，再经滤池内的配水渠分配到两侧的 V 形槽。宽顶堰与进水渠平行设置，与进水总渠侧壁相距 0.5m，取宽顶堰宽 $b=5$m，则堰上水头由矩形堰的流量公式 $Q=1.84bh^{3/2}$ 得：

$$h_{宽堰}=\left(\frac{Q}{1.84b_{宽堰}}\right)^{2/3}=\left(\frac{0.667}{1.84\times5}\right)^{2/3}=0.17（m）$$

ⅳ. 每座滤池的配水渠。进入每座滤池的浑水经过宽顶堰溢流进配水渠，由配水渠两侧的进水孔进入滤池内的 V 形槽。滤池配水渠宽 $b_{配}=0.5$m，渠高 0.9m，渠总长等与滤池总宽，则渠长 $L=7.8$m。

当渠内水深 0.6m 时，末端流速（进来的浑水由分配渠中段向渠两侧进水孔流去，每侧流量为 $Q_{强}/2$），$v_{配渠}=Q_{强}/(2b_{配}\ h_{配渠})=0.667/(2\times0.5\times0.6)\approx1.11（m/s）$，满足滤池

进水管渠流速 0.8～1.2m/s。

Ⅴ．配水渠过水能力校核。

$$配水渠的水力半径 R_{配渠} = \frac{b_{配渠} \, h_{配渠}}{(2h_{配渠} + b_{配渠})} = \frac{0.5 \times 0.6}{(2 \times 0.6 + 0.5)} = 0.17 \ (m)$$

$$i_{渠} = (nv_{渠}/R_{深}^{2/3})^2 = (0.013 \times 1.11/0.17^{2/3})^2 = 0.0022$$

$$渠内水面降落量 \ \Delta h_{渠} = i_{渠} L_{配渠}/2 = 0.0022 \times 7.8/2 = 0.009 \ (m)$$

因为配水渠最高水位 $h_{配渠} + \Delta h_{渠} = 0.6 + 0.0009 = 0.601$（m）<渠高 0.9m，所以配水渠的过水能力满足要求。

⑤ V 形槽的设计。V 形槽槽底设表扫水出水孔，直径取 $d_{V孔} = 0.025m$，孔中心间隔 0.15m，每槽共计 100 个，则单侧 V 形槽表扫水出水孔出水总面积 $A_{表孔} = (3.14 \times 0.0252/4) \times 100 = 0.049$（m²）。

表面扫洗水出水孔低于排水集水槽堰顶 0.15m，即 V 形槽槽底的高度低于集水槽堰顶 0.15m。根据公式 $Q = 0.64A\sqrt{2gh}$（Q 为单格滤池的表面扫洗水量），则表面扫洗时 V 形槽内水位高出滤池反冲洗时液面高度为：

$$h_{v滤} = \frac{\left(\dfrac{Q_{表水}}{2 \times 0.64 A_{表孔}}\right)^2}{2g} = \frac{\left(\dfrac{0.189}{2 \times 0.64 \times 0.049}\right)^2}{2 \times 9.8} = 0.46 \ (m)$$

反冲洗时排水集水槽的堰上水头由矩形堰的流量公式 $Q = 1.84bh^{3/2}$ 求得（b 为集水槽长，$b = L_{排槽} = 15m$，Q 为单格滤池反冲洗流量，$Q_{反单} = Q_{反}/2 = 0.609/2 = 0.305 m^3/s$），故

$$h_{排水} = \left(\frac{Q_{反单}}{1.84b}\right)^{2/3} = \left(\frac{0.305}{1.84 \times 15}\right)^{2/3} = 0.05 \ (m)$$

V 形槽倾角 45°，垂直高度取 1.0m，壁厚 0.05m。

反冲洗时 V 形槽顶高出滤池内液面的高度 $= 1 - 0.15 - h_{排槽} = 1 - 0.15 - 0.05 = 0.8$（m）。

反冲洗时 V 形槽顶高出槽内液面的高度 $= 1 - 0.15 - h_{排槽} - h_{v滤} = 0.8 - 0.46 = 0.34$（m）。

⑥ 冲洗水的供给。本设计的反冲洗水选用水泵供水。

a. 水泵出水量 $Q = q_{水} \, f = 4 \times 105 = 420(L/s) = 1512 m^3/h$。

b. 水泵扬程的确定如下。排水槽溢流水面至吸水池水面的高差 $H_0 = 5m$。

冲洗水泵到滤池配水系统的管路水头损失 Δh_1。

反冲洗配水干管用钢管 DN600，流速 $v = 1.44 m/s$，$1000i = 4.21$，布置管长 100m，则反冲洗总管的沿程水头损失 $\Delta h_f = il = 0.00421 \times 100 = 0.421$（m），管路主要配件及局部阻力系数见表 7-8。

表 7-8 局部阻力系数

配件名称	数量/个	局部阻力系数 ξ
90°弯头	6	$6 \times 0.68 = 4.08$
DN600mm 闸阀	3	$3 \times 0.06 = 0.18$
等径三通	2	$2 \times 1.5 = 3.0$
$\Sigma\xi$		7.26

则：$\Delta h_j = \dfrac{\xi v^2}{(2g)} = \dfrac{7.26 \times 1.44^2}{(2 \times 9.8)} = 0.768$（m）。

冲洗水泵到滤池配水系统的管路水头损失 $\Delta h_1 = \Delta h_f + \Delta h_i = 0.421 + 0.768 = 1.189$（m）。

c. 滤池配水系统的水头损失 Δh_2 计算

ⅰ. 气水分配干渠的水头损失 $\Delta h_{反水}$ 计算。气水分配干渠的水头损失按最不利条件，即气水同时反冲洗时计算。此时渠上部是空气，渠下部是反冲洗水，按矩形暗管（非满流，$n=0.013$）近似计算。

由前述计算可知，$Q_{反气水}=0.158 \mathrm{m}^3/\mathrm{s}$，则气水分配渠内水面高为：

$$h_{反水}=\frac{Q_{反气水}}{(v_{水干}\, b_{气水})}=\frac{0.158}{(1.49\times0.4)}=0.27(\mathrm{m})$$

$$水力半径\ R_{渠}=\frac{b_{气水}\, h_{反水}}{(2h_{反水}+b_{气水})}=\frac{0.4\times0.27}{(2\times0.27+0.4)}=0.11(\mathrm{m})$$

$$水力坡度\ i_{反渠}=\left(\frac{n v_{渠}}{R_{渠}^{2/3}}\right)^2=\left[\frac{0.013\times1.49}{(0.11)^{2/3}}\right]^2=0.007$$

$$渠内水头损失\ \Delta h_{反水}=i_{反渠}\, L_{反渠}=0.007\times15\approx0.105(\mathrm{m})$$

ⅱ. 气水分配干渠底部配水方孔水头损失 $\Delta h_{方孔}$ 计算。气水分配干渠底部配水方孔水头损失按孔口淹没出流公式计算：

$$Q=0.64A\sqrt{2gh}$$

式中，Q 为 $Q_{反气水}$；A 为配水方孔总面积。

由反冲洗配水系统的断面计算部分可知：

配水方孔的实际总面积为 $A_{方孔}=0.42 \mathrm{m}^2$，则：

$$\Delta h_{方孔}=\frac{\left(\dfrac{Q_{反气水}}{0.64A_{方孔}}\right)^2}{2g}=\frac{\left(\dfrac{0.158}{0.64\times0.42}\right)^2}{2\times9.8}=0.018\,(\mathrm{m})$$

ⅲ. 查手册，反冲洗水经过滤头的水头损失 $\Delta h_{i滤头}\leq0.22\mathrm{m}$。

ⅳ. 气水同时通过滤头时增加的水头损失 $\Delta h_{增}$ 计算。气水同时反冲洗时，气水比为 $n=15/1.5=10$，长柄滤头配气系统的滤帽缝隙总面积与滤池过滤面之比约为 1.25%，则长柄滤头中的水流速度为：

$$v_{柄}=\frac{Q_{反气水}}{1.25\%f}=\frac{0.158}{0.0125\times105}=0.12\,(\mathrm{m/s})$$

通过滤头时增加的水头损失 $\Delta h_{增}=9810n(0.01-0.01v_{柄}+0.12v_{柄}^2)$

$$=9810\times10\times(0.01-0.01\times0.12+0.12\times0.12^2)$$

$$=1033(\mathrm{Pa})=0.105\mathrm{mH_2O}$$

则滤池配水系统的水头损失

$$\Delta h_2=\Delta h_{反水}+\Delta h_{方孔}+\Delta h_{滤}+\Delta h_{增}=0.105+0.018+0.22+0.105=0.448\,(\mathrm{m})$$

ⅴ. 承托层和砂滤层水头损失 Δh_3 计算，气水同时反冲洗时，水冲洗强度 $q_{水1}=1.5\mathrm{L}/(\mathrm{m}^2\cdot\mathrm{s})$，承托层厚度 $H_3=0.07\mathrm{m}$；滤料为石英砂，密度为 $\gamma_1=2.65\mathrm{t/m}^3$，水的密度为 $\gamma=1\mathrm{t/m}^3$，石英砂滤料膨胀前的孔隙率 $m_0=0.5$，滤料层膨胀前的厚度 $H_4=1.2\mathrm{m}$，则承托层和滤料层水头损失为：

$$\Delta h_3=0.022H_3q_水+\left(\frac{\gamma_1}{\gamma}-1\right)(1-m_0)H_4$$

$$=0.022\times0.07\times1.5+\left(\frac{2.65}{1}-1\right)(1-0.5)\times1.2=0.992\,(\mathrm{m})$$

ⅵ. 富余水头 Δh_4 取 $2.0\mathrm{m}$，则冲洗水泵扬程为：

$$H_{水泵}=H_0+\Delta h_1+\Delta h_2+\Delta h_3+\Delta h_4=5+1.189+0.448+0.992+2.0=9.629\,(\mathrm{m})$$

每个系列初选三台 350S16A 单级双吸离心泵，2 用 1 备，扬程 11.5m 时，每台泵的流量为 967m^3/h，泵轴功率 48.8kW，转速 1450r/min，电动机型号 Y250M-4，功率 55kW，效率 $\eta=78\%$，汽蚀余量 NPSH$_r$=5.3m。

⑦ 反冲洗空气的供给

a. 长柄滤头的气压损失 $\Delta p_{滤头}$。气水同时反冲洗时反冲洗用空气流量 $Q_{反气}=1.575$m^3/s$=5670$m^3/h$=94.5$m^3/min。长柄滤头采用网状布置，约 55 个/m^2，则每座滤池共计安装长柄滤头 $n=55\times105=5775$（个）。

每个滤头的通气量$=1.575\times1000/5775=0.273$（L/s），根据厂家提供数据，在该气体流量下的压力损失量最大为 $\Delta P_{滤头}=3000$Pa$=3$kPa。

b. 气水分配渠配气小孔的气压损失 $\Delta p_{气孔}$ 计算。反冲洗时空气通过配气小孔的流速 $v_{气孔}=Q_{气孔}/A_{气孔}=10.24$m/s，压力损失按孔口出流公式计算如下：

$$Q=3600\mu A\sqrt{2g\frac{\Delta p}{\gamma}}$$

式中，μ 为孔口流量系数，$\mu=0.6$；A 为孔口面积，m^2；Δp 为压力损失，mmH$_2$O；g 为重力加速度，$g=9.8$m^2/s；Q 为气体流量，m^3/h；γ 为水的相对密度，$\gamma=1$。

则气水分配渠配气小孔的压力损失

$\Delta p_{气孔}=Q_{气孔}{}^2\gamma/(2\times3600^2\mu^2A^2_{气水}\ g)=140.42/(2\times3600^2\times0.6^2\times0.004^2\times9.8)$
≈13.47（mmH$_2$O）$=132.09$Pa$=0.132$kPa

配气管道的总压力损失 $\Delta p_{总}$ 计算如下。

ⅰ. 配气管道的沿程压力损失 Δp_1。反冲洗空气流量 1.575m^3/s，反冲洗配气干管用钢管 DN400mm，流速 12.55m/s。反冲洗空气管总长 60m，气水分配渠内的压力损失忽略不计。空气温度按 20℃考虑，查表空气管道的摩阻为 3.984Pa/m，则配气管道沿程压力损失 $\Delta p_1=3.984\times60=239.04$（Pa）$=0.24$kPa。

ⅱ. 配气管道的局部压力损失 Δp_2。管道主要配件及局部阻力系数 ξ 见表 7-9。

表 7-9 配气管道局部阻力系数

配件名称	数量/个	局部阻力系数
90°弯头	5	$5\times0.7=3.5$
DN400mm 闸阀	3	$0.25\times3=0.75$
三通	2	$2\times1.33=2.66$
$\Sigma\xi$		6.91

当量长度的换算公式为：

$$l_0=55.5KD^{1.2}$$

式中，l_0 为管道当量长度，m；D 为管径，m；K 为长度换算系数。

空气管配件换算长度 $l_0=55.5KD^{1.2}=55.5\times6.91\times0.4^{1.2}=127.72$（m）

局部压力损失 $\Delta p_2=127.72\times3.984/1000=0.51$（kPa）

配气管道的总压力损失 $\Delta p_{管}=\Delta p_1+\Delta p_2=0.24+0.51=0.75$（kPa）

c. 气水冲洗室中的冲洗水水压 $P_{水压}$ 的计算。

$$P_{水压}=(H_{水泵}-\Delta h_1-\Delta h_{反水}-\Delta h_{小孔})\times g$$
$$=(9.629-1.189-0.105-0.018)\times9.8=81.51（kPa）$$

本系统采用气水同时反冲洗，对气压要求最不利情况发生在气水同时反冲洗时，此时要

求鼓风机调节阀出口的静压为

$$P_{出口}=P_{管}+P_{气}+P_{水压}+P_{富}$$

式中，$P_{管}$ 为输出管道的压力总损失，kPa；$P_{气}$ 为配气系统的压力损失，kPa，本设计 $P_{气}=\Delta P_{滤头}+\Delta P_{气孔}$；$P_{水压}$ 为气水冲洗室中的冲洗水水压，kPa；$P_{富}$ 为富余压力，4.9kPa。

所以，鼓风机调节阀出口的静压力为：

$$P_{出口}=P_{管}+P_{气}+P_{水压}+P_{富}=0.75+3.132+81.51+4.9=90.292（kPa）$$

d. 设备选型。根据气水同时反冲洗时反冲洗系统对空气的压力、风量要求，选三台罗茨式鼓风机，型号为 RMF-250（口径为 250A），2 用 1 备，风量 55.3m³/min，风压 98.0kPa，电机功率 160kW。正常工作风量：110.6m³/min＞$1.1Q_{反气}=1.1×94.5=103.95（m³/min）$。

（7）加氯间

设计选用液氯消毒。

① 主要设计参数

a. 一般水源滤前加氯为 1.0～2.0mg/L，滤后或地下水加氯为 0.5～1.0mg/L，选用滤后加氯，加氯量为 1.0mg/L。

b. 水与氯应充分混合，其有效接触时间不应小于 30min。

c. 液氯仓库的固定储备量按当地供应、运输等条件确定，城镇水厂一般可按最大用量的 7～15d 计算，选用 14d。

② 加氯量计算。设计水量为：

$$Q=160000×1.08=172800（m³/d）=7200m³/h$$

每小时加氯量为：

$$w=0.001aQ=0.001×1.0×7200=7.2（kg/h）$$

式中，a 为最大投氯量，mg/L；Q 为需消毒的水量，m³/h。

选用 ZJ-Ⅱ型加氯机 4 台，2 用 2 备，每台加氯机加氯量为 0.5～9kg/h，外形尺寸为 330mm×370mm。加氯机安装在墙上，安装高度为地面上 1.5m，两台加氯机间净距 0.8m。

③ 储氯量计算。公式如下：

$$G=14×24×w=14×24×7.2=2419.2（kg）$$

选用容量为 500kg 的氯瓶，氯瓶规格为直径 600mm，长度 1800mm，瓶自重 400kg，氯瓶总量 900kg。每天需用 7.2×24/500=0.35 瓶，共需 5 只氯瓶来储备液氯，另外选用 5 只氯瓶作为备用。

④ 加氯间和氯库设计。加氯间与氯库合建，由值班室、加氯机间、氯瓶间、漏氯吸收间组成。值班室设有工具箱、抢修用品箱及防毒面具；氯瓶间和加氯机间内设排风扇，安装漏氯报警仪，当室内空气中氯含量超标时能自动报警；氯气吸收间安装氯气吸收塔 1 台，可自动启动，及时处理，保证运行安全；另外，氯瓶间设液压磅秤和电动葫芦等设备。加氯间平面尺寸 10.0m×3.0m，氯库平面尺寸 10.0m×8.1m。

（8）清水池

① 平面尺寸计算

a. 清水池的有效容积计算。清水池有效容积包括调节容积、消防储水量和水厂自用水量，在缺乏制水曲线资料时，清水池有效容积可按最高日用水量的 10%～20% 考虑，取 15%；最高日用水量为 16×10⁴m³/d，则清水池有效容积 $W=24000m³$。

设 4 座清水池，则每座清水池的有效容积 $W_1=W/4=24000/4=6000（m³）$。

b. 清水池的平面尺寸设计。清水池有效水深一般为 2.5～4.0m，取水深 4.0m，则每座

清水池的面积 $A=W_1/h=6000/4.0=1500$（m^2），取平面尺寸为 50m × 30m。

清水池超高取 0.3m，则清水池高度 $H=4.3m$。

② 管道系统

a. 清水池进水管设计计算。进水管中流量按最高日平均时流量来确定，清水池进水管

管径 $D_1=\sqrt{\dfrac{4Q'}{\pi v}}$，其中 $Q'=Q/2=0.5m^3/s$，v 为进水管管内流速，一般采用 0.7～1.0m/s，

取 1.0m/s，则 $D_1=\sqrt{\dfrac{4\times0.5}{3.14\times1.0}}=0.798$（m），选用 $DN800mm$，进水管内实际流速

0.995m/s。

b. 清水池出水管设计计算。由于用户用水量时刻都在变化，时变化系数采用 1.51，清水池出水管按最大流量计算，即高日高时流量，$Q'=1.51Q/2=1.4\times0.5=0.755$（$m^3/s$），

出水管管径为：$D_2=\sqrt{\dfrac{4Q'}{\pi v}}=\sqrt{\dfrac{4\times0.755}{3.14\times1.0}}=0.981$（m），选用 $DN1000mm$，出水管内实际流速 0.892m/s。

c. 清水池溢流管设计计算。溢流管直径与进水管直径相同，选用 $DN800mm$，在溢流管管段设喇叭口，管上不设阀门，出口设置网罩，防止虫类进入池内。

d. 清水池排水管设计计算。排水管管径按 2h 内将池水放空计算，管内流速按 1.2m/s

计，则排水管管径为：$D_3=\sqrt{\dfrac{V}{t\times3600\times\dfrac{\pi}{4}v}}=\sqrt{\dfrac{6000}{2\times3600\times\dfrac{3.14}{4}\times1.2}}=0.885$（m），选

用 $DN900mm$。

③ 清水池布置

a. 导流墙。为避免池内出现死水死角和满足加氯后的接触需要，池内每隔 5.0m 设一条导流墙，共 5 条；为清水池排水方便，水池导流墙的底部隔一定距离设流水方孔，间距 1.0m，流水方孔尺寸 0.1m×0.1m。

b. 检修孔。清水池容积为 $6000m^3$，大于 $10^3 m^3$，设两个人孔，直径 1200mm。

c. 通气管。为使清水池内空气流通，在清水池顶部设通气孔，每格设 5 个，共设 30 个，通气管管径 $DN200mm$，通气管伸出地面高度高低错落，便于空气流通。

d. 覆土厚度。清水池顶部应有一定的覆土厚度，并加以绿化，取覆土厚度 1.0m。

（9）送水泵站

① 二泵站设计计算

a. 初选泵。清水池池底标高 13.00m，清水池到吸水井间连接管道的水头损失 0.1m，则吸水井最低水位标高 12.90m；又根据最高时管网平差结果，输水管起端节点水压 62.55m，泵站内管路中水头损失粗估为 2m，安全工作水头取 2m，则粗估水泵扬程为：$H=62.55+2+2-12.90=53.65$（m）。

结合管网平差结果，选用 600S75B 型单级双吸离心泵 5 台，4 用 1 备（流量 $Q=2710m^3/h$，扬程 $H=55m$，转速 $n=970r/min$，轴功率 $N=477.5kW$），电机功率为 560kW，效率 85%，汽蚀余量 6m。最大时和消防时开启 4 台泵，事故时开启 3 台泵。

b. 吸水管路和压水管路计算。每台水泵均有单独的吸水管路，则共 5 条吸水管路，每条吸水管设计水量 $Q=700L/s$，采用 $DN800mm$ 钢管，$v=1.39m/s$，$1000i=2.78$；每台水泵均有单独的压水管路，压水管管径 $DN600mm$ 钢管，$v=2.48m/s$，$1000i=12.7$；在

压水管将出泵房处以连接管连接，再由两根出水管输水至管网，连接管取 $DN900mm$，$v=2.20m/s$，$1000i=5.95$；出水管取 $DN1300mm$，$v=1.055m/s$，$1000i=0.864$。

c. 吸水管路和压水管路中水头损失的计算。吸水管路水头损失为：

$$\sum h_{\mathrm{I}} = \sum h_{f\mathrm{I}} + \sum h_{i\mathrm{I}} = l_{\mathrm{I}} i_{\mathrm{I}} + (\xi_1 + \xi_2 + \xi_3 + \xi_4)\frac{v_{\text{吸}}^2}{2g}$$

式中，i 为水力坡度，‰；l 为吸水管管长；ξ_1 为吸水管喇叭口局部阻力系数，$\xi_1 = 0.5$；ξ_2 为 $DN800mm$ 钢制 $90°$ 弯头，$\xi_2 = 1.05$；ξ_3 为 $DN800mm$ 闸阀，$\xi_3 = 0.06$；ξ_4 为 $DN800mm \times 600mm$ 偏心渐缩管局部阻力系数，$\xi_4 = 0.20$。

$$\sum h_{\mathrm{I}} = \sum h_{f\mathrm{I}} + \sum h_{i\mathrm{I}} = \frac{2.78}{1000} \times 7 + (0.5 + 1.05 + 0.06 + 0.20)\frac{1.39^2}{2 \times 9.8} = 0.20 \text{ (m)}$$

压水管路水头损失为：

$$\sum h_{\mathrm{II}} = \sum h_{f\mathrm{II}} + \sum h_{i\mathrm{II}} = l_1 i_1 + l_2 i_2 + l_3 i_3 + \xi_1 \frac{v_1^2}{2g} + (\xi_2 + \xi_3 + \xi_4)\frac{v_{\text{压}}^2}{2g} + (\xi_5 + \xi_6 + \xi_7)\frac{v_5^2}{2g} + \xi_8 \frac{v_7^2}{2g}$$

$$= 3 \times \frac{12.7}{1000} + 3.8 \times \frac{5.95}{1000} + 1 \times \frac{0.864}{1000} + 0.26 \times \frac{5.58^2}{2 \times 9.8}$$

$$+ 2.05 \times \frac{2.48^2}{2 \times 9.8} + 3.05 \times \frac{2.20^2}{2 \times 9.8} + 0.05 \times \frac{1.055^2}{2 \times 9.8}$$

$$= 1.87 \text{ (m)}$$

式中，ξ_1 为 $DN600mm \times 400mm$ 同心渐扩管局部阻力系数，$\xi_1 = 0.26$；ξ_2 为 $DN600mm$ 止回阀局部阻力系数，$\xi_2 = 1.7$；ξ_3 为 $DN600mm$ 闸阀局部阻力系数，$\xi_3 = 0.06$；ξ_4 为 $DN900mm \times 600mm$ 同心渐扩管局部阻力系数，$\xi_4 = 0.29$；ξ_5 为 $DN900mm$ 同径三通局部阻力系数，$\xi_5 = 1.5$；ξ_6 为 $DN900mm$ 同径三通局部阻力系数，$\xi_6 = 1.5$；ξ_7 为 $DN1300mm \times 900mm$ 同心渐扩管局部阻力系数，$\xi_7 = 0.05$；ξ_8 为 $DN1300mm$ 闸阀局部阻力系数，$\xi_8 = 0.05$。

d. 管路布置及标高计算。根据当地条件，选用半地下式泵房，吸压水管路考虑最小埋深要求与室外管道连接，可初定进水管与出水管的管顶高程为 16.00m；吸水井中最高水位标高 17.00m，此时水泵为自灌式引水，吸水管上需要设置闸阀，最低水位标高 12.90m，此时水泵为抽吸式引水，需要引水设备。

水泵吸上高度 H_s 为 4.1m，安装地点海拔高度 17m，大气压 h_a 为 10.31m；水温 25℃，实际水温下饱和蒸气压 h_{va} 为 0.34m；修正后允许吸上真空度 $H_s' = 3.98m$。水泵最大安装高度 $H_{ss} = H_s' - \frac{v_1^2}{2g} - \sum h_s = 3.98 - \frac{1.39^2}{2 \times 9.8} - 0.2 = 3.68$ （m）。

泵轴标高＝吸水井最低水位＋H_{ss}＝12.90＋3.68＝16.58 （m）。

基础顶面标高＝泵轴标高－泵轴至基础顶面高度＝16.58－0.95＝15.63 （m）。

泵房标高＝基础顶面标高－0.20＝15.63－0.20＝15.43 （m）。

e. 基础尺寸计算。选择 600S75B 型泵（不带底座），选其基础为混凝土块式基础。

基础长 L＝地脚螺孔间距＋（0.4～0.5）m＝3.7m；基础宽 B＝1.1m；基础高 H＝1.65m。

f. 二泵站平面尺寸。取每台泵间距为 1.5m，与墙距 2.7m，则平面尺寸为 28m×14m。

② 吸水井设计计算。吸水井最低水位＝泵站所在地面标高－清水池有效水深－清水池至吸水井管路水头损失＝12.90 （m）。

吸水井最高水位＝清水池水位＝17.00m。

水泵吸水管进口喇叭口大头直径 $D \geqslant (1.3 \sim 1.5) d = (1.3 \sim 1.5) \times 800$，取 1100mm。

水泵吸水管进口喇叭口长度 $L \geqslant (3.0 \sim 7.0)(D-d) = (3.0 \sim 7.0)(1100-800)$，取 1500mm。

喇叭口距吸水井井壁距离 $L \geqslant (0.75 \sim 1.0) D = (0.75 \sim 1.0) \times 1100$，取 1100mm。

喇叭口之间距离 $L \geqslant (1.5 \sim 2.0) D = (1.5 \sim 2.0) \times 1100$，取 1800mm。

喇叭口距吸水井井底距离 $L \geqslant 0.8 D = 0.8 \times 1100 = 880$，取 900mm。

喇叭口淹没水深 $h \geqslant (0.5 \sim 1.0)$m，取 0.7m。

③ 附属设备的选择

a. 起重设备。选用 SDQ-5 型单梁起重机一台，起重效果为 5t。

b. 真空泵。采用真空泵引水，真空泵的排气量 Q_V（m^3/min）为：

$$Q_V = K \frac{(W_P + W_S) H_a}{T(H_a - H_{ss})}$$

式中，W_P 为泵站内最大一台水泵泵壳内空气容积，m^3，取 $0.707m^3$；W_S 为从吸水井最低水位算起的吸水管中空气容积，m^3，取 $3.521m^3$；H_a 为大气压的水柱高度，m，取 10.33m；H_{ss} 为离心泵的安装高度，m，1.35m；T 为水泵引水时间，min，取 3min；K 为漏气系数，采用 1.10。

$$Q_V = K \frac{(W_P + W_S) H_a}{T(H_a - H_{ss})} = 1.10 \times \frac{(0.707 + 3.521) \times 10.33}{3 \times (10.33 - 1.35)} = 1.78 \ (m^3/min)$$

最大真空值 $H_{V \max} = 25.88$kPa。

选用 SZ-2J 型真空泵两台（一用一备），配套电动机型号为 Y132M-4，功率为 7.5kW，转速 1450r/min。

c. 排水设备。采用水泵排水，沿泵房内壁设排水沟；将水汇集到集水坑内，然后用泵抽回到吸水间去。故选用 2BA-9B 型水泵两台，一台工作，一台备用，配用电动机型号为 JO_2-21-2。其他辅助设备略。

（10）排泥水处理

① 主要设计参数

a. 水厂设计水量 $172800m^3/d$，自用水系数取 8%。

b. 滤池冲洗废水全部排放至排水调节池。

② 构筑物设计计算。排水池只接纳和调节滤池反冲洗废水，其调节容积按滤池均匀模式运行计算，调节容积按大于滤池最大一次反冲洗水量确定。滤池反冲洗排水量为气-水同时冲洗排水量、单独水冲排水量和表面扫洗排水量之和，故一座滤池每个周期反冲洗排水量为：

$$W = (q_{水1} t_{气水反冲} + q_{水2} t_水 + qt) F$$
$$= (1.5 \times 5 + 4 \times 5 + 1.8 \times 12) \times 10^{-3} \times 60 \times 105 = 309.33 \ (m^3)$$

反冲洗排水池分为两组，每组长宽为 $10.00m \times 8.00m$，有效水深 4.0m，每组反冲洗排水池可容纳一次滤池反冲洗排水，池内安装电动潜水搅拌器一台。正常情况下两组反冲洗排水池同时使用，检修维护时通过阀门分隔。

排水池池底标高 15.40m，配水井水位标高 21.43m，水泵所需静扬程 6.03m。

每组排水池设有反冲洗排水泵两台（一用一备），反冲洗排水泵性能 $Q = 55.6 \sim 222.2L/s$，扬程 $H = 3.7 \sim 11.5$m，功率 $N = 45$kW。

（11）水厂附属建筑物

水厂的附属建筑一般包括生产管理及行政用房、化验室、维修车间（机修、电修、仪表修理、泥木工场)、车库、传达室、露天堆场等,根据设计标准确定水厂附属建筑物面积见表 7-10。

表 7-10 附属建筑物面积

序号	建筑物名称	面积/m²	序号	建筑物名称	面积/m²
1	综合楼	300	8	仓库	170
2	化验室	150	9	食堂	160
3	机修间	160	10	浴室	60
4	水表间	50	11	锅炉房	60
5	电修间	40	12	传达室	25
6	泥木工间	40	13	管配件堆场	90
7	车库	180	14	砂石滤料堆场	80

(12) 水厂平面和高程布置

① 平面布置。水厂工程包括综合楼、絮凝沉淀池、滤站、二泵房、加药加氯间、清水池和车库、仓库、机修间及锅炉房等附属建筑物。本着功能分区、合理布局的原则,根据厂址的地形、地貌和道路等自然条件,考虑进出水流向,气候风向等因素,在设计上力求对用地进行合理的分配和使用,水厂主建筑群坐北朝南,主入口设在场地的南侧。

构筑物定位后,需要对厂区管道进行布置,厂区管线一般包括给水管线(原水管线、沉淀水管线、清水管线、超越管线)、排水管线、加药管线、自用水管线和电缆沟。

a. 厂区内排水按照雨、污分流系统设计,在厂区道路下铺设雨、污水管线,尽量避开工艺管线。厂区内污水汇合后排入厂外市政污水管道。全厂雨水通过厂内雨水系统排入厂外市政雨水管道。清水池溢流管接入厂内雨水管道。

b. 为满足各构筑物间水平运输和消防通道要求,各建(构)筑物四周均设有车行道和人行道,路面宽 6m,人行道宽 2.0m,厂区道路纵横设置道路路网,连接成环,道路按双坡型设计,横坡 2%,纵坡为平坡,沥青混凝土路面,道路设侧石和排放雨水设施,人行道铺水泥花格砖。

c. 绿化是美化和净化水厂环境的重要组成部分,应在总平面设计中统一考虑。水厂绿化主要是沿厂区围墙和厂区道路两侧种植行道树,树距 4~5m,树间配以冬青,大面积绿地以草坪为主,间配一些塔松,使其四季常青,建筑物之间的空地及周围适当布置乔灌木或草坪,并适当突出厂区主出入口,在厂前区适当设置花坛及建筑小品等,构成绿化的点面结合,增加厂区环境的优雅活泼性。

为了使水厂整体效果比较好,要求建筑物和构筑物的外形设计尽量协调,颜色的选用也应考虑用同一色系。

② 高程布置。净水厂所在地现状地面北低南高,地面高程 17.00m 左右,确定清水池水面标高 17.00m。

a. 水头损失计算。水头损失包括构筑物中的水头损失和构筑物与构筑物之间连接管道的水头损失,而构筑物间连接管道的水头损失包括沿程水头损失和局部水头损失,有关数据可参考表 7-11、表 7-12 计算。

表 7-11 净水构筑物水头损失

构筑物名称	水头损失/m	构筑物名称	水头损失/m
进水井格栅	0.15~0.30	沉淀池	0.15~0.30
水力絮凝池	0.40~0.50	均质滤料滤池	2.0~2.50

表 7-12　连接管中设计流速

连接管段	设计流速/(m/s)	备注
一泵房至混合池	1.0～1.2	
混合池至絮凝池	1.0～1.5	
絮凝池至沉淀池	0.1～0.15	防止絮粒破坏
沉淀池至滤池	1.0～1.5	流速宜取下限以留有余地
滤池至清水池	0.8～1.2	流速宜取下限以留有余地
滤池冲洗水的压力管道	2.0～2.5	因间歇运用,流速可大些
排水管道(排除冲洗水)	1.0～1.2	

ⅰ. 清水池。清水池的最高水位标高为 17.00m。

ⅱ. 吸水井。清水池到吸水井的管线长度为 15m, 最大时流量为 755L/s, 管径为 $DN1000$mm, 水力坡度为 $i=0.888‰$, $v=0.89$m/s, 沿线设两个闸阀, 进口和出口局部阻力系数分别为 0.05 和 1.0, 则管线中水头损失为:

$$h=il+\sum\xi\frac{v^2}{2g}=\frac{0.888}{1000}\times15+(0.05+0.05+1.0+1.0)\frac{0.89^2}{2\times9.8}\approx0.10\text{ (m)}$$

式中, h 为吸水井到清水池管线的水头损失, m; i 为水力坡度, ‰; l 为管线长度, m; $\sum\xi$ 为管线上局部阻力系数之和; v 为流速, m/s; g 为重力加速度, m/s^2。

因此, 吸水井水面标高为 16.90m, 加上超高 0.3m, 吸水井顶面标高为 17.20m。

ⅲ. 滤池。滤池到清水池之间管线长 18m, 管中流量 500L/s, 管径选为 $DN800$mm, 查水力计算表的 $v=0.99$m/s, $i=1.46‰$, 沿线有两个闸阀, 进口和出口局部阻力系数分别为 0.06、1.0, 则水头损失为:

$$h=il+\sum\xi\frac{v^2}{2g}=\frac{1.46}{1000}\times18+(0.06+0.06+1.0+1.0)\frac{0.99^2}{2\times9.8}=0.13\text{ (m)}$$

均质滤料滤池的水头损失为 2.0～2.5m, 设计中取 2.4m。

ⅳ. 沉淀池。沉淀池到滤池管线长为 18m, $DN700$mm, $v=1.30$m/s, $i=2.87‰$, 局部阻力有两个闸阀, 进口和出口阻力系数分别为 0.06、1.0, 则水头损失为:

$$h=il+\sum\xi\frac{v^2}{2g}=\frac{2.87}{1000}\times18+(0.06+0.06+1.0+1.0)\frac{1.30^2}{2\times9.8}=0.23\text{ (m)}$$

沉淀池内部水头损失取 0.3m。

ⅴ. 絮凝池。絮凝池与沉淀池之间通过配水花墙连接, 水头损失取 0.05m; 折板絮凝池内部水头损失取为 0.4m。

ⅵ. 机械混合池。机械混合池到折板絮凝池间管线长为 10m, $DN700$mm, $v=1.30$m/s, $i=2.87‰$, 局部阻力有两个闸阀, 进口和出口阻力系数分别为 0.06 和 1.0, 则水头损失为:

$$h=il+\sum\xi\frac{v^2}{2g}=\frac{2.87}{1000}\times10+(0.06+0.06+1.0+1.0)\frac{1.30^2}{2\times9.8}=0.21\text{ (m)}$$

混合池内部水头损失取 0.3m。

ⅶ. 配水井。混合池到配水井的管长为 10m, $DN700$mm, $v=1.30$m/s, $i=2.87‰$, 局部阻力有两个闸阀, 进口和出口阻力系数分别为 0.06 和 1.0, 水头损失为:

$$h=\frac{2.87}{1000}\times10+(0.06+0.06+1.0+1.0)\times\frac{1.30^2}{2\times9.8}=0.21\text{ (m)}$$

配水井内部水头损失取为 0.2m。

b. 给水处理构筑物高程计算

ⅰ. 清水池最高水位＝清水池所在地面标高＝17.00m。

池面超高 0.3m，则池顶标高为 17.30m，有效水深为 4.0m，则池底标高为 13.00m。

ⅱ. 滤池水面标高＝清水池最高水位＋清水池到滤池出水连接管渠的水头损失＋滤池内部水头损失＝17.00＋0.13＋2.4＝19.53（m）。

滤池超高 0.3m，则池顶标高为 19.83m，滤池高为 4.50m，则池底标高为 15.33m。

ⅲ. 沉淀池水面标高＝滤池水面标高＋滤池进水管到沉淀池出水管的水头损失＋沉淀池出水渠的水头损失＝19.53＋0.23＋0.3＝20.06（m）。

沉淀池超高 0.3m，则池顶标高为 20.36m，沉淀池高为 5.17m，则池底标高为 15.19m。

ⅳ. 絮凝池与沉淀池连接渠水面标高＝沉淀池水面标高＋配水穿孔墙的水头损失＝20.06＋0.05＝20.11（m）。

ⅴ. 絮凝池水面标高＝沉淀池与絮凝池连接渠水面标高＋反应池的水头损失＝20.11＋0.4＝20.51（m）。

絮凝池超高 0.3m，则池顶标高为 20.81m，絮凝池有效水深 4.4m，则池底标高为 16.11m。

ⅵ. 机械混合池水面标高＝絮凝池水面标高＋机械混合池到折板絮凝池间水头损失＋机械混合池内部水头损失＝20.51＋0.21＋0.3＝21.02（m）。

混合池超高 0.3m，则池顶标高为 21.32m，混合池有效水深 3.1m，则池底标高为 17.92m。

ⅶ. 配水井水面标高＝混合池水面标高＋混合池到配水井的水头损失＋配水井内部水头损失＝21.02＋0.21＋0.2＝21.43（m）。

配水井超高 0.3m，则池顶标高为 21.73m，配水井有效水深 4.0m，则池底标高为 17.43m。

c. 排泥水处理构筑物高程计算。滤池到排水池管线管径取为 $DN400mm$，查水力计算表得 $v=0.72m/s$，$1000i=1.95$，管长 $L=40m$，局部损失有进口、两个闸阀、出口，则这段的水头损失为：

$$h=il+\Sigma\xi\frac{v^2}{2g}=\frac{1.95}{1000}\times40+(0.06+0.06+1.0+1.0)\times\frac{0.72^2}{2\times9.8}=0.134（m）$$

所以，排水池液面标高为 19.53－0.13＝19.40m，排水池池底标高 15.40m。

7.2.2.5　输配水系统设计计算

（1）比流量计算

管网比流量 q_s 为：

$$q_s=\frac{Q_h-\Sigma q}{\Sigma l}$$

式中，Q_h 为最高日最高时流量，L/s；Σl 为干管总长度，m，不包括穿越广场，公园等无建筑物地区的管线；只有单侧配水的管线，长度按一半计算；Σq 为大用户集中用水量总和，L/s。Q_h 的计算为：

$$Q_h=\frac{K_hQ}{86.4}=\frac{1.51\times160000}{86.4}=2800（L/s）$$

大用户集中用水量包括甲厂、乙厂、铁路车站。

甲厂总用水量 = 5000 + 34.5 = 5034.5(m³/d) = 58.270L/s

乙厂总用水量 = 3000 + 22 = 3022(m³/d) = 34.977L/s

车站总用水量 = 300m³/d = 3.472L/s

$$\sum q = 58.270 + 34.977 + 3.472 = 96.719 \ (\text{L/s})$$

管道总长度 $\sum l = 34120$m。

$$q_s = \frac{2800 - 96.719}{34300} = 0.0788[\text{L/(s · m)}]$$

（2）管段沿线流量计算

管段沿线流量等于比流量乘以各管段沿线配水长度，即 $q_1 = q_s l$，各管段沿线流量见表 7-13。

表 7-13 管段沿线流量

管段编号	配水长度/m	沿线流量/(L/s)	管段编号	配水长度/m	沿线流量/(L/s)
1—2	930	73.395	8—22	1060	83.528
2—3	1120	88.366	10—20	880	69.344
3—4	700	55.270	11—19	770	60.676
4—5	960	75.758	12—18	780	61.464
5—6	900	70.920	16—17	1150	90.62
6—7	880	69.344	17—18	1010	79.588
7—8	1080	85.104	18—19	1040	81.952
6—9	760	59.888	19—20	970	76.436
5—10	780	61.464	20—21	500	39.400
4—11	790	62.252	21—22	560	44.128
3—13	710	55.948	21—23	740	58.312
2—14	570	44.916	19—24	630	49.644
1—15	610	48.068	18—25	670	52.796
15—16	120	9.456	17—27	770	60.676
16—14	780	61.464	29—28	770	60.676
14—13	610	48.068	28—27	1370	107.956
13—12	480	37.824	27—26	870	68.556
12—11	1150	90.620	26—25	1300	102.44
11—10	920	72.496	25—24	1220	96.136
10—9	680	53.584	24—23	1250	98.500
9—8	460	36.248			

（3）节点设计流量计算

计算节点设计流量 Q_j（L/s）为：

$$Q_j = q_{nj} - q_{sj} + \frac{1}{2} \sum_{i \in S_j} q_{mi} \quad j = 1, 2, 3, \cdots, N$$

式中，q_{nj} 为最高时位于节点 j 的集中流量，L/s；q_{sj} 为位于节点 j 的供水设计流量，

L/s；q_{mi} 为最高时管段 i 的沿线流量，L/s。

节点设计流量见表 7-14。

表 7-14 节点设计流量

节点编号	集中流量/(L/s)	沿线流量/(L/s)	节点流量/(L/s)	节点编号	集中流量/(L/s)	沿线流量/(L/s)	节点流量/(L/s)
30			−2800	15		28.762	28.762
1		60.7315	60.7315	16		80.77	80.77
2		103.3385	103.3385	17		115.442	115.442
3		99.792	99.792	18		137.9	137.9
4		96.64	96.64	19		134.354	134.354
5		104.071	104.071	20	3.472	92.59	96.062
6		100.076	100.076	21		70.92	70.92
7		77.224	77.224	22		63.828	63.828
8		102.44	102.44	23	34.977	78.406	113.383
9		74.86	74.86	24		122.14	122.14
10		128.444	128.444	25		125.686	125.686
11		143.022	143.022	26		85.498	85.498
12		94.954	94.954	27		118.594	118.594
13		70.92	70.92	28		84.316	84.316
14		77.224	77.224	29	58.270	30.338	88.608

注：节点30处有供水流量2800L/s。

（4）最大时管网平差

节点数目为30，管段数目为44，计算公式为海曾-威廉公式。

控制点选择在节点26，其最小服务水头为28m自由水头。

平差计算见表 7-15、表 7-16。

表 7-15 最高时节点数据

编号	地面标高/m	已知水压/m	已知流量/(L/s)	节点水压/m	自由水头/m	节点流量/(L/s)
1	19.75		60.73	62.16	42.41	60.73
2	19.08		103.34	60.90	41.82	103.34
3	18.53		99.79	59.04	40.51	99.79
4	18.35		96.64	57.81	39.46	96.64
5	18.53		104.07	56.39	37.86	104.07
6	18.65		100.08	55.53	36.88	100.08
7	18.18		77.22	53.76	35.58	77.22
8	17.75		102.44	51.17	33.42	102.44
9	20.05		74.86	52.31	32.26	74.86
10	21.78		128.44	53.54	31.76	128.44
11	19.45		143.02	55.14	35.69	143.02
12	22.05		94.95	57.08	35.03	94.95

编号	地面标高/m	已知水压/m	已知流量/(L/s)	节点水压/m	自由水头/m	节点流量/(L/s)
13	20.33		70.92	58.29	37.96	70.92
14	21.13		77.22	60.74	39.61	77.22
15	22.5		28.76	61.54	39.04	28.76
16	22.35		80.77	61.38	39.03	80.77
17	25.7		115.44	59.51	33.81	115.44
18	25.23		137.9	56.50	31.27	137.90
19	23.68		134.35	53.81	30.13	134.35
20	21.5		96.06	52.33	30.83	96.06
21	19.95		70.92	50.72	30.77	70.92
22	17.5		63.85	49.44	31.94	63.85
23	18.38		113.38	48.97	30.59	113.38
24	22.08		122.14	52.57	30.49	122.14
25	25.08		125.69	54.86	29.78	125.69
26	28.2	56.2		56.20	28.00	85.50
27	28.5		118.59	57.78	29.28	118.59
28	25.83		84.32	58.96	33.13	84.32
29	23.18		88.61	60.20	37.02	88.61
30	17		—2800	62.55	45.55	—2800.00

表 7-16 最高时管段数据

编号	管径/m	长度/m	阻力系数	起点	终点	流量/(L/s)	流速/(m/s)	水力坡度/‰	水头损失/m
1	1.1	930	130	1	2	1315.82	1.38	1.36	1.26
2	1	1120	130	2	3	1141.83	1.45	1.66	1.86
3	0.9	700	130	3	4	896.62	1.41	1.77	1.24
4	0.8	960	130	4	5	594.86	1.18	1.47	1.41
5	0.7	900	130	5	6	333.47	0.87	0.96	0.87
6	0.4	880	130	6	7	113.64	0.90	2.00	1.76
7	0.25	1080	130	7	8	36.42	0.74	2.40	2.60
8	0.35	760	130	6	9	119.75	1.24	4.23	3.22
9	0.4	780	130	5	10	157.31	1.25	3.66	2.85
10	0.45	790	130	4	11	205.13	1.29	3.37	2.66
11	0.5	710	130	3	13	145.42	0.74	1.07	0.76
12	0.5	570	130	2	14	70.64	0.36	0.28	0.16
13	1.2	610	130	1	15	1423.45	1.26	1.03	0.63
14	1	120	130	15	16	1012.61	1.29	1.33	0.16
15	0.7	780	130	16	14	304.40	0.79	0.81	0.64

编号	管径/m	长度/m	阻力系数	起点	终点	流量/(L/s)	流速/(m/s)	水力坡度/‰	水头损失/m
16	0.5	610	130	14	13	297.82	1.52	4.03	2.46
17	0.6	480	130	13	12	372.32	1.32	2.50	1.20
18	0.5	1150	130	12	11	186.34	0.95	1.69	1.94
19	0.4	920	130	11	10	105.34	0.84	1.74	1.60
20	0.35	810	130	10	9	68.82	0.72	1.52	1.23
21	0.4	570	130	9	8	113.72	0.90	2.01	1.14
22	0.3	1060	130	8	22	47.70	0.67	1.63	1.73
23	0.35	880	130	10	20	65.39	0.68	1.38	1.21
24	0.45	770	130	11	19	143.11	0.90	1.73	1.33
25	0.45	780	130	12	18	91.03	0.57	0.75	0.58
26	0.8	1150	130	16	17	627.44	1.25	1.62	1.87
27	0.6	1010	130	17	18	409.04	1.45	2.98	3.01
28	0.5	1040	130	18	19	234.60	1.19	2.59	2.69
29	0.45	970	130	19	20	133.87	0.84	1.53	1.48
30	0.35	500	130	20	21	103.20	1.07	3.21	1.61
31	0.20	810	130	21	22	16.15	0.51	1.58	1.28
32	0.2	1110	130	21	23	16.13	0.51	1.58	1.75
33	0.45	1180	130	19	24	109.48	0.69	1.05	1.24
34	0.45	1170	130	18	25	127.58	0.80	1.40	1.64
35	0.4	1040	130	17	27	102.96	0.82	1.67	1.74
36	0.6	510	130	15	29	382.08	1.35	2.63	1.34
37	0.6	770	130	29	28	293.46	1.04	1.61	1.24
38	0.6	1370	130	28	27	209.14	0.74	0.86	1.18
39	0.5	870	130	27	26	193.52	0.99	1.81	1.58
40	0.45	1300	130	26	25	108.02	0.68	1.03	1.34
41	0.4	1220	130	25	24	109.90	0.87	1.88	2.30
42	0.35	1250	130	24	23	97.25	1.01	2.88	3.60
43	1.3	580	130	30	1	1400.00	1.05	0.67	0.39
44	1.3	580	130	30	1	1400.00	1.05	0.67	0.39

　　水力分析：管网平差结果如表 7-16 所示，可知最高时输水管起端节点水压 $H_1 = 62.55$m。

　　（5）消防时管网平差

　　节点数目为 30，管段数目为 44，计算公式为海曾-威廉公式。

　　规划人口 30 万，查表得消防用水量定额为 60L/s，同时火灾次数为 2 次，则消防用水量为 $Q_6 = 60 \times 2 = 120$（L/s），着火点一处在节点 26，另一处在节点 23，两节点分别加上消防用水量，其他节点的节点流量与最高时节点流量相同。着火点处服务水头按低压消防系统考虑，即 10m 自由水头。

消防时的平差计算见表 7-17 和表 7-18。

表 7-17 消防时节点数据

编号	地面标高 /m	已知水压 /m	已知流量 /(L/s)	节点水压 /m	自由水头 /m	节点流量 /(L/s)
1	19.75		60.73	45.76	26.01	60.73
2	19.08		103.34	44.43	25.35	103.34
3	18.53		99.79	42.45	23.92	99.79
4	18.35		96.64	41.15	22.80	96.64
5	18.53		104.07	39.68	21.15	104.07
6	18.65		100.08	38.78	20.13	100.08
7	18.18		77.22	36.98	18.80	77.22
8	17.75		102.44	34.19	16.44	102.44
9	20.05		74.86	35.37	15.32	74.86
10	21.78		128.44	36.54	14.76	128.44
11	19.45		143.02	38.16	18.71	143.02
12	22.05		94.95	40.25	18.20	94.95
13	20.33		70.92	41.59	21.26	70.92
14	21.13		77.22	44.24	23.11	77.22
15	22.5		28.76	45.07	22.57	28.76
16	22.35		80.77	44.90	22.55	80.77
17	25.7		115.44	42.81	17.11	115.44
18	25.23		137.9	39.46	14.23	137.9
19	23.68		134.35	36.45	12.77	134.35
20	21.5		96.06	34.95	13.45	96.06
21	19.95		70.92	33.00	13.05	70.92
22	17.5		63.85	32.21	14.71	63.85
23	18.38		173.38	27.13	8.75	173.38
24	22.08		122.14	34.41	12.33	122.14
25	25.08		125.69	37.17	12.09	125.69
26	28.2	38.2		38.20	10.00	145.4998
27	28.5		118.59	40.54	12.04	118.59
28	25.83		84.32	42.05	16.22	84.32
29	23.18		88.61	43.53	20.35	88.61
30	17		−2920	47.23	30.23	−2920

表 7-18 消防时管段数据

编号	管径 /m	长度 /m	阻力系数	起点	终点	流量 /(L/s)	流速 /(m/s)	水力坡度 /‰	水头损失 /m
1	1.1	930	130	1	2	1359.13	1.43	1.44	1.34
2	1	1120	130	2	3	1179.22	1.50	1.76	1.97
3	0.9	700	130	3	4	923.32	1.45	1.87	1.31

编号	管径/m	长度/m	阻力系数	起点	终点	流量/(L/s)	流速/(m/s)	水力坡度/‰	水头损失/m
4	0.8	960	130	4	5	608.34	1.21	1.53	1.47
5	0.7	900	130	5	6	338.83	0.88	0.99	0.89
6	0.4	880	130	6	7	115.10	0.92	2.05	1.81
7	0.25	1080	130	7	8	37.88	0.77	2.58	2.79
8	0.35	760	130	6	9	123.65	1.29	4.49	3.41
9	0.4	780	130	5	10	165.44	1.32	4.02	3.13
10	0.45	790	130	4	11	218.34	1.37	3.78	2.99
11	0.5	710	130	3	13	156.12	0.80	1.22	0.86
12	0.5	570	130	2	14	76.57	0.39	0.33	0.19
13	1.2	610	130	1	15	1500.14	1.33	1.13	0.69
14	1	120	130	15	16	1059.42	1.35	1.44	0.17
15	0.7	780	130	16	14	311.01	0.81	0.85	0.66
16	0.5	610	130	14	13	310.36	1.58	4.34	2.65
17	0.6	480	130	13	12	395.55	1.40	2.80	1.34
18	0.5	1150	130	12	11	193.80	0.99	1.82	2.09
19	0.4	920	130	11	10	105.78	0.84	1.75	1.61
20	0.35	810	130	10	9	67.10	0.70	1.45	1.17
21	0.4	570	130	9	8	115.89	0.92	2.08	1.18
22	0.3	1060	130	8	22	51.33	0.73	1.87	1.98
23	0.35	880	130	10	20	75.68	0.79	1.81	1.59
24	0.45	770	130	11	19	163.34	1.03	2.21	1.70
25	0.45	780	130	12	18	106.80	0.67	1.01	0.79
26	0.8	1150	130	16	17	667.63	1.33	1.82	2.09
27	0.6	1010	130	17	18	433.17	1.53	3.32	3.35
28	0.5	1040	130	18	19	249.05	1.27	2.89	3.01
29	0.45	970	130	19	20	134.85	0.85	1.55	1.50
30	0.35	500	130	20	21	114.47	1.19	3.89	1.95
31	0.2	810	130	21	22	12.52	0.40	0.99	0.80
32	0.2	1110	130	21	23	31.03	0.99	5.30	5.88
33	0.45	1180	130	19	24	143.19	0.90	1.73	2.04
34	0.45	1170	130	18	25	153.02	0.96	1.96	2.29
35	0.4	1040	130	17	27	119.02	0.95	2.18	2.27
36	0.6	510	130	15	29	411.96	1.46	3.02	1.54
37	0.6	770	130	29	28	323.35	1.14	1.93	1.49
38	0.6	1370	130	28	27	239.03	0.85	1.10	1.51
39	0.5	870	130	27	26	239.46	1.22	2.69	2.34
40	0.45	1300	130	26	25	93.96	0.59	0.79	1.03

编号	管径/m	长度/m	阻力系数	起点	终点	流量/(L/s)	流速/(m/s)	水力坡度/‰	水头损失/m
41	0.4	1220	130	25	24	121.29	0.97	2.26	2.76
42	0.35	1250	130	24	23	142.34	1.48	5.83	7.28
43	1.3	580	130	30	1	2859.51	2.15	2.53	1.47
44	0.3	580	130	30	1	60.49	0.86	2.53	1.47

水力分析：由管网平差结果可知，消防时输水管起端节点水压47.23m<H_1=62.55m，着火点处自由水压大于10m自由水头，满足要求。

（6）事故时管网平差

节点数目为30，管段数目为43，计算公式为海曾-威廉公式。

假定节点1至节点2的管段发生事故，只能输送70%的最高时流量给管网，此时各节点流量分别为最高时各节点流量的70%。

事故时平差结果见表7-19、表7-20。

表7-19　事故时节点数据

编号	地面标高/m	已知水压/m	已知流量/(L/s)	节点水压/m	自由水头/m	节点流量/(L/s)
1	19.75		42.51	62.52	42.77	42.51
2	19.08		72.34	52.46	33.38	72.34
3	18.53		69.85	52.25	33.72	69.85
4	18.35		67.65	51.86	33.51	67.65
5	18.53		72.85	51.29	32.76	72.85
6	18.65		70.05	50.89	32.24	70.05
7	18.18		54.06	50.06	31.88	54.06
8	17.75		71.71	49.06	31.31	71.71
9	20.05		54.4	49.62	29.57	54.40
10	21.78		89.91	50.54	28.76	89.91
11	19.45		100.12	51.72	32.27	100.12
12	22.05		66.47	53.38	31.33	66.47
13	20.33		49.64	53.51	33.18	49.64
14	21.13		54.06	56.94	35.81	54.06
15	22.5		20.13	61.43	38.93	20.13
16	22.35		56.54	61.08	38.73	56.54
17	25.7		80.81	58.98	33.28	80.81
18	25.23		96.53	54.39	29.16	96.53
19	23.68	51.68		51.68	28.00	94.05
20	21.5		67.24	50.44	28.94	67.24
21	19.95		49.64	49.63	29.68	49.64
22	17.5		42.67	48.45	30.95	42.67

编号	地面标高 /m	已知水压 /m	已知流量 /(L/s)	节点水压 /m	自由水头 /m	节点流量 /(L/s)
23	18.38		79.37	49.34	30.96	79.37
24	22.08		85.5	51.46	29.38	85.50
25	25.08		87.98	54.00	28.92	87.98
26	28.2		59.85	56.30	28.10	59.85
27	28.5		83.02	58.05	29.55	83.02
28	25.83		59.02	59.29	33.46	59.02
29	23.18		62.03	60.38	37.20	62.03
30	17		−1960	62.72	45.72	−1960.00

表 7-20　事故时管段数据

编号	管径 /m	长度 /m	阻力系数	起点	终点	流量 /(L/s)	流速 /(m/s)	水力坡度 /‰	水头损失 /m
1	1.1	930	130	1	2				
2	1	1120	130	2	3	354.83	0.45	0.19	0.21
3	0.9	700	130	3	4	476.86	0.75	0.55	0.38
4	0.8	960	130	4	5	367.56	0.73	0.60	0.58
5	0.7	900	130	5	6	218.45	0.57	0.44	0.40
6	0.4	880	130	6	7	75.80	0.60	0.95	0.83
7	0.25	1080	130	7	8	21.74	0.44	0.92	1.00
8	0.35	760	130	6	9	72.61	0.75	1.67	1.27
9	0.4	780	130	5	10	76.26	0.61	0.96	0.75
10	0.45	790	130	4	11	41.65	0.26	0.18	0.14
11	0.5	710	130	3	13	−191.88	0.98	1.78	−1.27
12	0.5	570	130	2	14	−427.17	2.18	7.85	−4.47
13	1.2	610	130	1	15	1917.49	1.70	1.78	1.09
14	1	120	130	15	16	1561.89	1.99	2.96	0.36
15	0.7	780	130	16	14	837.52	2.18	5.31	4.14
16	0.5	610	130	14	13	356.29	1.81	5.61	3.42
17	0.6	480	130	13	12	114.77	0.41	0.28	0.14
18	0.5	1150	130	12	11	170.85	0.87	1.44	1.65
19	0.4	920	130	11	10	89.56	0.71	1.29	1.19
20	0.35	810	130	10	9	58.96	0.61	1.14	0.92
21	0.4	570	130	9	8	77.17	0.61	0.98	0.56
22	0.3	1060	130	8	22	27.20	0.38	0.58	0.61
23	0.35	880	130	10	20	16.94	0.18	0.11	0.10
24	0.45	770	130	11	19	22.83	0.14	0.06	0.04
25	0.45	780	130	12	18	−122.55	0.77	1.30	−1.01

编号	管径 /m	长度 /m	阻力系数	起点	终点	流量 /(L/s)	流速 /(m/s)	水力坡度 /‰	水头损失 /m
26	0.8	1150	130	16	17	667.83	1.33	1.82	2.09
27	0.6	1010	130	17	18	513.60	1.82	4.54	4.59
28	0.5	1040	130	18	19	235.56	1.20	2.61	2.71
29	0.45	970	130	19	20	121.57	0.76	1.28	1.24
30	0.35	500	130	20	21	71.27	0.74	1.62	0.81
31	0.20	810	130	21	22	15.47	0.49	1.46	1.18
32	0.20	1110	130	21	23	6.16	0.26	0.20	0.29
33	0.45	1180	130	19	24	42.76	0.27	0.18	0.22
34	0.45	1170	130	18	25	58.97	0.37	0.34	0.39
35	0.4	1040	130	17	27	73.41	0.58	0.89	0.93
36	0.6	510	130	15	29	335.47	1.19	2.07	1.05
37	0.6	770	130	29	28	273.44	0.97	1.41	1.09
38	0.6	1370	130	28	27	214.42	0.76	0.90	1.24
39	0.5	870	130	27	26	204.81	1.04	2.01	1.75
40	0.45	1300	130	26	25	144.96	0.91	1.77	2.30
41	0.4	1220	130	25	24	115.95	0.92	2.08	2.54
42	0.35	1250	130	24	23	73.21	0.76	1.70	2.13
43	1.3	580	130	30	1	980.00	0.74	0.35	0.20
44	1.0	580	130	30	1	980.00	0.74	0.35	0.20

水力分析：由管网平差结果可知，事故时输水管起端节点水压 62.72m ＞ H_1 ＝62.55m，但在水泵高效范围段内，满足要求。

校核中连通管和离水源点较远的管段流速偏小，没有达到经济流速，但自由水头符合要求。

7.2.2.6　工程投资估算及制水成本计算

建设项目总投资按其费用项目性质分为静态投资、动态投资和铺底流动资金三部分。静态投资是指建设项目的建筑安装工程费用、设备购置费用、工程建设其他费用和基本预备费及投资方向调节税，这里主要进行工程的静态投资估算。计算参数参照《给水排水设计手册》第 10 册第 3 章内容选用。

（1）工程投资估算

① 管道造价。输配水管网管长、管径情况如表 7-21，采用不同的埋设深度，根据不同管径每百米计算指标，求得管道部分造价 1802 万元。

表 7-21　管道管长统计

管径/mm	管长/m	管径/mm	管长/m
DN1300	1160	DN1000	1240
DN1200	610	DN900	700
DN1100	930	DN800	2110

续表

管径/mm	管长/m	管径/mm	管长/m
$DN700$	1680	$DN350$	4200
$DN600$	4140	$DN300$	1060
$DN500$	4950	$DN250$	1080
$DN450$	6960	$DN200$	1920
$DN400$	5410		

② 取水工程造价。综合指标取 200 元/(m^3/d)，取水工程造价＝17.28×200＝3456（万元）。

③ 净水工程造价。综合指标取 700 元/(m^3/d)，净水工程造价＝17.28×700＝12096（万元）。

④ 清水池造价。采用四座矩形水池，每座清水池的容积为 6000m^3，造价指标取 400 元/m^3，清水池造价＝4×6000×400＝960（万元）。

⑤ 二泵站造价。考虑二泵站设备和结构情况，造价为 760 万元。

⑥ 总基建费用。总基建费用为前 5 项之和，即为：1802＋3456＋12096＋960＋760＝19074（万元）。

⑦ 其他费用。其他费用取总基建费用的 20%，为：19074×0.2＝3814.8（万元）。

⑧ 建筑工程总投资。建筑工程总投资＝19074＋3814.8＝22888.8（万元）。

（2）年经营管理费用

① 水资源费计算。计算公式如下。

$$E_1 = \frac{365Qk_1e}{k_2} = \frac{365 \times 172800 \times 0.5}{1.51} = 2088.48 \text{（万元/年）}$$

式中，Q 为最高日供水量，m^3/d；k_1 为考虑水厂自用水的水量增加系数；e 为原水单价，元/m^3，取 0.50 元/m^3；k_2 为日变化系数，取 1.4。

② 动力费。以各级泵电动机的用电为计算基础，厂内其他用电设备按增加 5% 考虑，计算公式如下。

$$E_2 = \frac{1.05QHdk_1}{\eta k_2} = \frac{1.05 \times 172800 \times 86 \times 1.0}{0.75 \times 1.51} = 1377.82 \text{（万元/年）}$$

式中，H 为工作全扬程，包括一级泵房、二级泵房及增压泵房等的全部扬程，m；d 为电费电价，元/（kW·h）取 1.0 元/（kW·h）；η 为水泵和电动机的效率，%，一般为 70% ～ 80%，取 75%。

③ 药剂费计算。计算公式如下。

$$E_3 = \frac{365Qk_1}{10^6k_2}(a_1b_1 + a_2b_2 + \cdots)$$

$$= \frac{365 \times 172800}{10^6 \times 1.51} \times (18 \times 1200 + 1.0 \times 1700) = 97.32 \text{（万元/年）}$$

式中，a_1 为絮凝剂平均投加量，mg/L，取 18mg/L；b_1 为絮凝剂单价，元/t，取 1200 元/t；a_2 为消毒剂平均投加量，mg/L，取 1.0mg/L；b_2 为消毒剂单价，元/t，取 1700 元/t。

④ 工资福利费计算。计算公式如下。

$$E_4 = AN = 30000 \times 90 = 270 \text{（万元/年）}$$

式中，A 为职工每人每年的平均工资福利费，元/（人·年），取 30000 元/（人·年）；N 为职工定员，人，取 90 人。

⑤ 固定资产基本折旧费计算。计算公式如下。

$$E_5 = SP = 22888.8 \times 6.5\% = 1487.77 \text{（万元）}$$

式中，S 为固定资产原值，元；P 为综合基本折旧率，包括基本折旧率和大修率，一般采用 6.5%。

⑥ 检修维护费 $E_6 = 0.01S = 0.01 \times 22888.8 = 228.89$（万元）。

⑦ 其他费用计算。计算公式如下。

$$\begin{aligned}E_7 &= 0.01 \left(E_1 + E_2 + E_3 + E_4 + E_5 + E_6\right)\\ &= 0.01 \times (2088.48 + 1377.82 + 97.32 + 270 + 1487.77 + 228.89)\\ &= 55.50 \text{（万元）}\end{aligned}$$

⑧ 年经营费用计算。计算公式如下。

$$\begin{aligned}\Sigma E &= E_1 + E_2 + E_3 + E_4 + E_5 + E_6 + E_7\\ &= 2088.48 + 1377.82 + 97.32 + 270 + 1487.77 + 228.89 + 55.50\\ &= 5605.78 \text{（万元）}\end{aligned}$$

（3）制水成本

① 年制水量计算。计算公式如下。

$$\Sigma Q = \frac{365Q}{k_2} = \frac{365 \times 16 \times 10^4}{1.51} = 38675496.69 \text{（m}^3\text{）}$$

② 单位制水成本计算。计算公式如下。

$$T = \frac{\Sigma E}{\Sigma Q} = \frac{5605.78 \times 10^4}{38675496.69} = 1.45 \text{（元/m}^3\text{）}$$

（4）总费用计算

总费用为：

$$W = C + Mt = 22888.8 + 5605.78 \times 15 = 106975.5 \text{（万元）}$$

参 考 文 献

[1] 室外给水设计标准. GB 50013—2018.

[2] 房屋建筑制图统一标准. GB/T 50001—2017.

[3] 建筑给水排水制图标准. GB/T 50106—2010.

[4] 中国市政工程西南设计研究院. 给水排水设计手册：第 1 册：常用资料 [M]. 2 版. 北京：中国建筑工业出版社，2000.

[5] 上海市政工程设计研究总院（集团）有限公司. 给水排水设计手册：第 3 册：城镇给水 [M]. 3 版. 北京：中国建筑工业出版社，2017.

[6] 上海市政工程设计研究总院（集团）有限公司. 给水排水设计手册：第 9 册：专用机械 [M]. 3 版. 北京：中国建筑工业出版社，2012.

[7] 上海市政工程设计研究总院（集团）有限公司. 给水排水设计手册：第 10 册：技术经济 [M]. 3 版. 北京：中国建筑工业出版社，2012.

[8] 中国市政工程西北设计研究院有限公司. 给水排水设计手册：第 11 册：常用设备 [M]. 3 版. 北京：中国建筑工业出版社，2014.

[9] 中国市政工程华北设计研究院. 给水排水设计手册：第 12 册：器材与装置 [M]. 3 版. 北京：中国建筑工业出版社，2012.

[10] 上海市政工程设计研究院. 给水排水设计手册：第 3 册：城镇给水 [M]. 2 版. 北京：中国建筑工业出版社，2004.

[11] 崔玉川，员建. 给水厂处理设施设计计算 [M]. 3 版. 北京：化学工业出版社，2019.

[12] 崔玉川. 给水厂处理设施设计计算 [M]. 2 版. 北京：化学工业出版社，2013.

[13] 严煦世，范瑾初. 给水工程 [M]. 4 版. 北京：中国建筑工业出版社，1999.

[14] 许仕荣. 泵与泵站 [M]. 7 版. 北京：中国建筑工业出版社，2021.

[15] 冯翠敏，张岊. 给排水管道系统 [M]. 北京：机械工业出版社，2016.

[16] 邰生霞，乔庆云. 给水排水工程设计实践教程 [M]. 北京：机械工业出版社，2007.

[17] 贺俊兰，高为新. 天津芥园水厂 DAF 工艺设计 [J]. 中国给水排水，2008，24（8）：31-33.

[18] 何纯提. 净水厂排泥水处理 [M]. 北京：中国建筑工业出版社，2006.

[19] 韩洪军，杜茂安. 水处理工程设计计算 [M]. 北京：中国建筑工业出版社，2006.

[20] 李亚峰，尹士君. 给水排水工程专业毕业设计指南 [M]. 北京：化学工业出版社，2003.

[21] 高湘. 给水工程技术及工程实例 [M]. 北京：化学工业出版社，2002.

[22] 李亚峰，水泵及泵站设计计算 [M]. 北京：化学工业出版社，2007.

[23] 杜茂安，韩洪军，水源工程与管道系统设计计算 [M]. 北京：中国建筑工业出版社，2005.

[24] 蒋柱武，黄天寅，给排水管道工程 [M]. 上海：同济大学出版社，2011.

[25] 南国英，张志刚，给水排水工程专业工艺设计 [M]. 北京：化学工业出版社，2004.

[26] 张志刚. 给水排水工程专业课程设计 [M]. 北京：化学工业出版社，2004.

[27] 张淑英. 给水工程主要构筑物及设备工艺设计计算 [M]. 兰州：兰州大学出版社，2001.

[28] 张淑英. 给水工程主要构筑物及设备工艺设计计算配套图集 [M]. 兰州大学出版社，2001.

[29] 市政工程设计施工系列图集：给水排水工程：上、下册 [M]. 北京：中国建筑工业出版社，2003.

[30] 丁亚兰. 国内外给水工程设计实例 [M]. 北京：化学工业出版社，1999.

[31] 中国建筑标准设计研究院. 给水排水标准图集 [M]. 北京：中国计划出版社，2011.

[32] 李广贺. 水资源利用与保护 [M]. 北京：中国建筑工业出版社，2020.

[33] 徐得潜. 水资源利用与保护 [M]. 北京：化学工业出版社，2013.

[34] 王占生，刘文君，张锡辉. 微污染水源饮用水处理 [M]，北京：中国建筑工业出版社，2016.